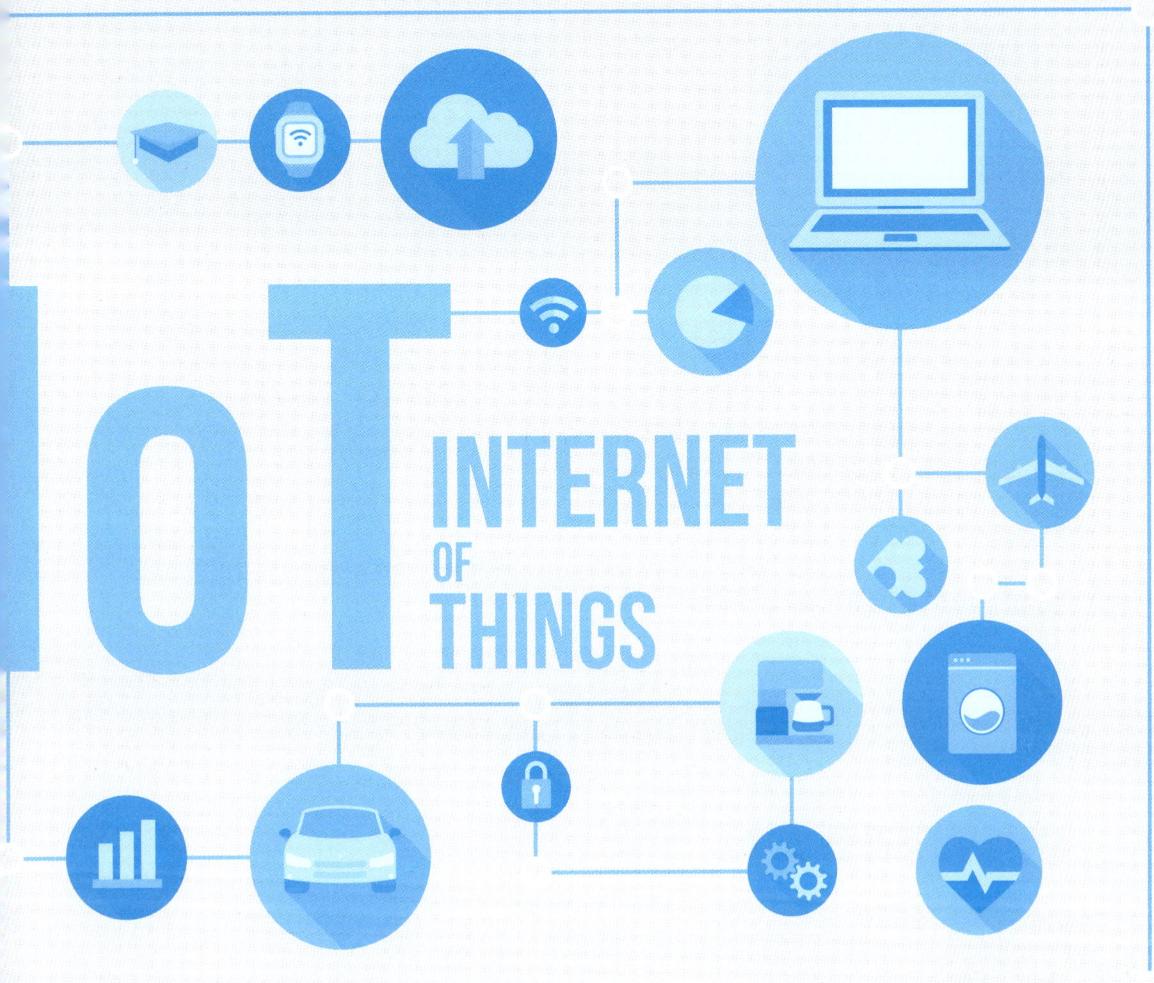

사물인터넷과 생태계

Internet of Things and Its Ecosystem

| 이훈 지음 |

한티미디어

저자 소개

이훈

고3때 전공 선택을 고민하고 있을 때 '앞으로 전자공학의 시대가 열릴 것'이라는 고교 은사님의 말씀을 듣고 경북대학교 전자공학과에 진학하였다. 대학 재학 중 전공과 관련된 외국의 잡지를 통해 눈에 보이지 않는 무선통신의 매력에 빠져서 석사과정에서 무선통신공학을 전공하였다. 석사학위 취득 후 KT 연구개발본부에 근무하면서 외국의 잡지와 논문을 읽다가 'computer & communication'이라는 주제에 관심을 가지게 되고 '머지 않아 인터넷 시대가 올 것'을 알았다.

서른 살이 되던 해 회사의 해외유학생 파견 프로그램에 선발되어 일본 미야기현(宮城縣) 센다이시(仙台市)에 있는 도호쿠대(東北大)로 유학 가서 '인터넷의 서비스 품질보장에 관한 연구'로 공학박사 학위를 받았다. 그 뒤 다시 KT 연구개발본부에서 인터넷의 설계 업무에 종사하였다.

마흔 살이 되던 해에 창원대학교 정보통신공학과로 옮겨서 지금까지 연구와 교육에 전념하고 있다. 주된 강의 과목은 이산수학, 확률론, 컴퓨터네트워크, 사물인터넷이며 현재 주된 연구 관심 분야는 사물인터넷 및 서비스 품질보장 등이며 2020년 2월 현재 120여 편의 논문을 국내외 저널과 학회에 발표하였다. 저서로는 이 책 이외에 대기행렬의 기초, 확률강의2.0, 인터네트워킹로지 2.0, 정보통신공학개론 등이 있다.

사물인터넷과 생태계

발행일 2020년 12월 24일 초판 1쇄
지은이 이훈
펴낸이 김준호
펴낸곳 한티미디어 | **주소** 서울시 마포구 동교로 23길 67 3층
등 록 제 15-571호 2006년 5월 15일
전 화 02)332-7993~4 | **팩스** 02)332-7995
ISBN 978-89-6421-413-8 (93560)
정 가 27,000원

마케팅 노호근 박재인 최상욱 김원국 | **관리** 김지영 문지희
편 집 김은수 유채원 | **본문** 이경은 | **표지** 유채원
인 쇄 한프리프레스

이 책에 대한 의견이나 잘못된 내용에 대한 수정정보는 한티미디어 홈페이지나 이메일로 알려주십시오.
독자님의 의견을 충분히 반영하도록 늘 노력하겠습니다.

홈페이지 www.hanteemedia.co.kr | **이메일** hantee@hanteemedia.co.kr

---

"모든 사물에는 영혼이 있다"

• Thales •

"모든 사물에는 사연이 있다"

• 이훈 •

PREFACE

1995년 마이크로소프트가 PC 운영체제 Windows95를 발매한지 만 20년이 되고 또 필자가 연구 인생을 시작한 지 30년이 된 2015년은 필자에게는 여느 해와는 남다른 한 해였다.

필자는 그동안 주로 연구해 오던 인터넷의 성능 평가 및 설계와 관련된 연구에서 방향을 틀어서 사물인터넷과 관련된 연구를 시작했다. 그 이유는 미래의 인터넷을 대표하는 기술이 사물인터넷(Internet of Things, 이하 IoT)이라는 확신을 가지게 되었기 때문이다.

2016년도 1학기 강의를 앞두고 당시로서는 국내 어느 대학보다도 일찍 창원대학교 정보통신공학과 학부 및 대학원 교과목으로『사물인터넷』을 개설했다. 그리고 2015년 12월 24일 한 권의 공책을 준비해서 이 책을 쓰기 시작했다(필자 註: 그날은 크리스마스 이브였는데 50대 중반에 접어든 중년 남자가 특별한 일도 없으니 오후 늦게까지 연구실에 있었던 기억이 난다).

사물인터넷은 스마트폰은 물론이고 CCTV 카메라, 센서(sensor), 액추에이터(actuator) 등 모든 사물(things)이 인터넷(Internet)에 연결되어 그 사물이 생성해내는 빅데이터의 수집 및 분석, 그리고 예측을 통하여 기계나 물건 등 다양한 기기를 제어하는 정보통신 융합 기술이다. 즉, 사물인터넷은 어느 한 가지 기술만으로 구성된 것이 아니라 정보통신과 관련된 다양한 기술들로 구성된 생태계(ecosystem)를 지칭하는 말이다.

IoT의 개념이 학계에 알려진 것은 불과 10년이 되지 않는데 2016년 3월 첫 수업을 목표로 강의를 준비하면서 국내외에서 발간된 서적을 찾아보았으나 교양서 수준의 책이 한두 권 있고 4차 산업혁명 관련 기술의 일부로서 IoT가 소개된 책은 있지만 IoT와 그 생태계에 대한 전반적인 내용을 다룬 책을 찾을 수 없었다. 그래서 필자는 강의자료를 바탕으로 몇 권의 책과 그동안 모아두었던 신문기사, 국내외 전공 잡지 및 논문 등을 정리하면서 원고를 집필하기 시작했고 이 책은 사물인터넷에 대한 필자의 그동안의 연구를 모은 첫 저서이다.

이 책의 구성은 제1부 IoT 시스템, 제2부 IoT 연관 기술, 제3부 IoT 비즈니스, 제4부 IoT의 미래로 나뉘며 각 부의 구성은 다음과 같다.

제1부 IoT 시스템은 다음과 같이 구성된다.
1장에서는 IoT의 전반적 개요를 다룬다.
2장에서는 IoT의 응용서비스에 대해서 알아본다.
3장에서는 IoT의 플랫폼을 소개한다.
4장에서는 IoT의 네트워킹 기술을 다룬다.
5장에서는 IoT의 디바이스에 대해서 다룬다.

제2부 IoT 연관 기술은 다음과 같이 구성된다.
6장에서는 IoT의 보안에 대해서 다룬다.
7장에서는 IoT의 빅데이터에 대해서 소개한다.
8장에서는 IoT의 클라우드를 소개한다.

제3부 IoT 비즈니스는 다음과 같이 구성된다.
9장에서는 IoT의 비즈니스 모델을 정의한다.

10장에서는 스마트홈에 대해서 소개한다.

11장에서는 스마트팩토리에 대해서 소개한다.

12장에서는 스마트시티에 대해서 기술한다.

제4부에서는 IoT의 미래에 대해서 소개한다.

13장에서는 소셜 IoT에 대해서 소개한다.

14장에서는 IoP와 IoE에 대해서 소개한다.

20세기 인류가 동서로 나뉘어서 냉전을 벌이던 시대에 개발한 무기(武器, weapon)로서 ICBM(inter-continental ballistic missile)이 있다면 21세기 4차 산업혁명 시대의 무기(武技, martial arts) 역시 ICBM이며, 그것은 Internet, Cloud, Big-data, Mobile이다. 그런데 이 네 가지 요소가 하나로 묶여질 때 비로소 IoT가 완성되므로 일반적으로 이것을 Internet + Cloud + Big-data + Mobile = IoT로 정의하며 이 책의 내용도 이 공식을 성실하게 다루는 것을 목적으로 한다. 그래서 책의 이름도 '사물인터넷과 생태계'로 정했다.

처음 이 책의 집필을 시작한 이후 5년이 지난 이 순간에도 신문, 전공 잡지, 국내외 저널 등 곳곳에서 사물인터넷과 관련된 새로운 개념, 기술, 서비스, 비즈니스 등이 샘물처럼 솟아나는 것을 보면서 '세상에는 완전한 것도 완벽한 것도 없다'는 것을 실감하고 있다. 따라서 필자 혼자서 그 모든 것을 따라갈 수도 없고 이 책이 다루는 내용에도 한계가 있음은 인정하지 않을 수 없다. 필자는 앞으로도 계속 이 책의 내용을 보강할 계획이며 혹시 이 책의 내용에 부족한 점이나 오류가 있다면 여러분의 많은 질책을 바란다.

저녁이면 달이 휘영청 떠오르는
비음산 자락에서 필자 씀

읽어두기

이 책은 필자가 최근 약 10년 동안 사물인터넷과 그 생태계 및 연관 기술에 대해서 연구한 것을 모두 모아서 정리한 것이다. 그래서 이 책의 일부 내용은 대학교재의 범위를 벗어난 것이 있을 수 있다.

필자는 이 책의 내용을 중심으로 창원대학교에서 『사물인터넷』이라는 이름의 강의를 하고 있는데 학부 4학년생을 대상으로 강의할 때에는 이 책의 내용 중 일부를 발췌해서 강의하고 대학원생을 대상으로 강의할 때도 전일제 일반대학원생에게는 이 책의 내용을 전부 가르치려고 노력하고 비전일제 산업대학원생에게는 내용의 일부만 강의하고 있다.

그래서 필자는 여러분께 이 책을 읽는 방법에 대해서 도움이 되었으면 하는 바람에 아래와 같이 읽는 순서 및 학습 범위를 나타냈다. 이 책은 모두 4부로 구성되어 있으며 책을 읽는 순서를 화살표로 표시하되 목적에 따라서 세 가지 방안을 소개한다.

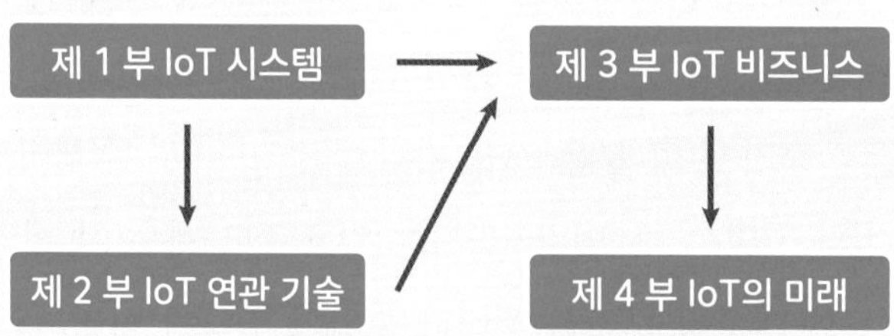

★ 필자 주:

① 짧은 시간에 IoT를 이해하고 싶을 때: 제1부 → 제3부, 끝

② 기초를 다지면서 IoT를 이해하고 싶을 때: 제1부 → 제2부 → 제3부, 끝

③ IoT에 대해서 아주 자세히 알고 싶을 때: 제1부 → 제2부 → 제3부 → 제4부, 끝

이 책의 사용법으로 가장 좋은 방법은 일단 내용을 완전히 이해는 못하더라도 이 책의 내용을 전체적으로 읽은 후 평소에 필요할 때 해당 부분을 찾아서 보는 것이라고 생각된다.

한편 이 책의 각 장의 맨 뒤에는 리뷰 문제를 수록하였는데 각 장에서 가장 중요하고 핵심적인 내용에 대해서 다시 한번 되돌아보는 시간을 가지라는 의도로 문제를 제시하였다. 따라서 이 책을 공부할 때 먼저 리뷰 문제를 한 번 보고 내용을 읽는 것도 이 책의 내용을 이해하는 데 도움이 될 것이다.

아무쪼록 이 책을 통하여 사물인터넷의 생태계에 대해 이해의 폭이 넓어지기를 기대한다.

CONTENTS

PART 3 : IoT 비즈니스

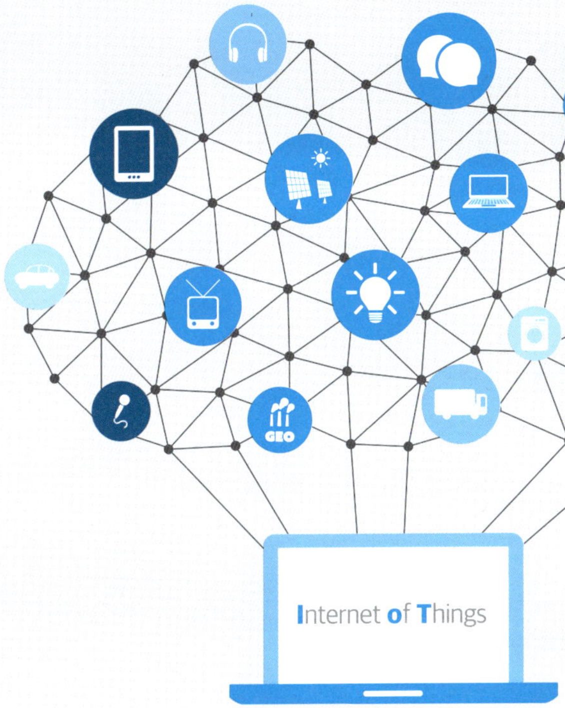

PART 1

IoT 시스템

CONTENTS

CHAPTER 1 IoT의 개요

2016년 1월 5일 미국 라스베이거스(Las Vegas)에서 국제전자제품박람회(consumer electronics show, CES) 2016 개막을 하루 앞두고 삼성전자의 CE(customer electronics, 소비자 가전) 부문장인 윤부근 사장은 "2020년까지 삼성의 모든 제품을 사물인터넷(Internet of things, 이하 IoT)으로 연결하겠다"고 선언했다. 이는 삼성의 TV와 생활가전에 사물인터넷의 옷을 입히겠다는 의미로 해석되었다[강동철].

삼성전자는 먼저 냉장고와 TV를 중심으로 거실과 부엌을 연결하는 사물인터넷 환경을 구축하고 삼성전자 이외의 세계의 모든 업체가 만든 가전제품도 연결할 수 있는 개방된 사물인터넷 플랫폼(open IoT platform)을 구축하기로 했다. 삼성전자와 같은 가전업체가 IoT를 전략적으로 테마화하는 이유는 무엇일까? 이에 대해서는 뒤에서 더욱 자세히 알아보기로 한다.

한편 IoT는 가전뿐 아니라 다른 영역에서도 관심을 가지기 시작하였는데 이는 IoT가 비용 삭감의 수단에서 가치 창조를 위한 수단이 되었다는 것을 의미한다. 일본 도쿄대학의 森川博之(모리카와 히로유키)교수는 "IoT의 가치 창조는 특히 지방에서 그 위력을 발휘한다"고 말한다. 인구가 밀집되어 살지 않는 지방에서 쓰레기 수거나 중소도시에서의 버스 운행 관리 등은 투입 인력은 많이 드는데 비해서 그 혜택을 보는 사람의 수가 적기 때문에 투자 비효율의 대표적인 예로 알려져 있다. 그 해결책으로 쓰레기통에 센서를 달아서 쓰레기통 수거 시각을 결정하거나 버스를 이용하는 승객의 수나 시간대와 관련한 정보를 수집하고 분석하여 버스의 운행 횟수나 운행 간격, 그리고 노선도의 변경 등을 결정하는 데 IoT 기술을 사용할 수 있다. 한 예로서 일본 사이타마현의 '이글버스'라는 버스회사는 그동안 운전기사의 경험이나 직감에 의존하여 버스를 운행해왔는데 늘 적자에 시달렸다고 한다. 그러다가 최근에 IoT 기술을 도입하여 버스의 운행을 보다 더 효율적으로 하게 되었는데 버스에 센서를 부착하여 승강장별로 승객이 타고 내리는 수 등 고객 데이터를 수집하여 버스 배차 간격이나 승강장의 위치 등을 결정하는데 활용하여 회사의 수입을 흑자로 전환했다고 한다.

이처럼 앞으로 IoT의 활용 분야는 다양한 영역에서 일어날 것인데 먼저 IoT가 탄생하게 된 배경부터 알아보도록 하자.

1.1 IoT의 개요

IoT는 1997년 미국의 생활용품 제조회사인 P&G(procter & gamble)에서 브랜드 관리자(brand manager)로 일하던 캐빈 애쉬턴[1](Kevin Ashton)이 화장품 유통망(supply chain)의 가시성(visualization)에 대한 일을 하면서 RFID와 센서의 중요성을 인식하고 사물을 인터넷에 연결하려는 시도에서 세계 최초로 사용하였다. 그는 소매점에 제품이 품절된 진열대가 많은데도 립스틱의 발주가 제대로 이루어지지 않는 것을 보면서 그것이 비합리적이라고 생각하게 되었고 여러 매장의 립스틱에 대한 재고 및 매장 상황을 실시간으로 일목요연하게 파악하기 위해서 립스틱에 RFID와 센서를 부착하여 유통망의 가시성을 확보하였다.

이처럼 IoT가 처음에는 도처에 존재하는 센서들을 인터넷을 통해 물리적 세상과 연결될 수 있도록 해주는 시스템의 의미로 시작하였으나 시간이 흐름에 따라서 사물들로

1 나중에 그는 MIT로 자리를 옮겨서 1999년 AUTO-ID center를 설립하고 전 지구적으로 RFID를 연결하는 글로벌 개방표준을 만들겠다는 목표로 사물인터넷 연구 콘소시엄을 형성하였다. 그래서 일반적으로 IoT의 공식 시초를 1999년이라고 본다.

연결된 네트워크의 확장된 개념으로 진화하였다.

그럼 IoT는 어떤 이유로 관심을 받게 된 것일까? 이에 대한 해답을 찾기 위해 IoT의 등장 배경에 대해서 알아보자.

1.1.1 IoT의 등장 배경

1 IoT의 등장 배경

IoT가 등장하게 된 배경은 기술의 발달과 사회의 필요성 등 여러 분야에서 복합되어 있는데 몇 가지 대표적인 예를 들면 다음과 같다.

1. 인구의 감소, 1인 가구의 증가 및 고령화 사회에 접어들면서 인간의 개입이 없는 기기의 운용 자동화에 대한 필요가 늘면서 스마트시티(smart city), 스마트그리드(smart grid), 스마트워터(smart water) 등 사회 인프라의 구축 요구가 늘어났다.
2. 전문가가 아닌 일반인에 대한 인터넷의 보급과 유무선통신 기술의 발달로 네트워크에 대량의 기기 연결이 가능하게 되었다.
3. 센싱(sensing) 및 제어(actuation) 기기의 가격이 하락하여 가전, 기계, 자동차 등에 센서를 장착할 수 있게 되었다.
4. 대규모 분산 데이터 관리 기술의 발달로 센시 데이터의 처리가 가능해지고 그것이 빅데이터(big data)의 주된 구성요소가 되었다.
5. 인공지능(artificial intelligence, AI)을 기반으로 하는 플랫폼(platform) 기술의 발달로 빅데이터의 실시간 분석 및 예측이 가능하게 되었다.

위와 같은 배경하에 구글(google)과 아마존(amazon)이 '향후 비즈니스의 경쟁력은 데이터를 모으는 것에 있다'고 정의하면서 인간-대-인간(human-to-human, 이하 H2H) 및 인간-대-기계(human-to-machine, 이하 H2M) 서비스를 통한 고객의 정보를 수집하여 다양한 서비스를 제공하는 것에 착안하게 되었다. 즉, 기존의 웹(web) 서비스 이외의 생활/사회/산업 영역에서 '막대한 데이터(big data)를 수집/정리/분석하고 향후를 예측하는 플랫폼 사업에 돈이 있다'는 것을 알아차린 것이다.

2 IoT의 명칭

IoT의 명칭은 나라별로 다른데 참고로 몇 개 나라에 대해서 소개한다.

- 미국: IoT(원조)
- 일본: 物のインターネット('모노노인타넷또'로 읽음, '물건의 인터넷'이라는 의미)
- 중국: 物聯網('우리엔왕'으로 읽음, '물건이 연결된 네트워크'의 의미)
- 한국: 사물인터넷

한편 IoT와 관련된 용어는 산업체별로 다양하게 정의하고 있는데 먼저 미국 기업에서 불리는 이름은 다음과 같다.

- Cisco: IoE(Internet of everything), 이것은 모든 것을 인터넷에 연결한다는 것으로 IoT보다 더 포괄적인 개념이다.
- GE: 산업인터넷(industrial internet), GE는 항공기 엔진, 발전기 터빈 등 주로 산업 기계를 많이 만들기 때문에 이와 같은 이름이 된 것 같다.
- Intel: Embedded Internet, Intel은 PC에 embed된 칩을 만드는 회사인 만큼 이런 이름이 더 어울릴 것이다.

한편 유럽에서 IoT가 발달한 나라로는 대표적으로 독일과 스웨덴이 있는데 다음과 같다.

- Ericsson의 network society: 스웨덴의 에릭슨은 IoT를 네트워크 사회(network society) (다른 말로는 social web of things라고도 불림)라고 부르는데, 에릭슨이 통신장비를 제조하는 회사이므로 이런 이름이 나왔을 것이다.
- 독일의 Industrie 4.0: 독일은 세계 최고의 제조국가인데 당연히 IoT 기술이 제조산업에 먼저 적용되었고 그래서 이런 이름이 생겨났다.

전 지구적으로 영향력을 행사하는 단체에서는 IoT를 다음과 같이 명명하였다.

- 세계경제포럼(world economic forum): 초연결(hyper-connectivity)
- IETF(internet engineering task force): 네트워크로 연결된 사물(networked matter)

마지막으로, 학계에서는 IoT와 함께 IoE(Internet of everything)와 CPS(cyber-physical systems)을 동일시하여 용어가 사용되고 있으나 엄격히 말하면 조금 다르다.

CPS는 물리 세계의 대상(things, 사물, 사람 및 조직을 포함)이나 사상(image, 활동도 포함)을 계측(sensing)에 의해 사이버세계에 있어서 디지털적 대상이나 사상(data, 이것을 digital twin이라고 부름)으로 파악하고 그것을 (빅데이터 및 AI 등의 수단을 이용하여) 분석 및 처리하여 물리 세계의 제어(actuation)로 연결하는 시스템(system)을 말한다[마쯔모토].

한편 IoT는 그 이름에 Internet이 들어간 점에서 유추할 수 있듯이 CPS의 실현을 위하여 사물과 제어기기 간을 통신장비 등 접속장비를 사용하여 인터넷(Internet) 상에 상호 연결하여 무엇인가를 도모하는 것이다. 따라서 CPS는 IoT의 기본 개념과 아주 유사한 것은 틀림없으나 인터넷이라는 전제가 들어가 있지 않는다는 것이 가장 큰 차이점이다.

학계에서는 IoT를 이야기하면서 동의어로 CPS를 사용하기도 하지만 실제로 산·학·연(産·學·硏)을 통틀어서 가장 포괄적으로 사용되는 용어는 역시 IoT이다[최원석]. 따라서 이 책에서는 CPS와 유사한 모든 개념을 IoT로 통일해서 부르기로 한다.

1.1.2 IoT의 사용 목적

IoT를 사용하는 이유는 다양하겠지만 이 기술이 아직 완전히 성숙한 것은 아닌 만큼 초기와 최종으로 구분하여서 생각하는 것이 한 가지 방법이다. 이런 관점에서 IoT는 다음과 같은 목적으로 사용된다.

1. 기본 목적: IoT의 가장 기본적인 목적은 기기를 네트워크에 접속시켜서 데이터를 수집하고 관리하는 것이다.
2. 최종 목적: IoT의 궁극적 목적은 자원 고갈, 대규모 자연재해, 환경문제 해결, 고령화 사회의 대응 등 가정/산업/경제/사회 전체의 구조를 개혁하여 smart city <society<country를 구축하기 위함이다.

위에서 우리는 IoT의 가장 기본적인 목적이 기기를 네트워크에 접속시켜서 데이터를 수집하고 관리하는 것이라고 하였는데, 여기서 데이터는 물리 세계(physical world)의 데이터이며 실제로(real) 존재하는 정보이다. 이것을 IoT를 통하여 수집하고 분석하여 디지털화한 콘텐츠로 만들고 이것을 통하여 다양한 서비스를 제공하는데 이때의 서비스는 가상세계(virtual world)이다. 즉, IoT는 물리 세계의 정보를 가상세계의 정보로 바꾸어주는 역할을 한다. 그로 인해서 우리가 향유할 수 있는 응용 예로는 공기/수질 등 환경 모니터링, 헬스케어, 물류 및 생산 관리, 스마트홈, 스마트팩토리, 스마트시티 등 헤아릴 수 없이 많다.

1.1.3 IoT 이전의 유사 기술

IoT가 나오기 이전에 이미 세상에는 지금의 IoT와 비슷한 개념이 있었는데 대표적인 것이 RFID(radio frequency identification), USN(ubiquitous sensor network), M2M(machine-to-machine) 등이다. 아래에서 이들 유사 기술에 대해 간략한다.

1 RFID

RFID는 라디오 주파수를 사용해서 사물의 정보를 인식하게 하는 기술로서 전자회로 칩과 무선통신 기술을 통해 식품 · 동물 · 사물 등 다양한 개체의 정보를 관리할 수 있는 인식 기술을 지칭한다. RFID는 사물에 센서를 부착하여 정보를 인식한다는 점에서 IoT의 기본 개념과 밀접한 관계가 있으나 이 개념에는 네트워킹 기술이 거의 들어있지 않는다는 것에서 진정한 IoT로 보기에는 제한이 있다.

RFID는 비즈니스에서는 '전자태그', '스마트태그', '전자라벨', '무선식별' 등으로 불리는데 이를 기업의 제품 유통에 활용할 경우 생산에서 판매에 이르는 전 과정의 정보를 초소형 칩(IC칩)에 내장시켜 이를 무선 주파수로 추적할 수 있어서 기업에서 많이 사용하였다.

2 USN

USN이라는 개념은 2000년대 초반에 등장하였으니 벌써 20년이 넘은 기술이다. USN은 도처에 편재해 있는(ubiquitous) 사물에 전자태그 등 소형의 센서(sensor)를 주로 무선통신 기술을 통해 인터넷에 연결하여 센서로부터 나오는 정보를 집약하고 분석하여 그것을 바탕으로 다양한 애플리케이션이나 서비스를 제공하는 네트워크(network)를 말한다. 개념적으로만 본다면 USN이 지금의 IoT에 가장 근접하게 보일 것이지만 조금 더 구체적으로 들어가보면 USN과 IoT는 다름을 알 수 있을 것이다.

USN은 센서, 네트워크, 그리고 컴퓨터네트워크에서 정의된 OSI 7계층의 L4 이상의 상위계층 기능을 포함하는 요소 기술의 집약체이다. 그래서 USN은 네트워크 기술 자체가 목적이 아니고 USN이 제공하는 네트워킹 기능을 이용해서 실제로 사회에서 기간 시스템, 실공간에서의 다양한 서비스 및 애플리케이션과 일체화되어서 우리의 일상을 지원하는 시스템으로 인식하는 것이 바람직하다. 그래서 사실 그동안 우리 주변에서는 USN을 이용하여 건설, 교통, 환경, 헬스, 에너지 등 다양한 분야에서 실용화가 이루어져 왔다.

USN의 역할로는 다음과 같은 것이 있다[오오하시].

- 사회 인프라의 생산성 향상 및 산업 활성화
- 인구 감소 및 고령화 사회에 대응한 생산성 향상
- 저비용으로 환경 및 사회 안전 확보

결국 USN은 위에서 열거한 기능을 통하여 사람에게 안전한 환경을 제공하여 인간의 행복을 실현하는 것이다. 다만 이 단계에서는 물리 세계에 센서를 연결하고 센서로부터 받은 정보를 기반으로 인간의 의사결정이나 시스템의 조작을 편리하게 하는 것에 초점이 맞춰져 있으며 USN을 도입한다고 해서 기존에는 되지 않던 특별한 일이 가능해지는 것은 아니고 지금까지 모든 기기가 고립되어 동작하던 것을 USN을 사용하여 네트워크에 연결함으로써 사회를 지탱해온 인프라를 조금 더 효율적으로 운용하게 해주는 정도라는 것을 알 수 있다.

3 M2M

M2M이란 사람이 개입되지 않은 상태에서 센서, 제어기 등 기계(machine)가 직접 상호 통신하는 것을 말한다. M2M은 앞에서 소개한 USN이 H2M(human-to-machine)의 성격이 짙은 것에 반해서 이번에는 사람이 개입되지 않는다는 점에서 IoT에 조금 더 가까운 개념이라고 할 수 있다. 그래서 혹자는 M2M과 IoT를 혼용해서 쓰기도 한다.

그러나 사실 M2M은 엄격히 말하면 기존의 사람과 사람 간의 통신을 말하는 H2H(human-to-human), 사람과 기계 간의 통신을 말하는 H2M(human-to-machine) 등 데이터를 주고받는 주체의 관점에서 분류한 개념이다.

그런데 인간이나 기기를 연결하는 모든 네트워크가 공통 프로토콜로서 IP를 중심으로 운영되고 모든 정보가 0과 1의 조합으로 디지털화되면서 굳이 네트워크에 접속되는 대상이 사람이든 사물이든 아무 의미가 없게 된 것이다. 다시 말하면 기계와 기계가 통신만 할 수 있다고 해서 뭔가 새로운 가치가 창출되지 않는다면 의미가 없다는 의미이다. 그 와중에 WiFi, Zigbee, LTE 등 무선인터넷 기술이 더욱 발전되고 센서도 다양해졌으며 빅데이터와 인공지능 기술 등이 동시다발적으로 발전하면서 M2M은 그 꽃이 피어보기도 전에 IoT에 흡수되고 만다.

1.2 IoT의 정의

위에서 말한 것처럼 IoT가 어느 날 갑자기 창조된 것은 아니고 USN이나 M2M 등 이미 존재해 왔던 기술이 진화한 결과인 만큼 IoT에 대해서는 다양한 주체에 따라 다양한 정의가 가능하다. 아래에 대표적인 몇 가지 정의를 요약하였다.

- 일반적인 정의: 사물과 사물, 사람과 사물이 상호 통신하는 것이다.
- 미국의 정의: 물건이나 제품을 인터넷으로 연결해서 그 물건이 가지는 가치를 높이고 인간의 생활을 더 편리하게 만드는 것이다.
- 한국의 정의: 모든 사물을 연결하여 사물과 사물, 사람과 사물 간에 정보를 교류하고 상호 소통하는 지능형 ICT 인프라 및 서비스 기술이다.

아래의 그림은 IoT의 과거와 미래를 나타내는 것이다. 즉, 시간을 나타내는 x축 상에 가장 먼저 USN의 개념이 등장하고 이어서 M2M, IoT의 개념으로 발전한 후 앞으로는 IoE로 진화한다는 의미이다. 한편 디바이스가 연결되는 범위를 나타내는 y축에서는 기술이 진화함에 따라서 연결되는 디바이스의 종류가 점점 많아짐을 나타내고 있다.

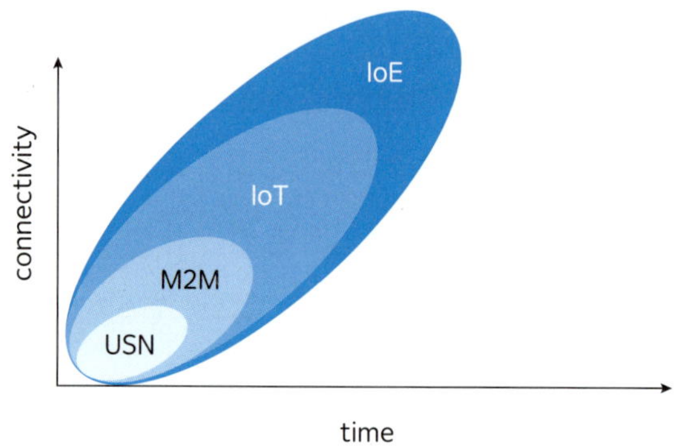

그림 1.1 IoT의 과거와 미래

위의 그림에서 각 요소는 각기 다른 의미를 가지고 있는데 우리는 이 점에 주의할 필요가 있다. USN은 단순히 도처에 편재된 센서의 연결을 나타내고 M2M은 USN 상에서 인간이 개입되지 않은 기기 간의 통신을 의미하며 IoT는 USN 상에서 인간이 개입되지 않은 가운데 사물 간에 데이터를 교환하고 지능적 행위(판단 등)를 하는 것을 의미하며 IoE는 세상의 모든 것을 연결한다는 것을 의미한다. 결국 IoE는 IoT의 궁극점이다. 그리고 기술은 USN → M2M → IoT → IoE로 그 범위나 개념이 확장 진화해 가고 있다.

이처럼 IoT는 다양한 이름으로 불리게 되었는데 이들을 총괄하는 의미에서 IoT가 추구하는 개념에 대해서 알아보자. IoT의 개념을 정의하는 관점은 크게 세 가지로 나눌 수 있는데 기기, 네트워크, 그리고 의미를 중심으로 하는 것이다.

- 기기 중심(device-centric)의 개념: 사물에 탑재된 RFID와 같은 태그를 통해 사물의 인식과 추적 및 데이터 관리를 중시한다.
- 네트워크 중심(network-centric)의 개념: 모든 사물이 언제 어디서나 누구에게나 연결되도록 하는 접속을 중시한다.
- 의미 중심(semantic-centric)의 개념: 인터넷에 연결된 사물에서 얻어지는 정보를 표현하고 저장, 검색, 체계화하는 것에 중점을 둔다.

그럼 IoT의 궁극적 목표는 무엇일까? 그 목표는 앞으로 시간이 감에 따라서 계속 바뀌고 진화하겠지만 현재로서는 향후 맞이하게 될 인구 감소, 고령화 사회, 사회 인프라의 열화에 대비하기 위하여 국가나 사회의 지속 발전을 위한 수단으로서의 역할을 담당할 것이다.

1.3 IoT 핵심 요소 기술

IoT를 구성하는 기술은 크게 세 가지로 구성되는데 다음과 같다.

- 센싱 기술(스마트 센서): 데이터를 수집하고 그것을 정보화(digitization)하는 것을 말한다.
- 유무선통신 및 네트워크 인프라 기술(플랫폼 및 보안 포함): 데이터를 클라우드 서버에 전송하거나 서버로부터의 명령을 디바이스에게 전달하고 데이터의 형식을 변

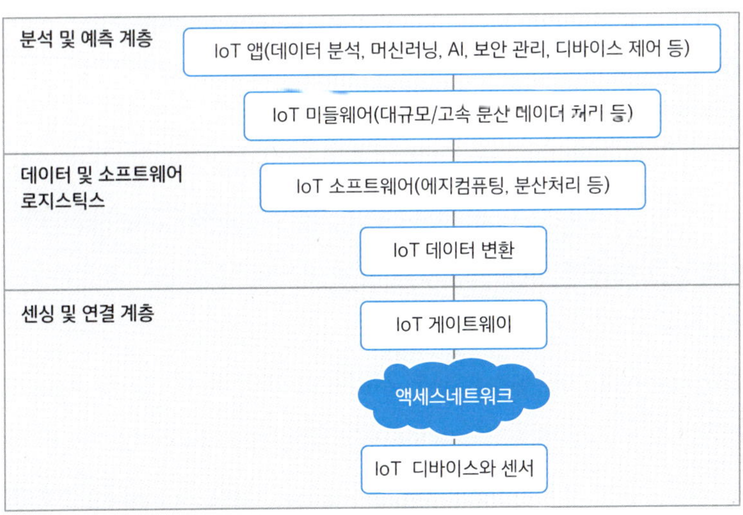

그림 1.2 IoT의 시스템 참조 모형

환하거나 간단한 처리도 행하는데 이 기술은 연결 및 데이터 로지스틱스(data logistics) 기술이라고도 부른다.

- IoT 서비스 기술: 데이터의 분석 및 예측을 통한 대응책을 강구하는 것이다.

위와 같은 IoT의 핵심 요소 기술은 그림 1.2와 같은 참조 모형으로 도식화할 수 있다 [가와무라].

1.4 IoT의 구성요소

IoT는 기존의 다양한 정보통신 기술이 망라된 하나의 융합 기술인 만큼 그 구조가 복잡하다. 그래서 많은 표준화 단체, 연구 단체, 장비 및 통신 서비스업자들은 지난 십여 년간 IoT를 하나의 표준화된 요소 기능으로 정의하는 노력을 수행해 왔다. 그 결과 전형적인 네 가지 요소를 도출해냈는데 IoT는 아래와 같이 네 가지 요소(element, 다른 말로는 기능 계층–functional layer)로 구성된다.

1. 응용(applications): 이 계층은 사용자에게 서비스를 제공하는 계층이다. 그리고 응용은 사용자가 접하게 되는 모든 응용서비스(application service)의 총칭이다. 즉 우리가 도시/의료/교통, 농/축/수산업, 에너지/환경/토목/자원, 방범/방재, 물류 관리 등을 위하여 사용하는 모든 앱이 여기에 해당한다. 응용은 다른 말로 콘텐츠(contents)라고도 부른다.
2. 플랫폼(platform): 이 계층은 IoT 서비스와 관련된 데이터를 처리하는 계층이다. 플랫폼은 미들웨어(middleware)의 일종인데, 디바이스의 운용 관리(device monitoring, 고장 탐지, 인증/과금, activation, sim card 관리, 로밍 등 네트워크 절체)를 담당하며, 주로 클라우드 상에서 구축되며 플랫폼 사업자가 운용한다.

데이터를 저장하는 스토리지(storage)나 정보처리 서버(information processing server)도 플랫폼에 포함된다. 플랫폼은 IoT의 심장이라고도 할 수 있을 만큼 모든 지능(intelligence)이 여기에 집약되어 있다. 요즘 화제가 되고 있는 제4차 산업혁명과 관련한 키워드의 하나인 인공지능(AI)도 결국은 이 계층의 영역이다.

3. 네트워크(network): 네트워크 계층은 디바이스와 플랫폼 간의 연결(connection)을 제공하며 통신 사업자가 구축해서 운용하는 유무선 네트워크가 이에 해당한다. 유선 네트워크로서는 로컬에서는 Ethernet, DSL, PLC 등이 있고 인프라에서는 광케이블 네트워크가 있다. 한편 무선 네트워크로서는 4/5G, WiFi, Bluetooth, ZigBee 등이 있다.
4. 디바이스(device): 이 계층은 IoT의 가장 낮은 물리적 계층이다. 디바이스는 최종 사용자가 사용하는 기기(end user devices, 편의상 '디바이스' 또는 '기기'라고 부름)로서 IoT와 관련된 데이터를 생성하거나 소비하는 장치를 말한다. 디바이스는 크게 세 가지로 나눌 수 있는데 가장 원시적인 디바이스는 RFID로서 주로 정보를 읽는 수동적인 동작만을 한다. 다음으로는 센서와 컨트롤러(혹은 액추에이터)인데 이들은 물리적 공간에 설치되어서 다양한 상황을 감지(sensor)하고 그에 따라서 행동을 취하게 하는 기능(controller)을 담당한다. 센서나 컨트롤러가 부착되는 곳으로는 수많은 예가 있겠으나 주로 자판기, 자동차, 의료기기, 스마트미터(smart meter), 공작기계 등이다. 그리고 마지막으로 스마트폰이나 컴퓨터(태블릿부터 PC까지 다양한 수준을 포함)도 역시 디바이스인데 이것은 주로 사람이 IoT와 관련된 앱을 구동하고 명령을 내리는 데 사용한다.

한편 위의 기능 계층에서는 나타내지 않았지만 IoT에서 빠져서는 안될 중요한 기능으로서 보안(security)이 있다. 즉, 모든 디바이스, 네트워크, 플랫폼, 앱은 보안의 위협에 노출되어 있다. 그래서 보안도 IoT의 논의에서 제외할 수 없이 중요한 요소인데 이에 대해서는 뒤에서 하나의 장을 마련해서 다루기로 한다.

혹자는 위와 같은 네 개의 요소로 이루어지는 IoT의 생태계를 C–P–N–D–Se(contents-platform-network-device-security) 생태계 혹은 마지막의 보안 부분은 빼고 C–P–N–D 생태계라고도 부른다. 단, 여기서 콘텐츠(contents)는 애플리케이션(application)과 혼용된다.

위의 구성요소를 기능별로 구별하여 추상적으로 나타내면 아래와 같은 계층 개념도가 된다.

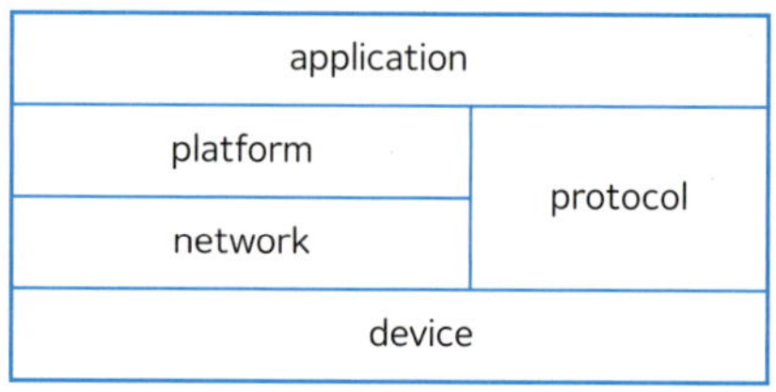

그림 1.3 IoT의 구성요소

한편 위에서 정의한 IoT의 구성요소와 실제로 존재하는 물리적 객체 사이의 관계를 아래의 표와 같이 정의하기도 하는데 둘 간에 서로 밀접한 관계가 있음을 쉽게 알 수 있을 것이다.

표 1.1. IoT의 계층적 구조

계층	물리적 객체	특징	주된 기능	비고
응용서비스	앱 서버	서버 ID, 위치	• 서비스의 가입/해지, 인증, 유지관리	응용
정보처리	정보처리 장치	컴퓨팅 리소스	• 데이터 마이닝, 정보 질의 • 프라이버시 보호	플랫폼
데이터 교환	전송채널	대역, 프로토콜	• 데이터 라우팅, 전송 제어	네트워크
센싱 및 제어	센서 및 컨트롤러	기기의 이름 및 유형	• 센서: 신호 변환 • 센서/컨트롤러: 데이터 교환 • 컨트롤러: 명령 수행	기기

1.5 IoT의 시스템 구조

IoT의 시스템 구조(system architecture)는 앞에서 정의한 IoT의 네 가지 기능 계층에 근거하여 실제로 IoT 시스템을 개발하는 데 있어서 기능의 분할이나 인터페이스의 설계 및 상호 접속을 위한 참조 모델(reference model)이다.

IoT 시스템을 구현하는 방법은 크게 두 가지로 나눌 수 있는데 하나는 수직형 구조이고 다른 하나는 수평적 구조이다. 수직형 구조는 애플리케이션별로 별도의 플랫폼을 가지고 있는 것이고 수평형 구조는 모든 애플리케이션이 하나의 공통된 플랫폼을 가지고 있는 것이다.

아래에서 각 구조를 설명할 때 전형적인 모양을 도식화할 예정이다. 참고로 과거의 통신 시스템은 대부분 수직형 구조이다.

1.5.1 수직형 구조

IoT에서 수직형 구조는 앞에서도 말한 바와 같이 애플리케이션별로 별도의 플랫폼을 가지고 있으며 아래의 그림과 같은 모양이다.

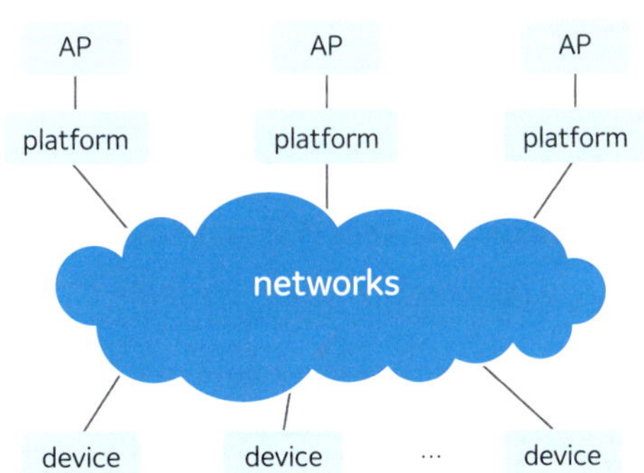

그림 1.4 수직형 IoT 구조

기존에 존재하는 수직형 구조를 취하는 개별 시스템의 예로는 빌딩관리 시스템, 자판기관리 시스템, 교통정보 시스템, 방범관리 시스템, 농산물관리 시스템, 원격의료 시스템, 교통관제 시스템, PoS, 물류관리 시스템 등이다.

그러나 수직형 구조에는 크게 두 가지 한계가 있다. 먼저 인터페이스의 불일치인데 IoT에서 두 가지 유형의 인터페이스가 존재한다.

- 수직형 인터페이스: 디바이스 ⇔ 네트워크 ⇔ 플랫폼 ⇔ 앱 간에 데이터 및 제어 정보의 교환을 함에 있어서 인터페이스가 서로 다르다.
- 수평형 인터페이스: 앱 간에 데이터 및 서비스의 연동에 있어서 인터페이스가 서로 다르다.

나머지 하나는 SW 자산의 유용이 불가하다는 것이다. IoT에서는 다양한 유형의 비즈니스가 존재하는데 기업마다 목적으로 하는 앱이 다르며 각자 개별화된 형태로 앱을 제작하여 사용하기 때문에 그 서비스가 아닌 타 서비스에는 이전에 개발한 SW의 적용이 곤란하여 신규 서비스의 개발 시에는 새로 그 서비스에 맞춰서 SW를 개발하여야 하므로 개발 비용이 증대하며 서비스간 연동도 불가하고 앱의 사용에 다음과 같은 제한이 있다.

- 시스템별로 구축 비용 및 서비스 비용이 과다하다.
- 제공 가능한 서비스에 제한이 있다.
- 서로 다른 서비스 간의 연동이 불가능하다.
- 액세스 네트워크의 절체가 불가능하다.
- API가 별도로 필요하다.
- SW의 재이용이 불가능하다.
- 앱의 개별 관리를 필요로 한다.

한편 IoT에서는 다양한 애플리케이션이 동일한 네트워크 상에서 구동되므로 애플리케이션마다 별도의 플랫폼을 구축한다는 것은 너무나 큰 비효율을 초래한다. 따라서 이상과 같은 많은 문제점을 해결하기 위해서 IoT에서는 다음의 두 가지 방안을 강구하게 되었다.

- 개별 수직형 모델을 공통의 수평형 모델로 개조한다.
- 데이터의 상호 연동을 위해 통신 사업자, SW 사업자, HW 사업자, M2M 서비스 사업자가 공동으로 업종과 무관한 공통된 개방형 플랫폼(open platform)을 구축한다.

1.5.2 수평형 구조

IoT의 수평형 구조는 다음과 같다.

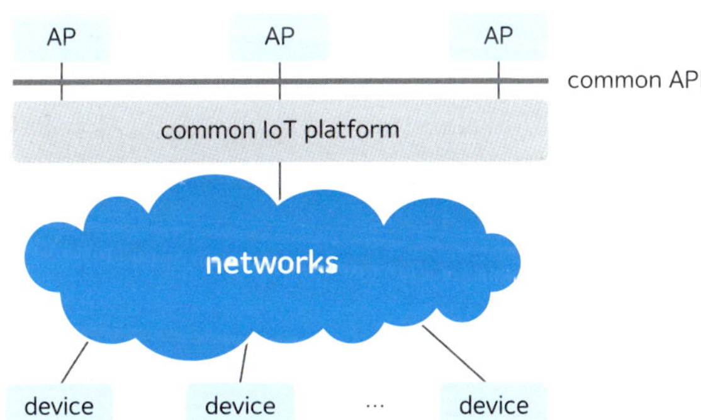

그림 1.5 수평형 IoT 구조

위의 그림에서 보듯이 수평적 구조에서는 다양한 애플리케이션에 대해서 공통의 플랫폼을 구축하여 네트워크에 접속한다. 이때 애플리케이션과 플랫폼 사이에 공통의 API(common API)가 존재한다.

수평형 구조가 수직형 구조보다 더 나은 점을 아래에서 요약한다.

- 시스템 개발 비용의 절약: IoT 플랫폼이 제공하는 공통의 기능을 이용하므로 시스템 개발 비용이 절약되고 개발 기간도 단축된다.
- 접속 디바이스의 은폐: IoT 플랫폼으로 인해 센서 등 디바이스 간의 접속 방법 및 프로토콜을 숨길 수 있다.
- 데이터의 넓은 활용도: 수집된 데이터가 플랫폼 상에 집속 축적되어 다양한 애플리케이션 간에 활용도가 확대된다.

1.5.3 기능적 측면에서 IoT의 시스템 구조

기능적 측면에서 IoT의 시스템 구조는 크게 3계층 구조와 5계층 구조로 나뉘는데 먼저 3계층 구조에 대해서 정의하고 이어서 5계층 구조에 대해서 정의한다.

1 3계층 IoT 구조

예전부터 이동통신 사업자나 EU의 CASAGRAS(coordination and support action for global RFID-related activities and standardization), 그리고 IoT의 표준화를 규정하는 IEEE P2413 등을 중심으로 3계층 IoT 구조가 정의되었다[시라토리].

먼저 이동통신 사업자가 제안하는 구조는 아래의 그림과 같이 이루어져 있다.

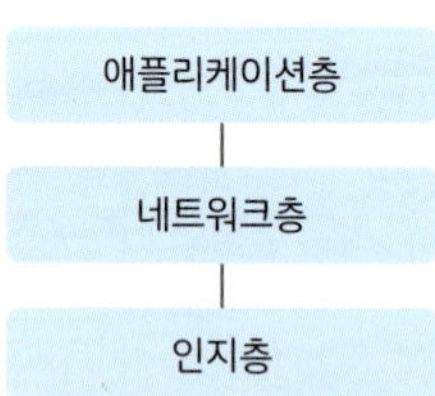

그림 1.6 이동통신 사업자의 IoT 시스템 구조

각 계층의 특징은 다음과 같다.

- 인지층(perception layer, 이하 PL): 사물(device)을 인식해서 그의 상태나 주변의 환경과 관련된 데이터를 수집하는 계층으로서 이 계층에 자원제약적인 디바이스가 위치한다.
- 네트워크층(network layer, 이하 NL): PL로부터 취득한 데이터를 집약하는 기능이다.
- 응용층(application layer, 이하 AL): 적용 분야별로 사용자 또는 필요에 의해서 수집된 데이터를 활용한 다양한 서비스를 제공한다. 데이터의 수집 및 디바이스의 관리 기능 등의 실장은 응용(application)에 의존하며 이 같은 특징으로 인하여 3계층 IoT 구조는 수직형 IoT 시스템이라고 부른다.

위의 구조 이외에도 3계층 구조로는 다음과 같은 것이 있다. 먼저 아래의 그림은 IEEE P2413이 제안하는 구조이다.

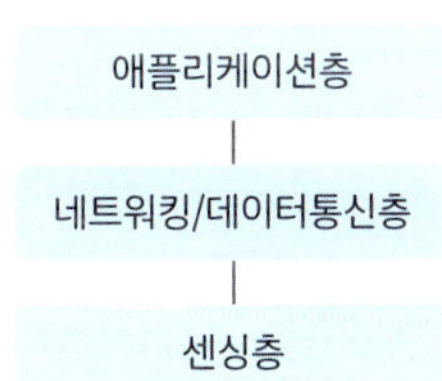

그림 1.7 IEEE P2413의 IoT 시스템 구조

위의 그림은 기본적으로는 이동통신 사업자가 제안하는 구조와 거의 같은데 다만 명칭이 약간 다를 뿐이다. 즉, 이동통신 사업자의 네트워크층을 네트워킹 및 데이터통신층으로, 그리고 인지층을 센싱층으로 부를 뿐 그 기능은 같다고 볼 수 있다.

한편 아래의 그림은 CASAGRAS가 제안하는 구조이다.

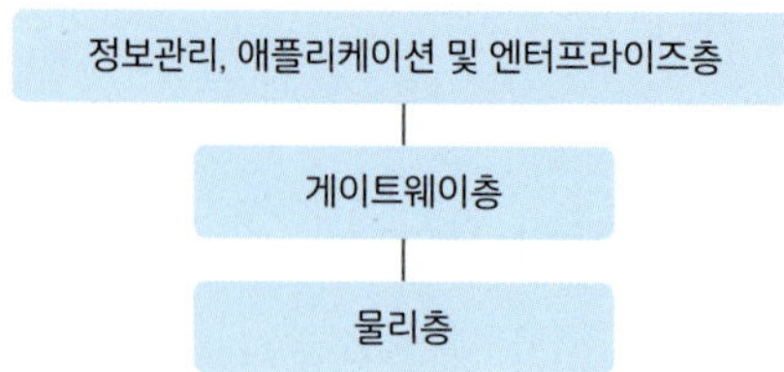

그림 1.8 CASAGRAS의 IoT 시스템 구조

위의 그림에서도 각 층이 담당하는 기능은 기본적으로는 위의 두 단체가 제안하는 구조와 거의 같은데 다만 명칭이 다를 뿐이다. 즉, 애플리케이션층을 정보관리, 애플리케이션 및 엔터프라이즈층으로, 네트워크층(또는 네트워킹 및 데이터통신층)을 게이트웨이층으로 그리고 인지층(또는 센싱층)을 물리층으로 부를 뿐 그 기능은 같다고 볼 수 있다.

2 5계층 IoT 구조

Said 등은 IoT의 시스템 구조를 비즈니스(business), 애플리케이션(application), 프로세싱(processing), 트랜스포트(transport), 인지(perception) 등 다섯 개의 계층으로 정의했다[Said].

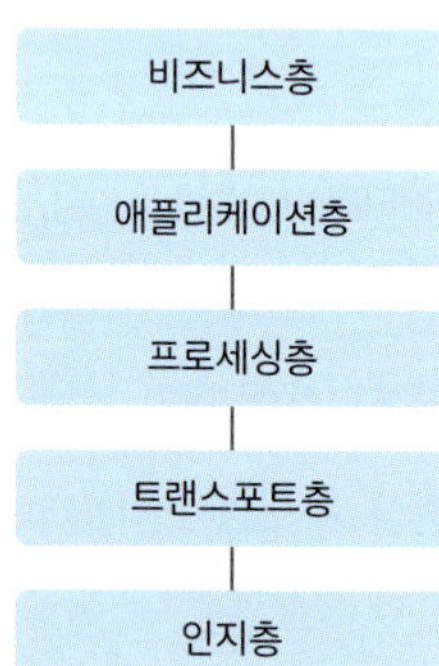

그림 1.9 네트워크 기반의 5계층 IoT 시스템 구조

5계층의 IoT 시스템 구조의 특징으로는 3계층의 IoT 구조에서 각 층으로부터 IoT의 공통적 기능을 분리하고 그 위에 비즈니스계층을 추가했다는 것이다. 5계층의 IoT 시스템 구조는 네트워크 기반, SOA 기반, 그리고 API 기반이 있는데 그림 1.9는 네트워크 기반의 5계층 시스템 구조이다.

네트워크 기반의 5계층 IoT 시스템 구조의 특징은 네트워크층의 기능을 데이터 처리(processing)와 데이터 전달(transport)층으로 나누었다는 것이다. 즉 TCP/IP를 기반으로 하는 구조이다.

아래의 그림은 SOA 기반의 5계층 시스템 구조이다.

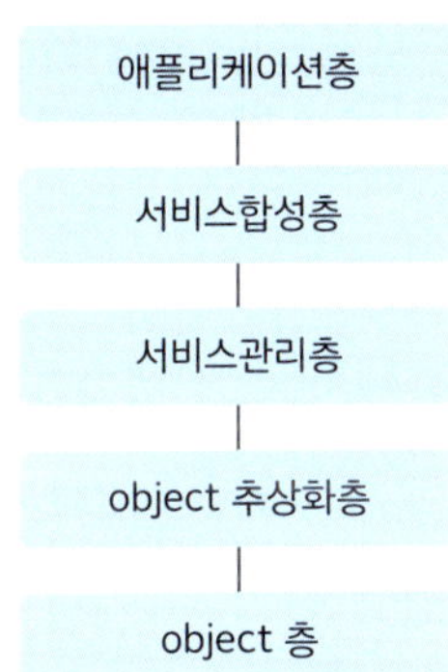

그림 1.10 SOA 기반의 5계층 IoT 시스템 구조

SOA 기반의 5계층 시스템 구조의 특징은 IoT 시스템의 기능을 서비스 중심의 관점에서 구조화(service-oriented architecture, SOA)했다는 것이다. 그런데 IoT 시스템이 복수의 사업자(stakeholder)로 구성된 생태계이므로 SOA에 의한 상의하달(topdown) 접근법은 적절하지 않다는 지적이 있다.

그림 1.11은 API 기반의 5계층 시스템 구조이다.

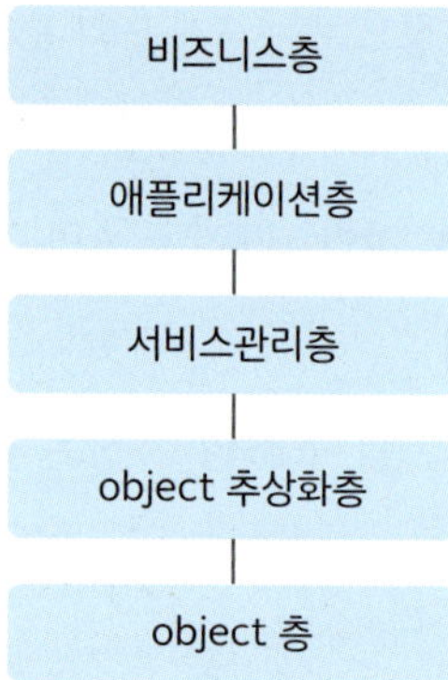

그림 1.11 API 기반의 5계층 IoT 시스템 구조

API 기반의 구조는 web API의 이용을 가정한 구조이어서 이것을 API 기반의 구조라고 부른다. 이 경우 object층은 센서(sensor)나 액추에이터(actuator) 등의 디바이스를 포함하는 물리층으로서 수집한 데이터를 디지털화하여 상위의 object 추상화층으로 보낸다. 그러면 object 추상화층에서는 그 데이터를 서비스관리층으로 보내기 위한 네트워크 기능과 프로토콜 변환 기능을 가지고 있다. 서비스관리층은 수집한 데이터를 분석하고 디바이스 관리, 서비스 등록 등의 IoT에서 필요한 공통 기능을 담당한다. 마지막으로 애플리케이션 및 비즈니스층은 적용 분야별로 수집된 데이터의 가시화 또는 분석 등을 통해서 의사결정을 한다.

여기서 한 가지 지적하고자 하는 것은 5계층 IoT 시스템에서 서비스관리층은 애플리케이션에 의존하지 않기 때문에 이 구조에 의해서 구축된 IoT 시스템은 수평형 시스템이라고 부르며 이와 같은 서비스관리층의 기능은 맨 앞에서 정의한 C-P-N-D-Se 생태계의 위에서 두 번째 계층인 플랫폼에서 제공된다.

마지막으로 5계층 IoT 구조가 가지고 있는 과제에 대해서 간략하게 설명하면 다음과 같다.

- 서비스 품질 저하 우려: IoT 네트워크에 디바이스가 대규모로 접속되는 경우 그로

인해서 발생되는 대량의 데이터를 수집하는 과정에서 네트워크의 대역이 부족하게 되고 서비스 품질의 저하(지연 도착, 패킷 손실, 심하면 접속 실패 및 접속 중단 등)가 우려된다.

- 미션 수행 실패의 우려: 인터넷의 성능 저하 및 통신 폭주로 인해서 플랫폼에서 디바이스로의 제어 신호가 제때에 전달되지 못하면 미션(상황의 탐지 및 대처)이 실패로 끝날 수 있다.
- 보안의 우려: 센서 등 디바이스로부터 수집된 데이터가 모두 클라우드 상에 위치하는 플랫폼에 축적되는데 이 경우 개인정보 및 기업의 비밀정보 등의 보안 리스크가 존재한다.

1.6 소물인터넷

사물인터넷의 개념 중에서 최근 들어서 나온 개념으로 소물인터넷이 있다. 소물인터넷(Internet of small things, IoST)은 일상생활에서 사용하는 작은 사물(small things)에 작고 간단한 통신기기(모듈)를 장착한 후 인터넷(Internet)에 연결함으로써 적은 전력 소비로 소형 기기의 제어, 공장 자동화 등의 관제, 전기 및 가스 검침 등 다방면에 활용이 가능한 소형기기에 대한 IoT 기술이다[김범준]. 이 기술은 제조, 유통, 건설 등 전후방 산업 간에 연계효과가 커서 이동통신사의 미래 수익원(cash cow)으로서 주목을 받고 있다.

IoST는 자동차, 전자기기(electronic device) 등에서 생성되는 대량의 데이터를 초고속으로 송수신하는 것을 전제로 하는 IoT와는 반대로 저용량의 데이터를 초저속으로 전송하는 기술이다. 그리고 TV나 냉장고 등과 같이 상시로 전원의 공급을 필요로 하는 전자기기와는 달리 개인의 짐이나 화물 등 전원이 거의 필요 없거나 전원 공급이 힘든 비전자기기(non-electronic device)에 동전만한 크기의 통신모듈을 달아서 배터리의 교환 없이 거의 반영구적으로 사용할 수 있는 기술이다. 따라서 이 기술은 화물의 실시간 이동경로의 파악이나 자전거 도난 방지, 미아 방지 서비스 등에 적용할 수 있다.

이와 같은 IoST의 시장을 선점하기 위해서는 전국 규모의 무선통신망이 구축되어야 하는데 KT는 2016년 3월 29일 소물인터넷 사업설명회를 개최하면서 세계에서 최초로 기존에 구축되어 있는 LTE 기반의 소물인터넷 전용 LTE-M을 전국적으로 구축하였다고 발표했다[김봉기]. KT는 자전거의 위치를 실시간으로 확인하는 '자전거 도난 관제 서비스'와 운반 중인 혈액의 상태를 관찰하는 '스마트 혈액 박스', 매장 내의 온도/습도 센서 등을 이용한 '스마트 라이팅' 등 다양한 서비스를 시연하였다.

1.7 IoT와 관련된 몇 가지 사실

IoT에 대해서 기술이나 서비스를 개발하는 사람들은 IoT 그 자체에 대해서 아주 잘 알고 또 그것을 사용하면 아주 좋을(?)것으로 생각하고 있을 것이다. 그러나 일반인들에게 IoT에 대해서 물어보면 답은 상당히 다르다. 2017년 4월 하순에 니케이 커뮤니케이션즈(NIKKEI COMMUNICATIONS, 이하 NC)에서 일본 기업 364개사에 대해서 조사한 바에 의하면 그 결과가 흥미롭다[NC]. 그래서 그 내용을 요약하였다.

1. IoT의 도입 여부에 대해서 물은 결과(응답자의 수=133개 기업) 58.6%가 '도입하고 있지 않다'고 대답했다. '어떤 형태로든지 IoT를 이미 도입했다'는 기업은 6.8%에 불과하다. 26.3%는 '도입하는 방향으로 검토하고 있거나 아니면 도입할지 말지 검토 중'이라고 대답했다. 나머지 8.3%는 '모르겠다'고 답했다.
2. 위의 ①번 항에서 IoT를 도입하지 않은 이유를 복수 응답으로 물었더니(응답자 수=78명) top3는 37명이 '도입해야 할 일이 없어서'라고 했고 '어떻게 도입해야 좋을지 몰라서'라고 대답한 사람은 25명, '회사에 알맞은 솔루션이 없어서'라고 답한

사람이 20명이나 되었다. 나머지 38명은 '도입할 여유(인적, 금전적)가 없어서'라고 했다.

3. 위의 물음에서 이미 도입했거나 도입을 검토 중인 기업에 대해서 도입의 목적을 물었는데(역시 복수 응답, 응답자 수=44명) 28명이 생산성의 향상, 25명은 장해 대응 및 안전성의 향상, 24명이 품질 향상, 17명이 통계 분석을 위해서라고 대답했다.

참고로 NC는 IoT를 위해서 사용하는 통신방식에 대해서 물었는데(복수 응답, 응답자의 수=18명) 11명이 WiFi, 6명이 3G/4G, 4명이 FTTH, 2명이 Bluetooth, 그리고 LoRaWAN과 Sigfox가 각각 1명이었다. 따라서 아직은 WiFi가 IoT 망 접속의 대세이다.

한편 김학용 등은 IoT가 필요한 이유에 대해서 미국의 사례를 소개하고 있는데 복수의 응답을 허용하여 조사한 결과 다음 항목이 best 5에 선정되었다[김학용].

1. 혁신(innovation)의 가속화 36%
2. 사용자 경험(user experience)의 향상 35%
3. 비즈니스 업무(business process)의 자동화 35%
4. 네트워크에의 접속 26%
5. 비용 절감(cost reduction) 25%

위의 항목을 보면 IoT가 필요한 이유 중 가장 높은 비율을 차지한 것은 '혁신의 가속화'였지만 실은 '고객 경험의 향상'과 '업무 처리 과정의 자동화'도 거의 같은 비율을 차지하였음을 알 수 있다. 이는 일본의 결과와도 상당히 비슷한 경향을 가지는데 결국 IoT가 창출하는 가치는 기존의 업무를 인간 중심에서 기계를 통한 자동화/지능화로 바꾸는 것에 있다고 볼 수 있다.

IoT를 구현하는 데에 있어서 꼭 필요한 기술에 대하여 복수의 응답을 허용하여 조사한 결과 다음 항목이 best 5에 선정되었다.

1. 디바이스의 네트워크 접속 33%
2. 빅데이터 32%
3. 클라우드컴퓨팅 31%
4. 고속 무선 액세스 27%
5. 컴퓨터 자원(computing/storage)과 관련된 비용 절감 23%

위의 결과에서 IoT를 구현함에 있어서 중요한 관점은 (너무나 당연한 이야기이기는 하지만) 무엇보다도 다양한 디바이스가 네트워크에 유연하게 접속되어야 한다는 것이고 그에 못지 않게 네트워크에 연결되는 디바이스로부터 얻은 많은 데이터(big data)의 수집과 처리(cloud computing)를 통하여 무엇인가 가치 있는 정보를 도출하여 실생활에 기여하여야 한다는 것을 내포하고 있다.

마지막으로 IoT 실현에 있어서의 해결해야 할 과제에 대하여 복수의 응답을 허용하여 조사한 결과 다음 항목이 best 5에 선정되었다.

1. 보안 위협에 대한 우려 해결 42%
2. IT 시스템의 변경과 관련된 수고 38%
3. 관련 법규 준수에 대한 우려 32%
4. 인력 채용 감소 문제 25%
5. 이익 감소 우려 25%

위에서 보듯이 IoT를 구현할 때 가장 우려스러운 것이 보안의 위협이다. IoT에서는 인간 간의 통신과는 다르게 M2M 통신이 많은 부분을 차지하기 때문에 인간의 지속적인 감시가 불가능한 환경을 틈타서 보안의 위협이 크다는 것을 암시하고 있고 실제로 사용자들도 그것을 우려하고 있다는 뜻이다.

1장을 마치며

지금까지 우리는 IoT에 대한 가장 기본적인 사실을 알아보았다. 만약 여러분이 이 장에서 다룬 내용을 잘 이해했다면 여러분은 이제 IoT에 대해서 최소한의 예방주사는 맞았다고 할 수 있다.

다만 이 장의 내용은 IoT에 대한 최소한의 개념에 불과하며 이어지는 장에서 본격적으로 IoT의 생태계 전반에 대한 본 모습을 발견할 수 있을 것이다. 여러분의 여행이 끝까지 이어지기를 빈다.

1장 리뷰 문제

(1) IoT가 탄생하게 된 계기는 무엇인가?

(2) IoT 이전의 유사 기술에 대해서 조사해보자.

(3) IoT를 정의하는 세 가지 관점에 대해서 요약해 보자.

(4) IoT의 생태계를 구성하는 기본 구성요소 네 가지는 무엇인가?

(5) IoT의 시스템을 구현하는 두 가지 방법인 수직형 시스템과 수평형 시스템에 대해서 장단점을 비교해보자.

(6) IoT의 계층 구조 두 가지(3계층 및 5계층)에 대해서 특징을 비교 설명해 보자.

(7) 여러분이 만약 개인적인 목적으로 IoT 기술을 사용한다면 가장 먼저 어디에 적용하고 싶은가?

1장 참고문헌

가와무라 류타로 외 1인, “Research and development initiatives on the Internet of Things at NTT”, NTT Technical Review vol.15, no.9, 2017년 9월.

강동철, “삼성 모든 제품에 사물인터넷”, 조선경제, 2016년 1월 7일.

김범준, "'저전력 IoT'로 기기 연결: KT, 소물인터넷 시대 연다", 한국경제신문, 2016년 3월 30일.

김봉기, "KT, 세계 최초 '소물인터넷' 전국망 구축", 조선경제, 2016년 3월 30일.

김학용, "사물인터넷: 개념, 구현 기술 그리고 비즈니스", 홍릉과학출판사, 2014년.

마쯔모토 쯔토무, "하드웨어 시큐리티 연구분야의 전망", 日本 電子情報通信學會誌, 제103권 제1호, pp. 32-39, 2020년 1월.

모리카와 히로유키, "M2M의 개요", NIKKEI COMMUNICATIONS, pp. 96-99, 2012년 4월.

모리카와 히로유키, "비용삭감에서 가치창조로 IoT가 ICT의 입지를 바꾸었다", NIKKEI COMMUNICATIONS, pp. 8-10, 2016년 4월.

모리카와 히로유키, 스즈키 마코토, "M2M이 미래를 창조한다", 日本 電子情報通信學會誌, 제96권 제5호, pp. 292-298, 2013년 5월.

시라토리 노리오 외 4인, "IoT 아키텍쳐의 최신동향", 日本 電子情報通信學會誌, 제100권 제3호, pp. 214-221, 2017년 3월.

오오하시 외 1인, "유비쿼터스센서네트워크", 日本 電子情報通信學會誌, 제95권 제9호, pp. 772-778, 2012년 9월.

최원석, "事物인터넷과 萬物인터넷", 조선일보, 2015년 3월 9일.

후지타 타카후미, 고토 요시노리, 고이케 아라타, "M2M 구조와 기술과제", 日本 電子情報通信學會誌, 제96권 제5호, pp. 305-312, 2013년 5월.

Cisco IoE value index, "Cisco global research & economics", 2013년 6월.

H. Ma et al., "On networking of Internet of Things: explorations and challenges", IEEE Internet of Things Journal, vol.3, no.4, 2016년 8월.

NC, "IoT/M2M을 도입하고 있습니까?", NIKKEI COMMUNICATIONS, 2017년 6월.

Geng Wu et al., "M2M: From mobile to embedded Internet", IEEE Communications Magazine, pp. 36-43, 2011년 4월.

CHAPTER 2 IoT 응용서비스

IoT 응용서비스(application service)란 IoT 기술을 응용한 서비스를 말한다. 일반적으로 서비스는 엄밀히 말하면 무형의 행위인데, IoT 응용서비스는 결국 IoT를 응용한 무형의 행위라고 할 수 있다. 이에 대한 자세한 설명은 뒤에서 하겠지만 먼저 이해를 돕기 위해서 IoT 응용서비스의 예로서 홈시큐리티(home security) 서비스를 생각해 보자.

홈시큐리티는 가정의 보안을 관리하는 서비스로서 집 안과 밖의 곳곳에 CCTV를 설치하고 영상을 녹화하되 주인이 없는 동안 집에서 현관문이나 창문이 강제로 열릴 경우처럼 비정상적인 일이 벌어지면 그 사실을 집 주인의 스마트폰으로 알려준다. 이때 CCTV 카메라, 문열림 센서는 디바이스(device)이고 이들 디바이스로부터 생성되는 데이터는 네트워크(network)를 통해 홈시큐리티 서비스를 제공하는 회사의 IoT 플랫폼(platform)으로 전달되어 정보처리 과정을 거쳐서 마지막으로 고객의 스마트폰(device)으로 알람이 전달된다. 이와 같은 일련의 과정을 통해 고객은 자신의 집의 보안을 유지할 수 있다.

IoT가 등장하기 이전에도 우리 주변에는 이미 그와 유사한 응용서비스는 많이 있었다. 그것은 원격감시(remote surveillance) 및 원격제어(remote control)로 불리는 기술인데, 전형적인 모습은 기기와 떨어진 곳에 카메라나 감시 시스템을 두고 원격으로 기기의 운행 상태를 감시하고 제어하는 것이다. 2.1에서 과거에 있었던 IoT와 유사한 응용서비스의 몇 가지 사례를 소개하고 이어서 최근의 IoT 응용서비스에 대해서 소개하고자 한다.

2.1 과거의 IoT 유사 응용서비스

1 엘리베이터 감시

우리 주변에서 가장 흔히 볼 수 있었던 것으로 엘리베이터의 운행 상황을 감시하는 기술이 있는데 주된 목적은 엘리베이터의 급정지 또는 고장 발생 시 긴급 복구 및 인명 구조였다. 엘리베이터에 통신모듈을 탑재하여 엘리베이터가 고장나거나 갑자기 멈췄을 때 그 안에 있던 사람이 긴급버튼을 눌러서 관리자에게 엘리베이터의 위치를 알려주면, 관리자는 그 사람에게 대응방법을 알려줄 수 있었다. 또한 엘리베이터에 감시카메라를 설치하여 살인이나 도난 등 사고가 났을 때 나중에 누가 그곳을 드나들었는지를 파악하는 것도 가능했다. 그러나 엄격히 따져보면 이것이 과연 IoT라고 할 수 있을지는 의문이다.

2 자동판매기 원격관리

일반적으로 커피, 음료수 등 자동판매기는 오프라인(offline) 매장을 운영하기 어려운 곳에 많이 위치하고 있다. 그래서 과거에는 자동판매기를 관리하는 회사 직원이 트럭에 물건을 싣고 자판기가 놓인 곳을 돌아다니면서 부족한 물품을 채워넣고 돈을 수거했다. 그런데 물품마다 팔리는 패턴도 다르므로 자동판매기 운영회사는 어떤 물건을 어디에 얼마나 가져가야 할지 파악하는 것이 문제였다. 즉, 어떤 상품이 어떤 요일, 계절, 지역에서 얼마나 팔리는지 등의 재고정보, 매상정보, 고장정보를 수집할 필요성이 있었다. 그래서 이를 해결할 목적으로 자동판매기에 센서를 설치하여 물품 판매 상태를 파악하여 보충해야 할 상품의 개수뿐만 아니라 자동판매기의 추가 설치, 상품생산 및 마케팅에 활용하고자 하였다. 이를 위하여 자동판매기에 통신모듈을 탑재하여 원격으로 모니터링하였다.

3 중기계 원격관리

대부분의 경우 중기계는 토목공사를 위해서 사용되며 산지(山地)나 강가 등 인간이 접근하면 위험한 장소나 인적이 드문 곳에서 작업을 한다. 그런데 만약 중기계가 고장나거나 중기계를 다루는 사람에게 비상사태가 발생하면 그 사실을 모른 채 시간을 허비할 수도 있다. 최근에는 인구의 고령화로 중기계를 조작하는 사람을 고용하는 것이 어려운 경우도 많은데, 건설기계 등 중기계에 센서나 통신모듈을 설치하여 중기계의 상태를 모니터링할 필요가 늘어나게 되었다. 이를 위하여 중기계에 GPS 수신기와 센서를 설치하고 무선통신 기술을 이용하여 중기계의 위치정보, 가동상황, 기체 및 제어기의 정보를 수집하게 된 것이다. 실제로 일본의 중기계업체 고마츠는 2009년 10월 기준으로 15만 대의 센서와 제어기를 설치하여 운영 중이라고 한다.

4 기타 사례

위와 같은 사례 이외에도 이미 오래 전부터 하천정보(수위, 유량 등)의 원격측정(telemetering), BIS(bus information system)를 이용한 버스 운행 상황 알림, PoS(point of sales)를 이용한 매장의 매출정보관리 등에서도 IoT와 비슷한 서비스가 있다.

2.2 진정한 IoT 응용서비스로의 진화

위에서 살펴본 서비스는 사실 진정한 IoT 응용서비스라고 보기에는 부족한 점이 많다. 그래서 시간이 지남에 따라 보다 더 발전된 서비스가 곳곳에서 등장하게 되었는데 지금부터는 이에 대해서 소개한다[이훈].

2.2.1 가정 영역

가정 영역에서의 IoT 응용서비스는 홈(home) IoT라는 이름에 걸맞게 주로 가정(home)의 생활지원 서비스와 보안 서비스로 구성된다. 먼저 아래에서 삼성전자와 국내외 ISP(internet service provider)들의 IoT 생활지원 서비스를 소개한다.

삼성전자는 '2020년까지 삼성의 모든 제품을 IoT로 연결하겠다'는 야심찬 계획을 세우고 삼성전자가 만드는 냉장고와 TV를 중심으로 거실과 부엌을 연결하는 IoT 서비스를 개발하여 '패밀리 허브(family hub) 냉장고'로 명명하였다. 사실 서비스 이름을 '냉장고'라고 명명한 것은 바람직한 것은 아닌데(필자 註: 차라리 그냥 '패밀리 허브'라고 했더라면 더 나았지 않나 생각됨) 아무래도 삼성전자가 냉장고를 만드는 회사인 점이 서비스명을 물건 이름으로 정한 이유인 듯싶다. 하여간 삼성전자는 향후, 전 세계 모든 가전제품도 연결할 수 있게 IoT 서비스 플랫폼을 개방하겠다는 계획을 가지고 있다[강동철]. 2019년 12월 20일 경제일간지에 실린 기사는 이 사실을 뒷받침하고 있는데 간단히 소개한다[안정락19].

애플, 구글, 아마존, 삼성전자 등 글로벌 정보 기술(IT) 기업은 그동안 회사마다 규격이 달라서 상호 호환되지 못했던 스마트홈 제품들을 서로 연동하기 위해 협약을 맺고 사물인터넷(IoT)용 통신 프로토콜 규격 연합체 '지그비 얼라이언스'는 스마트홈 기기 연동을 위한 개방형 통신규격을 개발하는 워킹그룹을 결성했다. 워킹그룹에는 애플, 구글, 아마존과 지그비 얼라이언스 회원사인 삼성전자, 이케아, NXP반도체, 슈나이더일렉트릭, 시그니파이, 실리콘랩스, 솜피 등이 참여한다.

이번 일을 계기로 스마트홈 디바이스에 통일된 규격을 채택해 제품 간 호환성을 높이는 게 목표다. 이들 업체는 다양한 스마트홈 기기와 모바일 앱, 클라우드 서비스를 서로 연결하고 기기 인증을 위한 통신 기술을 개발할 예정이다. 사실 지금까지는 소비자가 가정용 스마트 자물쇠를 사용하려면 아마존 인공지능(AI) 스피커 에코와 연동되는 제품을 살지, 구글이나 애플 제품과 연동되는 것을 살지 결정해야 했다. 스마트 자물쇠 제조사도 어느 회사의 기기를 지원하는 제품을 개발할지 처음부터 결정해야 하는 것은 물론 제품 수명이 끝날 때까지 지속적으로 업데이트를 해줘야 한다. 새로운 기준은 이런 문제점을 해결해 준다. 관련 업체는 2020년 말까지 규격 초안을 마련하고 다른 회사의 기기와 솔루션 등으로 표준 규격을 확대해 나가기로 했다는 소식이다.

한편 ISP의 측면에서 살펴보면 SK텔레콤은 보일러, 제습기, 에어컨, 금고, 도어록, 김치냉장고, 에어워셔, 공기청정기, 밥솥, 플러그, 콘센트, 드럼세탁기 등을 IoT와 접목하여 가정 내의 모든 기기를 모니터링하고 제어하는 '스마트홈(smart home)' 서비스를 출시하였다. '스마트금고'는 외부에서 금고의 이상 유무를 확인하고 침입이 감지되면 비상상황을 스마트폰에 통지하기도 하는데 인터넷뱅킹이나 은행에 귀중품을 맡기는 요즘에도 집 안에 금고를 가지고 있는 소비자를 겨냥한 것으로 보인다.

LGU+는 'IoT@home'이라는 서비스를 통해 도어록, 스마트 밥솥, 가스록 열림 감지, 스위치, 플러그 등 가정 내의 다양한 기기를 원격으로 제어하는 서비스를 출시하였다. 또 Pet station이라는 서비스도 있는데 이것은 사람이 바깥에 있으면서 집에 있는 개에게 먹이를 주거나 목소리를 전달하거나 화상으로 관찰할 수 있다[안정락15, 안정락16].

KT는 'olleh 기가 IoT 홈캠'을 통해 실시간으로 촬영한 집 내부 영상을 스마트폰으로 확인하고 위험상황 발생 시 '긴급출동 버튼'을 눌러서 보안업체인 KT 텔레캅에 출동을 요청할 수 있다. 또한 'olleh 기가 IoT 홈피트니스'는 7g 무게의 센서를 옷이나 신발에 장착하고 운동하면서 칼로리 소모량 등 운동정보를 확인할 수 있다.

한편 일본에서는 단독주택의 비율이 높아서 그런지는 몰라도 오래 전부터 도입된 스마트홈 서비스 및 최근의 IoT 기술의 발전과 더불어서 방범(home security) 서비스가 고객의 WTP(willingness to pay, 지불의사)가 가장 큰 서비스가 될 것으로 예상되고 있다. 방범 다음으로는 방재 > 의료 > 에너지 절약 > 가전제품의 제어 > AV 콘텐츠 수신의 순으로 수요가 예측되고 있다[사카다]. 일본의 경우 단독주택 위주의 거주형태이고, 지진 등 자연재해가 많고, 세계 최고 수준의 고령화 사회이기 때문에 아무래도 방범과 방재, 의료 순으로 수요가 많고 고객의 선호도도 그에 부합한 순서인 것으로 생각된다.

우리나라에서도 과거에 스마트홈 서비스는 비록 소비자들의 반응이 없어서 실패한 적은 있지만 최근 IoT의 발전과 더불어서 1인 가구의 증가, 고령층의 증가 등 최근의 생활 트렌드의 변화로 인하여 가정 보안이 새로이 주목받고 있다.

필자가 보기에 가정 영역에서 IoT 서비스가 진정 필요한 타겟은 고령자일 것으로 생각된다. 그러나 고령자 스스로가 비용을 지불해서까지 IoT 서비스를 사용할지는 미지수이다. 사실상 IoT 서비스의 특성을 볼 때 디지털 리터러시(digital literacy)가 높은 젊은 1인 가구가 더 적극적으로 사용하지 않을까 생각되는데 표 2.1은 우리나라의 1인 가구를 겨냥한 대표적인 보안 서비스를 요약한 것이다[신은진].

한편 우리나라에서는 아직 가정용 IoT 서비스를 대상으로 한 소비자 선호도에 대한 구체적인 조사 결과가 나와 있지 않은데, 본격적인 IoT의 확산과 서비스의 안착을 위해서는 서비스를 전개함과 동시에 고객의 선호도에 대해서도 관심을 가질 필요가 있다.

표 2.1 1인 가구를 위한 가정 보안 서비스

서비스명	제공회사	서비스 특징	비고
캡스홈	ADT캡스	24시간 현관문과 창문 침입 감지 및 이상 감지 시 출동, 현관 앞 배회자 실시간 감지 '도어뷰어'	월사용료=3만 4,500원
세콤이지	에스원	초광대역 레이더 센서를 이용한 IP 카메라로 침입 감지와 영상 확인	
홈n안심	NSOK	위험 발생 시 SoS 버튼을 누름과 동시에 보안요원 출동, 장기간 집을 비울 때 현관문과 창문의 잠금상태 확인 및 전단지 제거 작업을 해주는 빈집케어	
홈가드	KT텔레캅	무선센서를 이용한 외부침입 감시, 침입 발생 시 SMS	

2.2.2 산업 영역

IoT 기술을 산업 영역에 적용한 예로는 다음과 같은 분야가 있다.

- 스마트팩토리: 공장의 장비에 IoT 기술을 적용하여 공장의 설비와 제품의 입고에서 출고까지의 모든 생산 공정을 자동화한다. 가장 대표적인 예가 독일의 Industrie 4.0인데, 지능형 센서를 기반으로 제품의 생산, 유통, 소비 등 전단계에 걸쳐서 생산성을 높이고 제품의 기능을 향상시키는 스마트 공장(smart factory)을 구축하는 것을 목표로 한다. 그 외에 미국의 Advanced manufacturing, 中國製造2025戰略 등이 있다.
- 스마트 물류 관리: 물류 관리에 IoT 기술을 적용하여 택배차량, 화물차량의 운행상황을 추적한다.
- 스마트 건설장비 관리: 건설장비에 IoT 기술을 적용하여 건설현장에 투입되는 장비의 운행을 효율적으로 관리한다. 볼보는 휘로더와 트럭에 대해서 센서와 무인작업 및 무인주행 기능을 장착하여 사람이 하기에 위험한 작업을 완전무인화하려는 계획을 가지고 있다.
- 스마트 건축/구조물 관리: 스마트빌딩(smart building)이라고 하여 건물의 관리에 IoT 기술을 적용한다. 예로서 BEMS(building energy management system)을 이용한 에너지 절약, CCTV를 이용한 건물의 통합관제, 카메라 영상인식 기능을 이용한 건물 내 주차관리, 화재 및 방범 등의 시설관리, 주차장이나 여성화장실의 긴급비상벨 운영 등이 있다.
- 스마트 농/축/수산: 스마트팜(smart farm), 스마트어장(smart fisheries) 등으로 불리는데 농장이나 어장에 센서와 액추에이터 등을 설치해서 농장주가 일일이 농장에 가지 않고도 농/축/어업의 효율화를 도모한다.

위의 예 가운데 특히 IoT 기술을 적용하였을 때 성공 가능성이 높은 분야로서 가장 대표적인 것이 스마트팩토리와 스마트팜인데, 그 개념을 간단히 소개하고 자세한 내용은 뒤에서 다루기로 한다.

1 스마트팩토리

스마트팩토리는 공장에 사물인터넷, 빅데이터, AI 등 IT 기술을 접목하여 제품생산 현장에서 일어나는 다양한 상황(기계, 제품, 제조공정 등)에 대해서 정보를 수집하고 인공지능 기술 등을 이용하여 데이터를 분석하고 효율적인 제조공정을 결정하여 기존보다 더 효율적으로 제품을 제조하도록 돕는 제조공정 자율화 기술이다.

그런데 공장이 스마트해지기 위해서 가장 중요한 것이 공장환경을 알려주는 데이터를 수집하는 센싱 기술(sensing technology)과 수집된 데이터를 분석하는 AI 기술인데 이 두 가지 기술을 공장에 얼마나 잘 적용하는지가 스마트팩토리 성공의 열쇠라고 해도 과언이 아니다.

2 스마트팜

스마트팜은 IoT 기술을 사용하여 농업 환경 변화에 적응적으로 대처함으로써 에너지 및 생산 비용의 절감, 농작물의 생산/판매/소비를 최적화하는 자동영농 기술을 총칭한다[최인준]. 특히 스마트팜이 농업 환경 변화에 적응적으로 대처한다는 의미에서 'ambient farm'이라고 부르기도 한다.

스마트팜의 예로서 일본의 IT 융합 시설영농 사례를 소개한다. 일본에서는 스마트팜의 실현을 위한 기반기술로서 유비쿼터스 환경제어시스템(ubiquitous environment control system)을 제안하였는데 시스템의 구성은 그림 2.1과 같다[오쿠야].

스마트팜은 그림 2.1에서도 나타내고 있듯이 주로 온실이나 비닐하우스 같은 실내 재배시설을 대상으로 IoT 기술을 적용하여 농작물의 재배 및 판매를 효율화하는 것을 목적으로 한다. 우리나라도 스마트팜 구축이 활발하게 이루어지고 있는데 이를 이용하

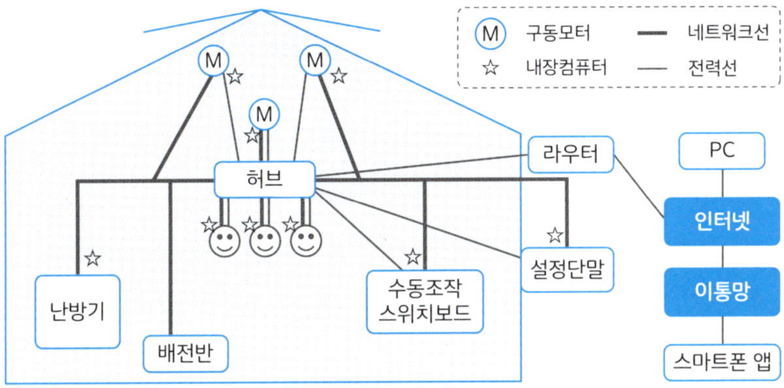

그림 2.1 스마트팜의 개념도

면 농작물 재배시설의 온/습도 등을 센서로 측정하여 환풍기나 냉난방기 등을 가동시켜서 농작물이 최적의 환경에서 자라게 해준다. 또한 온실의 지붕에 고성능 3D 적외선 카메라를 설치하여 카메라의 반사파 패턴을 인식하여 굳이 현장까지 가지 않고도 농작물의 생장 정도까지 원격으로 알 수 있어서 상품의 출하시기나 작황도 쉽게 파악할 수 있다. 그리고 오랜 기간 동안 클라우드(cloud) 서버에 수집한 빅데이터(big data)를 바탕으로 하여 딥러닝(deep learning) 기술을 적용한 AI 기술을 이용하면 농작물의 파종에서 제품 출하까지에 이르는 모든 과정을 거의 자동으로 관리할 수 있게 된다.

실제로 일본의 기업 후지쓰(富士通)에서는 과거 10년간의 일 평균 기온, 태양 복사열 데이터 등을 수집한 뒤 주별로 상추의 생산량을 예측하는 프로그램을 개발하였는데 정확도가 거의 89%에 달했다고 한다.

이처럼 스마트팜을 완성하기 위해서는 IoT 기술뿐만 아니라 AI, 빅데이터, 클라우드 등 다양한 기술이 융합되어야 하는 만큼 제4차 산업혁명의 모든 요소 기술을 총망라하고 있어서 전 세계적으로 스마트팜 사업에 큰 노력을 기울이고 있다.

한편 스마트팜을 축산업에 적용한 경우가 스마트축사(smart stall-cattle shed)인데 양돈, 양계뿐만 아니라 젖소와 한우에 이르기까지 축사에서 사육하는 동물을 대상으로 자동 착유, 자동 포유, 사료 자동 급여, 축사환경 모니터링 및 관리 등을 가능하게 하는 시스템도 있다[고은이].

스마트팜은 농장주뿐만 아니라 농/축산물 유통업자와 IoT 서비스 제공자 등 다양한 영역의 비즈니스가 유기적으로 통합될 때 그 효과가 나타날 것으로 생각되며 그림 2.2는 스마트팜을 구성하는 영역별 기능 구성도이다[정희창].

그림 2.2에서 보듯이 스마트팜은 농업 생산자, 서비스 제공자, 유통업자, 그리고 소비자의 4 가지 영역으로 구성된다. 각 영역 사이에는 기능이 유기적으로 연결되어 농작물의 생산에서 소비까지 일련의 과정이 진행된다. 이처럼 다양한 영역 내부 및 영역 간에 정의된 기능이 충실히 구현될 때 스마트팜은 완전한 기능을 발휘할 것이다.

한편 우리나라에서 스마트팜을 전개함에 있어서 우려스러운 것은 이런 공정이 과연 제대로 구현될 수 있을지인데 우리보다 먼저 스마트팜 사업을 시작한 외국의 사례를

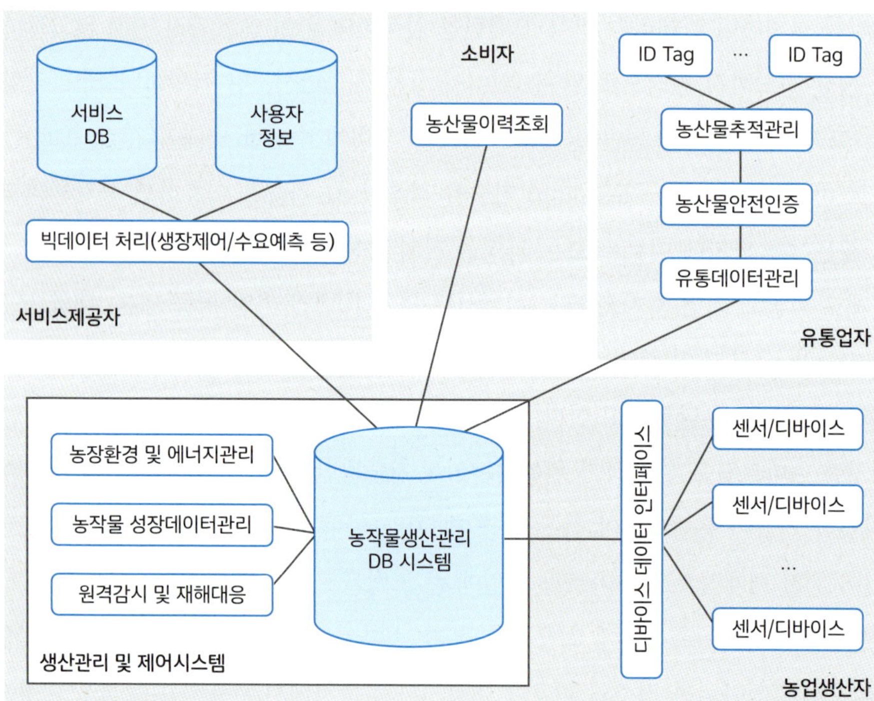

그림 2.2 스마트팜의 영역별 기능 구성도

통해서 방향성을 제시할까 한다.

일본은 스마트팜 시장이 정확하게 세분화된 전형적인 국가로 알려져 있는데 이 글을 쓰는 2019년 하반기 현재 이미 다양한 스타트업이 있다. 일본에서는 스마트팜 시장이 경작기술 자동화와 정밀 농업기술 분야를 중심으로 양분되어 있고 농업 관리기술이 뒤따르는 구조로 세분화되어 있다. 반면에 우리나라에서는 스마트팜 구현 기술, 지능형 농업기기 분야를 중심으로 시장이 양분되고 그것을 뒷받침해주는 기술로 식물공장 시공 분야가 성장 중에 있다. 두 국가의 사례를 비교해보면 접근방법이 완전히 다름을 알 수 있는데 일본은 서비스 중심이고 우리나라는 디바이스 및 구현 기술 중심이다[전화성]. 그런데 글로벌 스마트팜 선진국의 사례를 보면 일본과 같이 경작기술 자동화와 정밀 농업기술 분야를 중심으로 서비스를 원활하게 제공하는 것을 목적으로 하고 있어서 우리나라의 스마트팜 사업에 대한 정확한 정의가 필요하다. 그렇지 않으면 자칫 우후죽순적인 기술 개발과 시범사업으로 끝날 우려가 크다.

지금까지 산업 영역에서의 IoT화에 대해서 간단히 소개하였다. 현재까지 우리나라는 산업 영역에서의 IoT화에 대한 국가 차원의 로드맵이 아직 없는 것 같아 안타깝다. 우리나라도 정부 차원에서 하루 빨리 국가 산업의 IoT화에 대한 큰 그림이 나오기를 기대한다.

2.2.3 공공 서비스 영역

공공 서비스 영역은 주로 도시의 시설관리 및 주민 안전을 위한 서비스들로 구성되는데 이것을 세분하면 도시 인프라를 구축하는 스마트시티(smart city)와 인간의 삶의 질을 향상시키는 사회서비스(social service) 영역, 그리고 국가기반(national infrastructure)으로 나눌 수 있다.

1 스마트시티

우리나라에서 스마트시티를 구현한 첫 사례는 부산 해운대이다. 해운대는 해운대구를 대상으로 가로등과 주차, 관광/교통, 방범/방재, 에너지 절감 등 유무선 IoT 종합시스템을 2018년까지 구축하였다[김태현].

해운대 스마트시티의 대표적 적용 사례는 다음과 같은데 혹시 그 근처에 갈 기회가 있으면 주변을 잘 관찰해 보기를 권한다.

- 스마트주차(해운대구 공영주차장 30개소)
- 사회적 약자 안심서비스(재송 · 반여 · 센텀지역)
- 스마트매장 에너지 관리(해운대구 세븐일레븐 매장 2곳)
- 해상안전 서비스(해운대해수욕장)
- 미아방지(해운대해수욕장)
- 상황인지 대피안내시스템(롯데백화점 센텀점)

2 사회서비스 영역

사회서비스 영역은 주로 스마트시티 인프라 상에서 고객에게 응용서비스를 제공하는 것을 말한다. 구체적으로는 보험/헬스/고령자 대책 등 개인의 생활과 관련된 서비스의 제공을 목적으로 하는데 다음과 같은 응용례가 있다.

- 개인화된 자동차보험: 운전 거리/장소/시간/운전 행태 등 운전자의 개인 데이터를 기반으로 고객에게 최적의 보험 메뉴를 제시한다.
- 실시간 건강 모니터링: 혈압 등 건강정보의 실시간 모니터링을 통한 고령자 및 생활습관병을 관리한다.

국내의 사회서비스의 예로서 KT는 삼성전자와 함께 NB-IoT 모바일 단말인 '다용도 위치 트래커'를 이용하여 자녀, 반려동물, 치매노인, 고가자산, 렌탈제품 등의 위치 확인 서비스를 구상 중이다.

한편 일본에서는 고령자나 초보자의 운전 능력 측정, 치매노인 이동경로를 추적하는 서비스도 실시중이라고 하는데 앞으로는 고령화 및 1인 가구의 증가로 인하여 사회서비스 영역을 대상으로 하는 IoT 응용서비스가 크게 발전할 것으로 생각된다.

3 국가기반 영역

국가기반 영역은 국가적인 규모로 IoT 인프라를 구축하고 관리하는 것을 목적으로 하고 있다. 주된 적용 분야는 교통/환경/방재/방해/국방 등 다양한데, 교통/환경 관리에서는 자동차 사고/급 브레이크 다발 지역의 추출 및 요인 분석과 가로수/노면 정비 등을 하고 자연재해 대응면에서는 홍수/냉해/적조 등 자연재해 다발지역에 대한 예측 및 경보를 계획하고 있다.

이 밖에도 공공기관을 대상으로 자산관리, 상수도/가스/전력의 원격검침, 침입탐지, 환경모니터링 등 다양한 서비스가 예상되고 있다. 한 가지 예로서 LGU^{+}는 도시가스 업계 1위인 삼천리와 협약을 맺고 NB-IoT 기반의 도시가스 배관망 관리 시스템을 개발하여 도시가스의 원격모니터링 서비스를 제공할 계획을 가지고 있다[이정호1].

경기도 고양시는 NB-IoT 기반의 스마트 쓰레기 수거관리 시스템을 구축할 예정인데 쓰레기통의 덮개 내부에 센서를 달아서 쓰레기의 양을 실시간으로 관리하고 쓰레기 수거차량에는 위치 추적장치를 달아서 차량의 위치 확인 및 쓰레기 수거 동선을 효율화할 것으로 기대된다[이정호2].

표 2.2 도메인별 IoT 응용서비스

도메인(domain)	응용서비스 (application service)	사례(use case)
personal	smart wearable	smart glasses/clothes/watch etc
home	smart home	home security home energy management home appliance control home automation
industry	smart farm	soil condition management smart irrigation smart dust
	smart factory	machine state monitoring product quality inspection factory environment monitoring
	smart retail & logistics	supply chain control intelligent shopping smart product management inventory tracking point-of-sales smart vending machines
personal+industry	smart health care	patient surveillance sportsman care smart hospital
infrastructure	smart city	intelligent city infrasutucture monitoring automatic transportation/parking/road maintenance security control environment monitoring

다만 국가기반 영역은 나라마다 처한 환경이 다르기 때문에 국가별로 중점을 두는 것이 다른데, 우리나라는 자연재해에서 비교적 안전하기 때문에 주로 교통과 환경 인프라의 구축에 중점을 두고 있고, 일본의 경우에는 국가기반 영역에서 가장 중점을 두는 것이 지진과 해일 대책이라고 알려져 있다.

이상에서 소개한 다양한 영역에서의 IoT 응용서비스 및 사례를 개인(personal), 홈(home), 산업계(industry), 인프라(infrastructure) 등 도메인(domain)별로 요약하면 표 2.2와 같다[Mohamed]. 단, 사례명을 우리나라말로 표현하는 것이 어색하여 영어로 표기하였다.

지금까지 우리는 IoT 응용서비스에 대해서 알아보았다. 그러나 위에서 다룬 것이 IoT 응용서비스의 전모를 보여주는 데는 한계가 있다.

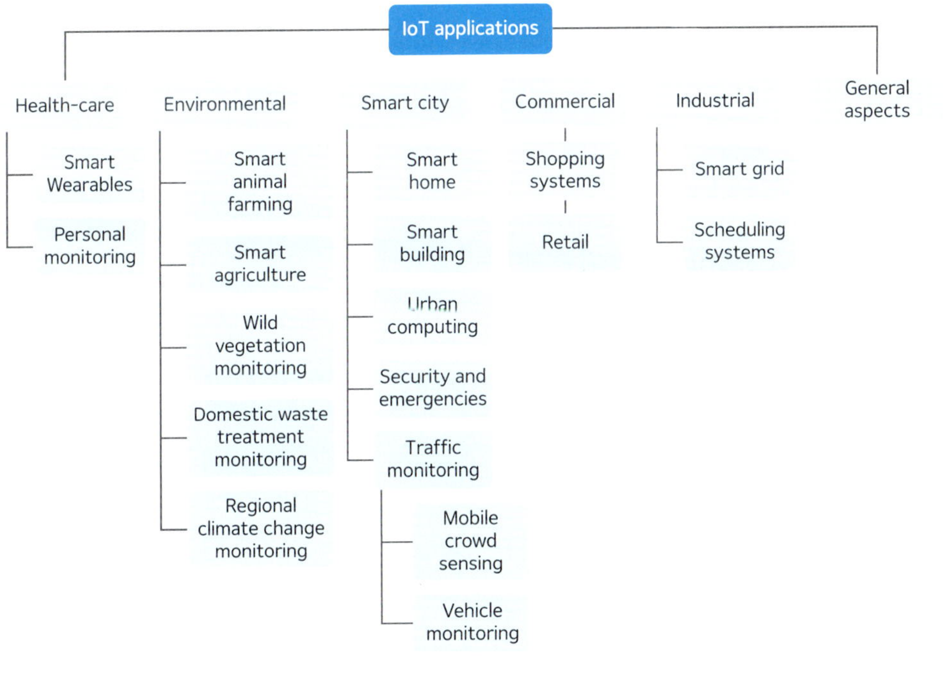

그림 2.3 IoT 응용서비스의 분류

한편 필자가 최근에 읽은 논문에는 IoT 응용서비스를 다음과 같이 분류한 것이 있었는데 그것을 그림 2.3에 소개한다[Dhanvijay].

그림 2.3에에서도 나타낸 것처럼 IoT 응용서비스를 헬스케어, 환경 모니터링, 스마트시티, 상업, 산업, 그리고 일반적 측면 등 6가지 영역으로 크게 나누고 각 영역에 대해서 다시 다양한 응용 사례를 표시했다. 물론 이 분류 방식도 그 논문을 작성한 2019년 당시의 상황을 정리한 것이고 시간이 지나면 또 새로운 응용 영역이 등장할 것이다.

2.3 IoT 콘텐츠

IoT 콘텐츠(contents)는 아직까지 실체가 분명하게 정의되지 않은 개념인데 이 책에서는 IoT 응용서비스와 디바이스 사이에서 어떤 형식과 의미를 가지는 정보로 정의한다. IoT 콘텐츠의 예로는 이헬스 서비스에서 생성되는 생체정보가 있다.

IoT 콘텐츠는 폐쇄지향(close-oriented) 콘텐츠와 개방지향(open-oriented) 콘텐츠로 나눌 수 있는데 폐쇄지향 콘텐츠는 사용자/디바이스(user/device)가 주로 단방향으로 데이터를 전송하기 위해서 작성된 콘텐츠이고, 개방지향 콘텐츠는 사용자/디바이스가

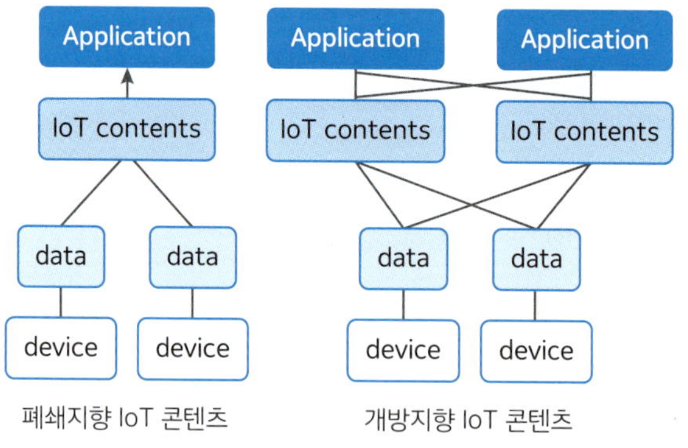

그림 2.4 IoT 콘텐츠의 유형

쌍방향으로 데이터를 전송하기 위해서 작성된 콘텐츠이다. 폐쇄지향 콘텐츠의 예로는 빌딩이나 공장의 이상징후 탐지정보나 BIS의 차량 도착정보 등이 있다. 반면에 개방지향 콘텐츠는 아직 실체는 별로 없으나 앞에서 이야기한 이헬스의 건강정보 등이 있다.

그림 2.4는 폐쇄지향 및 개방지향 콘텐츠의 개념을 나타낸 그림이다[호시카와].

그림 2.4에서 보듯이 폐쇄지향 IoT 콘텐츠와 개방지향 IoT 콘텐츠는 상호 연결 구성에서 큰 차이가 있는데 폐쇄지향 IoT 콘텐츠는 여러 개의 디바이스로부터 생성된 정보가 하나의 콘텐츠로서 표현되어 애플리케이션으로 전달되는 반면에, 개방지향 IoT 콘텐츠는 여러 개의 디바이스로부터 생성된 정보가 여러 유형의 IoT 콘텐츠로 표현되어 여러 유형의 IoT 애플리케이션으로 바뀐다. 따라서 개방지향 IoT 콘텐츠에서 훨씬 더 유연하게 서비스를 제공하는 것이 가능하다. 아마도 향후 다양한 디바이스로부터 다양한 정보가 수집되고 그로 말미암아 다양한 애플리케이션이 개발되면 개방지향 IoT 콘텐츠에 대한 보다 더 명확한 모습이 그려질 것으로 기대된다.

2장을 마치며

2장에서 우리는 IoT 응용서비스의 과거, 현재, 그리고 미래가 어떤 모습인지 알아보았다. 일반인 또는 새로운 서비스를 접하는 고객의 입장에서 기술의 모습을 느끼기에 가장 실감나는 것이 응용서비스인 만큼 2장을 공부한 뒤 여러분은 IoT가 우리 주변에서 어떤 모습으로 존재하며 앞으로 어떻게 다가올지 어렴풋하게는 알 수 있었을 것이다.

그러나 여기서 소개한 IoT 응용서비스는 빙산의 일각에 불과하며 시간이 지남에 따라 계속 새로운 개념의 서비스가 등장할 것이다.

한편 이와 같은 서비스를 가능하게 하는 것이 IoT 생태계인데 이에 대해서는 이어지는 장(chapter)에서 계속 알아보기로 한다.

2장 리뷰 문제

(1) 우리 주변에서 현재의 IoT 응용서비스와 유사하지만 IoT가 탄생하기 이전부터 존재해 온 정보통신 기술 응용서비스에 대해서 알아보자.

(2) IoT 응용서비스의 세 가지 영역(가정, 산업 및 공공 서비스)에 대해서 실제로 존재하는 사례를 조사해보자.

(3) IoT의 두 가지 콘텐츠(폐쇄지향적 및 개방지향적)에 대해서 각 유형의 특징을 알아보자.

(4) 현존하는 IoT 응용서비스 중에서 여러분이 보기에 가장 독창적이라고 생각되는 것 하나를 조사해보자.

(5) 개인, 가정 등 우리의 일상에서 IoT 기술을 적용하면 좋을 분야를 하나 생각해보자.

2장 참고문헌

강동철, “삼성, 모든 제품에 사물인터넷”, 조선경제, 2016년 1월 6일.

고은이, “로봇이 소 젖 짠다 … ‘스마트축사’ 본격 보급”, 한국경제신문, 2016년 3월 29일.

김태현, “무인 주차관 · 인체 감지하는 횡단보도 … IoT 입힌 ‘해운대 스마트시티’ 12월 가동”, 한국경제신문, 2015년 11월 5일.

사카다, “홈네트워크의 현상과 향후 전망”, 일본전자정보통신학회지, vol.93, no.1, 2010년.

신은진, “‘나홀로 가구’ 지키는 안심 보안”, 조선경제, 2017년 11월 14일.

안정락19, “애플, 구글, 아마존, 삼성 스마트홈 제품 연동한다”, 한국경제신문, 2019년 12월 20일.

안정락16, “가정용 IoT 제품 60여종 쏟아진다”, 한국경제신문, 2016년 1월 11일.

안정락15, "스마트폰으로 애완견 먹이주고 금고 지키고….", 한국경제신문, 2015년 11월 30일.

오쿠야 시게루, "M2M 애플리케이션: 자판기로부터 농업/에너지로–기존분야에 새로운 가치를 창출", NIKKEI COMMUNICATIONS, pp. 70–73, 2012년 5월.

이정호1, "반려동물 위치 찾아주고 차량 충격 땐 문자 보내고 생활 속으로 파고든 IoT", 한국경제신문, 2017년 5월 16일.

이정호2, "쓰레기도 IoT로 관리한다", 한국경제신문, 2017년 5월 18일.

이훈, "IoT 응용서비스의 분석과 전망", 2017년도 한국통신학회 학술심포지움 전자 · 통신학술대회 논문집, 2017년 6월 3일.

전화성, "스마트팜 시장, 세분화해 공략하라, 전화성의 기술창업 Targeting 〈67〉", 한국경제신문, 2019년 5월 13일.

정희창, "농식품 ICT융합 표준 포럼", TTA JOURNAL, vol.180, 2018년 11월 12일.

최인준, "농업도 똑똑하게 … ICT · IoT 등 접목한 다양한 '스마트팜' 등장", 조선경제, 2017년 3월 7일.

호시카와 나오토, 이케베 타카시, "IoT 디바이스의 콘텐츠 특성에 대한 고찰", IEICE TECHNICAL REPORT NS2016–143, 2017년 1월.

Mrinai M. Dhanvijay and Shailaja C. Patil, "Internet of Things: A survey of enabling technologies in healthcare and its applications", Computer Networks 153, pp. 113–131, 2019.

K. S. Mohamed, "The era of Internet of Things: Towards a smart world", Springer, 2019.

CHAPTER 3

IoT 플랫폼

요즘 신문, 잡지 등 미디어에서는 '플랫폼'이라는 단어가 자주 등장한다. 플랫폼(platform)은 사전적인 의미로는 '어떤 용도에 활용할 목적으로 설계된 유형의 구조물, 즉, 단(壇)(발판, 구체적으로는 연단, 교단 등), 포대(砲臺), 토론의 장(場), 매개체(媒介體), 무대, 물리적 접점(연결의 수단) 등'의 의미를 가진다. 기차역(railway station)에는 기차를 타고 내릴 때 사용하는 승강장이 있는데 이것을 플랫폼(platform)이라고 부른다. 우리는 기차를 탈 때 플랫폼에 서야 하고 기차는 반드시 플랫폼 앞에 서야 한다. 사실 역의 플랫폼도 고객이 타고 내리는 발판(壇)이다.

한편 IT 분야에서 플랫폼은 반드시 유형의 구조물이라기보다는 무형물에 가까운 추상적인 개념으로도 사용하는데 '다양한 애플리케이션 프로그램으로 구성된 웹사이트 상에서의 온라인 거래 수단' 등과 같이 판매자와 소비자를 연결해주는 '사이버 공간(cyber space)' 또는 '논리적으로 연결해주는 채널(logical channel)'이다. 에어비엔비나 우버 등이 논리적 플랫폼의 예이다.

최근 기술 트렌드로 각광을 받고 있는 4차 산업혁명의 핵심으로 전문가들은 '플랫폼 비즈니스(platform business)'를 꼽는데 인공지능(AI), 사물인터넷(IoT), 빅데이터(big data)의 연결 및 활용장이 바로 플랫폼이어서 플랫폼의 역할과 중요성은 앞으로 더욱 커질 것이다. 2016년도 이후 글로벌 주식시장에서 시가총액이 가장 많은 10대 기업 안에는 '플랫폼 기업'으로 분류되는 5개의 회사(APPLE, GOOGLE, MICROSOFT, AMAZON, FACEBOOK)가 들어있었다는 것이 이 사실을 방증한다.

미국의 경제전문잡지 포브스(Forbes)가 CEO가 꼭 읽어야 할 책으로 선정한 '플랫폼

레볼루션(platform revolution)'의 저자 상지트 폴 초더리 '플랫폼 싱킹 랩스(platform thinking labs)' 대표(CEO)는 글로벌 플랫폼 비즈니스 컨설팅으로 유명한 사람인데 그는 약간은 도발적인 언어로 '땅이나 토지에 투자하는 시대는 끝나고 이제는 플랫폼에 투자할 시기'라고 단언했다.

이처럼 지금은 바야흐로 플랫폼 전성시대인데 제3장에서는 플랫폼 기술 가운데서도 IoT와 관련된 플랫폼에 대해서 알아보기로 한다.

3.1 IoT에서 플랫폼의 정의

통신서비스의 관점에서 플랫폼이란 '다양한 통신 서비스를 제공할 수 있는 공통 기반 시스템'을 말한다[김학용]. 일반적으로 통신서비스를 제공하는 회사는 판매, 여행, 제조, 운송 등 다양한 산업군에서 여러 가지 유형의 응용서비스(음성, 데이터, 영상 등)를 제공하는데 이들 서비스를 제공하기 위해서는 고객의 등록, 네트워크 자원 관리, 데이터 사용량 모니터링, 서비스 품질관리, 과금, 보안 관리 등 다양한 기능이 필요하며 플랫폼이 이들 기능을 담당한다. 기존의 통신서비스와 관련한 플랫폼을 예를 들면, 이메일, 웹 검색, 인터넷 뱅킹, SNS 서비스 등 모든 인터넷 서비스는 각각 그 서비스를 제공하기 위한 고유의 플랫폼이 있다.

한편 사물인터넷의 경우 고객에게 유용한 서비스를 제공하기 위해서는 가정, 비즈니스, 산업 등 다양한 분야에 대해서 디바이스의 종류, 응용서비스의 유형 등이 다양한데 디바이스의 관리 및 제어, 그리고 디바이스에 대한 연결성의 지원, 디바이스와 관련된 데이터의 수집, 분석, 예측에 이르기까지 다양한 기능을 제공하여야 한다. 이와 같은 기능을 담당하는 것이 플랫폼이다. 그리고 이러한 플랫폼을 제공하는 사업을 플랫폼 비즈니스(platform business)라고 하고 그런 사업을 제공하는 회사를 플랫폼 비즈니스 사업자(platform business provider)라고 한다.

플랫폼 비즈니스는 생산자와 소비자를 연결해 줌으로써 이윤을 창출하는데 아래의 예는 우리 주변에서 볼 수 있는 플랫폼의 예이다.

- Windows OS: PC 소프트웨어를 위한 플랫폼
- Android, iOS: 스마트폰 앱을 위한 플랫폼
- Google Playstore, AppStore: 스마트폰 콘텐츠를 위한 물류 플랫폼
- coupang, ticketmonster: 소셜커머스(social commerce)를 위한 플랫폼
- Naver, Google: 검색/광고를 위한 플랫폼
- IoT@Home: ㈜LGU+의 스마트홈 서비스 플랫폼
- Predix: GE가 2015년에 출시한 클라우드 기반의 개방형 소프트웨어 플랫폼으로서 공장 내 모든 장비에 센서를 부착하여 실시간으로 데이터를 수집/분석하여 생산을 극대화하고 현장에서 발생하는 각종 문제를 해결하는 스마트팩토리를 위한 플랫폼으로 인텔, AT&T, 소프트뱅크, 시스코, 한화테크윈 등이 사용 중이다[고재연]. 또 GE는 자사가 생산하는 항공기 엔진, 발전소, 열차 등에 센서를 달아 데이터를 축적하고 이를 분석하여 장비의 고장 진단이나 효율 고도화 등에 사용하고 있다.
- Mindsphere: 독일의 지멘스가 개발한 스마트팩토리 플랫폼
- 기타: airB&B, Uber, Alibaba, google, 금융업(FinTech)

최근에는 다양한 플랫폼을 통한 비즈니스가 등장하고 있는데 이것을 플랫폼 시장(platform market)이라고 한다. 플랫폼 시장의 특징은 다음과 같다.

- 그룹 간 네트워크 효과의 양면성: 고객은 서비스가 얼마나 편리한지를 중요하게 여기고 서비스 주체는 그 서비스를 통한 수익성을 중요하게 여긴다.

  예 우버택시 고객은 자기 주변에 우버택시가 얼마나 많이 있는지를 중요하게 생각하는 반면, 우버택시 기사는 우버를 이용하고자 하는 고객이 얼마나 많은지를 생

각한다[임춘성].

- 멀티호밍(multi-homing): 동시에 여러 플랫폼을 사용할 수 있는지의 여부를 말하는데 예를 들면 신용카드 고객은 비자, 마스터, 아멕스 등 다수의 지불수단을 가지고 있고 가게도 복수의 신용카드를 받아주는 경우 멀티호밍이 성립한다.

그럼 우리는 왜 플랫폼에 열광하는가? 아래의 예를 보자.

- 2016년 2월초, 구글의 주식 총액이 2004년 기업을 공개한 이래 처음으로 애플을 제치고 1위에 올랐다[박종구]. 물론 그 후 애플의 신규 스마트폰 출시 때마다 매출이 증가하면서 애플이 다시 싯가 총액 1위를 탈환하는 일이 벌어지기는 하지만 모바일, 인터넷, 동영상 스트리밍 등 주요 플랫폼을 장악한 구글의 입지는 앞으로 더욱 탄탄해질 것이다.
- IT 산업의 주도권은 하드웨어에서 인터넷, 플랫폼 기업으로 빠르게 넘어가고 있다. 글로벌 IT 업계의 정설은 '소프트웨어와 플랫폼을 장악한 기업이 시장을 선도한다'는 것이다.

지금부터는 IoT의 플랫폼에 대해서 알아보자. 먼저 IoT 플랫폼은 'IoT 서비스를 제공하기 위해서 만든 공통의 시스템'으로 정의할 수 있다. IoT 플랫폼은 우리가 앞에서 공부한 IoT의 C-P-N-D 생태계에서 앱과 네트워크 사이에 위치하며 주된 기능은 디바이스로부터 데이터를 수집/축적, 디바이스의 통신 관리, 서비스 관리, 사용자 인증, 보안, 과금 등이다.

3.2 IoT 플랫폼의 요소 기술

IoT 플랫폼은 기존의 ICT 플랫폼의 연장선상에서 발전한 기술이다. 사실 앞에서 기존의 ICT 플랫폼에 대한 예를 소개하였지만 IoT가 나오기 이전부터 ICT 시장에는 플랫폼이 중요한 기능을 담당하고 있었다. 왜냐하면 네트워크 기반의 통신서비스의 구성에 있어서 다양한 응용서비스를 제공하기 위해서는 응용서비스와 인간, 응용서비스와 컴퓨터 사이에서 중재자(coordinator) 역할을 하는 것이 ICT 플랫폼이므로 플랫폼은 ICT 생태계에서 필수적이기 때문이다.

일찍이 일본의 NTT는 미래의 ICT 플랫폼에 대한 연구를 하면서 지능형 중재(smart coordination)의 개념을 도입하였다[니시오]. 지능형 중재의 기본 개념은 통신 사업자가 고객의 다양한 요구조건에 대해 네트워크 자원을 적응적으로 제공하려는 의도에서 개발된 개념인데 그 핵심은 유연성(flexibility)과 지능(intelligence)이다.

유연성은 다시 조정된 작업(coordinated operation)과 고도의 성능 보장(advanced assurance)으로 이루어지며 조정된 작업은 새로운 응용서비스를 쉽게 구현할 수 있는 일괄 서비스 개발 환경(one-stop service building block)을 제공하는 것이고 고도의 성능 보장은 네트워크 리소스의 유연한 운용을 통하여 고객의 까다로운 서비스 품질 요구를 확실히 보장해주는 것이다. 정보통신 네트워크에서 유연성을 제공하는 대표적인 기술은 네트워크 가상화(network virtualization)에 기반한 SDN(software defined networking) 기술인데 이 기술에 대해서는 다른 기회에 자세히 소개하도록 한다.

한편 지능은 통신서비스에 인공지능(AI) 기술을 적용하여 평소의 고객의 소비패턴 및 주변의 상황에 맞게 서비스를 전개하여 고객에게 AI를 도입하지 않았을 때보다 더 적절한 상황에 최적의 서비스를 제공하는 것이다.

사실 위에서 소개한 일본의 지능형 중재 개념을 사람을 포함하는 IoT의 영역으로 확장하면 그것이 바로 IoT 플랫폼이 된다.

IoT 플랫폼이 가져야 할 요소 기술로서는 디바이스 및 서비스의 식별 체계, 검색, 디바이스 관리, 디바이스 가상화, 서비스 조합, 그리고 시맨틱(semantics) 기술 등이 있는데 아래에서 이들 요소 기술에 대해서 간략히 소개하고자 한다.

1 식별 체계

IoT에서 식별(identification) 체계는 기존의 인터넷에서 PC마다 고유의 IP 주소가 할당되는 원리와 유사하다. 즉 모든 사물에 대해서 전지구적으로 유일한(globally unique) 디바이스 식별자와 서비스별 식별자가 정의되어야 한다.

2 검색 기능

IoT에서 정의된 서비스에 대해서 그 서비스와 관련된 정보나 리소스를 찾고 그 결과를 고객이 쉽게 활용할 수 있게 하는 기술이 검색(discovery) 기술이다. 이것은 마치 기존의 인터넷에서 웹 검색을 하는 기능과 같은 개념이다.

IoT에서의 검색 기능은 크게 두 가지로 분류되는데 하나는 클라이언트-서버(client-server) 방식이고 다른 하나는 P2P(peer-to-peer) 방식이다. 전자는 고객의 검색 요청에 대해서 서버가 리소스를 찾아서 알려주는 방식이고 그 예로서 oneM2M이 있다. 후자는 두 가지 방법이 있는데 하나는 리소스를 찾는 디바이스가 네트워크 상으로 검색 요청 메시지를 보내면 그 요청을 받은 다른 디바이스가 응답하는 방법이고 다른 하나는 모든 디바이스가 자신의 리소스 정보를 네트워크 상으로 주기적으로 광고하고 그 가운데 그 리소스를 필요로 하는 디바이스가 그 광고를 수신하는 방법이다.

3 디바이스 관리

IoT에서 디바이스는 기존의 인터넷에서 별로 신경을 쓰지 않았던 다양한 관리 기능을 필요로 하는데 디바이스의 설정, 소프트웨어나 펌웨어의 갱신, 디바이스의 고장 진단, 배터리나 메모리의 상태 감시, 그리고 카메라나 입출력 장치 등의 디바이스와 연동되는 주변장치 등에 대한 관리가 중요하다.

기존의 이동통신에서 휴대전화 사업자는 고객의 휴대폰에 대한 원격제어 및 관리를 위한 기술로서 OMA-DM(open mobile alliance-device management)라는 개념을 사용하였는데 이 기술을 그대로 IoT에 사용하기에는 IoT 디바이스의 기능이 너무 떨어지므로 이것을 기반으로 개발된 것이 OMA-LWM2M(open mobile alliance−lightweight device management)라는 개념이 있다.

4 디바이스 가상화

디바이스 가상화(device virtualization)는 물리적으로 존재하는 디바이스의 정보를 플랫폼 또는 디바이스에 표현하는 추상화된 리소스 생성 기술이다. 이것은 마치 우리가 택배를 받을 때 연락처 란에 우리의 실제의 휴대폰 전화번호 대신 가상의 휴대폰 번호를 기입하는 것과 같은 이치이다.

추상화된 리소스는 클라우드나 데이터베이스에 저장되어 필요할 때마다 끄집어 내어 사용한다. 디바이스 가상화 기술은 여러 개의 분산된 공간(네트워크 또는 서비스 도메인 등)에 존재하는 실세계(real world)의 디바이스들을 하나의 덩어리진 생태계 상에서 존재하게 하는 기능을 가진다.

5 서비스 조합

서비스 조합(service composition)이란 다양한 개별 서비스를 하나의 통합된 서비스로 만드는 것을 말한다. 이것은 마치 여러 명의 악기 연주자들을 하나로 모아서 교향악단을 조직하는 것과 같다. 그래서 이것을 서비스 오케스트레이션(service orchestration)이라고도 부른다.

서비스 조합에서는 IoT 서비스 제공자가 사용자(App)로부터 특정 서비스를 요청받았을 때 IoT 플랫폼의 지휘자(orchestrator)가 특정 서비스를 제공하는 데 필요한 모든 요소 서비스를 검색한 후 관련된 서비스를 찾아서 하나의 통합된 서비스로 만들어서 고객에게 제공해주는 원리이다.

6 시맨틱 기술

시맨틱(semantics)은 원래 논리학에서는 존재론(ontology)의 의미를 가지나 여기서는 약간 다른 개념으로 사용되는데 주로 웹 기반의 분산 컴퓨팅 환경에서 다양한 디바이스 간의 상호 연동을 위한 기술로서 사용된다. 즉, 웹 문서, 파일, 서비스 등의 리소스에 대한 정보, 그들 간의 관계, 의미에 대해서 의미가 있는 문법 체계를 만들어서 정보를 표현하고 그것을 기계가 처리할 수 있도록 하는 기술이다.

3.3 IoT 플랫폼의 구조

IoT 플랫폼은 이미 오래 전부터 존재해 왔다. 그리고 지금도 계속 진화해가고 있는데 아래에서 두 유형에 대해서 소개한다[후쿠다].

1 수직형 플랫폼

수직형 플랫폼(vertical platform)은 과거부터 지금까지 존재해온 플랫폼 유형으로시 앱별로 플랫폼을 구축하는 것으로서 서비스와 플랫폼이 동일하다. 즉, 서비스별로 각기 독립된 플랫폼이 존재한다. 그래서 이것을 다른 말로 개별 플랫폼(personal platform)이라고도 부른다. 그리고 이 경우에는 데이터의 수집/축적 및 디바이스의 운용관리를 앱이 담당한다.

수직형 플랫폼의 예로는 과거에 전화서비스를 위해서 별도의 네트워크인 PSTN (public switched telephone network)을 구축하여 전화망 전용 망관리시스템(network management system)을 운용하고 인터넷 서비스를 위해서 전화망과는 별도의 PSDN (public switched data network)을 구축하여 인터넷망 전용 망관리시스템이 별도로 존재한 것을 들 수 있다.

2 수평형 플랫폼

수평형 플랫폼(horizontal platform)은 특정 디바이스나 서비스에 종속되지 않는 공통된 개방형 플랫폼(open platform)을 구축하여 여러 종류의 앱이 하나의 플랫폼을 공용하는 것으로서 다른 말로 공통 플랫폼(common platform)이라고 부른다.

수평형 플랫폼은 데이터의 수집/축적/가공 및 디바이스의 운용 및 관리를 하나의 플랫폼이 담당하며 그로 말미암아 서비스 개발 초기 비용을 절감할 수 있고 시스템의 운용/관리 비용도 절감되며 전문적인 플랫폼 사업자의 서비스를 이용하면 환경 변화에 신속 대응이 가능하다는 장점이 있다. 이 방식은 향후 IoT의 플랫폼으로 유망한 기술이다.

수평형 플랫폼의 예로는 인터넷 프로토콜(Internet protocol, IP)로 동작하는 네트워크 상에서 전화서비스와 인터넷 서비스를 동시에 제공하면서 이들을 위한 공통의 망관리시스템을 관리하는 것을 들 수 있다.

아래의 그림은 공통 플랫폼을 구성하는 요소이다[야마자키].

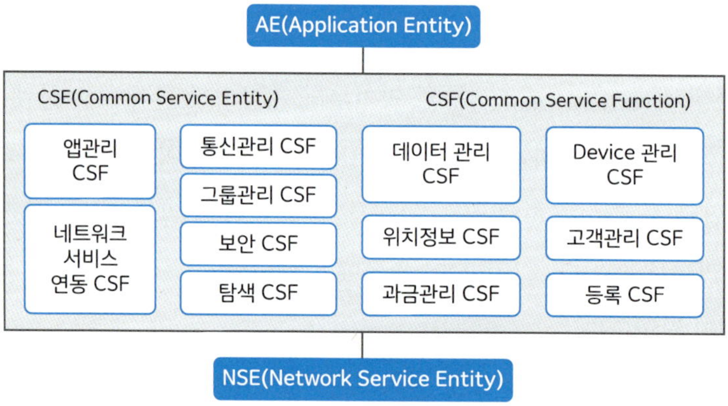

그림 3.1 공통 플랫폼의 구성요소

한편 수평형 플랫폼이 아직 개발 중인 관계로 미성숙 기술인 측면도 있으나 이 기술에 대한 몇 가지 의문은 앞으로 해결해야 할 과제로 남아있다. 첫째, 플랫폼을 이중화하고 보안시스템을 철저히 갖춘다고 하더라도 장애 발생이나 운영 소홀로 모든 서비스가 중단될 위험성이 존재한다. 둘째, 현장에서는 응용 분야별 데이터의 양식도 다르고 데이터의 수집/분석/대응 방법도 다른데 다양한 서비스에 대해서 과연 최적화된 플랫폼의 구축이 가능한지에 대한 의구심을 가지는 사람이 많다. 그래서 대부분의 전문가는 차라리 단일 플랫폼을 고집하기보다는 유사한 유형의 서비스를 하나의 그룹으로 묶어서 몇 가지 종류의 공통 플랫폼을 개발하는 것이 나을 것이라는 의견이 지배적이다.

3.4 IoT 플랫폼의 분류

IoT 플랫폼은 위에서 이야기한 것처럼 물리적으로 응용서비스계층과 네트워크계층 사이에 존재함으로 인해서 두 계층 사이의 인터페이스와 같은 역할을 담당한다. 그러나 엄격히 말하자면 플랫폼의 주된 역할이 디바이스의 관리에서부터 네트워크의 성능 향상, 그리고 응용서비스의 고도화와 관련되는 다양한 소프트웨어인 미들웨어(middleware) 성격이 짙다.

플랫폼은 기능에 따라서 크게 세 가지로 구분하는데 응용플랫폼(application platform), 빅데이터 플랫폼(big data platform), 그리고 통신관리플랫폼(communication management platform)이다. 아래에서 각 기능을 요약한다.

1 응용플랫폼

응용플랫폼은 시스템 구축에서부터 앱의 개발까지를 담당한다. 주로 컴퓨팅 회사가 응용플랫폼을 제공한다. 응용플랫폼의 기능은 다음과 같다.

- 디바이스 관리: 플랫폼에 접속하는 디바이스의 식별번호/소유자/설치장소/그룹(지역/종류 등) 등 디바이스의 속성정보를 등록/갱신/말소하고 디바이스의 사활/상태를 감시한다.

- 디바이스로부터 데이터의 수집/축적: 각종 디바이스로부터 보내지는 데이터의 프로토콜 해석/데이터 형식 변환/DB에 저장한다.
- 축적된 데이터의 활용: 앱으로부터의 요구에 의거하여 필요한 데이터를 DB로부터 추출/가공/형식 변환/분석한다.
- 다른 시스템과의 연동: IoT 앱이 공공기관이나 타 기관으로부터 데이터(지도/기상 등)를 사용할 수 있도록 시스템 간에 연동된다.
- 과금관리: 과금관리는 두 가지로 나뉘며 다음과 같다.
    - 디바이스 관리에 대한 과금: 디바이스의 수/데이터의 양/데이터 보존기간 등에 의거하여 과금한다.
    - 데이터 이용에 대한 과금: 이용횟수에 따라 과금한다.

2 빅데이터 플랫폼

빅데이터 플랫폼은 빅데이터의 분석 및 대책 수립을 담당한다. 이는 주로 SI(system integration)업체가 제공하는데 AI 기술을 기반으로 제조공정의 효율화 또는 서비스 고도화를 위해 사용한다. 빅데이터 플랫폼의 예로는 다음과 같은 것이 있다.

1. 삼성 SDS: 기업용 통합 데이터분석 플랫폼 '브라이틱스 AI'를 클라우드를 통해서 제공하며 두 명 이상의 전문가가 3개월 동안 작업해야 할 모델링을 두 시간 만에 완료할 수 있다. 이는 주로 제조, 마케팅, 물류, 보안 등의 업종에 활용된다.
2. LG CNS: 'AI 빅데이터 플랫폼'을 이용하여 스마트팩토리 등을 대상으로 공장 운영의 효율화 및 실시간 생산과정 관리에 활용된다[송형석].
3. SK C&C: IBM의 AI 플랫폼인 왓슨을 기반으로 '에이브릴(AI+Brilliant)'을 개발하여 SK의 계열사인 하이닉스반도체에는 반도체의 불량률을 낮추는데 사용하고, SK텔레콤에는 영어권 소비자들을 대상으로 AI 음성 서비스를 제공하고, SK이노베이션에는 유가 예측 등의 업무에 사용된다.

3 통신관리플랫폼

통신관리플랫폼은 디바이스를 네트워크에 접속하는 기능을 담당한다. 이는 주로 휴대전화 사업자가 제공하는데 아래와 같은 기능으로 구성된다.

- 통신회선의 개통/폐쇄 제어: 디바이스를 설치한 장소에서 처음 사용할 때 원격으로 회선을 개통하며 디바이스의 도난 시 회선을 폐쇄한다.
- 통신회선의 상황 감시: SIM 카드 및 통신모듈의 회선 상태를 감시하며 어느 단말을 어느 고객이 사용하는지 등을 감시한다.

3.5 IoT를 위해 실용화된 플랫폼

아래에서 IoT를 위해 실용화가 이루어진 대표적인 소프트웨어 및 하드웨어 플랫폼, 그리고 실제 생산 현장에 사용되는 플랫폼을 소개한다.

3.5.1 소프트웨어 플랫폼: 페취베이(Pachube)

페취베이는 2007년 우스만 하크(Usman Haque)가 개발한 이후 Cosm, Xively 등으로 명칭이 변경되었다. 그 후 2011년 7월에 클라우드 기반의 IoT 서비스를 제공하는 LogMeIn에 인수되었는데 다음과 같은 기능이 있다.

- IoT용 데이터 중개 플랫폼(data brokerage platform)을 제공한다. 이를 위해 수백만 명의 개인, 기관, 기업의 데이터포인트(data points)를 관리하며 다양한 센서로부터 실시간 데이터(metadata 포함: 개체, 시간, 위치, tag 등)를 저장/분석하며 디바이스를 제어한다.

- 기존의 산업화 표준과 호환성 제공을 위해 데이터 포맷 변환(data format transfer) 기능을 지원한다.
- 이용자의 웹 사이트나 스마트폰 앱에 실시간 그래프 기능 및 위젯을 탑재하여 그래프의 가공 및 SNS 알람 기능을 제공한다.
- 다양한 디바이스(예: 전력계, 날씨 측정소, BMS, 공기측정기, 바이오 센서, 방사능 측정기 등)로부터 축적한 데이터의 공유 및 커뮤니티를 생성한다.

패취베이의 실용례로는 2011년 일본 후쿠시마(福島) 원자력 발전소 사고 이후에 일본 전역을 대상으로 방사능 낙진의 측정 및 정보 공유를 한 적이 있다.

3.5.2 소스개방형 하드웨어 플랫폼(open source hardware platform, OSHP)

먼저 OSHP를 정의하면 '회로도, 인쇄회로 기판 도면 등 하드웨어와 관련된 모든 정보를 공개한 전자제품'이라고 할 수 있다[강양기]. 그래서 OSHP에는 특허(license)가 없고 모든 리소스(resource)가 인터넷 상에 공개되고 다수의 기술들이 업데이트(update)되어서 일반인도 공개된 리소스를 사용하여 자신만의 디바이스를 제작할 수 있다.

OSHP의 예로는 아두이노(Arduino), 라즈베리 파이(Raspberry Pi), 비글보드(Beagle board) 등이 있는데 아래에서 대표적인 두 가지 예인 아두이노와 라즈베리 파이를 소개한다.

1 아두이노

아두이노는 2005년 이탈리아(Italy)의 미디어아트(media art) 학교인 IDII(interaction design institute ivrea)에서 교육용 플랫폼으로 개발한 OSHP이다. 현재까지는 전세계적으로 가장 잘 알려진 OSHP이다. 아두이노는 8비트의 AVR CPU를 탑재한 저사양(low specification)의 마이크로컨트롤러보드(microcontroller board)인데 보드에 있는 여러 개의 디지털 및 아날로그 핀에 센서(sensor) 및 액추에이터(actuator)를 연결하고 또 WiFi, Ethernet 등 통신 연결 모듈(communication module)인 쉴드(shield), 그리고 LCD 스크린 및 USB 어댑터 등을 연결하여 IoT 디바이스를 구현할 수 있다.

아두이노는 Windows, Mac, Linux 등의 OS를 지원하므로 이것을 활용하면 스마트홈, 스마트팩토리 등의 구축에 있어서 충분히 소형 컴퓨터 기능을 할 수 있다.

아두이노는 여러 가지 버전이 있는데 이 책을 쓰는 현재 듀이(Due), 디시밀라(Diecimila), 듀이밀라노브(Duemilanove), 우노(Uno), 레오나르도(Leonardo), 메가(Mega), 나노(Nano), 미니(Mini), 릴리패드(LilyPad) 등이 있다.

아래의 표는 대표적인 아두이노 버전의 사양을 정리한 것이다.

표 3.1 아두이노의 버전별 사양

버전	UnoR3	Leonardo	Mega2560	Due	Pro
마이크로프로세서	ATmega328	ATmega32U4	ATmega2560	AtmelSAM3X8E	ATmega168/328
클럭	16MHz	16MHz/8MHz	12MHz	84MHz	16MHz/84MHz
동작 전압	5v	5v/3.3v	5v	3.3v	3.5, 5v
디지털 입출력포트의 수	14	20	54	54	14
아날로그 입출력포트의 수	6	12	6	입력:12, 출력:2	6
메모리 용량	32KB	32KB	256KB	512KB	16KB, 32KB
SRAM 용량	2KB	2.5KB	8KB	96KB	1KB, 2KB

2 라즈베리 파이

라즈베리 파이(Raspberry Pi)는 최근에 주목을 받는 OSHP인데 영국의 라즈베리 파이 재단에서 브로드콤(BroadComm)의 BCM 2835 chip을 기반으로 개발(이것을 모델 1이라고 부름)하였다. 이것은 교육용 초소형 단일보드 리눅스(single board Linux) 기반의 컴퓨터로서 2012년에 처음 출시되었다. 첫 출시 당시에는 USB 포트가 하나밖에 없어서 컴퓨터로 사용하기에 제약은 있었으나 그 뒤(모델 2 이후)에 포트의 수가 4개로 늘어나면서 여기에 키보드나 모니터를 연결하면 소형 PC로 사용할 수 있다.

라즈베리 파이는 이 책을 쓰고 있는 2020년 1월 현재 버전 4까지 나와있다. 아래의 표는 라즈베리 파이의 버전별 사양을 요약 정리한 것이다[박군종].

표 3.2 라즈베리 파이의 모델별 사양

모델명	1	2	3	4
프로세서 칩셋	BCM 2835 700MHz	BCM 2836 900MHz	BCM 2837 1.2GHz	BCM 2711 1.5GHz
이더넷	없음	10/100 BaseT	10/100 BaseT	GigaEthernet
WiFi	없음	없음	802.11 b/g/n	802.11 b/g/n
블루투스	없음	없음	Bluetooth 4.1	Bluetooth 5.0
메모리 용량	256MB	512MB	1GB	1/2/4GB
USB 포트 수	USB2.0×1	USB2.0×4	USB2.0×4	USB2.0×2 + USB3.0×2

위의 표에서 보듯이 라즈베리 파이 4는 유선랜도 기가급 이더넷을 제공하고 WiFi는 802.11n까지 제공한다.

라즈베리 파이 4는 USB 포트가 4개나 되므로 센서나 액추에이터 등을 연결할 수 있고, 웹 카메라나 마우스/키보드 등도 필요에 따라 조합하여 연결할 수 있다. 시중에는 전용 카메라 모듈도 액세서리로 개발된 상태이므로 이들 액세서리를 활용하면 실시간 데이터 및 이미지 모니터링까지 가능하다.

위에서 살펴본 것처럼 IoT와 관련된 플랫폼은 기능에 따라서 다양한 종류가 있는데 아래의 표는 IoT의 플랫폼을 기능에 따라 분류하고 그 예를 나열한 것이다.

표 3.3 IoT와 관련된 플랫폼

플랫폼의 기능	상품(회사명)
IoT 생태계 구성	MOBIUS, APPSTORE, GOOGLE PLAY, NAVER APPSTORE
서비스 생성 및 수행	MOBIUS, COWEB, kakao, LINE, FACEBOOK, GOOGLE
데이터 수집 및 분석	분석 중심: INTEL, ORACLE, IBM, COMUS, 수집 중심: NAVER, DAUM, GOOGLE, COMUS
디바이스 연결	MODACOM, CISCO, KT/LGU+/SKT
IoT 하드웨어	ARDUINO, RASBERRY PI, MOBIUS
운영체제	LINUX, ANDROID, APPLE, MS, TIZEN

3.5.3 현장에서의 IoT 플랫폼 구축 사례

국내에서 IoT 플랫폼을 현장에서 구현한 일례로서 ㈜포스코의 사례를 소개한다. 포스코는 일찌감치 철강의 생산공정을 전자동화하는 스마트팩토리 기술을 도입하여 운영하고 있었는데 2018년부터는 자체 개발한 스마트팩토리 플랫폼 '포스프레임(PosFrame)'을 현장에 적용하여 본격적인 가동에 들어갔다. 포스프레임은 철강제품 생

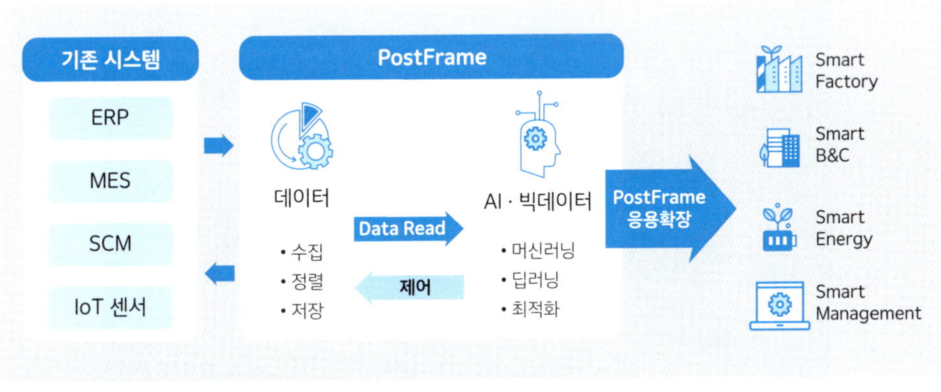

그림 3.2 포스프레임의 개념도

산과정에서 발생되는 대량의 데이터를 수집 · 정렬 · 저장하고 이를 빅데이터 분석기술, 인공지능 등을 적용하여 품질 예측, 설비고장 예지모델을 만들어 철강제품의 경쟁력을 높일 수 있는 스마트팩토리 플랫폼이다.

그림 3.2는 포스코의 스마트공장 플랫폼인 포스프레임의 개념도이다[포스코].

그림 3.2에서 사용된 용어는 ERP(enterprise resource planning), MES(manufacturing execution system), SCM(supply chain management)의 약어이다.

포스코는 그동안 열연공정에 한해 포스프레임을 적용했으나 2018년 4월부터는 열연 공정과 연계된 제강, 연주, 냉연, 스테인리스 냉연 등 전 · 후 공정을 모두 관통하는 포스프레임을 구축해 스마트인더스트리(smart industry) 구현에 앞장서고 있다. 제철공정에서 스마트팩토리가 구현되면 인공지능 기술과 IoT 센서를 통해 실시간으로 미세한 문제를 찾아내어 공정을 개선하고 품질과 생산성 향상을 꾀할 수 있다. 또한 과거에 해결이 어려웠던 고질적 품질 문제도 포스프레임을 사용한 전 · 후 공정 간의 연계 분석을 통해 문제의 근본 원인 분석과 해결이 기대되며, 생산성 극대화도 기대된다. 이로 인해

그림 3.3 포스프레임을 이용한 스마트팩토리 운용

설비효율이 높아지고 제조원가는 크게 낮아지면서 수요에 부합하는 다품종 맞춤 생산이 가능해진다.

포스코는 포스프레임을 향후 스마트팩토리, 스마트빌딩, 스마트시티, 스마트에너지, 스마트매니지먼트에 확장 적용함으로써 플랫폼 사업분야를 늘려나갈 계획이라고 한다. 그림 3.3은 스마트팩토리가 구현되었을 때를 가상한 모습으로 제철소 내의 설비 가동상태 및 데이터 흐름을 실시간으로 점검할 수 있음을 보여주고 있다.

한편 스마트팜에 IoT 플랫폼을 구축하여 운영하는 중소기업이 있어서 소개한다. 농업 벤처기업 엔씽(n.thing)은 컨테이너에 IoT 센서를 장착하여 농장 환경을 구성하여 원격으로 모니터링하고 제어하는 스마트팜용 운영시스템(operating system) '플랜티 큐브'를 개발하여 운영하고 있다[김남영].

플랜티 큐브는 컨테이너 내의 스마트팜에 대해 온도, 습도, 조도, 산소 및 이산화탄소 농도 등을 분석하고 이를 데이터화하여 최적의 농작물 생육 환경을 조성할 수 있다. 사실 재래식 농작물 생산 방식은 기후나 출하 시기, 그리고 시장 수요에 전적으로 의존하므로 안정적인 가격으로 꾸준히 물량을 공급하는 것이 불가능했다.

그러나 플랜티 큐브를 이용하면 농작물의 생육을 인공적으로 조절함으로써 농작물의 수요와 가격 불확실성을 극복할 수 있고 표준화된 재배방식으로 일정한 양의 농작물을 지속적으로 생산할 수 있어서 농작물을 마치 공산품처럼 생산할 수 있다.

3장을 마치며

지금까지 우리는 IoT 플랫폼에 대해서 알아보았다. 그런데 아마도 눈치 빠른 사람은 바로 이 플랫폼이 IoT 서비스를 구동시키는 핵심 요소임을 알아차렸을 것이다. 우리가 웹검색을 하기 위해서는 웹검색 플랫폼(구글, 네이버 등)이 없어서는 안되는 핵심요소이듯이 IoT 서비스가 작동하기 위해서는 IoT 플랫폼이 꼭 필요하기 때문이다.

다만 아쉬운 점은 이 플랫폼이라는 것이 다양한 기능이 집약되어 있는 운영체제(operating system)와 같아서 외부인에게는 내부의 모습이 자세히 보이지 않는다는 것이다. 그럼에도 불구하고 여러분이 플랫폼에 대해서 잘 알아야 하는 이유는 IoT 서비스가 발전할수록 이 플랫폼 기술이 중요하고 필요하기 때문이다.

3장 리뷰 문제

(1) IoT 플랫폼이란 무엇인지 정의해보자.

(2) IoT 플랫폼이 가져야 할 요소 기술 다섯 가지에 대해서 간단히 설명하라.

(3) 수평구조의 IoT 플랫폼이 수직구조의 IoT 플랫폼과 다른 점은 무엇인가?

(4) 아두이노의 버전별 사양과 특징을 요약해보자.

(5) 라즈베리 파이의 버전별 사양과 특징을 요약해보자.

(6) 스마트홈이나 스마트팩토리 등 IoT와 관련된 산업현장에서 실제로 사용되고 있는 IoT 플랫폼의 사례를 조사해보자.

3장 참고문헌

강양기 외, "IoT 지식능력검정", 제2판, Jinhan M&B, 2016년 3월.

고재연, "미국 GE, 독일 지멘스… 글로벌 제조사들 스마트공장 SW 경쟁", 한국경제신문, 2017년 6월 20일.

김남영, "사람 개입 없이 스스로 식물 키우는 스마트농장 만드는 엔씽: 농업에 IoT 붙이면 혁신할 수 있는 영역 무궁무진하죠", 한국경제신문, 2019년 3월 27일.

김병철, "'플랫폼 비즈니스', 성공신화 과신 말라", 조선 Weekly BIZ, view & outlook, 2016년 3월 12일.

김학용, "사물인터넷: 개념, 구현 기술 그리고 비즈니스", 홍릉과학출판사, 2014년.

니시오 마나부 외 7인, "Technology for smart coordination of ICT/network resources and services", NTT TECHNICAL REVIEW, vol.17, no.7, 2019년 7월.

박균종, 장호덕, “라즈베리 파이로 구현하는 사물인터넷”, 제2판, 복두출판사, 2019년 9월.

박종구, “다산칼럼: 상상 이상을 상상하는 구글 전성시대”, 한국경제신문, 오피니언, 2016년 2월 15일.

송형석, “AI, 빅데이터, 스마트팩토리… SI업체들, 新사업서 ‘살길’ 찾는다”, 한국경제신문, 2017년 6월 27일.

임춘성, “알리바바 · 우버처럼 ‘매개산업’에 주목하라”, 조선일보, weekly magazine, 2016년 2월 13일.

야마자키 노리카즈, “oneM2M 표준화 동향–기술 사양서(Release 1)의 발행과 향후 전개”, 信学技報 NS2015–58.

포스코, “포스프레임으로 스마트인더스트리 주도한다”, https://newsroom.posco.com/kr.

후쿠다 테루미츠, 카자마 히로유키, 요시무라 토시야, “M2M 플랫폼: 앱과 디바이스를 연결하는 수평 전개와 시장 확대의 핵심”, NIKKEI COMMUNICATIONS, pp. 78–81, 2012년 5월.

CHAPTER 4 IoT 네트워킹

최근에 들어서 4G/5G 이동통신 네트워크 기술의 진화는 초대용량(massive volume)의 데이터 송수신을 가능하게 하였다. 그 결과 다양한 산업분야에 있어서 통신기술과 융합한 새로운 비즈니스 기회가 많아지게 되었다. 특히 인공지능과 사물인터넷 기술의 발달은 제4차 산업혁명이라고 불릴 만큼 기존에는 볼 수 없었던 전혀 새로운 삶의 경험을 인간에게 제공할 것으로 기대된다.

2017년 2월 27일 스페인 바르셀로나에서 개최된 MWC(mobile world congress)에서도 'mobile-the next element'라는 슬로건 하에 제5세대(the 5th generation, 이하 5G) 무선통신 기술을 기반으로 하는 모바일통신기술이 미래산업의 필수 요소임을 인정하였다.

5G는 데이터 전송속도가 20Gbps 이상의 초고속통신기술로서 2.5GB(giga byte)의 초고화질(ultra-high definition, UHD) 영화를 단 1초 만에 다운로드할 수 있는 속도이다. 따라서 앞으로 통신기술, 특히 네트워크 기술을 논할 때 5G는 반드시 언급되어야 할 필수 기술이 되었다.

한편 통신 사업자가 기존에 없던 IoT 서비스를 제공하기 위해서 취할 수 있는 네트워킹 기술로는 크게 두 가지가 있다[최영환]. 하나는 기존의 네트워크를 활용하는 것이고 다른 하나는 IoT 서비스를 위한 전용망을 새로 구축하는 것이다. 당연히 앞의 방식은 비교적 적은 비용으로 IoT를 전개할 수 있고 뒤의 방식은 IoT를 위한 망을 새로 구축하여야 하므로 초기 투자비가 많이 든다. 반면에 앞의 방식을 사용하기 위해서는 기존의 H2H/H2M 서비스를 제공하기 위하여 개발된 네트워크 기술을 M2M 위주의 IoT에 그대로 적용할 수 있는지에 대한 의문이 해결되어야 할 것이고, 뒤의 방식은 IoT를 위하여 과연 새로운 네트워크를 구축하는 것이 더 효율적일지에 대한 의문을 해결하여야 할 것이다.

이미 과거의 일이 되기는 했지만 이 글을 썼던 2016년 3월 17일 당시 한 경제 일간지에 의하면 SKT가 2016년부터 약 2년간 총 1000억 원을 투입하여 비면허대역(unlicensed band) 주파수를 이용한 저전력 장거리통신기술인 저전력 광역네트워크(low power wide area, 이하 LPWA)를 활용하여 IoT 기기의 네트워크 접속을 위한 독자적 전용망을 전국적으로 구축한다고 발표하였다[안정락]. 이를 위하여 2016년 5월부터 그해 연말까지 대구시 전역에 걸쳐서 기존의 LTE망을 증설하였다[장상진]. 참고로 대구는 정부로부터 'IoT 분야 규제 프리존(free zone)'으로 지정되어서 우리나라에서 가장 먼저 IoT 사업이 시작된 곳이다.

그런데 IoT의 제공을 위해서는 단대단(end-to-end)으로 보면 결국은 기존의 이동통신망인 LTE를 이용하여야 하는데 기존의 LTE가 휴대전화 가입자의 수요에 맞춰서 설계되어 있기 때문에 SKT는 IoT를 위해서 추가로 네트워크 용량을 증설하여야 한다.

그럼 LTE 네트워크를 완비한 SKT는 왜 LPWA를 이용하여 독자적인 IoT 네트워크를

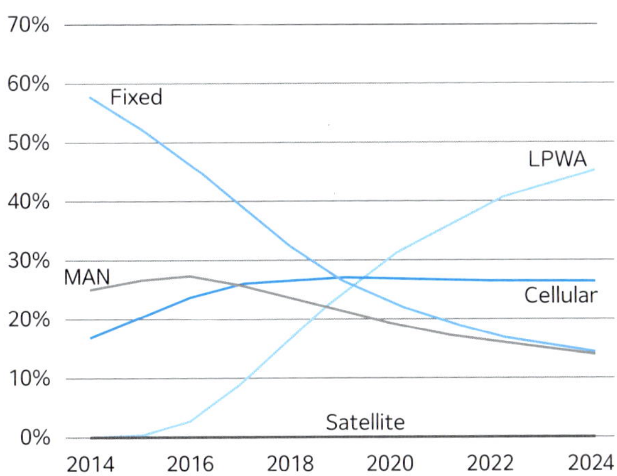

그림 4.1 IoT 시장에서 각 네트워킹 기술이 차지하는 비율

구축하려는 것일까? Machina Research 2015에 의하면 향후의 IoT용 WAN(wide area network) 시장에서 가장 유망한 네트워킹 기술은 LPWA이다[Ranken]. 그림 4.1은 향후 IoT 네트워킹 시장에서 각 네트워킹 기술이 차지할 비율을 연도별로 나타낸 것이다.

SKT는 당초(2014년까지)에는 기존의 음성 및 데이터 서비스 제공용 LTE 네트워크에 네트워크 기능 가상화(network function virtualization, NFV) 기술을 적용한 IoT 전용망(이것을 LTE-MTC라고 부름)을 운영하려고 하였다. 그 이유는 SKT가 가지고 있는 기존의 LTE 네트워크 자원을 이용하여 기존의 음성 및 데이터 트래픽과 새로 도입될 IoT 트래픽을 가상적으로 분리하여 운영하겠다는 것이다. 이 기술은 네트워크 트래픽 공학에서 잘 알려진 차별화된 서비스 품질 제공 기술인데 기존의 네트워크에서 음성 트래픽의 품질이 데이터 트래픽의 양의 변화에 구애받지 않고 일정한 수준으로 유지되도록 하는 기술이다. 따라서 IoT가 추가되는 새로운 네트워크 환경에 대해서 이 기술을 그대로 적용하겠다는 의도이다. 결국 SKT는 음성, 데이터, IoT의 세 가지 유형의 트래픽을 하나의 물리 네트워크에서 논리적으로 분리시켜서 각 유형의 서비스에 대해서 적절한 수준의 서비스 품질을 보장하겠다는 전략이다.

그런데 기존의 이동통신망을 이용하여 IoT 서비스를 제공할 경우 이미 그 네트워크를 사용하고 있던 음성 및 데이터 트래픽의 변동 및 급작스러운 증가로 인해서 만약 기존의 이동통신망에서 순간적이나마 병목현상이 일어날 경우에는 IoT 서비스가 원하는 수준의 서비스 품질을 보장받지 못할 우려가 있다. SKT가 기존의 LTE 접속망과는 별도로 IoT 전용 접속망을 구축하려는 의도는 아마도 처음부터 고품질의 서비스를 제공함으로써 향후 극심한 경쟁이 예상되는 IoT 시장에서 초기에 고객을 선점하려는 의도로 해석된다. LPWA 기술에 대해서는 나중에 자세히 언급하기로 한다.

한편 2016년 11월 3일 KT와 LGU+는 NB-IoT(narrowband-IoT)를 기반으로 하는 기술의 개발 및 상용화를 위한 동맹을 맺었다고 발표했다. 그 뒤 두 회사는 2017년 말까지 NB-IoT 전국망을 구축했다.

IoT 서비스의 제공을 위해서 가장 중요한 부분은 역시 네트워크이다. 왜냐하면 사물인터넷의 가장 기본적인 개념은 다양한 디바이스를 네트워크에 연결하는 것이기 때문이다. 그래서 지금부터는 먼저 IoT의 네트워크에 대해서 큰 그림을 그려보기로 한다.

4.1 IoT 네트워크 아키텍쳐

IoT의 네트워크 구조는 정해놓은 규칙은 없다. 왜냐하면 대부분의 경우 IoT를 어떻게 사용하는가에 따라서 기존에 존재하는 네트워크와 새로이 구축될 네트워크를 섞어가면서 상황에 가장 적합한 네트워크 구조를 취하기 때문이다. 그래서 IoT의 네트워크 구조를 정의하기 전에 IoT의 사용 목적과 적합한 구조를 아래의 표와 같이 정의해 보았다[요코타니].

표 4.1 IoT의 사용 목적별 네트워크 구성

사용 목적	지역 서비스	광역 서비스
네트워크	폐역네트워크 (proximity network)	광역네트워크 (wide area network)

위의 표에서 보듯이 사용 목적은 IoT 서비스의 이용이 지역적으로 한정되는 경우(지역 서비스)와 전국 단위의 광역적으로 확대되는 광역 서비스의 두 가지 경우가 있다. 한편 네트워크는 좁은 범위를 커버하는 폐역네트워크와 전국 규모의 광역네트워크로 나눌 수 있다. 이 경우 지역 서비스와 폐역네트워크, 그리고 광역 서비스와 광역네트워크가 서로 매칭된다.

폐역네트워크는 일반적으로 디바이스와 애플리케이션 사이를 컴퓨터네트워크에서 LAN 이하(LAN, PAN 등)의 지역네트워크(local area network, LAN) 기술을 사용하며 IoT에서는 LPWA도 사용한다. 한편 광역네트워크는 디바이스와 애플리케이션 사이를 일반적으로 LTE/5G 등 광역네트워크(wide area network, WAN) 기술을 사용하는데 디바이스를 직접 WAN에 연결할 수도 있고 그것이 여의치 않을 때는 디바이스를 폐역네트워크를 통해서 WAN에 연결할 수도 있다. 다만 후자의 경우에는 폐역네트워크와 WAN 사이에 게이트웨이(gateway, 이하 GW)를 두어야 한다. 이에 대해서는 뒤에서 자세히 이야기한다.

한편 실제의 IoT 네트워크는 몇 단계의 계층으로 구성되어 있다. 디바이스는 가장 먼저 자신이 위치하고 있는 장소에 구축되어 있는 소규모의 지역망(area network)에 접속되고 각 지역망을 게이트웨이가 집속(aggregation)해서 더 큰 규모의 네트워크인 접속망(access network)으로 연결된다. 그리고 접속망은 다시 인터넷으로 연결된다. 물

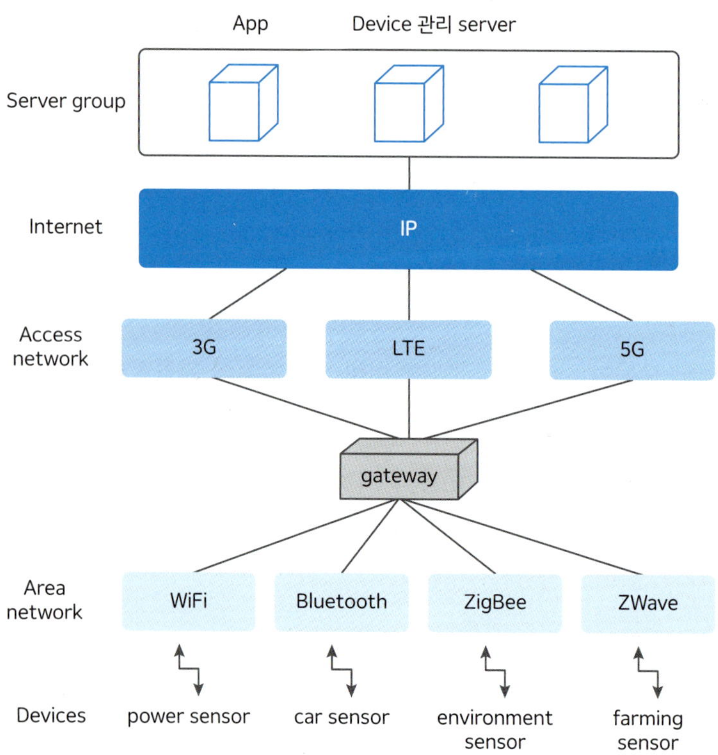

그림 4.2 IoT 네트워크의 전형적 구조

론 디바이스를 바로 인터넷으로 연결할 수도 있지만 이런 경우는 별로 없을 것이다. 그림 4.2가 가장 일반적인 IoT 네트워크의 모습이다.

IoT 서비스를 제공하기 위해서 인터넷에는 다양한 서버들이 접속되는데 그림 4.2에서는 가장 높은 위치에 표시되어 있지만 그것은 단지 편의상의 표시일 뿐 서버는 인터넷의 어디에든 위치할 수 있다. 그림에서는 서버를 하나의 그룹으로 표시했으나 사실 서버는 용도와 목적에 따라서 여러 곳에 분산시킬 수도 있다. 최근에 구글이 서버를 세금이 저렴한 국가에 둔 것에 대해서 세금포탈을 목적으로 한다는 논란이 있었지만, 기업의 입장에서 볼 때 서버는 사용하기 편하고 구축 및 운용 비용이 가장 저렴한 곳에 두는 것이 당연하다. 참고로 우리나라는 OECD 국가 가운데 전기요금이 가장 저렴하여 글로벌 플랫폼 기업이 데이터센터를 두고 싶은 나라로 알려져 있기도 하다.

그림 4.2에서 디바이스는 기능에 따라 몇 가지 다른 연결 유형을 가지는데 아래에서 두 가지에 대해서 기술한다.

- 디바이스에 3G, LTE, 5G 등의 무선 원거리 통신(WAN) 모듈이 탑재된 경우: 데이터는 디바이스로부터 바로 WAN을 경유해서 서버에 전송된다. 이 경우에는 디바이스의 수가 증가하면 그만큼 통신모듈의 수도 따라서 증가하므로 모듈 구입 및 통신 비용이 많이 발생한다. 이와 같은 유형의 예로는 통신모듈이 탑재된 자판기에서 발생된 데이터(재고 데이터 등)를 WAN을 경유하여 자판기 관리 서버에 전달하는 경우이다.
- 디바이스에 무선LAN, Bluetooth, ZigBee, Wi-SUN 등 근거리무선통신(LAN) 장치가 탑재된 경우: 디바이스로부터 생성된 모든 데이터가 GW를 경유해서 WAN에 전송된다. 이 경우에는 앞의 경우에서와는 반대로 통신모듈 비용은 절감되지만 디바이스를 네트워크에 접속시키는 지역네트워크(area network)의 통신 품질을 관리할 필요가 있고 디바이스와 GW를 연결하기 위한 설정을 할 필요가 있다. 이와 같은 유형의 예로서 농장에 있는 여러 개의 센서로부터 생성된 데이터가 농장에 위치한

GW에서 모두 모아진 후 액세스네트워크로 전달되는 것이 있다.

지금부터는 IoT에서 디바이스가 만나게 되는 가장 최초의 접속점이자 IoT 서비스의 제공에서 중요한 역할을 하는 지역네트워크에 대해서 자세히 알아보기로 한다.

4.2 IoT 지역네트워크

IoT에서 지역네트워크는 디바이스 간의 직접 연결 혹은 디바이스를 외부의 네트워크로 연결하는 수단으로 사용된다. 지역네트워크는 규모가 수 미터에서 수십 미터 정도로 아주 작고, 유선 혹은 무선네트워크로 구성되는데 주로 디바이스의 이동성의 편의를 위하여 무선네트워크로 구성된다. 유선기술은 이더넷이나 전력선통신을 사용하고 무선기술로는 네트워크를 구성하는 규모가 어느 정도 큰 경우에는 WiFi 또는 LPWA를 사용하고 아주 근거리인 경우에는 Zigbee 또는 Bluetooth를 사용한다. 다만 유선의 경우에는 디바이스 설치 자유도에 문제가 있어서 그다지 선호하지 않고 대신에 그 문제로부터 자유로운 무선기술을 선호한다[호리].

지역네트워크는 인터넷에 접속되기 전에 액세스네트워크에서 집속되는데 이때 모든 지역네트워크를 직접 액세스네트워크에 접속시키는 것은 비효율적이기 때문에 지역네트워크와 액세스네트워크 사이에는 게이트웨이가 존재한다.

한편 향후 IoT가 본격적으로 보급되면 네트워크에 접속되는 디바이스의 수가 막대한 만큼 모든 디바이스를 바로 액세스네트워크 장비로 접속시킬 경우에는 대역폭, 기지국 수용 능력, 시그널링 부담 등이 증가하게 된다. 그리고 무엇보다도 게이트웨이가 필요한 이유는 IoT 디바이스와 지역네트워크 장비에는 IP 스택(stack)도 없고 서버로부터의 설정 변경/감시용 원격관리 기능도 없기 때문이다. 그리고 통신회선 비용 측면에서도 디바이스를 GW로 다중화하여 유무선 액세스 네트워크로 수용하는 것이 바람직하다.

한편 디바이스와 네트워크의 구성 상황에 따라서 전용 게이트웨이, 홈 게이트웨이, 또는 스마트폰 등으로 구현하고 경우에 따라서는 스마트 디바이스(smart device)가 GW 역할을 할 수도 있다.

IoT 네트워크에서 GW에 필요한 기능은 크게 세 가지가 있는데 다음과 같다.

1. 서버로부터 직접 도달이 불가능한 디바이스에 대한 원격 초기 설정
2. IP 기반 모바일 액세스네트워크와 IoT 지역네트워크 사이에서 통신세션의 캐쉬(cache)나 중개(proxy) 역할
3. 서버와 디바이스 간의 프로토콜 변환

표 4.2는 현재 존재하는 지역네트워크 가운데 향후 IoT용으로 사용 가능한 대표적 지역네트워크의 사양을 비교한 것이다.

표 4.2 지역네트워크 프로토콜 사양 비교

규격 (organization)	802.11 (WiFi)	802.15.1 (Bluetooth)	802.15.4 (ZigBee)	Z-wave (proprietary)
주파수대역 (국내 기준)	2.4, 3.6, 4.9, 5, 5.9 GHz	2.4 GHz	2.4 GHz	919.7, 921.7, 923.1MHz
채널 속도	~450Mbps	723.1kbps(v.1)~ 24Mbps(v.4)	250kbps(16채널)	100kbps
커버리지	~100m	~100m	10~20m	~30m(100m)
토폴로지	star	star, hub & spoke(mainly), mesh	mesh(mainly), p2p, star, tree,	star, cluster, mesh
전력소비	1000mW	100mW	수십 mW	수십 mW
사용목적	인터넷 연결 (web, mail)	디지털 기기 간 연결	home automation, smart meter	home automation의 모니터링 및 제어

규격 (organization)	802.11 (WiFi)	802.15.1 (Bluetooth)	802.15.4 (ZigBee)	Z-wave (proprietary)
장점	이동성	저비용 설치 용이	전력절감 충돌회피 저비용	가장 단순
단점	거리에 따른 빠른 신호 감쇠	보안취약성 기기 간 통신 시 동작 불안정	저속 서비스 영역 협소	좁은 서비스 영역 낮은 이동성 보안 취약성
비고	무선액세스기술로서 가장 많이 활용되는 기술이기는 하나 접속 범위가 AP가 존재하는 공간에 한정됨	WiFi 다음으로 많이 활용됨	소형, 저전력, 초근거리 IoT 기기의 무선통신 기술 지향	최대 232개의 디바이스 연결 가능

표 4.2에서 WiFi는 비고에서도 언급한 것처럼 기존의 표준을 이용해서 IoT의 디바이스를 바로 수용하기에는 디바이스의 자원이 제약적이어서 그다지 유용하지 않기 때문에 새로운 규격을 제정하였는데 이에 대해서는 뒤에서 자세히 다루기로 한다.

한편 지역네트워크 프로토콜 사양 가운데 특히 최근에 주목받고 있는 것이 블루투스인데 먼저 블루투스에 대해서 조금 더 자세히 알아보자.

4.2.1 블루투스

블루투스는 1994년 스웨덴의 IT 장비 제조 기업인 에릭슨이 무선 개인영역네트워크(wireless personal area network, WPAN) 기술로서 개발하였다. 그 후 1998년 인텔, 에릭슨, 노키아, IBM 등 블루투스 SIG(special interest group)가 이 기술의 초기 버전을 제창하였는데, 통합된 통신규격의 이름을 놓고 고민을 거듭하다가 인텔의 짐 카대크(Jim Kardach)가 '블로탄 왕이 평화적인 협상으로 덴마크의 여러 민족을 통합한 것처럼 노트북 PC와 휴대전화가 매끄럽게 통신한다'는 의미로 통일 덴마크 왕국의 제 1대 왕인 '블로탄'을 떠올린 것이 계기가 되었다. 하랄 블로탄 고름센(935~986)은 여러 개의 소왕국으로 구성된 덴마크를 하나로 통일한 사람인데 그의 이가 썩어서 퍼렇고 검게 보여서 그의 별명이 '블로탄'이었다고 한다[이철민]. '블로탄'을 영어로 번역하면 'bluetooth'이다.

이처럼 새로운 기술의 이름을 정함에 있어서 역사와 지정학적 환경을 고려할 줄 아는 것이 바로 인문학의 힘이 아닌가 싶은데 사실 인터넷과 관련된 대부분의 이름이 유럽과 미국에서 붙여졌고 그 이름의 배경에는 우리가 잘 몰랐던 역사와 스토리가 있다. 다만 우리나라는 아직 이런 사례를 찾아볼 수 없다는 것이 아쉽기는 하다.

하여간 그 후에도 블루투스는 계속해서 버전이 진화하였는데 아래에 버전별 특징을 간략하게 소개한다.

■ 블루투스의 버전

블루투스는 1994년 기술이 소개된 이후 지속적으로 진화하였는데 그로 인해서 아래와 같이 여러 가지 버전이 있다.

1. v.1.1/1.2: 723.1kbps의 속도를 제공한다(원시적인 버전).
2. v.2.0: 2.1Mbps의 속도를 제공한다(classic Bluetooth라고 부름).
3. v.3.0: 24Mbps의 속도를 제공한다(Bluetooth high speed라고 부름).
4. v.4.0: v.2.0 + v.3.0 + 저전력(low energy) 블루투스(이것을 Bluetooth low energy -BLE-라고 부름)를 통합하였다. 단, BLE는 다시 BLE smart와 BLE ready로 나뉘는데 BLE smart는 블루투스만으로 단일모드(single mode)동작을 하고 BLE ready는 블루투스에 블루투스 제어기까지 포함하는 이중모드(dual mode)로 동작한다.

5. v.4.2: v.4.0 + IP protocol(IPv6 + 6LowPAN)으로서 IPv6의 풍부한 주소영역을 활용하여 원격으로도 개별 디바이스를 구분하며 디바이스가 직접 인터넷에 접속할 수 있으므로 128비트의 AES 암호화 기술을 적용할 수 있다. 이 버전은 2014년 12월에 제정되었으며 그 후에도 계속 발전하였다.
6. 블루투스 메쉬: 블루투스는 원래 주로 트리구조의 네트워크로 구성되는데 경우에 따라서는 맨 위에 루트역할을 하는 노드가 있어서 허브 & 스포크(hub & spoke) 방식으로 구성되기도 한다. 그런데 이것이 디바이스에게 서비스의 영역을 제한하는 장애요소가 된다. 그래서 이것을 극복하기 위하여 디바이스를 메쉬로 연결하는 방식을 고안하였다.

블루투스왕이 스칸디나비아를 통일한 것처럼 앞으로 블루투스가 전 세계의 IoT 액세스네트워크를 평정할지는 두고 봐야 할 일이다.

4.2.2 WiFi

WiFi는 무선랜 기술로서 1999년 IEEE 802.11b 표준으로 처음 비준된 이래 무선통신 기술의 발전과 통신환경의 변화에 따라 a, g, n, ac, ax 등 다양한 버전으로 진화해 왔다.

그런데 기존의 WiFi 프로토콜은 기본적으로 모바일 단말로 노트북이나 태블릿, 스마트폰 등을 사용하는 H2H, H2M 통신을 전제로 고안된 기술이다. 이런 이유로 기존의 WiFi 표준은 IoT에 그대로 사용하기에는 문제가 많다.

이 문제를 해결하기 위하여 IEEE는 기존의 WiFi 표준을 바탕으로 하되 IoT 서비스의 제공에 적합한 프로토콜을 고안하였는데 그것이 IEEE 802.11ah와 IEEE 802.11ba이다. 지금부터 이에 대해서 알아보자.

1 IEEE 802.11ah

IEEE 802.11ah는 기존의 WiFi용으로 사용하던 프로토콜에 IoT에 적합한 기능을 추가하여 개발한 프로토콜이다. 따라서 향후 센서와 미터의 접속, 센서와 미터 데이터의 백홀 역할, 그리고 WiFi의 커버리지 확장(~1km)용으로 사용될 것이다.

IEEE 802.11ah의 주파수대역으로는 1GHz 미만의 비면허(sub 1GHz license exempt) 대역을 사용하는데 아래의 표는 국가별 대역 할당 내역을 비교한 것이다.

표 4.3 국가별 IEEE 802.11ah 주파수대역 할당

국가	한국	일본	미국	EU
사용 대역	6MHz (917.5~923.5)	11MHz (916.5~927.5)	26MHz (902~928)	5MHz (863~868)
비고	1MHz당 150kbps (BPSK, 1/2 coding rate 기준)			

위의 표에서 알 수 있듯이 IEEE 802.11ah는 기존의 WiFi에서 사용하던 주파수대역인 2.4, 5GHz와는 다른 1GHz 미만의 대역을 사용한다. 따라서 IoT 서비스는 기존의 무선 인터넷 서비스와는 완전히 독립적인 서비스이다.

■ IEEE 802.11ah의 MAC protocol 요구사항과 프로토콜 변경

IEEE에서는 IoT의 전개를 대비해서 기존의 무선랜 기술과는 다른 새로운 MAC 프로토콜을 제안하였는데 IEEE 802.11ah는 다음과 같은 설계 요구사항을 바탕으로 고안되었다.

- 디바이스의 전력 소모 최소화
- 실내/외 환경에서 많은 수의 디바이스 접속
- 최대 1km까지의 서비스 커버리지 제공

그런데 위와 같은 요구사항을 충족시키기 위해서는 AP(access point)를 높은 곳에 설치해야 하는데 그 결과 장애물로 인한 경로손실(pass loss)이 증가하게 되고 숨은 노드(hidden node)의 문제가 악화되어서 결국은 동시에 여러 개의 디바이스가 데이터를 보낼 경우 충돌이 빈발하게 되고 디바이스의 전력 소모가 증대된다.

무선네트워크에서는 단말이 기지국에 접속할 수 없는 서비스 음영 지역을 없애기 위해서 인접하는 셀은 서로 약간 겹치게 설계되어 있다. 그래서 아래의 그림에서 보듯이 어떤 단말(단말 B)은 인접하는 두 셀에 동시에 데이터를 주고받을 수도 있다.

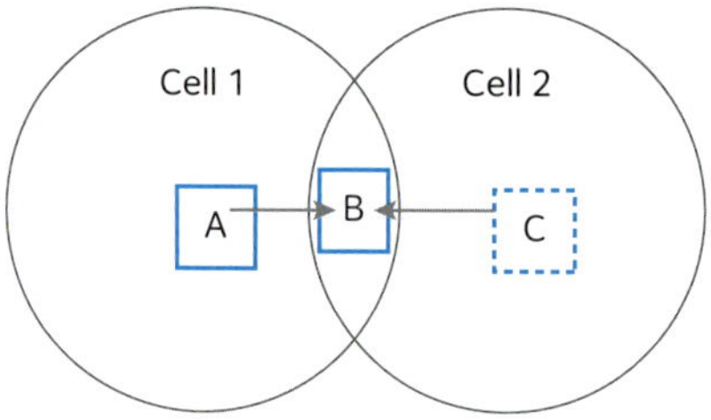

그림 4.3 숨은 노드의 문제

위의 그림에서 노드(무선단말) A는 셀 1에 속해 있고 노드 C는 셀 2에 속해 있으며 노드 B는 양쪽의 셀에 모두 속해 있다. 이때 노드 A와 C는 서로 다른 셀에 속해 있기 때문에 서로 상대방의 존재를 모른다. 이 경우 노드 A가 노드 B에게 데이터를 전송해도 노드 C는 노드 A가 데이터를 보냈는지 알 수 없고, 따라서 셀 1의 무선 채널이 점유 중인지의 여부도 알 수 없다. 따라서 노드 A와 C가 동시에 자기 셀 안에 있는 노드 B에게 데이터를 전송하면 노드 B에서는 데이터의 충돌이 발생한다. 이것을 숨은 노드의 문제(hidden node problem)라고 부른다[이훈].

먼저 숨은 노드의 문제를 해결하는 방법을 소개한다.

무선네트워크에서 숨은 노드의 문제가 존재할 경우에 디바이스가 무분별한 매체 경합을 할 가능성이 큰데 이 경우에는 동시에 여러 디바이스로부터 패킷 전송이 겹치지 않도록 해야 한다. 이를 위하여 기존의 인터넷을 위한 WiFi에서 사용하는 MAC 프로토콜인 CSMA/CA에서는 부가적으로 RTS(request to send)/CTS(clear to send) 메시지를 사용하여 사전에 숨은 노드들 간의 충돌을 회피하는 방안을 강구하여 이것을 선택 사양(option)으로 포함시켰다. IoT에서는 이처럼 복잡한 프로토콜을 낮은 가격으로 생산되는 디바이스에 장착할 수 없다.

그 해결책으로써 802.11ah에서는 보다 단순한 방법을 고안하였는데, 한순간에 오직 한 그룹의 디바이스만 매체에 접속하도록 허용하기 위하여 일정한 길이의 타임슬롯을 여러 개 묶어서 동기적으로 전송하게 하는 RAW(restricted access window)라고 하는 시간창(time window)을 정의하는데 RAW의 구조는 다음과 같다.

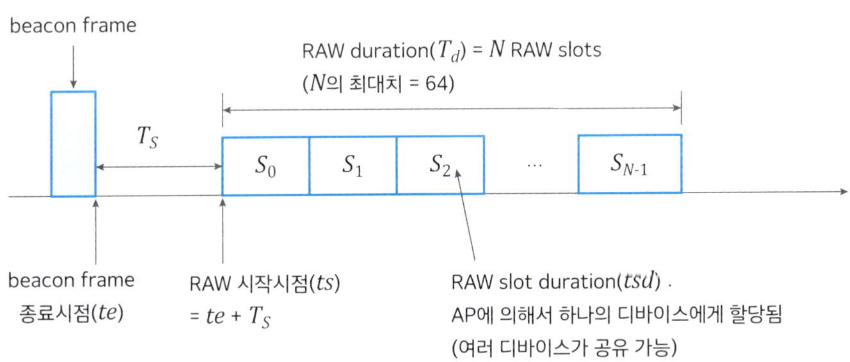

그림 4.4 RAW의 구조

위의 그림에서는 총 N개의 타임슬롯을 하나의 RAW(RAW duration: 길이=Td)로 설정하고 그 프레임보다 먼저 비콘 프레임을 전송하여 새로운 프레임이 그 뒤를 따를 것이라는 것을 알려준다. 이때 비콘 프레임이 전송된 후 약간의 시간(그림에서는 Ts)이 지난 뒤에 데이터가 실장된 RAW 프레임이 전송된다.

표 4.4는 기존의 H2M용 무선랜 규격인 802.11ac와 IoT용 무선랜 규격인 802.11ah의 사양을 비교한 것이다.

표 4.4 802.11ac와 802.11ah의 규격 비교

프로토콜 버전	802.11ac	802.11ah
사용례(use case)	무선 디스플레이, HDTV 분배, 고속 인터넷	센서/미터
전송속도 요구치	20Mbps ~ 3Gbps	100kbps
프레임 크기	대형 (1500bytes)	소형 (수 100bytes)
트래픽 유형	비디오 스트리밍 대용량 파일 전송	주기적 (수~수십 분 간격) 패킷 전송
디바이스 간 거리	~60m	~1km
디바이스의 수	~20	~6000
위치	대부분 실내	실내/외

위의 표에서도 볼 수 있듯이 802.11ac와 802.11ah는 사용례에서부터 접속되는 디바이스의 수에 이르기까지 요구하는 서비스나 제공되는 서비스가 아주 다름을 알 수 있다.

지금까지 우리는 IoT 디바이스의 접속을 위한 랜 기술을 알아보았다. 그런데 실제 현장에서는 모든 IoT 디바이스가 모두 랜을 통해서 접속하는 것은 아니다. 어떤 경우는 현장에 랜이 구축되어 있지 않거나 구축할 수 없는 경우도 있으므로 IoT 디바이스를 바로 인터넷에 접속시켜야 할 경우도 있다. 이 문제를 해결하는 기술로서 제안된 것이 저전력소모 광역(low power wide area, 이하 LPWA) 네트워킹 기술이며 이에 대해서는 조금 뒤에 자세히 다룬다.

2 IEEE 802.11ba

IoT 서비스를 제공하는 준비과정에 있어서 통신 사업자의 가장 큰 고민은 전력 소모의 문제이다. 그에 따라 통신기술을 개발할 때 통신 장비나 디바이스 공히 소비전력

을 최소화하는 노력을 계속 기울이고 있다. 다행히도 IoT 디바이스는 인간이 쓰는 스마트폰과는 달리 데이터의 전송 빈도가 그다지 많지 않으며 이에 착안한 가장 대표적인 전력 소모 절감 기법은 디바이스가 데이터를 전송하지 않을 때 수면(sleep) 또는 휴식(idle) 모드로 동작하게 하는 동적 전력 관리(dynamic power management, 이하 DPM)이다.

그런데 DPM의 한계점은 디바이스가 수면상태에 있을 때 갑자기 데이터를 전송할 일이 생겨도 통신을 할 수 없다는 점이다. 그로 인해서 아주 중요(mission critical)한 임무를 수행하지 못하거나(예: 자율주행차가 주행중 도로에 갑자기 장애물이 나타나면 차가 서야 하는데 그러지 못하는 등), 미션을 수행하더라도 디바이스를 구동(activation)시키느라고 시간이 걸려 대응하는 데 시간이 너무 많이 걸리는 등 여러 가지 문제가 있다.

결국 DPM을 도입할 때 필요한 기술은 전력 소모가 많지 않으면서 데이터의 전송 성능이 저하되거나 전송 지연이 크게 증가되지 않도록 디바이스의 동작상태를 관리하는 것이다.

그런데 IEEE802.11표준을 기반으로 하여 디바이스의 전력 소모를 최소화하는 기법으로서 기존의 물리계층 및 MAC계층의 효율을 높이는 방법을 사용할 경우 IEEE802.11표준에 대한 변경이 필요하고 그렇게 하더라도 전력 소모를 혁신적으로 줄이는 데는 한계가 있다.

이에 대한 해법으로서 기존의 IEEE802.11표준을 그대로 사용하면서 추가적으로 초저 소비전력(100마이크로와트 이하) 송수신 장치를 추가하는 방안이 강구되었는데 그것이 IEEE802.11ba WUR(wake up radio)이다. IEEE802.11ba WUR는 기존의 IEEE802.11표준에 추가적으로 IoT 디바이스가 언제 잠들고(sleep) 언제 깨어날지(wake up)에 대해서 명시적으로 알려주는 기술이다. 이 기술은 기존의 IEEE802.11 송수신기는 데이터를 전송하지 않을 때 수면모드로 들어가서 전력 소모를 최소화하고 송수신 데이터가 있을 때에는 별도의 저전력 송수신 장치를 사용하여 IEEE802.11 송수신기가 활성화되도록 동작시키는 것이다.

IEEE802.11ba WUR을 장착한 시스템은 고용량 데이터 전송을 위한 메인통신모듈(예: IEEE802.11ax)과 메인통신모듈을 깨우기 위한 WUR모듈로 구성된다. 이렇게 하여 전력 소모가 큰 메인통신모듈은 평소에 늘 비활성화(sleep)되어 있고 WUR모듈이 wake up packet(WUP)을 수신한 경우에만 활성화되어서 데이터를 송수신할 수 있다.

이처럼 IEEE802.11ba WUR이 동작하기 위해서는 WUP에 메인통신모듈을 깨우기(wake up) 위한 정보가 들어있어야 하는데 아래의 그림이 이것을 나타낸 것이다[김동완].

802.11 preamble	BPSK symbol	wake up payload

그림 4.5 WUP의 구조

위의 그림에서 각 영역에 대해 간단히 요약하면 다음과 같다.

- IEEE802.11 preamble: IEEE802.11 디바이스와 WUP 간의 충돌을 방지하기 위한 목적으로 사용하며 사용 주파수대역은 20MHz이다.
- BPSK(binary phase shift keying) symbol: 이것 역시 IEEE802.11 디바이스와 WUP 간의 충돌을 방지하기 위한 목적으로 사용하며 사용 주파수대역은 20MHz이다.
- wake up payload: wake up preamble, MAC header, frame body, frame check sequence 정보로 구성되며 사용 주파수대역은 4MHz이다.

4.2.3 LPWA

최근 IoT 서비스의 확산과 더불어 전기, 수도, 가스 등 유틸리티(utility) 디바이스가 인터넷에 연결되면서 기존의 스마트폰, 태블릿 등과 같은 고스펙(high specification)의 인터넷 서비스와는 완전히 다른 성질의 서비스 특성이 나타나게 되었다. IoT 디바이스의 가장 큰 특징은 네트워크에 연결되는 디바이스의 수가 기존의 무선 인터넷 서비스와는 비교가 되지 않을 정도로 많다는 것이다. 그 대신에 각 단말이 생성해내는 데이터의 양은 기존의 인터넷 서비스에서 제어용으로 사용되는 시그널링 데이터의 양과 비슷한 정도로 소량이다. 이들 두 가지 데이터는 서로 상반되는 특징을 지니고 있는데 그렇다고 이들 두 특징이 서로의 문제를 상쇄시킨다고는 말할 수 없다.

게다가 대부분의 IoT 단말이 전원 공급이 여의치 않는 곳에 광범위하게 설치되고 그로 인하여 제한된 전력자원으로 장시간 동작해야 하는 특징이 있다. 또 IoT 디바이스는 이동성이 낮고 지연에 민감하지 않는 소량의 데이터를 전달하는 경우가 많다.

이처럼 IoT 서비스는 기존의 인터넷 서비스와는 아주 다른 특성을 가지는데 그에 부응하기 위하여 저전력-광역(low power wide area, 이하 LPWA) 네트워킹 기술이 필요하게 되었다. LPWA는 다음과 같은 배경에서 등장했다.

- 기존의 WiFi와 Bluetooth의 커버리지 한계라는 단점을 보완하여 하나의 기지국으로 넓은 영역을 커버하고자 하였다.
- LTE의 높은 배터리 소모량의 문제를 해결하고자 하였다.

위의 논의를 요약하면 LPWA가 IoT용 무선네트워킹 기술로 등장한 배경에는 기존의 무선 LAN 기술의 커버리지 한계성과 기존의 무선 WAN 기술인 LTE의 높은 배터리 소모문제를 동시에 해결하여 IoT 지역네트워크를 대상으로 저비용 고신뢰 광역 접속을 목적으로 하고 있음을 알 수 있다. 이를 위해서 LPWA는 넓은 서비스 영역에 대해서 star구조의 네트워크 토폴로지를 지향한다.

위와 같은 배경에서 LPWA는 다음과 같은 핵심 설계 요구사항을 기본으로 한다.

- 저전력(low power) 소모
- 충분한 커버리지(wide area) 제공

- 대규모 단말기 접속(massive access)
- 저렴한 구축비용
- 타깃 서비스: 수도, 가스, 전력 원격검침 등 소용량의 IoT 서비스

아래의 그림은 기존의 무선통신망 기술과 비교한 LPWA의 위치를 나타낸 것이다.

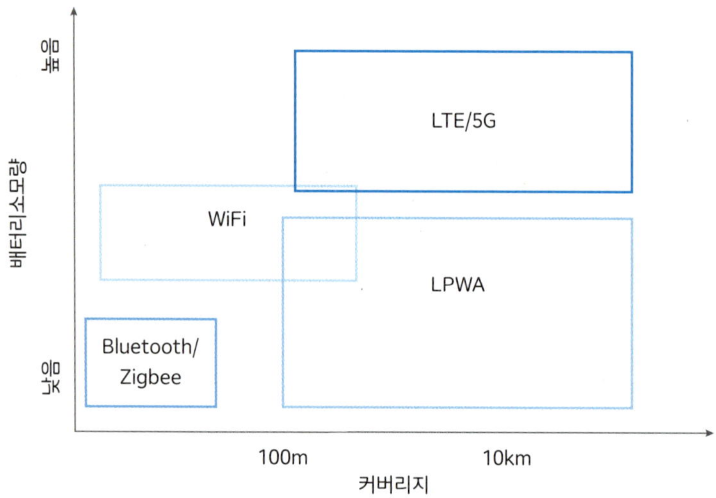

그림 4.6 LPWA의 위치

위의 그림에서 보듯이 LPWA는 배터리 소모량은 WiFi보다 더 작고 커버리지는 LTE에 육박하므로 네트워크의 가성비(가격 대비 성능비)가 뛰어남을 알 수 있다.

LPWA의 또 하나의 특징으로는 장애물이 많은 환경에서 신호의 회절성이 좋은 1GHz 이하의 비면허 주파수대역을 사용함으로써 IoT 전용의 독자적 네트워크 구축이 가능하다는 것이다. 참고로 LPWA에서 사용하는 주파수대역은 우리나라는 917~923.5MHz, 유럽은 867~869MHz, 미국은 902~928MHz, 일본은 920~925MHz이다.

LPWA는 사용하는 주파수의 특성에 따라서 두 가지로 나눌 수 있는데 하나는 면허대역 주파수(licensed frequency) LPWA(이하 LF-LPWA)이고 다른 하나는 비면허대역

주파수(unlicensed frequency) LPWA(이하 UF-LPWA)이다. 혹자는 전자를 인가대역, 후자를 비인가대역이라고도 부른다.

이상에서 살펴본 것처럼 IoT 서비스가 본격적으로 확산되기 위해서는 기존의 컴퓨터 네트워크에서 사용되던 통신 방식으로는 한계가 있으며 이 문제를 해결하기 위한 기술로 새로이 등장한 것이 LPWA이며 앞으로 IoT를 언급할 때 LPWA를 빼고는 이야기가 성립되지 않을 만큼 LPWA의 중요성은 커질 것이다.

아래에서는 앞에서 소개한 각 기술에 대해서 좀 더 자세히 알아본다.

1 면허대역 LPWA

면허대역 LPWA(LF-LPWA)는 정부로부터 무선통신 주파수 사용 인가를 받은 특정 통신 사업자가 전국적인 규모의 무선 네트워크를 구축하여 운용하는 네트워크로서 기존의 LTE/5G 네트워크처럼 주파수 간섭 우려가 없고 서비스의 강건성(robustness)이 보장된다.

면허대역 LPWA기술은 LTE-MTC, EC-GSM, NB-IoT 등 세 가지 유형이 표준화되어 있다. 그중에서 사실상의 표준이 된(de facto standard) LTE-MTC와 NB-IoT에 대해서 소개한다.

가. LTE-MTC

LTE 기반의 IoT 기술을 이야기하기 전에 먼저 NB-IoT를 위한 LTE 규격 이전에 제정된 LTE-MTC와 관련된 역사부터 되짚어볼 필요가 있다. LTE는 원래 휴대전화 및 무선 데이터 등 H2H 혹은 H2M 간 통신을 위한 광역(廣域) 무선접속/중계기술로서 개발되었다. 그러다가 IoT의 등장으로 기존의 H2H 및 H2M 간 통신에 M2M 통신까지 수용해야 하는 환경이 됨에 따라서 최근에 등장한 것이 LTE-MTC 기술이다.

LTE-MTC는 IoT 서비스를 면허대역의 주파수를 통하여 제공함에 있어서 기존의 LTE 기술을 적용하되 MTC 디바이스의 요구사항에 맞게 변경시킨 기술이다. 따라서 LTE-

MTC는 기존의 LTE 기술 및 주파수 자원을 사용할 수 있고 OFDMA 기반의 신뢰성 있는 전송이 가능하다. 다만 LTE-MTC가 LTE에 기반한 기술인 만큼 제어체계가 복잡하고 망운용 비용이 비싸며 IoT와 같은 저속 서비스에는 최적화되어 있지 않다는 것이 단점이다.

LTE-MTC의 특징을 요약하면 다음과 같다.

- LPWA와 동일한 요구조건을 만족시키기 위해 무선 셀룰러 네트워크 기술이 진화했다.
- 동시에 디바이스와 서버가 통신하는 경우가 거의 없어서 반이중 통신이 가능하다.
- IoT 서비스가 아주 짧은 시간에 저용량의 데이터를 송수신하기 때문에 기존의 LTE 서비스에 지장을 주지 않고도 IoT 서비스를 제공할 수 있다(IoT 서비스의 트래픽 점유도는 전체 트래픽의 0.1% 미만으로 추정된다). 결국 기존의 LTE망을 그대로 사용할 수 있어서 넓은 영역에 대해서 추가적인 투자가 필요 없다.

LTE-MTC는 여러 개의 버전이 있는데 아래에서 그 특징을 간략히 설명하였다.

■ 3GPP Release 10/11

- 상/하향 링크의 대역폭은 기존 LTE의 채널당 대역폭인 20MHz를 사용하여 대역폭이 지나치게 크다는 문제가 있다.
- IoT 기기가 동시에 기지국으로 접속하는 경우를 대비한 망부하 최소화에 초점을 맞추었다.
- 솔직히 말하면 이 버전은 아직 IoT의 요구조건이 제대로 반영되었다고 보기 어렵다.

■ 3GPP Release 12

- 기존의 LTE에 비하여 상/하향 링크의 대역폭을 1.4MHz로 낮춤으로써 모뎀의 복잡도를 낮추고 저가 통신기술 구현이 가능하다. 다만 당초 대역폭이 20MHz인 버전을 Cat. 1로 불렀는데 그것을 더 작은 대역폭으로 줄였기 때문에 새로운 이름을 붙여야 해서 이 버전은 Cat. 0이라고 부른다(참고로 LTE에서는 대역폭이 클수록 Cat. 뒤의 숫자가 증가한다).
- 전력 절감모드(power saving mode)를 구현하고 단일 안테나 기술을 적용시켜서 저전력소모 설계가 가능하다.

■ 3GPP Release 13

- 커버리지 향상과 저전력소모 기술을 적용하여 단말기의 복잡도를 낮추었다.
- 상/하향 링크의 대역폭을 200kHz로 더 낮춤(이것을 narrowband라고 부르고 NB-IoT의 기본이 됨)으로써 소비전력을 줄이고 IoT 기기의 배터리 수명을 증가시켰다.
- 단, 1.4MHz 대역에서도 동작은 가능하며 이 버전을 Cat. M1이라고 부르고 200kHz로 낮춘 버전을 Cat. NB1이라고 부른다.

나. NB-IoT

NB-IoT는 위의 3GPP Release 13을 설명할 때 소개한 것처럼 LTE-MTC와 비슷한 규격으로 LTE-MTC가 진화된 버전이다. 따라서 일부 사람들은 LTE-MTC와 NB-IoT가 같은 것으로 착각하기도 한다. 그러나 엄밀히 말하면 두 가지 기술은 약간 다르므로 주의해야 한다.

NB-IoT는 3GPP가 기존의 LTE 표준을 바탕으로 하여 순전히 MTC 디바이스를 위해서 제정한 표준으로서 하향은 OFDMA, 상향은 SC-FDMA 기술을 사용하였다. 그리고 응용서비스를 제공함에 있어서 애플리케이션 프로그램으로부터 드물게 발생하는 작은 패킷을 가정하고 데이터 전송에 있어서 지연에도 민감하지 않은 것을 가정하였다. 그로 인하여 NB-IoT를 개발할 때 지연과 관련된 서비스 품질 개념도 고려하지 않았으며 가끔 발생하는 작은 데이터 패킷을 기존의 LTE 패킷과 별도로 분리하여 IoT에 최적화된 무선 인터페이스를 제공하는 것을 목표로 하였다[박태준]. 이렇게 얻어진 기술은 LTE-MTC의 Cat. M1과 대비되어 Cat. NB1이라는 이름으로 명명되었다.

위에서 살펴본 것처럼 NB-IoT가 LTE-MTC로부터 진화한 기술이므로 지금부터는 이들 두 가지 표준을 합쳐서 이야기하기로 한다. 아래의 표는 면허대역 LPWA의 기술을 비교한 것이다[다카하시].

표 4.6 면허대역 LPWA의 기술표준 비교

<table>
<tr><th>표준</th><th>LTE-MTC</th><th>LTE-MTC</th><th>NB-IoT</th></tr>
<tr><td rowspan="2">3GPP 버전
(LTE 카테고리)</td><td rowspan="2">3GPP Release 12
(Cat. 0)</td><td colspan="2">3GPP Release 13</td></tr>
<tr><td>Cat. M1</td><td>Cat. NB1</td></tr>
<tr><td>밴드</td><td>in-band</td><td>in-band</td><td>in-band/guard-band/stand alone</td></tr>
<tr><td>하향회선속도</td><td>1Mbps</td><td>1Mbps</td><td>200kbps</td></tr>
<tr><td>상향회선속도</td><td>1Mbps</td><td>1Mbps</td><td>144kbps</td></tr>
<tr><td>단말기 수신대역폭</td><td>1.4MHz</td><td>1.4 MHz</td><td>200kHz</td></tr>
<tr><td>단말기 전송출력</td><td>20dBm</td><td>20dBm</td><td>23dBm</td></tr>
<tr><td>이동성 제공</td><td>있음</td><td>있음</td><td>handover 비대응</td></tr>
<tr><td>비고
(추가된 기능)</td><td>오른쪽 기능은
없었음</td><td colspan="2">① 기지국으로부터 먼 단말에 대해서 같은 데이터를 여러 개 송신하는 커버지리 증강(coverage enhancement) 기술 도입
② 최대 13일간 착신불가상태를 유지하는 전력절감모드(power save mode) 적용
③ 간헐적 신호를 수신하지 않는 동안에는 일부의 불필요한 기능을 정지시키는 확장된 간헐적 수신(extended discontinuous reception) 기능을 추가</td></tr>
</table>

3GPP에서는 MTC가 진화하여 IoT로 된 이후에 IoT 서비스를 위한 규격으로서 기존에 사용하던 Cat. 0 규격을 기반으로 LTE 기지국의 소프트웨어를 업그레이드하여 전력은 적게 소비하면서도 장거리 전송이 가능한, 즉 IoT의 요구조건을 충족하는 새로운 규격을 제정하였다. 이것이 바로 Cat. M1과 Cat. NB1이다. 이와 같은 연유로 LTE를 기반으로 하는 NB-IoT가 탄생하게 되었다.

앞의 표에서 Cat. NB1의 특징 중 하나인 다양한 밴드 사용에 대해서 각 방식의 특징을 정리하면 다음과 같다.

- in-band: 기존의 LTE에서 송신용으로 사용하는 RB(resource block)와 동일한 RB를 사용한다.
- guard-band: 기존의 LTE에서 송신용으로 사용하는 주파수 영역 중에서 guard-band 용으로 사용하는 주파수 영역을 사용한다.
- stand alone: 기존의 LTE에서 송신용으로 사용하는 주파수 영역과는 별개로 IoT 전용으로 새로운 주파수 영역을 사용한다.

한편 IoT를 목표로 제정된 새로운 Cat. M1과 Cat. NB1은 향후 다양한 응용서비스에 사용될 것이다. 특히 이들이 기존에 이미 상용화되어 있는 LTE 기술을 확장하여 사용하므로 Cat. M1은 고속에서 이동성이 보장되는 이점을 살려서 웨어러블 디바이스를 장착한 IoT 응용서비스에 적합하며, Cat. NB1은 위치가 고정된 스마트미터 등에 적용이 가능할 것이다. 게다가 인가 주파수대역을 사용하는 경우에는 이미 제공 중인 기존의 LTE 서비스와의 연계도 가능하므로 자동차에 IoT 디바이스를 장착하면 운전자의 운전 습관에 따라서 적응적으로 보험료를 다르게 적용하는 자동차보험의 산정에도 적용할 수 있다.

2 비면허대역 LPWA

비면허대역 LPWA(UF-LPWA)는 916~928MHz 대역의 주파수에 해당하는데 정부로부터 주파수 사용 인가를 받을 필요가 없고, 20mW 이내의 저전력통신으로서 누구든지 무선 네트워크를 구축하여 운용할 수 있다. 다만, 이 주파수대역에서는 IoT뿐만 아니라 기존의 WiFi에서 사용하던 다른 모바일 디바이스도 자유로이 통신을 할 수 있기 때문에 주파수 간섭의 우려가 있고 서비스의 강건성(robustness)도 보장되지 않는다. 이와 같은 문제 때문에 UF-LPWA에서는 기존의 WiFi에서처럼 MAC 프로토콜이 필요한데, 호스트가 네트워크로 데이터를 전송하기 전에 무선채널의 상태를 감지하는 매체

표 4.7 UF-LPWA 규격

규격명	LoRaWAN	SigFox	Wi-SUN	ZETA	Weightless	EnOcean Long Range	ELTRES
제정 주체	LoRa Alliance	프랑스 SigFox사	IEEE802.15.4K	중국 ZiFiSense 사	영국 Weightless SIG(special interest group)	EnOcean Alliance	일본 소니
통신 속도	9.4kbps	100bps	100bps	300bps	100kbps	1.3kbps	80bps
수신 감도	-137dBm	-142dBm	-104dBm	-130dBm	-135dBm	-120dBm	-142dBm
쌍방향 대응	가능	가능	가능	가능	가능	가능	불가능 (상향만 가능)
장점	수신감도와 통신 속도를 유연하게 변경 가능	한 곳에서 데이터를 집약하므로 글로벌 비즈니스 전개가 가능	애플리케이션층을 비롯한 프로토콜이 이미 표준화되어 있음	유선전원 공급이 필요 없는 중계기로 멀티홉 통신이 가능	멀티캐스트 통신이 가능	에너지 하베스팅기술의 적용으로 전원공급이 불필요	7개 규격 중 수신감도가 가장 좋음. 송신 시에 프리앰블을 붙일 필요가 없고 송신시간이 짧아서 고속 이동 시에도 통신이 가능
단점	수신감도를 높이기 위해 속도가 저하됨	하향 전송 횟수에 제한이 있음	수신감도가 떨어짐	기기를 셀룰러통신망 권역 내에 제한적 설치	수신감도를 높이기 위해 속도가 저하됨	수신감도가 떨어짐	GPS 동기를 전제로 하므로 옥외에서만 이용 가능

탐지(carrier sensing) 기술이 이에 해당한다. 또한 UF-LPWA의 제한된 주파수대역을 모든 디바이스가 공정하고 효과적으로 사용하기 위해서 호스트당 송신시간 상한 설정 등의 흐름제어(flow control) 장치를 갖추고 있다.

2019년을 기준으로 제정되어 있는 UF-LPWA 규격은 총 7가지 종류인데 LoRaWAN, SigFox, Wi-SUN(wireless smart utility network), ZETA, Weightless, EnOcean Long Range, ELTRES이다. 표 4.7은 이들 7가지 규격의 사양을 비교한 것이다[다카하시 외 3인].

한편 표 4.7에서 전 세계에 존재하는 7가지나 되는 규격을 소개하였으나 어느 한 가지 규격이 더 뛰어나다고 말하기도 어렵고, 스펙이 낮다고 그 기술이 필요없는 것도 아니다. 공학적으로 보면 성능의 우열보다는 오히려 그 상황(use case)에 가장 적절한 기술이 가장 좋은 기술이다. 이것을 적정기술(appropriate technology)이라고 부른다.

그래서 앞에서 소개한 다양한 규격들 중에서 어떤 기술이 어떤 상황에 적절한지에 대해 알아보기 위해 IoT의 커버 영역과 사용례에 대해 조사해 보았는데 아래의 표는 그 결과를 요약한 것이다[다카하시 외 3인].

표 4.8 커버하는 영역과 IoT 사용례

<table>
<tr><th>기버 영역</th><th>도시</th><th>교외</th><th>시골</th></tr>
<tr><td>사용례1</td><td>디바이스를 고정 설치하는 경우: 스마트미터, 가로등 제어</td><td>시야 확보가 용이한 경우: 농장, 축사 모니터링</td><td rowspan="3">시골의 경우에는 민가와 멀리 떨어져 있어서 사람의 접근이 어려움: 하천, 댐 수위 감시, 산악도로 등 절개지 모니터링, 태풍/지진/해일 등 감시용으로 주로 사용됨</td></tr>
<tr><td>사용례2</td><td>디바이스가 어느 정도의 거리는 움직일 수 있을 경우: 도난 방지, 작업자 모니터링</td><td>시야 확보가 나쁜 경우: 등산자의 조난 탐지, 교량/댐 등의 모니터링</td></tr>
<tr><td>사용례3</td><td colspan="2">디바이스가 광역 이동하면서 아주 넓은 범위를 커버하는 경우: 비행기, 배의 화물 위치 관리</td></tr>
</table>

먼저 도시에 대해서 정의된 세 가지 사용례에 대해서 어떤 규격이 적절한지 알아보자.

- 디바이스의 고정적 설치: 도시를 대상으로 스마트미터나 가로등 제어와 같은 사용례에서는 IoT 디바이스가 아주 높은 밀도로 배치되어 있는 경우가 많은데 이때 한 대의 네트워크 접속장치로 넓은 영역을 커버하는 것을 요구한다. 또 네트워크가 IoT 디바이스를 원격제어하려면 쌍방향통신이 가능하여야 한다. 따라서 이 경우에는 멀티홉통신이 가능한 Wi-SUN이나 수신감도가 좋은 LoPaWAN이 가장 적절하다.
- 디바이스가 어느 정도 거리는 움직임: 이 경우는 고속으로 움직이는 사물의 위치를 모니터링하는 것을 필요로 한다. 따라서 송신지연이 짧고 전국적으로 서비스가 가능한 ELTRES가 적합하다.
- 디바이스가 광역 이동: 이 경우는 디바이스가 국경을 넘어서까지 이동하는 경우이므로 국가 간을 운행하는 비행기나 배의 화물 위치 추적 기능까지 가져야 한다. 따라서 데이터를 한 곳에서 일괄관리하는 기능을 가진 SigFox가 가장 유리하다.

교외를 대상으로 하는 경우에는 대개 사람이 접근하기 어려운 곳에 IoT 디바이스가 위치하고 있는데 다음과 같은 경우가 가능할 것이다.

- 시야 확보가 용이: 온실 등 농장에서 온/습도를 모니터링할 경우 전원공급을 반영구적으로 할 수 있는지의 여부가 중요한 문제가 되는데 이때는 에너지 하베스팅기술이 적용된 EnOcean Long Range가 적합하다.
- 시야 확보가 나쁨: 산이 우거진 지역에서의 조난자 구조나 인프라를 감시할 경우에는 넓은 지역에 비디오 카메라 등을 장착하여 화면을 기록하여야 하므로 디바이스의 전력 소모가 심하다. 따라서 이 경우에는 전지로 구동되는 중계기를 사용하여 멀티홉으로 데이터를 전송할 수 있는 ZETA나 수신감도가 좋은 LoRaWAN이 가장 적합하다.

마지막으로 시골을 대상으로 하천, 댐 수위 감시, 절개지 모니터링, 태풍/지진/해일 등 자연재해를 감시하기 위해서 IoT 서비스를 제공하는 경우 대개는 사람이 접근하기 어려운 산이나 해안가 등 넓게 펴져 있는 지역에 낮은 밀도로 디바이스를 설치한다. 이 경우 평상시(normal state)에는 통신의 빈도가 그다지 많지 않으나 자연재해가 발생(abnormal state)하면 아주 높은 빈도로 고속의 거의 실시간 통신이 요구된다. 따라서 이때는 수신감도가 높고 쌍방향통신이 가능하며 필요에 적응적으로 통신 속도를 조절할 수 있는 LoRaWAN이나 Weightless 등이 유리하다.

이처럼 UF-LPWA는 사용하려는 환경이나 목적에 따라서 다양한 기술이 사용된다.

앞에서 소개한 규격 중 세계적으로 가장 널리 사용되는 UF-LPWA 규격은 세 가지가 있는데 SigFox와 LoRaWAN, 그리고 IEEE802.15.4k이다[다카하시, 고미야]. 그중에서 특히 SigFox와 LoRaWAN이 실제 IoT 시장에서 가장 많이 채택하는 기술이다. 아래에서 LoRaWAN과 SigFox에 대해서 좀 더 자세히 소개한다.

가. LoRaWAN

LoRaWAN은 900MHz 대역의 비인가 주파수대역(unlicensed frequency band)을 사용하여 광역 IoT 서비스를 제공하는 기술이다. 따라서 기존의 WiFi처럼 누구나 허가 없이 LoRaWAN 기지국을 설치할 수 있다. 우리나라의 경우 917~923.5MHz의 대역을 LPWA로 사용 가능하며 LoRaWAN에서는 그중에서 920.9~923.3MHz를 규격에 반영하고 있다. 우리나라의 SK텔레콤이 이 방식을 사용하는데 사용 주파수대역은 중심주파수 921.9~923.3MHz 구간을 200kHz의 대역 8개로 나누어서 각기 125kHz씩 사용하고 있다. 그래서 사람이 살지 않는 지역이나 통신량이 아주 적은 지역에서 IoT 서비스를 제공하기에 아주 적합한 기술이다. 이제 LoRaWAN의 기술 사양과 적절한 응용서비스 예에 대해서 알아본다.

■ LoRaWAN의 기술 사양

LoRaWAN은 LoRa alliance라는 비영리단체가 만든 기술표준이다. 그래서 사양이 모두 개방되어 있으며 통신방식에 따라서 A, B, C의 세 가지 클래스로 나뉘어진다.

- Class A: 디바이스의 저전력 특성 극대화를 위하여 디바이스 주도의 상향통신 중심이며 디바이스는 상향 데이터 전송 후 일정 시간 후 미리 정의된 채널로 ACK나 ACK의 재전송 등 하향 데이터를 수신한다. 이 방식의 단점은 디바이스의 상향 데이터 전송이 없으면 기지국은 하향 데이터를 전송할 수 없다는 것이다. 물론 그 대신에 전력 소모가 가장 적다.
- Class B: Class A의 단점을 보완하여 하향통신을 위한 별도의 채널을 준비하여 예정된 시각에 디바이스의 수신창이 열려서 기지국이 주도하는 하향통신이 가능하다. 저전력과 주기적 하향 데이터 유무 확인을 위해 디바이스와 게이트웨이 사이의 동기를 맞추어야 하므로 비컨이 필요하다.
- Class C: 상하향 데이터 송수신 창을 항상 열어두며 상향으로 데이터를 송신하지 않는 동안에는 수신창이 항상 열려 있어서 언제든지 하향통신이 가능하다. 따라서 다른 방식에 비해서 전력 소모가 크기는 하지만 전원이 공급되는 디바이스에 사용하기에 적합하다.

일반적으로 IoT 디바이스는 송수신 창이 열려있는 시간이 길수록 소비전력을 많이 소비하므로 소비전력은 class A가 가장 적게 소비하고 class C가 가장 많이 소비한다.

■ LoRaWAN의 응용서비스

LoRaWAN은 서비스 제공자가 독자적으로 기기를 설치할 수 있으므로 사람이 접근하기 어려운 바닷가나 산 속에도 서비스가 가능하다(다만 통신망 제공자는 인적이 드문 곳에는 통신장비를 설치하지 않을 수도 있다). LoRaWAN의 응용 예로는 해안에서 센서를 설치해서 바다의 상황을 수집할 수도 있다. 산에서는 조난자의 수색이나 멧돼

지나 까치 등 조수해(鳥獸害)에 대한 대책을 세우는 것 등도 가능하다. 이 경우에 IoT 서비스가 필요한 사람(고객)은 IoT 서비스를 제공하는 측(IoT service provider)에 자기가 사용하는 만큼의 서비스 비용을 지불하고 서비스를 받을 수 있어서 B2C(business to customer) 형태의 비즈니스 모델이 성립한다.

아래의 그림은 LoRaWAN에서 통신 사업자, 서비스 제공자, 그리고 고객 간의 관계를 나타낸 것이다.

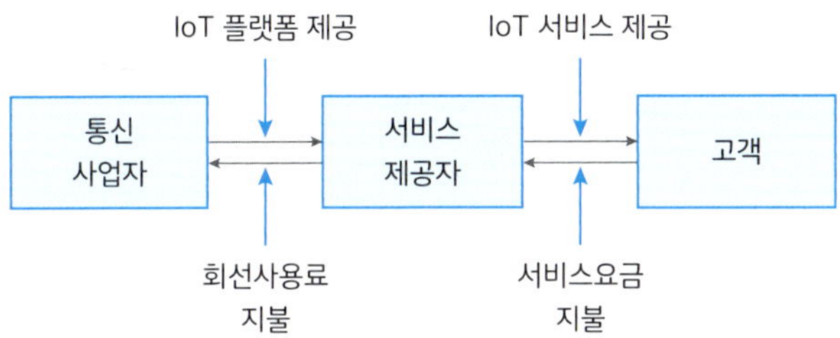

그림 4.7 LoRaWAN의 서비스 제공 구조

나. SigFox

SigFox는 프랑스의 SigFox사가 개발한 규격이다. SigFox는 LoRaWAN처럼 비인가 주파수대역을 사용한다. 그렇다고 아무나 SigFox를 사용할 수 있는 것은 아니고 SigFox는 나라별로 하나의 ISP와 계약을 체결하여 계약을 체결한 통신 사업자가 네트워크를 구축하여 서비스를 제공하는 것이 특징이다. SigFox는 'one-contract one-network' 정책에 따라서 IoT 단말은 모든 게이트웨이를 통하여 접속할 수 있고 그로 인하여 이동성을 지원하기 위한 로밍이 필요없다.

SigFox에는 몇 가지 특징이 있는데 무선 인터페이스가 저전력 상향통신(디바이스에서 네트워크로)에 최적화되도록 개발하여 디바이스는 송신할 데이터가 없으면 무제한으로 수면모드에 있고 데이터 전송이 필요할 경우에만 깨어난다. 그리고 하향통신(네트워크에서 디바이스로)은 상향통신 이후에만 가능하다.

SigFox는 데이터 몸통(payload)의 크기가 상향이 12바이트, 하향이 8바이트이며 하루에 사용할 수 있는 메시지의 수는 상향 140개, 하향 4개로 제한된다. 이것은 비인가 대역 규제에 의한 비대칭 채널의 특성 때문이다. 몸통의 크기는 서비스별로 다른데 GPS 좌표용으로 6바이트, 온도와 관련된 데이터에 2바이트, 속도 등의 정보는 1바이트 등으로 정해져 있다[박태준].

SigFox의 기술 사양은 다음과 같다[호리코시].

표 4.9 SigFox의 규격

항목	규격	비고
사용 주파수대역	920MHz	사용주파수는 100Hz
통신속도	100bps	
커버리지	~17km	
통신방향	상하향 모두 가능	단, 하향은 선택사항임
단말에의 IP 주소할당	지원하지 않음	
기지국의 설치	한 나라에 하나의 사업자	

한편 SigFox는 프레임 전송 성공확률을 높이기 위해서 하나의 프레임을 여러 번(세 번) 보내는 것이 특징인데 매 전송마다 주파수를 다르게 하여(frequency hopping) 다른 디바이스와의 간섭이 적으며, 매체확인을 위한 에너지 소모가 없고, 시간 동기도 필요 없어서 비콘(beacon)이 없다.

아래의 그림은 SigFox의 서비스 개념을 나타낸 것이다.

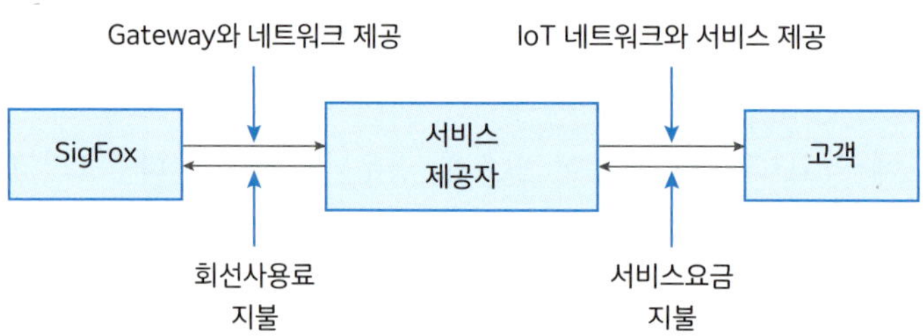

그림 4.8 SigFox의 서비스 제공 구조

한편 아래의 그림은 SigFox의 네트워크 연결구조를 나타낸 것이다.

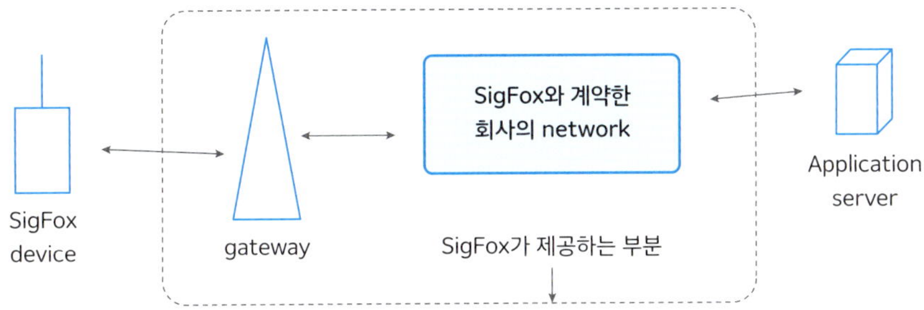

그림 4.9 SigFox의 네트워크 접속 구조

위의 그림에서 보는 것처럼 SigFox는 게이트웨이와 클라우드를 제공하므로 고객은 IoT를 위해서 장비를 구매하거나 운용할 필요가 없다. 그리고 이와 같은 비즈니스 모형을 B2B2C(business to business to customer)라고 부른다.

아래의 표는 UF-LPWA 기술의 통신방식에 대한 비교이다[고미야].

표 4.10 UF-LPWA의 무선통신방식 비교

항목	LoRaWAN	SigFox	IEEE802.15.4k
서비스구성	자영	공중	자영
통신방향	상/하향	상/하향	상/하향
장거리화기술	스펙트럼확산기술	Ultra narrow band	스펙트럼확산기술
가시통신거리	30~50km	30~50km	30~50km
수신감도	-140dBm		
실효 전송속도	수k ~ 수백 kbps	100bps	수k ~ 수백 kbps

마지막으로 표 4.11은 위에서 소개한 세 가지 방식에 대해서 언급하지 않은 기타 사항에 대한 사양을 비교 요약한 것이다.

표 4.11 NB-IoT/LoRaWAN/SigFox의 사양 비교

서비스명	NB-IoT	LoRaWAN	SigFox
주파수인가	인가주파수 (LTE/5G 주파수대역)	900MHz 대 비인가주파수	
표준화	3GPP	LoRa alliance	(주) SigFox
소비전류	300mA	30~35 mA	30~35 mA
전파 도달거리	15km	11km	17km
보안	스마트폰 수준	AES128	AES128
오류정정	Turbo/Viterbi	FEC	없음
배터리수명	>10년	>10년	>10년
규격의 단순도	옆의 두 방식에 비하면 낮음	약간 높음(용도에 따라서 3개의 크래스로 나눌 수 있음)	아주 높음 (기본적으로 상향통신 only)
주된 용도	광범위의 지역을 대상으로 데이터 수집, 신뢰성/서비스 품질을 필요로 하는 사용자 대상	공장 등 특정 지역의 데이터 수집, 자영망(**自營網**) 설치가 여의치 않는 사용자 대상	비교적 광역의 데이터 수집, 자영망을 구축하기 어려운 사용자를 타깃
비고	KT, LGU$^+$가 이 표준을 채택함	SKT가 이 그룹에 참여하여 2016년 7월 4일 세계 최초로 상용화함 (★주: IEEE802.15.4k의 규격은 LoRaWAN과 동일함)	메시지 크기: ~12바이트

위의 표에서 특히 NB-IoT는 SigFox나 LoRaWAN과는 다르게 기존의 이동통신 기지국 장비를 그대로 사용할 수 있어서 기존의 이동통신 사업자가 IoT를 위한 전용망으로 구축하기가 유리한 기술인데 그 이유는 NB-IoT는 4세대 이동통신 기술인 LTE 기지국의 소프트웨어를 업그레이드함으로써 쉽게 실현할 수 있기 때문이다.

지금까지 우리는 LPWA의 사양 및 종류에 대해서 알아보았다. 그런데 앞에서 WISUN에 대해서 간단히 소개한 적이 있는데 여기서 약간의 설명을 더하고자 한다. 최

근 WISUN의 표준화 및 기술을 개발하는 단체인 WISUN alliance는 2019년 상반기에 최초의 표준인 FAN 1.0(field area network 1.0)을 발표하였는데 어떤 제조사가 개발한 IoT 디바이스 및 장비도 호환이 가능하도록 하였다[안호천]. 이로써 디바이스 간의 호환성은 물론이고 다른 제조사가 만든 중계기 간 통신으로 메쉬네트워크(mesh network)의 구성도 가능할 뿐만 아니라, 특정 지역에서 네트워크 구성이 필요할 때 중계기 하나만 설치하여 연결하면 네트워크로 연결이 가능하여 저렴한 비용으로 대규모의 WISUN 통신존을 구성할 수도 있게 되었다.

WISUN은 최대 전파도달 거리는 NB-IoT나 RoLaWAN보다 약간 짧은 8~10km이지만(단, 실효 도달거리는 1km 정도라는 설도 있음) 배터리 수명이 15년까지 가능하고 특히 최고 제공 속도가 300kbps로 NB-IoT의 두 배이며 LoRaWAN보다는 무려 30배나 빠른 속도이다. 따라서 WISUN을 이용하면 특히 뒤에서 다룰 소물인터넷에도 유용하게 사용되는데 전력 및 수도의 검침 등 빠른 속도로 데이터를 자주 전송해야 할 애플리케이션에 유용하다고 할 수 있다. 실제로 미국 및 일본에서는 스마트미터링(smart metering) 및 배선자동화 등에 WISUN을 사용하고 있으며 우리나라에서도 몇몇 지방자치단체에서 수도검침에 이 기술을 사용하고 있고, 한국전력도 조만간 이 기술을 도입할 것으로 알려져 있다(2019년 10월 현재).

4.2.4 자원제약적 IoT의 지역네트워킹 기술

IoT 디바이스와 같이 디바이스의 처리능력이 단순하거나 소형인 디바이스를 자원제약적 디바이스라고 부르는데 이러한 자원제약적 디바이스의 특징으로 다음과 같은 것이 있다.

- 전력: 소형 배터리를 사용하므로 전력 공급량이 제한적인 만큼 소비전력의 절감을 위한 노력이 필요하다(예: 활성/비활성 모드(active/inactive mode) 동작).
- 저전력 네트워크 인터페이스: 전력 소모가 작은 저전력 통신 모듈을 사용한다.

- 데이터 전송 단위와 통신속도: IEEE 802.15.4의 경우 PDU(protocol data unit)의 크기가 최대 127바이트(물리계층헤더 제외)이며 통신속도가 비교적 느리다.
- 처리 능력: 사물의 프로세서 처리 능력 및 메모리 저장 능력이 제한적이다.

자원제약적 IoT 기기는 아래와 같은 이유로 인해서 기존의 TCP/IP 프로토콜을 그대로 적용할 수 없다.

- 기존의 이더넷과 같은 컴퓨터네트워크(예: IEEE 802.3)에서는 주소의 생성 및 할당을 위하여 EUI-64 포맷을 준용하여 IPv6의 IID(interface identifier)를 생성하지만 저전력 네트워킹 전송기술에서는 그것이 불가능하다.
- IPv6 패킷은 길이가 1280바이트인데 여기에 소량 저속의 IoT용 데이터를 전송하는 것은 효율적이지 못할 뿐 아니라 불가능하다.

위와 같은 문제를 해결하는 방법으로는 기존의 IP 프로토콜에서 네트워크계층과 PHY/MAC계층 간의 프로토콜 연동을 위한 적응계층(adaptation layer)이 필요한데 예를 들면 다음과 같다[최영환].

- 6LoWPAN: 기존의 IEEE 802.15.4 네트워크를 기반으로 한 적응계층 프로토콜이다.
- 6Lo: 6LoWPAN을 기반으로 BLE, NFC 등 다양한 저전력 전송모듈에 맞게 보완하였다.

4.3 IoT 액세스네트워크

IoT 서비스를 제공하기 위해서 액세스네트워크에게 요구되는 조건 및 특징은 다음과 같다[야마모토].

- 기지국당 넓은 서비스 영역 문제: IoT는 서비스 영역이 넓은 만큼 수용해야 하는 단말의 수가 많다. 결국 대규모의 단말을 어떻게 수용할 것인가의 문제를 고민하여야 한다.
- 경합형 액세스제어를 채용하는 문제: IoT 서비스 환경에서는 대규모 단말을 수용하는 것 때문에 송신권 획득을 위한 경합이 치열한 반면에 각 단말이 요구하는 전송속도는 작다. 이는 성능 저하의 문제를 야기하는데 이 문제 역시 중요하다.
- 단말의 관리 문제: 액세스네트워크에서 IoT 서비스를 원활히 제공하기 위해서는 단말에 대한 관리에 제한이 있어서는 곤란하다. 즉, 어떤 단말도 자유롭게 접속되어야 한다.

이상의 특징으로 볼 때 IoT 액세스네트워크는 무선네트워크가 유리하다는 것을 알 수 있고 현재로서는 LTE 또는 5G를 기반으로 하는 셀룰러 무선망이 가장 유력하다.

LTE 또는 5G를 통틀어서 일반적으로 모바일 액세스네트워크의 구조는 크게 세 가지 유형이 있다.

- 직접 전송(Direct transmission, DT)
- 대등관계 전송(peer-to-peer transmission, P2PT)
- 다중홉 전송(multi-hop transmission, MHT)

■ DT

DT에서 디바이스는 기지국에 해당하는 eNodeB(이하 eNB)와 직접 접속한다. 이 경우는 디바이스가 기지국으로부터 멀리 떨어져 있지 않는 환경에 적합하지만 기지국이 커버할 수 있는 거리에 제한이 따르므로 시골이나 인구가 밀집되지 않은 지역에서는 적합하지 않다.

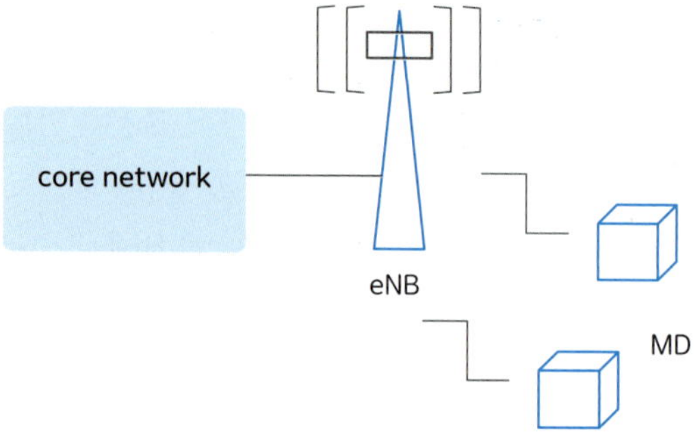

그림 4.10 DT

■ P2PT

P2PT에서는 디바이스가 상호 통신할 때는 직접 전송하고 네트워크에 접속할 필요가 있을 때에만 eNB로 접속한다. 이 방식으로 동작하려면 모든 IoT 디바이스에 컴퓨터 네트워킹 기능이 장착되어야 하고 이것은 결국 디바이스에 고도의 처리 능력과 지능을 요구한다는 것인데 이것이 단점이다. 또한 데이터 전달 경로상의 모든 디바이스가 데이터의 전송에 참여해 주어야만 가능한데 이것도 IoT 디바이스에게는 무리한 요구이다.

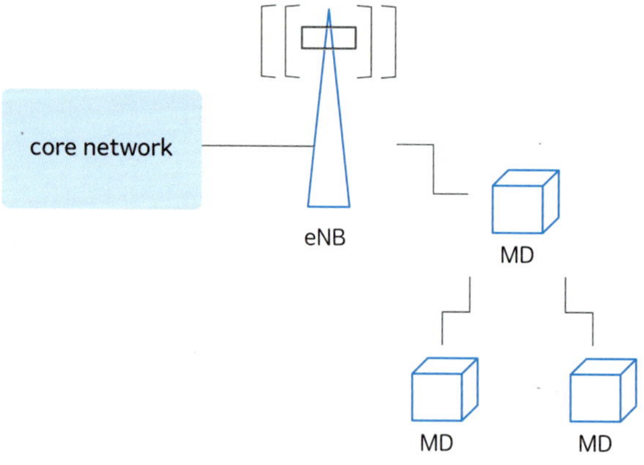

그림 4.11 P2PT

■ MHT

이 경우 디바이스는 상호 간 통신이든 네트워크에 접속할 필요가 있을 때든 모두 GW를 경유해서 eNB로 접속한다. 이 방식은 MD가 기지국에 해당하는 eNB에 접속될 때 GW를 통하여 접속하게 함으로써 커버리지를 늘릴 수 있고, MD의 기능도 위의 두 가지 방식보다 더 간단하므로 현재의 무선액세스 네트워크에서 MHT 방식이 대세이다.

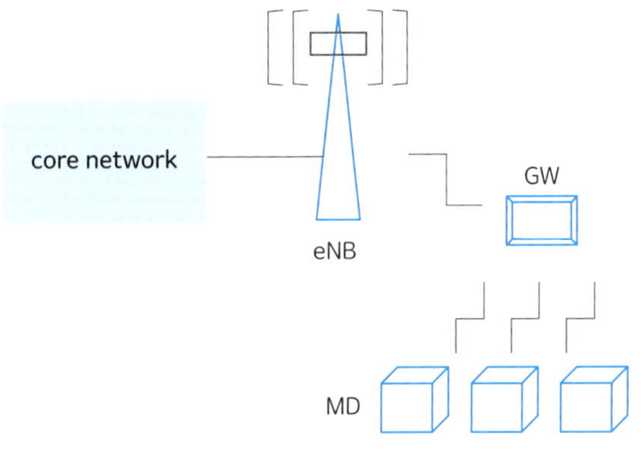

그림 4.12 MHT

4.4 IoT와 5G 네트워크

위에서 우리는 IoT 디바이스와 네트워크의 연결을 위한 지역네트워크와 지역네트워크를 하나로 묶어서 IP 백본 네트워크로 연결하기 위한 액세스네트워크 기술에 대해서 알아보았는데 한편으로는 IoT와 상관없이 장거리 무선셀룰러통신 기술인 4G/LTE 네트워크가 5G 네트워크로 진화되고 있다.

다음에서는 IoT와 5G가 어떤 의미로 연결될지에 대해서 간단히 짚어보기로 한다. 먼저 5G가 등장하게 된 배경에 대해서 알아보고 이어서 5G 네트워크의 특징을 알아보기로 한다.

4.4.1 5G의 등장 배경

5G 네트워크는 간단히 말해서 기존의 1G → 2G → 3G → 4G/LTE 네트워크의 진화의 산물이다.

그런데 5G는 무선셀룰러 통신망의 진화의 산물이므로 4G/LTE 네트워크가 그동안 제공해 온 H2H, H2M, M2M 등 모든 종류의 통신 서비스를 제공해야 한다(backword compatibility). 무선통신 기술이 발달함과 아울러서 스마트폰, 태블릿 PC 등 사용자 단말의 성능이 고도화됨에 따라서 5G 네트워크에 대한 요구조건이 더욱 까다로워지고 있는데 이것을 반영한 서비스를 보통 강화된 모바일 브로드밴드(enhanced mobile broadband, eMBB)라고 부르기도 한다.

eMBB 서비스의 예로는 고화질 비디오 스트리밍, 멀티미디어 SNS(이것을 media rich social networking service라고도 부름), 클라우드와 연계한 가상/증강/혼합 현실(virtual/augmented/mixed reality) 서비스, 촉각 및 신체의 움직임을 전달하는 촉각통신 등이 있다[오쿠무라].

한편 무선통신 기술의 진화와는 독립적으로 최근에 IoT 서비스가 등장하였으므로 5G는 IoT를 포함하여 현재 존재하는 모든 종류의 통신 서비스를 제공하여야 한다.

IoT 서비스는 당초에는 스마트하지 않은 수동 센서를 네트워크에 연결하여 주변의 데이터를 수집하고 분석하여 대응하려는 목적으로 고안되었는데 이것을 머신 중심의 서비스(machine type communication, MTC)라고 불렀다.

그러나 MTC와는 별개로 기계, 전자공학 및 컴퓨터 소프트웨어 기술의 발달로 자율주행차가 등장하였고, 또 건설기계 및 로봇의 원격제어에 대한 수요가 증가하고 심지어 원격의료까지 현실화됨에 따라서 통신 서비스의 품질에 대한 요구조건이 아주 엄격해졌다. 이런 서비스를 미션 수행 중심의 서비스(mission critical service, MCS) 또는 URLLC(ultra-reliable and low latency communication)라고 부른다[오쿠무라].

그리고 IoT가 결국은 센서를 비롯하여 가전, 로봇, 자동차, 건물, 안경, 손목시계, 액세서리 등 인간이 소유하는 모든 사물뿐만 아니라 인간까지도 포함하는 IoE(internet of everything)로 진화하고 있으므로 향후 지구상의 모든 존재(things+human beings=everything)는 결국 5G에 연결될 것이다.

이상을 종합하면 향후 5G 네트워크에는 기존의 인간 중심의 서비스(human oriented service, HOS: 필자 註-위에서 정의한 eMBB도 여기에 속함)뿐만 아니라 머신 중심의 서비스(MTC), 그리고 인간과 머신이 섞여 있는 미션 수행 중심의 서비스(MCS) 모두를 아우르는 서비스가 존재할 것이다. 아래의 그림은 5G 서비스의 세 가지 시나리오의 구성을 나타낸 것이다.

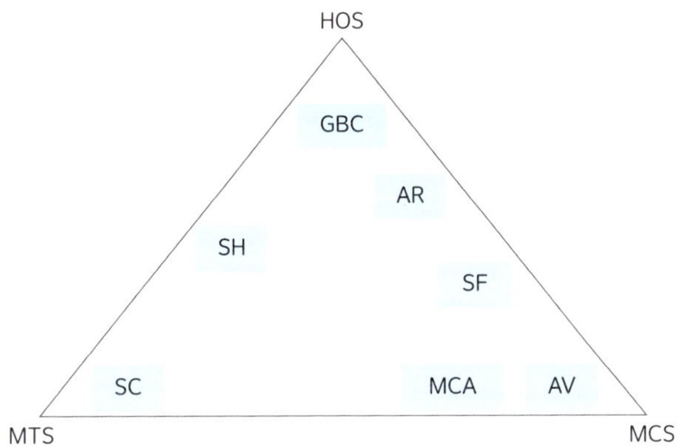

그림 4.13 5G 서비스 시나리오

단, 위의 그림에서 사용된 용어는 다음과 같다.

- 삼각형 외부: HOS=human oriented service, MTS=machine type service, MCS=mission critical service
- 삼각형 내부: SC=smart city, MCA=mission critical application, AV=autonomous vehicle, SF=smart factory, AR=augmented reality, GBC=giga-bit per second communication, SH=smart home

열거한 5G 네트워크가 앞으로 제공해야 할 서비스 분류와 관련하여 요구조건을 요약하면 아래의 표와 같다[오쿠무라].

표 4.12 5G 네트워크 대표적 서비스 종류별 성능 지표

서비스 종류	성능 지표	목표치
HOS(eMBB)	최고 전달속도(peak bit rate)	상향 20Gbps / 하향 10 Gbps
	제어계층 전달 지연	10ms
	데이터계층 전달 지연	4ms
	단말 이동속도	500km/h
MTC	커버리지	최대 커플링 손실 164dB
	단말의 배터리 수명	10년 이상
	단말 접속 밀도	100만 대/km^2
MCS (URLLC)	데이터계층 전달 지연	0.5ms
	통신 신뢰도(reliability)	블록 에러율=10^{-5} 이하

한편 우리나라 정부는 2019년 봄에 5G 네트워크를 기반으로 국가가 중점적으로 지원할 5대 핵심 서비스를 아래의 표와 같이 정의하였다.

표 4.13 5G 기반의 5대 핵심 서비스

서비스	선정 이유
디지털 헬스케어	건강상태의 능동적 관리 및 응급의료 등에 대해 실시간 대응으로 의료서비스의 품질을 개선하기 위함
실감 콘텐츠	모바일 VR(virtual reality), AR(augmented reality), 대용량 클라우드 게임 등으로 미디어, 엔터테인먼트 등 B2C 분야에서 5G 초기시장 성장을 주도하기 위함
스마트팩토리	초저지연, 초고속 특성을 활용하여 제조 생산 라인의 유연성을 강화하고 협동로봇, 클라우드, AI 등을 연계하여 다품종/소량생산 등 수시로 변하는 제조공정 효율화와 제조혁신을 위함

서비스	선정 이유
스마트시티	교통관제 시스템의 고도화, 정밀 측위 등 재난 안전 플랫폼을 활용하여 사고 감지와 실시간 현장 대응 체계를 구축하기 위함
자율주행차	V2V, V2I 등 초저지연 통신을 제공하여 긴급상황 정보 공유 등으로 차량의 독립주행이 가능하게 함

위의 표를 보면 디지털 헬스케어와 실감 콘텐츠는 주로 개인을 위한 비즈니스이고 스마트팩토리와 스마트시티는 산업 및 공공부문의 비즈니스를 창출할 것이다. 그리고 자율주행차는 개인과 산업, 그리고 공공부문을 아우르는 비즈니스가 될 것이다. 이들 IoT 비즈니스에 대해서는 뒤에서 자세히 다루기로 한다.

위의 표에서 선정된 서비스 가운데 과연 어느 서비스가 5G의 킬러 앱(killer application: 고객이 많은 관심을 가지게 되어 서비스 제공자에게 큰 수익을 가져다주는 것을 말함)이 될지는 아직 미지수이다. 특히 실감 콘텐츠와 자율주행차는 아직 갈길이 멀기만 하고 디지털 헬스케어는 정부의 규제 철폐가 가장 큰 숙제로 남을 공산이 크다. 그리고 스마트팩토리와 스마트시티는 수요자의 철저한 사전 수요 분석 및 구축 준비가 필요한데 우리나라의 경우 이런 과정을 생략하고 정부에서 너무 과속으로 추진하는 것이 조금 우려스럽다.

그럼에도 불구하고 위의 5대 핵심 서비스가 의미하는 분명한 사실은 대부분의 서비스가 실시간 인공지능 기술을 적용하고 있다는 것이다[김정호]. 그리고 그들이 대량의 데이터를 발생시키고 또 초저지연, 실시간 초고속 정보 전송을 필요로 하는 무선통신 서비스들인 만큼 대역폭이 획기적으로 늘어난 5G를 기반으로 하는 방향은 맞다는 것이다.

다만 이들 서비스는 대부분 ISP(internet service provider), PSP(platform service provider), ASP(application service provider) 등 민간의 서비스 제공업체가 주도적으로 개발하고 사업을 이끌어가야 할 기술이다. 따라서 세계에서 최초로 5G 서비스를 상용화한 우리나라에서 5G의 핵심 서비스가 제대로 실현되기 위해 꼭 필요한 조건은 정부의 제한된 역할이다. 즉 정부는 이들 서비스가 조속히 발전하고 뻗어나가는 생태계를 구성할 수 있도록 신산업에 대한 규제를 철폐하는 등 제도적으로 뒷받침하고, 중소기업이 스마트팩토리를 각자 상황에 맞게 적절한 기술 레벨로 도입할 수 있도록 테스트베드의 구축 및 운영, 합리적 자금 지원, 지속적으로 기술 컨설팅을 제공하는 등 많은 노력을 기울여야 한다. 만약 그중 어느 한 부분이라도 제대로 작동하지 않는다면 이들 서비스는 실현되기 어려울 것이다.

4.4.2 5G 네트워크의 특징과 제원

앞에서 5G 네트워크의 등장 배경에서 알아보았듯이 모든 유형의 서비스가 하나의 네트워크를 통하여 제공되는 환경은 역사적으로 유례를 찾아볼 수 없는 현상이며 여기에는 여러 가지 문제점이 존재한다. 가장 큰 문제는 기존의 네트워크에서처럼 특이한 유형의 서비스를 특별한 네트워크 기술로 제공하던 때와는 완전히 다른 현상이 벌어진다는 것이다. 가령, 음성통신만 존재하는 네트워크에서는 하나의 음성통화 연결을 하나의 채널로 인식해서 네트워크 자원을 채널 단위로 할당해 왔고, 패킷 데이터만 존재하던 네트워크에서는 데이터를 패킷 단위로만 인식하여 처리하면 되었다. 그리고 이들 데이터는 모두 같거나 유사한 특성을 지니고 있었다.

그런데 모든 사물(사람도 포함)이 하나의 네트워크에 접속된 환경에서는 사용되는 앱의 종류가 다양하고, 트래픽의 양도 급변하며, 각 유형의 디바이스(사람, 사물 등)가 생산하는 트래픽의 분포도 일정하지 않고, 데이터의 이용 행태도 시간, 장소 등에 따라서 시시각각 변하므로 특정 장소에 트래픽이 쏠리는 현상이 빈번히 일어나고 있다. 이것을 극심한 유연성(extreme flexibility)이라고 부른다. 그리고 5G 네트워크는 이와 같은 트래픽의 극심한 유연성을 대처할 수 있는 능력을 가지고 있어야 한다.

따라서 5G 네트워크를 구축하고 운영하는 사업자는 이와 같은 상황을 고려하여 네트워크를 설계하여야 하는데 다음 내용에서 시스템 전체를 보는 측면(이것을 종합성능이라고 부르자) 및 개별 시스템에 대해서 5G에 요구되는 성능(개별성능)을 요약하였다.

먼저 종합성능 요구조건으로써 5G 네트워크는 다양한 고객 밀도 영역(인구가 밀집한 대도시 또는 인구가 작은 중소도시 등)에 대해서 4G/LTE 네트워크보다 더 우수한 QoE(quality of experience, 체험품질)를 제공하여야 한다. 이를 위하여 개별성능을 구체화할 필요가 있는데 아래의 표에서 요약하였다.

표 4.14 5G 네트워크의 개별성능 목표치

성능항목	정의	목표치
최대전송속도 (peak data rate)	user/device당 이상적 환경에서의 최대 전송 가능 속도	10Gbps 이상
사용자 체험속도 (user experienced data rate)	user/device당 현실 셀 환경에서의 실제 전송 가능 속도	100Mbps 이상
전달 지연 (latency)	송신자와 수신자 사이에 데이터를 전달하는 데 걸리는 시간	1ms 이내
이동성(mobility)	이동 중에도 통신 성능이 유지되는 속도	500km/h
연결밀도 (connection density)	단위 면적당 접속 가능한 IoT 디바이스의 수(단위: 개)	$10^6/km^2$

한편 위에서 이야기한 것처럼 5G 네트워크가 막강한 능력을 발휘하기 위해서 가장 중요한 것이 주파수대역의 확보이다. 2017년 12월 21일 포르투갈 리스본에서 열린 3GPP 78차 총회에서는 5G 서비스를 위한 기술 표준과 주파수대역이 결정되었다.

5G 서비스를 위한 주파수대역은 두 가지 종류의 주파수대역을 사용하기로 하였는데 고주파대역(high frequency band)으로 3.5GHz를 그리고 초고주파대역(ultra-high frequency band, 일명 mmWave band)에서는 28GHz를 사용하기로 했다. 참고로 기존의 4G/LTE에서는 0.8~2.6GHz 대역(구체적으로는 850 MHz, 900MHz, 1.8GHz, 2.1GHz, 2.6GHZ)을 사용해왔다.

그리고 채널당 대역폭도 LTE에서는 20MHz였는데 이 대역으로 하나의 안테나가 만들어낼 수 있는 이론상의 최대 150Mbps였다. 한편 5G에서는 3.5GHz 대역에서는 300MHz의 대역을 사용할 수 있는데 주파수 간섭의 우려로 국내에서는 3.42GHz에서 3.7GHz까지의 280MHz를 사용한다. 한편 28GHz 대역에서는 3GPP 78차 총회에서 1GHz의 주파수를 할당하기로 논의하였는데 우리나라는 이 대역에서 26.5GHz부터 28.9GHz까지의 2.4GHz 대역을 사용한다. 결국 5G에서는 총 2680MHz의 대역을 사용할 수 있다. 이것을 4G 네트워크의 20MHz를 기준으로 하는 대역폭 산정 기준으로 단순히 계산해 보면 20Gbps의 전송속도를 얻을 수 있는데, 이것을 보면 5G가 4G에 비해서 속도가 얼마나 빠를지 상상할 수 있을 것이다.

한편 우리나라의 이동통신 3사가 5G 서비스용으로 할당받은 주파수대역은 아래의 표와 같다.

표 4.15 국내 통신 3사의 5G 주파수 할당

대역	KT	LGU$^+$	SKT
3.5 GHz	3.50 ~ 3.60 (100MHz)	3.42 ~ 3.50 (80MHz)	3.60 ~ 3.70 (100MHz)
28 GHz	26.5 ~ 27.3 (800MHz)	27.3 ~ 28.1 (800MHz)	28.1 ~ 28.9 (800MHz)
합계	900MHz	880MHz	900MHz

위의 표에서 보듯이 KT와 SKT는 900MHz의 대역을 할당받았고 LGU$^+$는 880MHz를 할당받았다. 하지만 전체적으로 볼 때 서비스 성능에는 큰 차이가 없을 것 같다.

한편 5G에서는 주파수 분할 방식도 기존과는 달라졌다. 4G/LTE에서는 할당된 주파수를 상향(uplink: 고객에서 네트워크 방향)과 하향(downlink: 네트워크에서 고객 방향)을 분리해서 사용하는 FDD(frequency division duplex, 주파수분할)를 사용하였는데 그로 인하여 통신회사가 한 방향으로 사용할 수 있는 주파수대역의 양이 제한적이었고 효율도 떨어졌다. 그에 반해서 5G에서는 TDD(time division duplex, 시분할)를 사용하므로 주파수대역을 상향과 하향으로 나누지 않고 하나의 주파수대역 덩어리를 상향 또는 하향에 일정한 크기의 슬롯으로 시간을 정해서(예를 들면 상향 1슬롯 대 하향 3슬롯 등) 통째로 사용할 수 있어서 사용량이 많은 방향에 더 많은 주파수대역을 할당할 수 있다.

5G는 결국 네트워크의 세대를 지칭하는 이름이므로 지금부터는 5G 네트워크의 특징에 대해서 간단히 소개하고자 한다. 우리나라는 앞에서도 소개하였듯이 2019년 4월에 세계 최초로 5G 상용화 서비스를 개시하였는데 그럴만한 사연이 있겠지만 좀 서두른 감이 없지 않다. 그것을 가장 잘 나타내는 것이 상용화 시점에서 비단독(non-stand alone, 이하 NSA) 방식을 사용했다는 것이다.

NSA 방식을 이해하려면 먼저 일반적인 네트워크의 구조를 이해할 필요가 있다. 일반적으로 유무선 네트워크는 가입자를 수용하는 지역적 네트워크인 액세스네트워크(access network)와 액세스네트워크를 수용하여 광범위한 데이터 전송을 가능하게 하는 기간네트워크(core network)로 구성된다.

NSA 방식이란 무선 액세스네트워크(이것을 radio access network, RAN이라고 부름)는 5G 방식을 사용하되 코어네트워크는 기존의 4G 패킷코어(packet core)를 그대로 사용하는 방식이다[염흥열]. NSA 방식은 3GPP가 2017년 12월에 5G 네트워크의 1차 표준(Release 15)을 기반으로 하는 표준안이다. 이 방식은 무선안테나와 데이터처리장치 등은 5G 기지국을 사용하되 유선네트워크 전송구간(이것을 코어네트워크라고 함)은 기존의 LTE 장비를 사용한다. 그래서 '비단독'이라는 이름을 붙였다. NSA는 기존의 LTE 네트워크와 함께 5G용 주파수인 3.5GHz 대역의 주파수를 더해서 통신속도를 1~2Gbps 급으로 향상시킬 수 있는 것은 좋지만 한 가지 문제가 있다. 그것은 다름이 아니라 당초 5G가 목표로 내건 1ms 대의 초저지연 통신 성능을 달성할 수 없다는 것이다.

통신 사업자가 이 방식을 사용하는 이유는 새로운 서비스를 도입할 때 네트워크 자원이 풍부하지 않는 액세스네트워크에는 새로운 기술을 도입하되 네트워크 자원이 비교적 많은 코어네트워크는 그대로 사용함으로써 초기에 비용을 적게 들이고 새로운 서비스를 도입할 수 있기 때문이다.

한편 단독(stand alone, 이하 SA) 방식은 RAN과 코어네트워크 등 네트워크 구간 전체를 오직 5G 네트워크 기술만을 기본으로 한다. 이를 위해서는 기존의 4G 방식에서 사용하던 패킷코어기술이 완전히 새로워져야 한다. 이 글을 쓰고 있는 2020년 1월 중순 현재 전문가들은 SA 방식의 5G가 2020년 상반기에 구축될 것으로 예상했다.

한편 SA 방식의 5G는 28GHz 대역의 주파수와 융합하면 그 진가를 발휘할 수 있을 것이라고 알려졌는데, 이 대역은 이전 표에서도 설명한 것처럼 사용 가능한 대역폭이 최대 800MHz로 아주 넓어서 초고속, 대용량 데이터 전송이 가능하다[박지성]. 따라서 앞으로 SA 방식의 5G 네트워크의 구축 시 크게 발전할 것으로 생각되는 원격 로봇수술, 스마트팩토리, 자율주행차 등 통신의 안정성과 초지연시간 등을 요구하는 필수임무(mission critical) 수행이 필요한 기업용(이것을 business-to-business라고 함, 이하 B2B) 서비스가 가능해진다. 실제로 KT는 2019년 말에 28GHz 대역의 기업 전용 5G 네트워크(이름: FAST.NET)를 세계 최초로 개발하였다[김용주]. 이 기술은 '단말-네트워크-서비스' 전체를 아울러서 왕복전달지연(round trip delay)을 10ms 이내로 제공할 수 있다.

향후 5G 네트워크가 SA 방식으로 구축되면 소프트웨어 정의 네트워킹(software defined networking, SDN), 네트워크 슬라이싱(network slicing), 네트워크 기능 가상화(network function virtualization, NFV) 등 다양한 기술을 적용하여 네트워크 자원의 활용에 다양한 융통성이 확보될 것으로 생각되는데 이들 기술에 대해서는 다른 책을 참고하기 바란다.

4.5 IoT를 위한 무선통신 기술의 선택

앞에서 IoT 서비스를 위한 다양한 유형의 네트워크에 대해서 알아보았는데 무선통신 기술을 선택할 때 고려해야 할 사항으로 도처성(ubiquity)과 입자성(granularity), 그리고 커버리지(coverage)와 전송속도(speed)가 있다.

IoT 서비스를 위해서 다양한 통신 기술이 준비되어 있는 만큼 어떤 환경에 어떤 기술을 사용하면 좋을지 애매한 경우가 많다. 이때 아래와 같은 다양한 관점에서 생각해 본다면 상황에 따라 더 적절한 무선 기술을 선택할 수 있을 것이다.

- 도처성: 인터넷에 접속할 수 있는 공간의 넓이
- 입자성: 사물의 위치를 정확하게 확인할 수 있는 정도
- 커버리지: 디바이스를 수용할 수 있는 거리
- 전송속도: 네트워크가 제공할 수 있는 대역폭
- 배터리 소모량: 디바이스의 배터리 소모량

먼저 앞의 두 가지 관점에서 다양한 무선접속 기술이 차지하고 있는 위치는 그림 4.14와 같다.

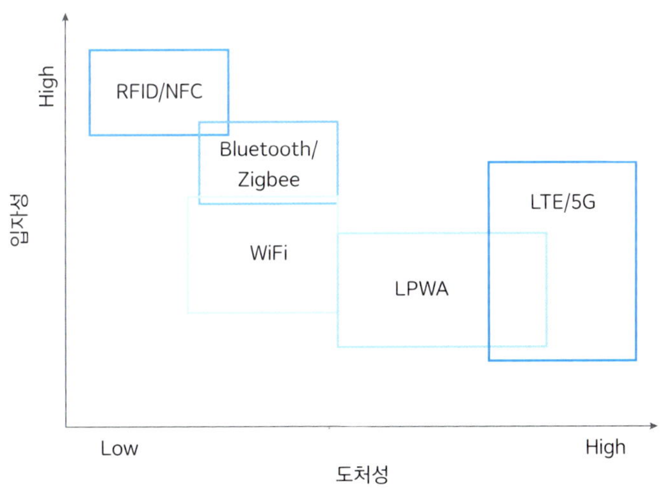

그림 4.14 IoT용 무선통신 기술의 입자성과 도처성

한편 IoT에 사용될 무선 네트워킹 기술의 다섯 가지 관점 중에서 세 번째와 네 번째 항목의 관점에서 보았을 경우에 대해서 그림 4.15는 전송 커버리지와 전송속도 간의 분포를 나타낸다.

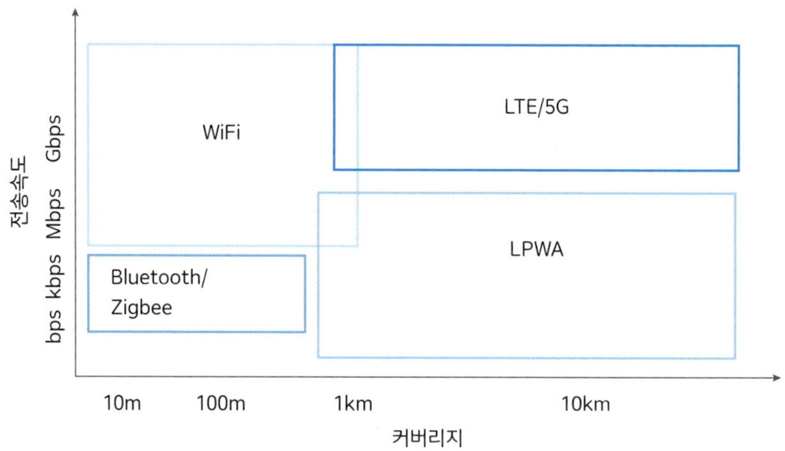

그림 4.15 무선통신 기술의 전송속도와 커버리지

그림 4.15를 보면 IoT에 사용되는 이동통신 기술은 크게 두 가지 유형으로 구분되는데, 커버리지가 1km 미만인 WiFi와 Bluetooth/Zigbee 등과 같은 근거리(local) 통신 기술(이것을 L-IoT라고도 부름)과 커버리지가 1km 이상인 LTE와 5G 등과 같은 원거리(cellular) 통신 기술(이것을 C-IoT라고도 부름)로 나뉜다.

L-IoT는 비면허대역의 주파수를 사용하며 그로 인하여 주변에 있는 다른 통신 장비와의 주파수 간섭에 취약하다는 단점은 있으나 네트워크의 구축 비용이 저렴하다는 장점이 있다. 다만, 서비스 커버리지가 1km 이하라는 것이 한계이다.

한편 C-IoT는 대부분 이동통신 사업자가 허가된 주파수에서 제공하는 네트워크이며 10km 이상의 넓은 커버리지를 제공하는 장점은 있으나 셀룰러 네트워크의 구축 비용 및 모뎀 설비 비용이 비싸므로 IoT의 확산에는 걸림돌이 되고 있다.

따라서 어느 기술이 더 낫고 어느 기술은 못하다는 이분법적 분류보다는 상황에 맞는 기술을 사용하는 것이 현실적 솔루션인데, 예를 들면 CCTV를 이용한 비디오 감시(video surveillance)와 같이 전송해야 할 데이터의 양은 많고 전송 빈도수는 비연속적이면서 통신 커버리지가 짧을 때는 L-IoT 기술을 사용하는 것이 바람직하다. 반면에 원격검침(smart metering)과 같이 도시처럼 넓은 지역을 대상으로 서비스하고 전송해야 할 데이터의 양은 적은 경우에는 C-IoT 기술을 사용하는 것이 바람직하다. 결국 매우 다양한 응용서비스를 제공할 IoT에서는 서비스 특성에 적합한 IoT 통신 기술을 사용해야 할 것이다.

마지막으로 IoT에 사용될 무선 네트워킹 기술의 다섯 가지 관점 중에서 세 번째와 다섯 번째 항목의 관점에서 보았을 경우에 대해서는 그림 4.6에서 설명한 바가 있다. 즉, IoT용 무선통신 기술의 커버리지와 배터리 소모량 사이의 관계는 커버리지와 전송속도의 관계와 상당히 유사하다. 결국 전송속도가 높을수록 배터리의 소모량이 커진다는 것이다.

이상의 논의로부터 IoT의 액세스네트워크 기술로 사용 가능한 현존하는 여러 가지 기술 중에 LPWA가 넓은 커버리지와 적절한 전송속도를 가지면서도 전력 소모가 적은 특징을 가지고 있어서 IoT용 네트워킹 기술로 아주 유용하다는 결론에 도달할 수 있다. 이 사실은 그림 4.1에서 LPWA가 다양한 네트워킹 기술 중 향후 가장 성장 가능성이 높고 유망한 기술로 예측되었다는 사실과 일맥상통한다.

4.6 IoT 서비스의 특징과 네트워크 기술의 향후 과제

지금까지는 IoT 서비스를 제공하기 위한 다양한 네트워킹 기술을 알아보았는데 향후 해결되어야 할 과제도 산적해있다. 아래에서 몇 가지만 간추려서 요약하였다.

- 향후 IoT를 위해서 기존의 CCTV와는 비교가 안될 정도의 고화질 영상감시 카메

라가 등장할 예정인데, 이 경우에 고속 대용량 통신을 보장하여야 하며 이 문제는 기존의 기술(LTE/5G)로도 비교적 쉽게 해결될 수 있다.

- 기존의 컴퓨터네트워크 단말과 비교해서 대역 요구 및 이동성은 떨어지나 네트워크에 연결되는 디바이스의 수가 엄청나게 많은 IoT 서비스(massive IoT service)가 등장할 것이다. 디바이스 접속점에서의 액세스 처리에 소요되는 신호정보의 부하 경감 문제를 해결해야 하는데 이 문제가 가장 해결하기 어렵다.
- 중기계(重機械)의 엄밀한 원격제어 등과 같은 고신뢰성/저지연성의 초고품질이 요구되는 미션지향서비스(mission critical service)의 등장이 예상된다. 이 경우 고신뢰성/저지연성의 초고품질을 보장해야 하며, 이 문제를 해결하기 위해 전송속도가 20Gbps이며 지연이 아주 적고(1ms 이하) 데이터의 전달 손실이 아주 작은(거의 0에 근접) 5G에 큰 기대를 걸고 있다.

IoT 서비스를 위한 기술은 앞으로 지속적으로 진화될 것인데 고객의 경험품질(QoE)와 서비스 제공 영역(service coverage)를 기준으로 본 IoT의 단계별 사용례(use case)는 표 4.16과 같다.

표 4.16 IoT의 단계별 사용례

단계	사용례	비고
1단계	인프라 기기 진단 및 제어, 스마트미터	기존의 최선형(best effort) 서비스로도 제공 가능한 서비스
2단계	공장 기기 제어, 교통 제어, CCTV, 민생용 로봇 제어	고품질(고신뢰성, 저지연 등)을 요구하나 커버리지가 광역이 아닌 서비스
3단계	원격치료, 스마트그리드, 자율주행차	고품질(고신뢰성, 저지연 등)을 요구하고 커버리지가 광역인 서비스

4장을 마치며

4장에서는 IoT를 위한 네트워킹 기술에 대해서 비교적 많은 양의 지면을 할애해서 알아보았다. 앞에서도 말했듯이 IoT의 'I'가 인터넷을 지칭하는 만큼 IoT의 핵심은 역시 네트워킹 기술이며 따라서 자연히 4장이 이 책의 가장 핵심이 되는 부분이다.

한편 앞에서 IoT의 계층적 네트워크 구조를 이야기하면서 잠시 언급한 것처럼 IoT를 위한 네트워크는 대부분이 기존의 컴퓨터네트워크에서 사용하는 유선 및 무선 네트워킹 기술을 바탕으로 IoT 서비스가 필요로 하는 기능을 추가하여 만든 것임을 알 수 있다. 따라서 기존에 이미 사용되어온 기술에 대해서는 설명을 하지 않았으며 IoT를 위하여 새로이 규정된 기술에 중점을 두고 이야기를 전개했다. 따라서 이 장을 공부하면서 자세한 설명을 생략한 컴퓨터네트워크에서의 네트워킹 기술에 대한 부분에 대해서는 참고문헌[이훈]을 참고하기를 권한다.

지금까지 우리는 IoT 네트워킹 기술에 대해서 알아보았다. 이 장을 읽으면서 여러분은 과거에 어렵게 배운 '컴퓨터네트워크'의 내용이 다시 되살아나는 경험을 하였을 것이다. 사실 이 장에서 다룬 거의 모든 내용은 이미 인터넷 기술에서 사용된 것들이다. 다만 앞에서도 이야기한 것처럼 기존의 인터넷 기술이 IoT에 모두 적용될 수도 없고 또 기존에는 없던 새로운 기술이 IoT를 위해서 필요하다는 점은 알게 되었을 것이다.

4장 리뷰 문제

(1) IoT 서비스가 기존의 컴퓨터네트워크에 요구하는 새로운 제약조건은 무엇인지 알아보자.

(2) IoT 네트워크의 전형적인 구조를 그려보자.

(3) IoT 지역네트워크에는 어떤 기술이 있는지 조사해보자.

(4) IoT를 위한 WiFi 표준에는 어떤 것이 있으며 특징은 무엇인가?

(5) LPWA란 무엇인지 정의해보자.

(6) LTE-MTC와 NB-IoT의 사양을 비교 분석해보자.

(7) LoRaWAN과 SigFox의 사양을 비교 분석해보자.

(8) 5G 네트워크의 가용주파수 자원에 대해서 조사해보자.

(9) 5G 네트워크를 이용하는 서비스에는 어떤 것이 있는지 조사해보자.

4장 참고문헌

고미야, 노다, "LPWA의 과제 및 해결을 위한 RFIC와 IoT에 최적인 네트워크 구성", 日本 電子情報通信學會誌, vol.101, no.10, 2018년.

김동완, 권정혁, "초저전력 IoT 통신 핵심 기술", 정보와 통신, 2019년 1월.

김봉기, "스마트폰으로 사물 조종… 세계 통신업체들 'NB-IoT 전용망' 구축 적극적", 조선일보 토일섹션 Tech&Biz, 2017년 6월 3일.

김용주, "KT '28GHz 기업전용 5G 네트워크' 첫 개발", 전자신문, 2019년 11월 1일.

김정호, "5G가 '오지(奧地)' 되지 않으려면", 조선일보, 2019년 5월 13일.

김주현, "사물인터넷 접속기술 동향 및 시사점", 정보통신방송정책 제28권 3호 통권 617호, 2016년 2월 16일.

다카하시 외 1인, "LPWA의 규격과 기술동향", 日本 電子情報通信學會誌, vol.100, no.9, 2017년.

다카하시 외 3인, "비면허대역을 사용하는 LPWA 규격의 최신 동향", 日本 電子情報通信學會誌, vol.102, no.5, 2019년.

마쯔나가 아키라, "시시각각 변하는 요건에 유연히 대응하기 위한 5G 무선기술과 네트워크기술의 제휴" Nikkei Communications, 2015년 9월.

마쯔모토 미노루 외 3인, "IoT/M2M 시대를 향한 이동고정 네트워크 요건/기술의 검토", 日本 電子情報通信學會 技術報告 NS2015-153, 2016년 1월.

박지성, "LTE 시스템 빌리지 않고 5G로 데이터 송수신", 전자신문, 2019년 11월 4일.

박태준 외, "LPWA 기반 IoT 전용 네트워크 기술 동향", Electronics and

telecommunications trends, ETRI, 2019년.

안정락, "SKT, IoT 전국망 깐다: 2년간 1000억 원 투입", 한국경제신문, 2016년 3월 17일.

안호천, "'와이선' 진화… 제조사 간 장비 · 부품 호환 가능", 전자신문, 2019년 9월 4일.

야마모토 코지 외 2인, "수만 단말 경합환경을 실현하는 M2M 무선 액세스네트워크", 日本 電子情報通信學會誌, vol.96, no.5, 2013년 5월.

염흥열, "5G 보안 국제표준화 동향", TTA journal, vol.186, 2019년 11-12월.

오쿠무라 유키히코 외 1인, "제5세대이동통신시스템-스마트사회의 실현", 日本 電子情報通信學會誌, vol.103, no.2, 2020년..

요시하라, 핫토리, "M2M/IoT 응용과 디바이스 관리기술", 日本 電子情報通信學會誌, vol.99, no.1, 2016년.

요코타니, "IoT와 통신네트워크기술", 日本 電子情報通信學會誌, vol.102, no.5, 2019년.

이정호, "사물인터넷? 통신3사 '소물인터넷' 선점 경쟁", 한국경제신문, 2016년 4월 20일.

이정호, "SKT, 세계 첫 IoT 전국망…: 2020년 14조 시장 선점", 한국경제신문, 2016년 7월 5일.

이정호, "5G 바람 타고… IoT · 미디어 콘텐츠 '기술 빅뱅'", 한국경제신문, 2017년 2월 27일.

이철민, "'블루투스'를 왜 블루투스라고 부를까?", 조선일보, 2018년 4월 18일.

이훈, "인터네트워콜로지 2.0", 도서출판 홍릉(구 홍릉과학출판사), 2019년.

장상진, "SKT · 삼성전자, 대구시 전역에 사물인터넷 구축", 조선경제, 2016년 3월 29일.

최영환 외 2인, "사물인터넷을 위한 네트워킹 기술", 한국통신학회 정보와 통신 열린 강좌 series 1 IoT Connectivity 기술, 2016년 4월.

호리 겐지 외 4인, "M2M area network", 日本 電子情報通信學會誌, vol.96, no.5, 2013년 5월.

堀越 功(호리코시 쯔토무), "IoT통신을 둘러싼 신구기술 대결", NIKKEI COMMUNICATIONS, 2016년 4월.

堀越 功(호리코시 쯔토무), "IoT통신의 SIGFOX가 일본상륙: 연 100엔의 가격파괴, LPWA로 3파전", NIKKEI COMMUNICATIONS, 2016년 12월.

Hoon Lee, "Link Dimensioning for Multiplexed M2M Traffic", 한국통신학회 논문지 제39권 1호, 2014년 1월.

Margaret Ranken, "LPWA will dominate the M2M WAN in 2024", M2M World News, July 06, 2015.

Ibrar Yaqoob et al., "Enabling communication technologies for smart cities", IEEE Communications Magazine, January 2017.

CHAPTER 5 IoT 디바이스

우리는 지금까지 IoT의 생태계(ecosystem) 4가지 구성요소인 C–P–N–D 계층에서 앞의 세 가지 계층(C–P–N)에 대해서 알아보았다. 이제 남은 것은 D(device)이다. IoT 디바이스(device)는 말 그대로 IoT의 최말단(last end)에 연결되는 단말(end terminal)이다. IoT 디바이스라고 하면 여러분이 가장 먼저 떠올리는 것은 아마도 온도, 습도 센서일 것이다.

그러나, 위치 센서가 장착된 스마트폰도 IoT 디바이스이고 비디오 카메라도 IoT 디바이스이며 드론도 IoT 디바이스이고 자율주행차도 IoT 디바이스이다.

일반적으로 IoT 디바이스 중에서 가장 기본적인 것은 센서(sensor)와 액추에이터(actuator)이다.

먼저 센서에 대해서 소개하고 이어서 액추에이터에 대해서 알아본다.

5.1 IoT 센서

IoT 센서는 그 종류가 참 다양하다. 예를 들면 아주 작고 단순한 환경 센서를 비롯하여 사람마다 하나씩 가지고 있는 스마트폰, 우리 주변에 곳곳에 설치되어 있는 비디오 카메라, 장난감에서부터 하늘을 나는 드론, 심지어 자동차 등 다양하다.

IoT 디바이스의 가장 기본요소인 센서에 대해서 이야기한다고 해도 CMOS 이미지 센서, 온도/습도 센서, 열화상 이미지 센서, 모션감지 센서, 가스 센서, 공기질 센서, 수질관리 센서, 유량 센서, 압력 센서, 거리측정 센서 등 무수히 많다.

한편 인간이 감지하는(sensing) 오감(五感) 능력은 색(色, visual), 성(聲, auditory), 향(香, smell), 미(味, taste), 촉(觸, touch)으로 나뉠 수 있는데 '색'은 시각, '성'은 청각, '향'은 후각, '미'는 미각, '촉'은 촉각에 해당한다. 인간의 오감을 측정하기 위한 센서는 IoT 센싱 디바이스(sensing device)의 기본이다.

아래의 표는 IoT 센서의 종류와 사용례를 인간의 오감에 따라 분류하여 정리한 것이다[Mohamed]. 단 센서명과 관련된 용어는 글로벌 통용을 위해서 영어로 기재한다.

표 5.1 IoT 센서의 종류 및 사용례

종류	유형(type)	사용 목적	에너지 전환	예
시각 센서 (visual sensor)	IR motion sensor	장애물 탐지	물체로부터 반사되는 적외선(infrared) 빛을 측정	PIR sensor
	ultrasonic distance sensor	센서로부터 물체의 거리 측정	-	HC-SR04
	camera sensor	사진 촬영	-	-
	speed sensor	도플러효과 이용 거리 측정	-	-
	light sensor	light dependent resistor(LDS) photodiode: 빛의 강도 측정	광신호를 전기신호로 변환	LDR RES-0276
	position sensor	opto-coupler	-	-
	tilt sensor	기울기 측정	-	-
	GPS	위치 측정	-	-
청각 센서 (auditory sensor)	sound sensor	microphone: piezo-electrical	소리 파형을 전기신호로 변환	-

종류	유형(type)	사용 목적	에너지 전환	예
후각 센서 (smell sensor)	smoke detection sensor	연기 탐지	-	MQ-135
미각 센서 (taste sensor)	biosensor	다양한 생물학적 신호 측정	-	-
접촉 센서 (touch sensor)	temperature/ humidity sensor	thermocouple thermistor	열에너지를 전기신호로 변환	DHT-11
	pressure sensor	압력 측정: piezometer	압력의 강도를 전기신호로 변환	touchscreen sensor/piezo resistive MEMS sensor
	pushbutton sensor	버튼을 누르는 힘 측정	-	-
	weight sensor	무게 측정	-	-
	fingerprint sensor	지문 인식	-	-
	rain sensor	우량 측정		rain sensor HG004

그리고 인간은 감지할 수 없지만 최근 우리의 관심이 큰 센서로는 오존 센서, 일산화탄소 센서, 초미세먼지 센서 등 환경 센서(environment sensor)가 있다. 이들은 색도 없고 소리도 나지 않으며 냄새도 나지 않고 맛도 없고 만져지지도 않는(無色聲香味觸) 것이 특징인데 하나같이 인간에게는 치명적인 해를 끼친다. 따라서 이들 환경 정보는 인간의 능력으로는 감지할 수 없는 것이라서 IoT 기술의 힘을 빌려야 할 가장 중요한 분야가 될 것이다.

위에서 소개한 인간 오감을 기준으로 한 센서의 분류와는 다르게 물리적 현상(신호, 힘 등)과 관련하여 측정할 수 있는 센싱 항목을 요약하면 표 5.2와 같다[Mohamed].

표 5.2 센서의 종류별 측정 항목

물리적 센서 종류	측정량
acoustic sensor	파동(세기, 속도, 위상, 편광, 스펙트럼 등)
biological/chemical sensor	농도(기체, 액체)
electrical sensor	전하, 전압, 전류, 전기장 등
magnetic sensor	자기장의 세기/위상/편광, 자속(flux), 투과율
optical sensor	빛의 반사율/굴절율/흡수율
thermal sensor	온도, 열전도 등
mechanical sensor	위치, 속도, 가속도, 세기, 긴장도, 압력, 회전력(torque)

한편 불교에서는 인간이 가지고 있는 여섯 가지 인지능력(六感)으로 '색(色)–성(聲)–향(香)–미(味)–촉(觸)–법(法)'을 말하는데 '법'은 불법(佛法, 부처님의 가르침/깨달음)을 말한다. 그런데 인간의 깨달음을 측정하는 센서가 아직 시중에 나와있는지 필자의 짧은 지식으로는 잘 모른다.

다만 모르핀보다 통증 억제 능력이 200배 강하고 항암 능력이 엔돌핀보다 4000배 강하다는 다이돌핀(didorphin)이라는 호르몬이 있는데 이 호르몬은 사람이 감동적인 글을 읽거나 감동적인 풍경을 보았을 때, 그리고 진리를 깨달았을 때 생겨난다. 보통 종교를 불문하고 수행하는 사람에게서 이 호르몬의 수치가 높게 나타난다.

현 단계에서 IoT 기술이 인간의 깨달음까지 감지하는 것은 좀 이른 감이 있다. 하지만 이 호르몬을 측정하는 센서를 개발하거나 그 호르몬이 나온 정도를 뇌파로 측정할 수 있다면 머지 않아서 각성 센서(awakening sensor)가 시장에 나올지도 모를 일이다(단, 이건 순전히 필자의 개인적 주장임).

IoT 센서에 관심이 있는 사람은 많은 지면을 할애해서 다양한 유형의 센서의 동작 원리에 대해서 자세히 다루고 있는 참고문헌[정용택]을 참고하기 바란다.

5.2 IoT 액추에이터

액추에이터(actuator)는 사전적 의미로는 발동기(發動機)인데 어떤 종류이든지 동작을 일으키는 디바이스라고 할 수 있다. 그런데 '발동기'라고 써 놓고 보니까 좀 기계적인 냄새가 강하다. 정보통신공학에서는 액추에이터를 이름 그대로 쓰는 것이 일반적이어서 이 책에서는 원어 그대로 사용하기로 한다. 하여간 액추에이터는 무엇인가 행동을 취하는 디바이스이다. 다만 그냥 임의로 행동을 취하는 것은 아니고 센서로부터 얻은 정보를 기반으로 해서 상황에 맞는 의사결정에 따라서 행동을 취한다. 특히 IoT에서는 AI 등에 기반한 플랫폼에서의 데이터 분석 및 예측에 기반한다. 액추에이터가 이와 같은 일을 수행하기 위해서는 제어 신호와 에너지를 필요로 하며 보통 에너지를 움직임(motion)으로 변환한다.

액추에이터에는 일반적으로 세 가지 종류가 있는데, 기계적 액추에이터(mechanical actuator), 전기적 액추에이터(electrical actuator) 및 압력 액추에이터(pressure actuator)이다.

- 기계적 액추에이터는 기계적 운동을 주로 하는 디바이스로서 스크류우(screw)나 체인(chain)을 사용하여 회진운동(rotary motion)을 선형운동(linear motion)으로 변환한다. 우리 주변에서 가장 흔하게 보는 예로는 자동차의 타이어 등을 교환하기 위해서 사용하는 나사식 잭인데 손잡이를 돌리면 잭이 위로 올라가거나 아래로 내려간다.
- 전기적 액추에이터는 전류가 흐르는 도체가 자기장 속에서 받는 힘을 이용하여 전기에너지를 기계적에너지로 바꾸는 장치인데 전기모터(electric motor)를 말한다. 부가되는 전원의 종류에 따라 직류전동기와 교류전동기로 분류되며, 교류전동기는 다시 3상교류용과 단상교류용으로 구분된다. 오늘날에는 3상교류용 전동기를 주로 사용한다.

- 압력 액추에이터는 압력을 가하는 매체에 따라 수압과 공기압으로 나뉜다. 수압 액추에이터(hydraulic actuator)는 파스칼의 법칙(Pascal's law)을 이용하여 밀폐된 공간(실린더)에 유체가 들어있을 때 그 유체에 압력을 가하면 그 압력이 공간 내에서 작용하는 원리를 이용한 것이다. 공기압 액추에이터(pneumatic actuator)는 액체 대신 압축공기(compressed gas)를 이용하는 것이다.

우리 주변에서 쉽게 볼 수 있는 액추에이터의 예로는 스피커, 히터, 냉각기 등이 있다. 아래의 표는 액추에이터 유형별 사용례 및 에너지 변환 방법을 나타낸 것이다.

표 5.3 액추에이터의 종류별 사용례

유형	사용례	에너지 변환 방법
sound	speaker	전기에너지 → 음파
relay	electromechanical switch	전기에너지 → 기계적 운동
valve	액체의 흐름 제어	
mechanical	기어	회전운동 → 선형운동
thermal	히터	
electrical	모터	전기에너지 → 기계적 운동
hydraulic	산업용 공정 제어	기계에너지 → 선형/회전운동
pneumatic	자동화 제어	압력 → 힘

5.3 스마트 IoT 디바이스

IoT에서 디바이스라고 할 때 가장 대표적인 기능은 물리 세계를 감지하는 것이며, 그래서 'IoT 디바이스=센서'라는 인식이 강하다. 센서는 일반적으로 물리 세계에서 물리적, 화학적 변화를 감지하는 디바이스이다. 그러나, 센서의 기능이 단순히 물리 세계를 감지만 해서는 IoT의 목적인 스마트한 세계(smart world)를 실현할 수 없다. 왜냐하면 사람들은 IoT를 통해서 일상의 문제를 해결하기를 원하며 인간이 수행하기에는 너무 복잡하고 어려운 문제를 처리해주기를 바란다. 그러나, 이와 같은 요구는 IoT 디바이스 개발자에게는 큰 숙제이다.

그럼 어떻게 할 것인가? 답은 IoT 디바이스가 똑똑해져야(smart)하는 것이다. 즉, IoT에서는 디바이스가 단순히 정보만 수집하는 것이 아니라 스스로 판단도 할 줄 아는 지능형 기기(smart device)로 변신해야 한다. 그리고 센서도 스마트(smart)해져야 한다. 그래서 이 장에서는 똑똑한 센서를 스마트 센서(smart sensor)로 부르기로 한다(사실 휴대폰도 처음에는 단순히 전화만 주고받다가 나중에 똑똑해져서 스마트폰이 되었다).

지금부터는 스마트 IoT 디바이스에 대한 큰 그림을 그려보고 스마트 IoT 디바이스가 가져야 할 핵심 기술에 대해서 알아보기로 한다. 요즘의 스마트폰에는 광학 센서, 위치 정보 센서, 음성 센서, 회전 센서, 배터리 센서 등 별의별 센서가 들어있다. 사실 스마트 센서의 최고봉은 자동차일 것이다. 특히 자율주행차에는 우리가 상상하는 거의 모든 스마트 센서가 들어갈 것이다.

이처럼 스마트 센서는 IoT를 구성하는 핵심요소라고 해도 과언이 아니다. 향후 대부분의 장비(기계, 자동차, 건물 등)에 스마트 센서가 장착되면 센서는 주변의 변화를 감지하고 그 정보가 인터넷을 통하여 가상물리체계(cyber physical system)로 전송되며 AI가 데이터를 처리하고 분석하여 이상 유무를 판단할 것이다. 그다음 이상의 정도에 따라 적절한 처리를 하도록 주변기기를 제어하고 문제를 해결할 것이다[박종구].

스마트 센서를 개발할 때 고려되어야 할 조건으로 다음과 같은 것이 있다[김현석].

- 스마트 센서는 현장에 설치할 때 너무 크게 만들거나 전력 소모가 너무 많거나 계산 능력이 너무 떨어져서는 곤란하다. 즉, 크기는 작고, 전력 소모도 작고, 그럼에도 성능은 좋아야 한다. 그런데 이건 참 모순되는 문제이다.

- 스마트폰 제조업체는 MEMS(micro-electromechanical systems) 센서의 제품의 사양을 설계하고 제조업체는 그에 따라 제조하는데 대부분의 제품이 비슷한 사양으로 이루어져 있다. 그런데 IoT에서는 센서, 마이크로콘트롤러(microcontroller), 액추에이터 등 디바이스의 요구사항이 애플리케이션에 따라 다양하다. 따라서 디바이스 제조업체는 그에 맞는 기능을 제공해야 한다.
- IoT 시스템은 산업별로 요구조건이 다양한 만큼 시스템 구성요소가 복잡하여 솔루션(solution)업체는 목적에 따라 적절한 해법(solution)을 제공하기 위해 일괄생산(turn key solution)을 제공하는 경우가 일반적이다. 따라서 고객에게 단순히 IoT 디바이스만 공급해서는 아무 일도 할 수 없고 소비자의 요구사항에 맞게 설계된 통합 디바이스 솔루션을 제공하여야 한다. 이를 위해서는 IoT 솔루션 제공자와 소비자 간에 협력이 긴밀히 이루어져야 한다.

우리는 위에서 IoT 디바이스가 똑똑해야(smart) 한다고 이야기했는데 최근에 개발된 아주 똑똑한 IoT 디바이스를 하나 소개한다[용환진]. 삼성전자는 2019년 5월 100m 이내 단거리 데이터 통신에 최적화된 사물인터넷(IoT) 프로세서 엑시노스 i T100을 공개했다. 시스템반도체(system semiconductor)의 일종인 엑시노스 i T100은 스마트 조명, 창문 개폐 센서, 온도 조절, 가스 감지 등 집과 사무실에 설치되는 소형 IoT 기기에 사용되고 신체 활동과 운동량을 관리해 주는 웨어러블 기기에도 활용이 가능하다. 이 제품은 단거리 무선통신을 지원하는 블루투스 5.0(저전력), 지그비 3.0 등 최신 무선통신 기술을 지원해 다양한 기기와의 연결이 가능하다.

엑시노스 i T100은 일반적인 동작 온도 범위(영하 40~영상 85도)를 넘어 섭씨 125도의 고온에서도 작동해 다양한 온도 환경에서 안전하게 활용될 수 있다는 장점이 있다. 또 삼성전자는 엑시노스 i T100에 프로세서와 메모리 그리고 통신 기능을 하나의 패키지로 포함해 소형 IoT 기기에 최적화하는 한편, 28나노 공정을 적용해 전력 효율도 높였다. 한편 삼성전자는 무선통신용 IoT 기기가 데이터 해킹에 취약한 것을 방지하기 위해 암호화·복호화를 관리하는 SSS(security sub system)와 데이터 복제 방지 기능의 PUF(physically unclonable function)를 탑재해 보안성을 강화했다.

삼성전자는 장거리용 엑시노스 i S111(LTE 모뎀 기반), 중거리용 엑시노스 i T200(WiFi 기반)에 이어 단거리용 엑시노스 i T100을 선보이며 장·단거리를 아우르는 엑시노스 IoT 솔루션 라인업을 갖추게 됐다.

5.4 IoT 센서 시스템과 요소 기술

일반적으로 IoT에서 센서는 주변 환경에 대한 정보를 센싱(sensing)하는 기능만 가지는 단품으로 실장(implement)되는 경우보다는 하나의 시스템으로 실장된다. 그래서 이것을 IoT 센서 시스템(IoT sensor system)이라고 부르는데 아래의 그림과 같은 구조를 하고 있다.

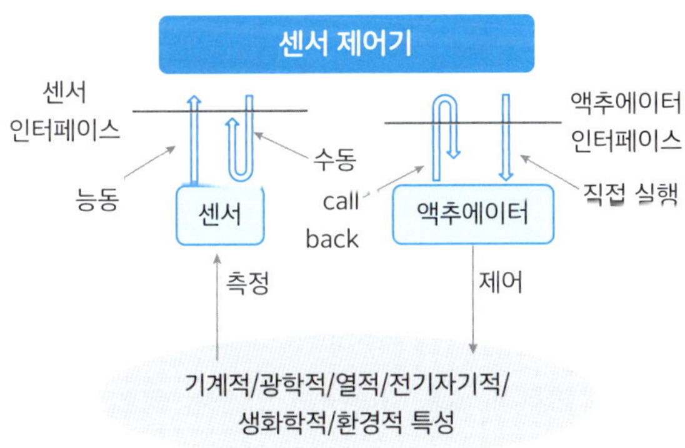

그림 5.1 IoT 센서 시스템의 구조

위의 그림에서 보듯이 IoT 센서 시스템은 센서, 액추에이터, 그리고 센서 제어기로 구성된다. 이들 각 요소의 기능은 다음과 같다.

먼저 센서는 그림에서도 나타낸 것처럼 기계적/광학적/열적/전기자기적/생화학적/환경적 특성을 인식(sensing)하는 디바이스이다.

액추에이터는 앞에서도 이미 다룬 바 있지만 산업 현장에서 네 가지 정도가 많이 사용되는데 실린더(cylinder)와 유체모터(fluid motor)로 구성된 유압식(hydrolytic) 액추에이터, 액체 대신 압축 가스를 사용하여 에너지를 선형 및 회전형 운동으로 변환시키는 기압식(pneumatic) 액추에이터, 모터를 이용하여 전기에너지를 기계에너지(torque)로 변환하는 전기식(electric) 액추에이터, 로터리(rotary)를 선형 운동으로 변환시키는 기계식(mechanical) 액추에이터 등이 있다.

마지막으로 센서 제어기는 아래의 그림과 같이 구성된다.

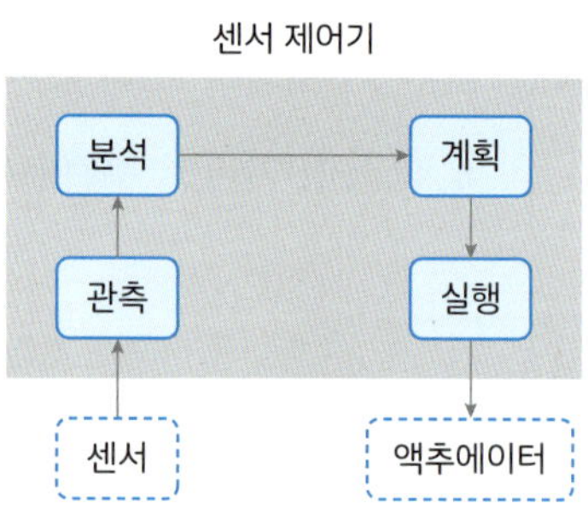

그림 5.2 IoT 센서 제어기의 구조

위의 그림에서 보듯이 IoT 센서 제어기는 센서로부터 전달되는 데이터를 관측, 분석, 계획 및 실행하여 액추에이터에게 명령을 내리는 역할을 한다. 이를 위하여 IoT 센서 제어기는 소형 기억장치와 프로세서를 내장하고 있으며 외부 네트워크와 접속할 수 있도록 표준화된 네트워크 접속 모듈을 가지고 있다.

센서 제어기는 센서와 일체형 또는 분리형으로 구현할 수 있는데 각 유형은 각기 장단점을 가지고 있다. 먼저 일체형의 경우에는 센서 시스템 내에 데이터를 관측, 분석, 계획 및 실행하는 모든 기능을 장착해야 하므로 센서의 크기 및 시스템 부하가 크고 그에 따라서 가격도 증가하게 되며 전력 소모도 많다. 단, 일체형의 경우에는 센싱과 제어 기능이 함께 실장되므로 데이터 처리속도가 빠르고(지연이 적고), 장거리 통신을 할 필요가 없으므로 전송 오류나 보안의 위협이 적다는 것이 장점이다.

한편 분리형의 경우에는 제어기의 역할을 플랫폼(에지 클라우드나 클라우드에 존재함)에 맡기는 등 센서 자체에 제어 기능을 실장할 필요가 없다. 따라서 일체형에서 문제가 되었던 사항으로부터 자유롭다. 다만, 분리형은 수집된 데이터를 플랫폼의 제어기까지 보내서 액추에이터를 구동하는 데 지연도 발생하고 전송 오류나 보안의 우려가 클 수 있다.

다시 앞의 그림 5.1로 돌아가서 IoT 센서 시스템의 동작은 다음과 같은 순서로 일어난다.

1. 현장에서 일어나는 다양한 현상을 센서가 측정한다.
2. 센서가 측정한 정보는 센서 인터페이스(sensor interface)를 통하여 제어기로 전달되며 이때 맨 처음 단계인 관측에서는 두 가지 경우로 나눌 수 있다. 먼저 센서가 데이터를 능동적으로 전송하는 경우(이것을 능동 모드라고 함)와 제어기가 주도적으로 센서로부터 데이터를 가져오는 경우(이것을 수동 모드라고 함)가 있다.
3. 이어서 제어기에서는 관측된 데이터를 분석하고 제어의 계획을 수립한다.
4. 마지막으로 제어의 실행 단계에서는 제어기가 액추에이터 인터페이스(actuator interface)를 통하여 직접 액추에이터에게 제어 명령을 실행하는 경우(이것을 직접 실행이라고 함)와 액추에이터가 제어기에게 요구를 하는 경우에 한해서 실행하는 경우(이것을 call back이라고 함)가 있다.

한편 위에서 알아본 것처럼 IoT 디바이스(여기서는 센서에 집중함)가 똑똑해지려면 센서가 많은 정보를 처리할 수 있어야 하고 그에 따라서 다양한 요소 기술을 가져야 한다. 먼저 센서 정보에 대해서 알아보고 이어서 요소 기술에 대해서 알아본다. 먼저 아래의 그림은 이처럼 똑똑한 IoT 센서가 가지고 있는 정보의 계층 구조를 나타낸 것이다.

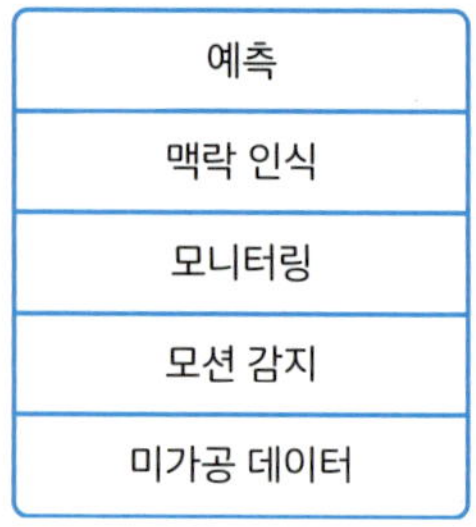

그림 5.3 IoT 센서 정보의 계층 구조

위의 그림에서 가장 아래에 있는 제1계층의 미가공 데이터는 센서가 측정한 그대로의 정보로서 아무런 가공이 되지 않은 미가공 데이터(raw data)이다. 이 데이터를 사용자가 의사결정을 내리기 위해 그대로 사용하기에는 무리가 있다. 따라서 데이터를 세밀히 분석하여 패턴을 식별하고 유의미한 정보를 알아내는 알고리즘 등을 이용하여 평소와는 다른 움직임(motion)을 감지하게 되는데 그것이 제2계층의 모션 감지이다.

그 뒤 추론을 통해서 제3계층에서 디바이스의 활동상황을 모니터링(monitoring)하고 그로부터 다른 디바이스와의 상호작용 등을 분석하여 제4계층에서 주변 상황을 인식(context awareness, 맥락 인식)할 수 있게 된다. 그리고 최종적으로 시간이 흐름에 따라서 디바이스의 동작 및 맥락을 평가하여 대응책을 강구하는(prediction, 예측) 제5계층 단계에 도달한다. 이 단계에 이르면 IoT 디바이스는 똑똑한(smart) 레벨에 이르게 되고 이렇게 얻은 정보는 유용한 가치를 가지게 된다.

그런데, 사실 이 단계까지 도달하기 위해서 IoT 시스템은 빅데이터의 처리와 인공지능 알고리즘이라는 복잡한 기능까지 가지고 있어야 하며 빅데이터의 처리와 인공지능 알고리즘을 구동하려면 많은 양의 데이터를 저장하고 처리하는 클라우드컴퓨팅 시스템도 가지고 있어야 한다.

결국 IoT 서비스가 제대로 동작하려면 IoT 시스템은 고유의 C-P-N-D 계층 기능뿐만 아니라 빅데이터(big data)-클라우드(cloud)-인공지능(AI)의 기능까지 갖추어야 한다. 참고로 앞의 C-P-N-D 계층 기능은 지금까지 다루어 왔고 뒤의 기능은 나중에 소개한다.

위에서 소개한 것처럼 센서가 스마트해지려면 센서와 관련된 응용서비스(application)의 처리에 있어서 크게 네 가지 핵심적인 기능이 필요한데 아래에 간단히 설명한다.

- 저전력소모(low power): 소형, 휴대형 디바이스에게 전력 소모는 가장 중요한 문제이다. 따라서 센싱 기능이 탑재된 자율센서 프로세서(autonomous sersor processor)를 사용하여 에지에서 데이터를 처리하게 하는 것(edge computing)이 더 효과적이다.
- 저지연(low delay): 가상현실이나 자율주행차 등 실시간 대응(mission critical response)이 필요한 애플리케이션의 구동을 위해서 이미지 정보를 실시간으로 처리해야 할 필요가 있다. 이 경우에는 데이터의 처리에 필요한 시간(처리시간 + 대기시간 등)이 짧아야 한다.
- 고속데이터 처리(high data rate): 스마트팩토리 등 IoT를 적용하는 산업 현장에서는 작업환경의 변화, 위험 인지, 장비 고장 등 신속한 대응이 필요한 경우가 많다. 이때 관련 데이터를 실시간으로 수집, 처리하여야 하며 이를 위해서 프로세서의 처리율이 빨라야 하고 통신 채널에 충분한 내역폭이 확보되어야 한다.
- 통합의 용이(ease of integration): IoT에서는 다양한 앱이 동작하고 센서로부터 수집되는 데이터의 해석 등에 대한 요구사항이 많으므로 센서의 내부에 적절한 수준의 데이터 처리 기능이 내장된 지능형 센서(intelligent sensor)가 필요하다. 시중에는 아두이노(Arduino)나 라즈베리파이(Raspberry Pi) 등과 같이 다양한 플랫폼 상에서 센서를 통합해서 사용하게 하는 제품이 있다.

5장을 마치며

5장에서는 IoT 디바이스에 대해서 알아보았다. 서두에서도 이야기한 것처럼 IoT 디바이스는 용도에 따라서 너무나 다양한 종류가 있어서 시중에 나와있는 다양한 디바이스를 소개하는 것이 의미가 없다. 그래서 이 책에서는 IoT 생태계에서 가장 하단에 있는 센서 및 액추에이터의 종류에 대해서 어떤 것이 있는지 간단하게 다루었다. 그리고 IoT 디바이스를 대표하는 스마트 센서 시스템에 대해서 소개하고 IoT 스마트 센서가 가져야 할 기능적 요구사항 및 기능에 대해서 다루었다.

여러분은 이 5장을 끝으로 IoT의 C-P-N-D 생태계에 대해서 알아보았다. 다만 아직까지는 IoT의 생태계를 구성하는 가장 기본적인 요소에 대해서 알아보았고 이어서 제2부에서는 IoT 기본 생태계를 뒷받침하는 다양한 연관 기술에 대해서 알아볼 것이다.

5장 리뷰 문제

(1) IoT 디바이스는 어떻게 정의되는지 알아보자.

(2) IoT 센서의 종류 및 특징을 요약해보자.

(3) IoT 센서가 측정할 수 있는 항목에는 어떤 것이 있는지 조사해보자.

(4) IoT 액추에이터란 무엇이고 어떤 종류가 있는지 조사해보자.

(5) IoT 센서 시스템의 구조 및 동작원리를 조사해보자.

(6) IoT 센서 제어기의 구조 및 동작을 알아보자.

(7) IoT 센서 정보의 계층구조를 그리고 각 계층의 기능을 정의해보자.

(8) 스마트 IoT 디바이스란 무엇이며 어떤 것이 있는지 알아보자.

5장 참고문헌

김현석, "IoT 스마트 디바이스 핵심 요소 기술의 이해", 한국통신학회 정보와 통신 2019년 1월호.

박종구, "박종구 박사의 4차 산업혁명 따라잡기 〈23〉 스마트센서-4차 산업혁명의 말초신경", 전자신문, 2019년 12월 11일.

용환진, "삼성전자, 단거리 IoT 프로세서 개발", 매일경제, 2019년 5월 7일.

정용택, "사물인터넷, 스마트센서로 정복하다", 공감북스, 2016년 4월.

K. S. "Mohamed, The era of Internet of Things: Towards a smart world", Springer, 2019.

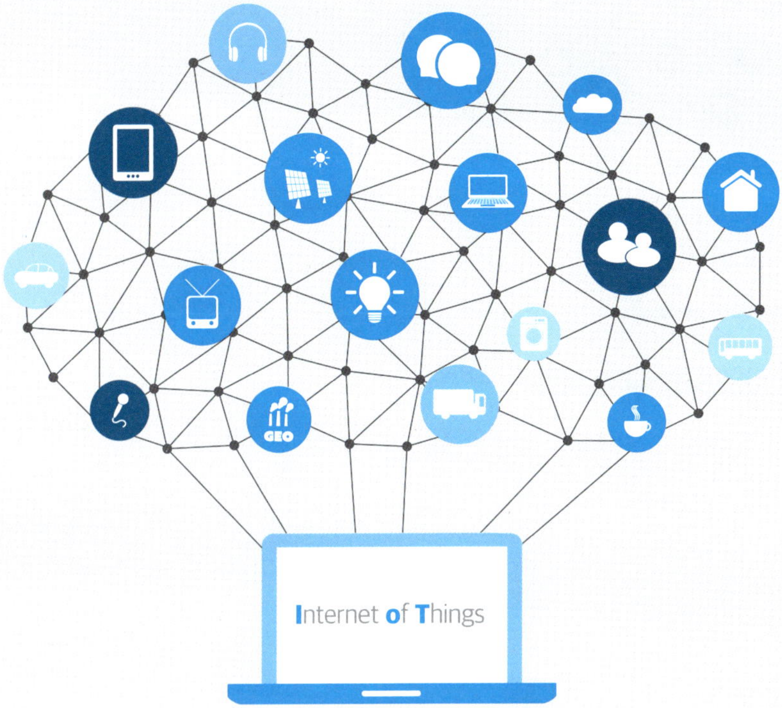

PART

2

IoT 연관 기술

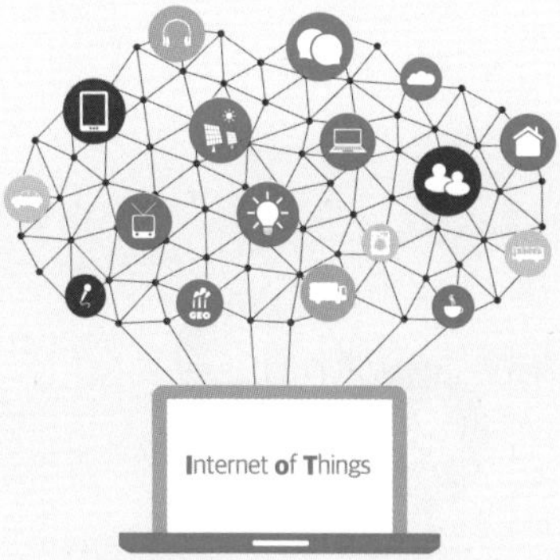

CONTENTS

CHAPTER 6

IoT 보안

IoT 서비스가 사회 전반에 본격적으로 확산되지 않은 현재 보안(security) 문제는 그 실상이 아직 구체적으로 드러나지는 않았지만 전문가의 말에 의하면 IoT 서비스 보안은 인간끼리의 통신(human-to-human communication)이나 인간 대 기계통신(human-to-machine communication)에 비해서 더욱 복잡하고 까다롭다고 알려져 있다. 그 이유는 여러 가지가 있겠지만 IoT와 관련된 생태계, 특히 디바이스나 서비스 등이 기존의 PC나 모바일 단말들에서 중요하게 여겨지는 사이버 보안과는 다르다는 것이다. IoT에서는 보호해야 할 대상이 다양(various: 디바이스, 플랫폼, 앱 등 종류가 많음)하고 디바이스별로 특성도 이질적(heterogeneous: 단순히 환경 데이터를 측정하는 센서와 같은 수동 디바이스에서부터 AI칩이 내장된 가전제품, 말 그대로 smart한 스마트폰, 전자공학의 꽃인 자동차 등 컴퓨터나 다름 없는 똑똑한 디바이스까지 특성이 각각임)이며 게다가 보안을 담당해야 할 주체 및 보호 방법 등이 너무나 다르기(different: 제품 제조자, 구매자, 네트워크 사업자, 보안 서비스 운용자 등이 수행해야 할 업무가 모두 다름) 때문이다.

한편 대부분의 IoT 기기에 대한 애플리케이션에서 고객과의 인터페이스는 스마트폰인데 스마트폰으로 원격 조종되는 IoT 기기가 범죄에 악용될 가능성이 아주 크며 특히 해킹(hacking)이나 악성코드의 감염에 취약하다. 그 이유는 대부분의 IoT 기기는 소형, 저전력, 저컴퓨팅능력(low computing power)의 자원제약적(resource-constraint) 장치이기 때문인데, 이들 기기에는 암호화 기능이 없다. 그래서 악의적인 사용자가 IoT 기기로부터 만들어진 데이터를 수집해서 소유자의 행동패턴이나 이동경로 등을 파악하고 그 정보를 유통하거나 악용한다면 심각한 프라이버시의 침해 및 범죄로 이어질 가능성이 크다. 아래에 몇 가지 보안 침해 사례를 소개한다.

6.1 IoT 보안 침해 사례

최근 IoT 기술을 활용한 스마트홈(smart home) 서비스가 유행하고 있다. 대부분의 ISP(Internet service provider)들은 1인 가구의 증가 등 시대적 트렌드를 반영하여 고객에게 집 안의 반려동물이나 독거노인의 안위를 스마트폰으로 실시간으로 확인할 수 있게 해주고, 또 가스밸브 잠금장치의 확인, 보일러의 작동, 보안시스템의 확인 등의 서비스를 제공하고 있다.

그런데 스마트폰에서 동작하는 스마트홈 제어(smart home control) 앱을 악성코드로 감염시켜서 관리자 권한을 취득하면 아파트의 도어록도 열 수 있고 아파트 단지의 CCTV를 해킹하면 무인감시도 쉽게 무력화시킬 수 있다[박상용]. 따라서 앞으로는 어두운 밤에 모자를 푹 눌러 쓰고 가스배관을 타고 아파트로 들어오는 도둑 대신 백주대낮에 원격으로 집주인이 없다는 것을 확인하고 아파트의 CCTV를 무력화시킨 후 스마트홈의 플랫폼에 악성코드를 감염시켜서 아파트 출입문을 해제하고 당당하게 집으로 침입하는 스마트 도둑(smart thief)이 성행할지도 모른다.

2017년 9월 28일 오후 서울 고려대 캠퍼스에서는 보안 전문업체 직원이 자동차의 블랙박스를 해킹하는 작업을 시연하였는데 먼저 스마트폰으로 'MAC 주소 스캐너'라는 앱을 실행하여 시연용으로 준비한 차량용 블랙박스와 차량 주인의 스마트폰 MAC 주소를 확보하였다[신동흔]. 그 후 spoofing(남의 MAC 주소를 복사하는 것을 말함) 앱을 실행하여 시연용 스마트폰의 주소를 차량 주인의 주소로 바꾼 뒤 블랙박스와 연결하여 차량 블랙박스의 화면을 보고 그 영상을 내려받거나 지우는 것까지 시연했다. 더욱 놀라운 것은 이 시연에 소요된 시간은 단 3분도 걸리지 않았다는 것이다. 이 사실은 누군가가 마음만 먹으면 교통사고나 범죄에 사용된 차량의 블랙박스 영상을 마음대로 삭제할 수 있음을 보여준다.

한편 해외에서는 IoT 기술이 적용된 차량을 해킹하여 차량을 절도하는 범죄도 보고되고 있는데 실제로 미국에서는 보안 전문가가 체로키 지프를 해킹해서 원격으로 운전대와 브레이크를 임의로 조작하는 것을 시연하기도 했다.

이와 비슷한 사례로서 일본에서는 자율주행차에 탑재된 차량 운전 지원 시스템[1]의 센서를 교란시킴으로써 자동차의 오동작을 일으켜 사고를 유발하거나 자동 브레이크 시스템을 무력화하는 공격 등이 보고된 바 있는데 그 동작을 구체적으로 설명하면 다음과 같다[FFRI].

- 먼저 차량 내에 있는 CAN(controller area network) 또는 ECU(electronic control unit)를 해킹하여 브레이크나 액셀의 밟는 정도, 센서 정보, 자동차의 움직임과 그때의 CAN의 메시지를 취득하고 분석하여 그 메시지의 의미를 알아낸다.
- 그 다음에 그 메시지를 이용해서 브레이크를 무력화시키거나 오동작이 일어나도록 하는 메시지를 생성한다.

한편 중국에서는 비야디(BYD)사 자동차의 고객을 대상으로 하는 클라우드 서비스인 비야디 클라우드(BYD cloud)를 해킹해서 자동차의 위치를 알아낸 뒤 도어록을 해제하거나 자동차를 원격으로 조작하는 사례가 보고된 적이 있는데 구체적인 수법은 다음과 같다.

1 차량 운전 지원 시스템은 카메라 영상이나 레이더 등 센서를 이용하여 차량의 전방에 있는 물체를 상시 인식하면서 교통체증 시에는 전방에 있는 차량을 추종하는 기능을 가지고 있고 필요한 경우에는 브레이크를 작동시키거나 핸들을 조작하여 자동차의 충돌을 회피하는 시스템을 말한다.

- 먼저 차량에 휴대폰 번호가 등록되어 있는지를 알아낸 뒤 만약 등록되어 있다면 전화번호 탐색 공격을 이용해서 등록된 번호와 일치하는 번호를 알아낸다.
- 그 전화 정보를 이용해서 차량 주인의 개인정보(이름, 차량번호, ID, 연락처, 패스워드 등)를 알아낸다.
- 비야디 클라우드를 통해서 자동차를 마음대로 조작(도어록 해제, 에어컨 작동, 자동차 운전 등)한다.

그 외에도 교통신호등을 해킹하여 신호를 조작하기도 하고 CCTV의 영상을 갈취하여 불특정 다수에게 배포하기도 한다.

최근에는 프린터나 세그웨이 등 다양한 기기를 해킹하는 사례까지 알려지고 있다[추가영]. KAIST의 연구팀은 2017년 2월 7일 '제1회 IoT 큐브 콘퍼런스'에서 블루투스의 보안 취약점을 이용하여 스마트폰으로 세그웨이를 원격 제어하는 것을 시연했다.

보안업체 이스트시큐리티는 인터넷에 연결된 프린터에 무선으로 인쇄 명령을 내리거나 특정 이메일 주소로 인쇄 정보를 전송하는 기능을 활용해서 프린터를 조작하는 사례가 있다고 발표했다. 즉, 인쇄 명령을 내리지 않았는데 '프린터를 통해서 해킹되었다'는 메시지가 자동으로 출력되는 피해 사례가 다수 있었다고 한다.

이처럼 웹캠, 블랙박스, 커넥티드카(connected car), 가전, 로봇 등 우리 주변의 스마트 기기가 IoT를 통해서 연결된 상황에서 해킹의 위험에 무방비로 노출되는 것은 큰 문제이다. 러시아의 해킹 사이트인 '인세캠'에 접속하면 우리나라의 웹캠 400여 개에서 송출된 영상이 말 그대로 '생중계'되었다. 식당, PC방, 아파트 현관, 병원 진료실, 노래방, 심지어 서울의 한 발레학원의 여성 수강생의 연습 모습이 그대로 중계되었다고 한다[신동흔].

한편 규모를 더욱 넓게 확장하면 스마트팩토리나 발전소 등에 있는 IoT 디바이스가 공격을 받으면 대참사가 날 수가 있고 스마트시티를 구성하는 IoT 디바이스가 공격을 받으면 도시 전체가 마비될 수도 있다. 가장 일반적인 경우는 IoT 디바이스를 대상으로 멀웨어(malware) 공격을 가하는 것인데 2016년에 발생한 Mirai는 IoT 디바이스를 감염시켜 디도스 공격(distributed denial of service, DDoS)을 한 사례이며 2017년에 보고된 Triton은 발전소의 제어 시스템을 공격한 사례이다.

이처럼 IoT 기기에 대한 보안 침해 사례는 다방면에 걸쳐서 관측되고 있는데 가장 근본적인 이유는 아래에 나열하는 경우와 같은 ID와 패스워드에 관한 취약성이 아닐까 싶다.

- 디폴트(default, 제품을 출시할 때 임시로 설정해 놓은) ID/패스워드가 너무 간단하게 설정된다.
- 디폴트 ID/패스워드를 변경하지 않은 채 사용한다.
- 디폴트 ID/패스워드가 제품 또는 제조업체별로 공통으로 설정된다(즉 누구나 알고 있다).
- 디폴트 ID/패스워드를 적어놓은 온라인 매뉴얼을 누구나 열람 가능하다.

위에서 나열한 취약성은 IoT에 대한 지식이 부족한 경우나 고령의 사용자에게서 특히 자주 발생하는 것으로서 개인에게 보안을 강구하라고 권고하는 것은 의미가 없고 전문가가 체계적으로 이 문제를 해결할 방법을 강구하여야 한다. 이는 결국 보안 대응은 기술적으로 접근해야 하는 것을 의미하며 이를 위해서 IoT 기기를 대상으로 일련의 보안 기술을 확립할 필요가 있다.

한편 IoT 디바이스에 대한 보안 문제가 큰 이슈가 된 배경에는 보다 더 근본적인 원인이 있는 것은 아닐까? 사실 20여 년 전(2000년대 초반)만 하더라도 인터넷에 IoT 디바이스가 연결되리라고 생각한 사람은 거의 없었고 필자도 IoT의 존재를 알게 된 것이 2019년, 이 글을 쓰는 시점을 기준으로 불과 6~7년밖에 되지 않는다. 기존의 인터넷 기기(PC 및 서버 등)는 대부분 유선 네트워크에 접속되었고 Windows나 Linux 등에는 권한 관리나 메모리 보호 기능이 실장되어 있는 등 이들 인터넷 기기는 해킹 대책,

Antivirus 등 보안 대책이 충분히 이루어져 있었다. 그런데 예전에는 전혀 생각도 하지 않았던 자원 제약적인 IoT 디바이스가 미처 보안 대책도 없는 상황에서 인터넷에 접속되니까 이런 문제가 일어난 것이다.

특히 IoT 디바이스는 기존의 PC나 서버, 스마트폰 등과는 다르게 CPU 성능이나 메모리 용량 등 컴퓨팅 리소스에 제약이 크므로 기존의 컴퓨터네트워크 장비에 적용해왔던 anti-virus 소프트웨어 등과 같은 기능을 그대로 사용할 수 없다. 결국 IoT 디바이스는 보안 위협에 무방비로 노출될 수밖에 없다.

한편 우리는 앞의 1장에서 IoT의 실현에 있어서 해결해야 할 과제에 대하여 복수의 응답을 허용하여 조사한 결과, 보안 위협에 대한 불안이 42%로 1위를 차지했다고 소개한 바 있다. 이 사실로부터 알 수 있듯이 IoT와 관련된 비즈니스에 종사하는 주체(디바이스 제조자, 네트워크 운용자, 플랫폼 사업자 등)가 고객이 IoT를 도입할 때 고객이 가장 우려하는 보안 위협을 해결해 준다면 현재 개인/산업/공공 분야를 망라해서 지지부진한 IoT의 도입에 가속도가 붙지는 않을까?

따라서 IoT의 본격 도입에 앞서서 새로운 보안 대책이 필요하다.

이와 같은 배경에서 먼저 IoT에 대한 보안 취약성의 유형에 대해서 알아보고, 이어서 IoT 생태계의 다양한 관점에서 보안 대책에 대해 구체적으로 알아보기로 한다.

6.2 IoT에 대한 보안 취약성 및 공격 유형

기능이 단순한 IoT 기기들이 해킹에 취약한 것은 이들이 PC 만큼 보안 기능이 강하지 않기 때문인데 그로 인해서 쉽게 해커들의 먹이가 되고 있다는 것은 이미 앞에서 충분히 소개하였다. 최근에는 IoT 기기의 공격에 사용할 수 있는 악성코드와 네트워크 정보를 쉽게 손에 넣을 수 있는 것도 이와 같은 피해가 급증하는 이유의 하나이다. 따라서 앞으로는 이와 같은 자원 제약적인 IoT 기기에 대해서 보안을 좀 더 확실히 관리할 필요가 있다.

먼저 가장 쉽고도 기본적인 것부터 짚고 넘어가자. 노트북, 태블릿PC, 블랙박스 등의 기기에는 제품이 공장에서 나올 때 설정해 둔 'admin'을 아이디와 비밀번호로 이용하는 사용자가 태반이라고도 하고 심지어 많은 경우 그 기기에 비밀번호가 있는지 모르는 사람도 많다. 따라서 앞으로는 스마트기기를 구입하여 인터넷에 연결할 때 기기의 보안 기능을 확인하거나 자동으로 부여되는 기기의 비밀번호에 대한 보안 설정의 변경, 불필요한 원격 접근 기능을 비활성화하는 등 개인적으로 근본적인 보안 수칙을 지킬 필요가 있다.

업계에서는 우리나라의 IoT 시장이 2022년까지 연평균 29% 정도 성장할 것이라고 예상하는데 그에 비해서 정작 보안은 아주 취약한 것으로 보고 있다. 그런데 더 큰 문제는 현재 IoT 기기에 대한 해킹을 예방할 수 있는 백신이 없다는 것이다. 따라서 만약 IoT 기기가 해킹당하면 현재로서는 기기 부품을 새것으로 교체하는 수밖에 없다.

이처럼 IoT의 보급과 확산을 앞두고 IoT에 대한 보안 문제는 심각하다는 것을 알 수 있다. 아래의 표는 IoT에 대한 보안의 취약성과 공격 유형에 대해서 요약한 것이다[서화정].

표 6.1 IoT에 대한 보안 취약성 및 공격 유형

보안 취약성	내상 영역
worm, virus	디바이스, 게이트웨이, 네트워크, 플랫폼, 응용서비스
기밀성/무결성 공격	디바이스, 게이트웨이, 네트워크, 플랫폼, 응용서비스
안전하지 않은 password	응용서비스
비인가된 서비스 액세스	응용서비스
비인가된 사용자의 액세스	응용서비스
privacy 침해	플랫폼, 응용서비스
antivirus S/W의 부적절한 사용	플랫폼, 응용서비스
부적절한 시스템 로그 기록	플랫폼, 응용서비스

보안 취약성	대상 영역
비인가된 I/O 액세스	디바이스, 게이트웨이, 플랫폼, 응용서비스
설정 오류 및 실수	디바이스, 게이트웨이, 플랫폼, 응용서비스
OS 보안 취약성	디바이스, 게이트웨이, 플랫폼, 응용서비스
DoS/DDoS	네트워크
프로토콜 보안 취약성	네트워크
방화벽의 부적절한 사용	네트워크
복제 공격	디바이스, 게이트웨이
보호되지 않은 firmware	디바이스, 게이트웨이

위에서 나열한 공격 유형 가운데 가장 빈번하고 대표적인 몇 가지 유형에 대해서 간략하게 소개한다.

먼저 인가되지 않은 서비스 액세스는 접근 권한이 없는 공격자가 디바이스, 게이트웨이, 플랫폼, 응용서비스 등에 접근을 시도한 후 장치에 대해서 불법적인 조작을 가하거나 손상을 가하는 것이다. 이를 방지하는 방법으로는 역할 기반 접근제어(role-based access control)나 특성 기반 접근제어(attribute-based access control) 등이 있다.

프라이버시 침해는 사용자의 개인(id)정보, 생체정보, 행동특성정보 등이 노출되는 것으로서 대부분 도청, 스니핑, 비인가 접근 등에 의해서 발생한다.

서비스거부공격(denial of service, DoS)은 기존의 인터넷에서 일어나는 수법을 IoT에 적용한 것인데 IoT의 생태계가 디바이스–게이트웨이–네트워크로 이어지는 특성상 수많은 디바이스가 소수의 게이트웨이를 거쳐서 네트워크로 접속되는 점을 노린 공격이다. 공격자는 게이트웨이에 대량의 접속요구 패킷을 동시에 발생시켜서 게이트웨이의 메모리나 CPU, 통신채널 등 컴퓨팅 자원을 소모시켜서 일반적인 IoT 디바이스의 네트워크 접속을 못하게 하는 공격이다.

아래의 표는 IoT의 생태계에서 비교적 보안이 강력하다고 보여지는 플랫폼을 제외한

다른 계층에서 가장 자주 발생되는 보안 공격의 유형을 요약한 것이다. 따라서 IoT 시스템 관리자는 각 계층에서 특히 취약한 보안 위협에 대해서 주의를 기울여야 할 것이다.

표 6.2 IoT에서 계층별 보안 취약 유형

계층	보안 취약성
응용	웜, 바이러스, 데이터의 위변조, 프라이버시 침해, 비인가된 접근
네트워크	데이터의 위변조, 불법 인증, 기밀성/무결성 공격, DoS
디바이스	비인가된 접근, 기밀성/무결성 공격, 복제 공격

위의 표에서 나열한 계층별 보안 취약 유형 가운데 프라이버시의 침해와 관련하여 많은 논란이 되고 있는 최근의 연구동향 하나를 소개한다. 오이 레나의 연구결과에 의하면 개인정보의 가치가 IoT의 확산과 함께 달라지고 있다. 과거의 개인정보는 개인이 인터넷에 등록한 정보 또는 인터넷 상에 기록되는 개인의 행동에 국한되었으나 미래에는 과거의 정보에 IoT 기기로부터 수집되는 개인의 행동특성(behavioral information) 및 생체정보(biological information)까지도 포함한다[오이]. 과거의 개인 행동특성을 예로 들면 개인이 브라우저를 통해서 클릭한 동작, SNS에 올린 글, 구매한 상품, VoD에서 검색하거나 본 프로그램 목록, 비디오를 멈추거나 건너뛴 장면, 심지어 비디오를 고르기 위해서 마우스를 움직인 특성까지도 모두 기록된다.

미래에는 IoT 기기로부터 수집되는 보다 더 개인적인 생체정보들이 기록에 남게 될 것이다. 예를 들면 일상에서 우리의 몸에 장착한 웨어러블 기기(wearable device)로부터 수집되는 심장 박동, 혈압, 걷거나 달린 거리와 속도, 우리의 위치정보 등이 모두 기록될 것이고 우리가 차를 타고 운전한 장소, 운전속도, 자동차의 상태 등이 기록될 것이다. 기차를 타면 타고 내린 역, 승차시간, 환승내역까지도 기록될 것이다. 즉, 우리의 일거수일투족이 고스란히 기록되는 것이다.

문제는 이런 개인적인 데이터를 자신이 아닌 제삼자에게 모두 넘겨주어도 되느냐는 것이다. 그리고 이 모든 정보를 누가 소유하여야 하는가도 문제가 된다. 현재는 모든 개인정보는 수집한 주체(예: 포털 사이트나 구매대행 사이트 운영자 등)가 소유한다. 일부 선진국에서는 개인정보를 수집할 때 개인에게 동의를 구하고 있기는 하지만 대부분의 경우 개인은 자신의 개인정보가 어떻게 수집되고 분석되어 어디에 이용되는지 알지 못한다.

최근의 연구동향은 개인정보를 수집하고 이용할 경우 수집대상인 개인에게 고지(notice)와 함께 돈을 지불하기도 하고 또 개인의 동의 없이 마케팅 등에 사용은 하되 개인의 프라이버시를 침해할 정보를 익명화하는 방안도 고려되고 있다. EU의 GDPR(general data protection regulation)은 특별히 중요한 개인정보를 보호하는 제도이며, 2018년 5월부터 시행되고 있다.

6.3 IoT 디바이스의 특징과 보안 요건

IoT 디바이스에 대한 보안 문제를 제대로 해결하려면 우선 IoT 디바이스가 가지고 있는 고유의 특성을 알 필요가 있고 그것을 바탕으로 보안에 필요한 요건이 정의될 수 있다. 아래에서 IoT 디바이스가 가지고 있는 고유의 특성 및 그에 따른 보안 요건을 크게 네 가지 측면에서 정의한다[사사키].

1. 보안 검증 정보의 갱신 한계성: 먼저 기존의 인터넷 디바이스인 PC나 서버 등은 고속 통신회선을 통해서 네트워크에 접속되어 있는 반면에 IoT 디바이스는 통신대역이 풍부한 환경이라고 가정할 수 없다. 또 IoT 디바이스는 격리된 네트워크에서 운용되는 경우도 적지 않다. 그래서 기존의 인터넷에서 사용되던 antivirus와 같이 매일 정의파일을 갱신할 필요가 있는 접근법을 IoT 디바이스에 사용하는 것은 적합하지가 않다. 오히려 가능하면 정의파일을 갱신하지 않고 운용되도록 해

야 한다.

2. 가동 중의 감시 필요성: IoT 디바이스가 기존의 인터넷 디바이스와 비교해서 큰 차이는 일단 가동이 시작되면 중단 없이 지속적으로 장시간 가동된다는 것이다. 방범 및 환경 감시 카메라는 365일 동작한다. 이 경우 IoT 디바이스는 처음 동작을 시작할 때뿐만 아니라 작동 중에도 정상적으로 동작하는지 상시 감시해야 한다. 기존의 인터넷에서 디바이스를 감시하는 가장 일반적인 방법은 최초로 디바이스를 기동할 때에 TPM(trusted platform module)을 이용한 보안부트(security boot)이다. 즉, 시스템을 기동시킬 때 TPM이 BIOS를 검사하고 BIOS가 OS를 검사하고 OS가 앱을 검사한다. 그러나 이 방법은 기동 시의 검사이므로 장기간 가동 중인 IoT 디바이스에 적용할 수 없다.
3. 견고성 및 탐지의 확실성: IoT 디바이스를 보안 문제로부터 확실하게 지키기 위해서는 보안 수단 자체가 공격받지 않게 견고하지 않으면 안된다. 또한 어쩔 수 없이 피해를 입었을 때 그것을 최소화하려면 개찬(改竄, 내용을 고치는 것을 말함)을 가능하면 빨리 확실하게 탐지하여야 한다.
4. 경량성: PC나 서버 등 기존의 인터넷 디바이스와 비교할 때 IoT 디바이스는 CPU 리소스가 빈약하다. 또 IoT 디바이스는 산업용 설비나 제어기의 실시간 제어 등과 같이 시간에 민감한 용도로 사용되는 경우가 많다. 이때 보안 소프트웨어를 가동시키는데 지연이 너무 크면 당초 목표로 하는 제어가 이루어질 수 없는 문제가 있다. 따라서 보안 소프트웨어를 구동시키는 데 너무 무겁지 않도록 처리에 걸리는 지연시간이 일정 수준으로 제한되도록 소프트웨어를 개발할 필요가 있다.

6.4 IoT를 위한 보안 기술

지금까지 IoT의 전반적인 보안 문제에 대해서 알아보았는데 보안 문제의 대부분이 IoT를 구성하는 기기의 초보적 취약성을 악용하는 공격이 많음을 알 수 있다. 그런데 보통 새로운 서비스를 시작하려는 단계에서 미지의 공격에 대해서 고도의 보안 기술을 적용하는 것이 쉽지도 않을뿐더러 설사 그것이 가능하다고 하더라도 결국은 비용의 증대를 야기한다. 그래서 대부분의 경우 마치 마이크로소프트 윈도우 운영체제의 애플리케이션에 대한 업데이트처럼 IoT 기기나 애플리케이션 등에 대한 공격의 사례를 분석하고 그것을 바탕으로 기존의 보안대책에 대해 수정하거나 보완하는 방향으로 접근하고 있다.

다만 IoT 기기의 경우에는 다양한 제조자가 다양한 소프트웨어를 작성하므로 모든 제조자가 다양한 공격이나 취약성을 알아내서 정기적으로 보안 업데이트하거나 그렇게 할 수 있는 능력을 가지고 있다고 보기에는 무리가 있다.

그렇다면 결국 보안 기술을 적용하기 쉬운 주체는 네트워크가 됨은 자명하다. 따라서 IoT에 대해서도 네트워크 보안 기술의 중요성이 커진다. 즉, IoT 기기가 보안 문제를 대응하지 못한다는 가정하에 네트워크 운영자가 IoT 기기를 상시 모니터링하면서 기기의 이상이나 멀웨어(malware)의 감염을 탐지하거나 그에 대한 대응책(감염된 기기의 격리 등)을 강구하는 수밖에 없다. 그리고 그 외에도 네트워크 상의 트래픽을 실시간으로 감시하여 분석하고 이상이 발생될 경우에는 신속히 대책을 세우는 것이 필요하다.

그런데 IoT를 구성하는 시스템이나 서비스, 그리고 구현 기술 등에 따라서 문제가 너무나 다양하므로 IoT의 보안 위협을 표준화하여 통일된 기법으로 망라하는 것은 거의 불가능하다[요시오카].

한편 일반적으로 ICT 세계에서는 보안을 정보 보안(information security), 네트워크 보안(network security), 사이버 보안(cyber security) 등을 혼동해서 혹은 두루뭉술하게 정의하곤 하는데 엄밀히 말하면 이들은 목표가 다르다[시마]. 아래에서 각 보안 문제를 간략하게 소개한다.

- 정보 보안은 정보 자산(정보 자체 혹은 정보 시스템)의 관점에서 기밀성, 완전성, 가용성을 확보하는 문제를 다룬다. 즉 물리적 대상에 대한 보안이다.
- 네트워크 보안은 통신의 관점에서 네트워크의 경계나 노드 간을 지나다니는 정보의 기밀성, 완전성 및 가용성을 확보하는 것을 다룬다. 네트워크 보안 침해의 가장 흔한 예로서, 멀웨어(malware: 예 랜섬웨어 등)나 디도스공격 등이 있다. 사실 네트워크 보안이 가장 다양하고 다루기 어려운 문제이다.
- 사이버 보안은 앞의 두 가지 레벨의 보안은 물론이고 거기에 추가해서 사이버 공간에 있어서의 활동에 대한 안전성과 신뢰성을 확보하는 것까지 광범위한 보안을 말한다. 예를 들면 사이버 범죄나 사이버 테러 등이 있다.

이상의 논의에서 알 수 있는 것은 IoT 제품의 특성상 일단 IoT 디바이스 등 하드웨어 제품이 출시된 뒤에는 보안 기능을 더하는 것이 사실상 불가능하다는 것이다. 따라서 IoT 제품을 개발하는 단계에서 제조사는 부트로더, 라이브러리, 애플리케이션 등에 보안을 적용하여 설계할 필요가 있으며 이를 위해서 '소프트웨어 보안 패키지'와 같은 범용 소프트웨어를 탑재할 필요가 있다[정영일2]. 단, 이렇게 하기 위해서는 비용도 많이 들고, 또 IoT 디바이스 제조기업의 기술 수준도 확보되어야 하는데 현실은 그렇지 못하다. 따라서 디바이스 제품 및 애플리케이션은 제조사가 담당하고 부트로더나 관리기능 등은 하나의 소프트웨어 패키지로 제공하는 것이 바람직하다[정영일1].

위에서 우리는 IoT의 보안에 대한 기본 개념을 알아보았는데 IoT 시스템의 보안을 위한 기술 개발을 앞으로 어떤 체계(framework)로 할 것인지가 중요하다. 지금부터 이에 대해 알아보자.

6.4.1 IoT 시스템의 보안 기술

아직 IoT의 보안에 대한 체계가 정립되어 있지 않은데 IoT가 결국은 기존의 IT 기술을 기반으로 진화한 개념인만큼 먼저 기존의 IT 시스템에 대한 보안의 범위를 되돌아 볼 필요가 있다.

미국 국립표준기술연구소(national institute of standards and technology, NIST)는 사이버 보안 프레임워크(cyber security framework)를 특정(identify), 방어(protect), 검지(detect) 및 대응(respond)으로 정의했다. 이를 기반으로 IoT의 보안에 대해서 선제적으로 연구해 온 일본의 통신회사 NTT(nippon telephone and telegraph)는 IoT의 보안체계에 대해서 인증(認證), 구성관리(構成管理), 검지(檢知) 및 대응(對應)으로 정의했다[모로하시]. 이들 두 가지 접근법은 큰 틀에서는 같은 문제를 다루고 있는데 아래에서 NTT의 접근법에 대해서 소개한다.

1 인증

앞에서 IoT의 생태계에서 소개한 것처럼 대부분의 IoT 디바이스는 네트워크에 바로 접속되지 않고 게이트웨이를 통해서 접속된다. 이때 게이트웨이를 통해 송수신되는 정보는 사이버 공격을 받을 가능성이 있다. 예를 들면 가정에 있는 IoT 디바이스에 가짜 정보를 송신해서 현관문이 열릴 경우도 있고, 가정 내에 설치된 IoT 디바이스의 데이터를 부정으로 취득하여 주인이 집에 있는지의 여부를 몰래 알아낼 수도 있으며, 주인의 평소 행동패턴 등을 염탐하는 등 프라이버시를 침해할 수 있다. 심지어 보안이 가정보다는 안전하다는 공장에도 몰래 IoT 디바이스를 설치한 뒤 가짜 제어 메시지를 흘려보내서 제조라인을 멈춰서게 하는 경우도 있다.

한편 IoT 디바이스가 이와 같은 위험에 노출되지 않도록 하기 위해서는 각각의 IoT 디바이스가 정당한 상대와 데이터를 주고 받는지의 여부를 통신 개시 이전에 확인하는 인증(authentication) 절차를 각 IoT 디바이스와 게이트웨이 사이에서 수행하는 것이 반드시 필요하다.

기존의 IoT 디바이스에서 사용되는 인증법은 패스워드 인증과 전자증명서를 사용한 인증의 두 가지가 있다. 패스워드 인증은 기본적으로 각 IoT 디바이스가 쉽게 추측할 수 없는 비밀번호를 설정한 뒤 인증되는 측(IoT 디바이스)의 패스워드를 인증하는 측(게이트웨이)에서 안전하게 관리해야 한다. 반면 전자증명서를 사용한 인증에서는 각각의 IoT 디바이스에서 비밀키와 공개키를 생성한 뒤 인증국에서 발행된 전자증명서를 설치해야 한다. 이때 문제는 IoT 디바이스의 수가 증가하면 전자증명서의 발행 및 운용에 드는 비용이 엄청나다는 것이다. 또한 이 방법은 패스워드 인증에 비해서 절차가 복잡하여 전문가가 아닌 경우 운용관리가 어렵다는 것이 단점이다.

2 구성 관리

구성 관리(configuration management)란 IoT 시스템에 어느 디바이스가 접속되어 있는지, 또 그중에서 보안에 취약한 디바이스는 어느 것인지 등을 관리하는 것을 말한다. 기존의 IT 기기에 대해서는 구성 관리용 툴이 이미 제품화되어 시중에 유통되고 있으나 그것을 그대로 IoT용으로 쓸 수는 없고 IoT 전용 구성 관리 툴은 아직 별로 없다.

한편 IoT 디바이스를 추정하는 기술로서 이미 기존의 컴퓨터네트워크에서 사용하는 ARP(address resolution protocol)를 활용할 수 있다. ARP는 ARP request가 네트워크 세그먼트의 전체에 송신되는 브로드캐스트(broadcast) 방식을 사용하므로 게이트웨이에 특별한 기능이 없어도 비어있는 포트가 하나라도 있으면 IoT 디바이스의 추정이 가능하기 때문이다. 이때 ARP의 캐쉬 보유 시간을 사용해서 IoT 디바이스(OS)의 추정이 가능하다. ARP는 IP 주소에 대응하는 이더넷을 MAC 주소에 문의하는 프로토콜이므로 ARP에 의한 주소 문의 결과를 캐쉬하는 시간은 OS에 따라서 다르다는 특징을 이용하여 IoT 디바이스의 ARP 요구 메시지(request message)의 송신 주기를 계산함으로써 OS를 추정한다.

한편 DNS(domain name system) 서버에 있는 기계학습(machine learning) 기능을 사

용해서 IoT 디바이스의 추정도 가능한데 IoT 디바이스가 DNS 서버에 문의한 정보로부터 목적지 단말의 이름(fully qualified domain name, FQDN)을 알아낸 뒤 사전에 기계학습을 통해서 특징을 모델화한 뒤 추정하려는 IoT 디바이스의 특징과 모델화된 특징의 일치 여부를 판단하여 IoT 디바이스의 기종 및 제조업체를 추정할 수 있다.

3 대응

IoT 디바이스에는 리소스의 제약이 있으므로 보안을 위한 소프트웨어를 디바이스에서 구동시키는 것이 불가능하다. 따라서 IoT 디바이스의 보안 대책은 디바이스가 맨 처음 네트워크로 접속되는 관문 네트워크, 구체적으로는 게이트웨이에서 수행하여야 한다.

게이트웨이는 IoT 디바이스의 통신 내역을 분석하고 통신을 허가한 목적지 리스트(이것을 white list라고 부름)를 그래프이론 등을 사용하여 자동 생성시킨 후 그것을 기반으로 통상적이지 않은 통신을 판별하여 경고(alert)나 차단 등 필요한 대응을 한다.

4 검지

2009~2010년에 걸쳐서 Stuxnet이라고 불리는 멀웨어가 이란의 핵시설을 공격해서 피해를 입힌 사건이 있었는데 이 사건은 당시 산업용 제어 시스템에 대한 최초의 사이버 공격으로 전 세계의 이목을 집중했다. 이처럼 산업용 제어 시스템에 대한 보안 공격은 두 가지 특징이 있는데 하나는 대규모성 및 복합연동 작용이고 다른 하나는 범용화, 오픈화 및 신기술의 적용이다.

앞의 대규모성 및 복합연동 작용에 대해서 말하면 산업용 제어 시스템은 시스템을 구성하는 디바이스의 수가 많은 것으로부터 단 한 곳에 사이버 공격을 받으면 그 영향이 시스템 전체로 광범위하게 전파될 우려가 있다. 따라서 디바이스 자체 및 디바이스가 탑재하고 있는 OS나 앱, 구성 파일 등 소프트웨어에 공격으로 인한 문제는 없는지(즉, 소프트웨어를 변경시킨다든지 또는 오염시키지는 않았는지) 등 부정한 침입 등에 대한 확인을 해서 제어 시스템의 이상 동작을 사전에 막아야 한다.

후자는 인터넷 기술의 발달과 IoT 디바이스가 Linux 등 오픈소스 소프트웨어를 사용함에 따라 수반되는 문제로서 IoT 디바이스의 공격에 필요한 취약성 등의 정보가 공격자의 손에 쉽게 들어가는 것 때문에 공격자에게 아주 유리한 환경이 되었다. 그런데 IoT 디바이스가 자원 제약적인 관계로 보안 침해 대응 기능이 디바이스 자체에 사전에 구현(built in)되어 있지 않기 때문에 추가로 디바이스나 네트워크에서 보안 이상 현상을 상시 검지(동작 감시 및 해석)할 수 있는 기술이 필요하다.

IoT 디바이스의 동작 감시 및 해석을 위해서는 IoT 시스템을 구성하는 디바이스의 발견, 트래픽량의 학습, 이상 통신의 검지 등의 업무를 모두 자동으로 수행하는 것이 필요한데 자원 제약적인 디바이스에서는 이런 업무가 수행될 수 없으므로 디바이스가 처음으로 접속되는 게이트웨이에 동작 감시 및 해석을 위한 서버 기능을 추가하여 거기서 수집된 트래픽을 분석하여야 한다. 이때 서버는 디바이스별로 수집된 데이터로부터 통신의 특징을 기계학습하고 그 결과를 바탕으로 검지모드로 들어가서 IoT 디바이스의 동작상태를 개별 감시한다.

일반적으로 기계학습에는 '교사 있는 학습'과 '교사 없는 학습'로 나뉘는데 IoT 디바이스의 종류가 워낙 다양하여 교사 있는 학습에 필요한 정상/이상 각 상태에 관한 학습 데이터를 사전에 수집하는 것이 현실적으로 불가능하므로 실제 해석을 위해서는 후자를 사용한다.

교사 없는 학습에서는 초기 학습 시의 상태를 일단 정상으로 보고 학습이 진행됨에 따라서 그것으로부터 벗어난 상태가 일어나면 그것을 이상으로 판정하므로 미지의 사이버 공격에 의한 이상도 검지할 수 있다는 것이 장점이다.

6.4.2 IoT 생태계의 계층별 보안 기술

지금부터는 IoT 생태계를 구성하는 각 계층별로 보안 기술에 대해서 소개한다. 아래에서는 디바이스부터 앱에 이르기까지의 IoT 생태계를 구성하는 요소에 대한 보안 대응 기술을 소개한다.

1 디바이스 보안 기술

먼저 IoT 디바이스는 아래와 같이 두 가지로 구분할 수 있다[강양기].

- 자원 비제약적 기기(resource non-constrained device): 연산, 저장, 통신 및 전력 소비 측면에서 자원이 풍부한, 소위 지능을 가진 스마트한 디바이스를 말하며 스마트폰이나 태블릿 PC 등과 같은 기존의 IT 디바이스가 여기에 해당된다.
- 자원 제약적 기기(resource constrained device): 자원이 빈약한, 즉 스마트하지 않는 디바이스를 말하며 센서나 제어기로 사용되는 대부분의 IoT 디바이스가 여기에 해당된다.

디바이스 보안에서 고려해야 할 사항으로는 디바이스 간 통신에서의 기밀성(confidentiality), 무결성(integrity) 및 기기 인증(authentication)이다.

디바이스 간 통신에서의 기밀성 확보 기법으로는 암호체계를 갖추는 것인데 이때 문제는 기존의 암호체계를 자원 제약적 기기에 그대로 적용할 수 없다는 것이다. 이를 위한 해결책으로써 IoT 기기에는 경량의 암호기술을 적용해야 하는데 예를 들면 다음과 같은 것이 있다.

- PRESENT: 반복적으로 키 XOR 연산과 4비트 입출력을 가지는 Sbox와 64비트 순열만을 수행해서 암호화한다.
- Hight: 이것은 국내 표준인데, 32비트 단위의 연산과 다중 Feistel 구조를 기반으로 한다.
- LEA: 덧셈, XOR, Rotate 등 단순한 연산만으로 구성된다.

무결성 확보기법은 SHA-3, Sponge construction을 기반으로 하는 경량 해쉬함수 등이 있다.

마지막으로 기기 인증 기술로서는 RSA보다 적은 비트의 키를 사용하여 유사한 안정성을 제공하는 타원곡선 알고리즘을 사용하는 것이다.

한편 IoT 디바이스는 산업용의 경우 보통 수명이 20년이다. 그런데 디바이스를 구매할 당시의 공격수법과 시간이 지남에 따른 공격수법은 차원이 다를 것이다. 그렇다고 디바이스 제조업자가 미래에 일어날 공격 유형까지 미리 예측해서 보안 기능을 갖춘다는 것은 불가능하다. 따라서 IoT에서 디바이스에 대한 보안 기술에는 한계가 있다. 결국 디바이스의 지속적 보안 유지를 위해서는 최신 보안 프로토콜로 업그레이드하는 것이 필요한데 이를 위해서는 디바이스 자체의 성능 향상이 동반되어야 한다. 다만 이때 보안 프로토콜의 역호환(backward compatability)이 가능하도록 하드웨어의 성능을 업그레이드하는 등의 추가 비용이 들 수 있다[라스 라이더슨].

2 네트워크 보안 기술

최근 가정마다 IoT 기술을 활용한 스마트홈 서비스가 급속히 보급되고 있다. 특히 독거노인을 둔 자녀나 혼자 살거나 반려동물을 키우는 1인 가구가 스마트홈 서비스를 많이 이용하고 있다. 고양이를 키우면서 혼사 실고 있는 여성 지장인 나바려씨(가명)는 외부에서도 고양이가 잘 지내는지 확인하려고 방에 IP카메라를 설치하였다. 그런데 얼마 전부터 자신이 카메라를 만지지도 않았는데 카메라의 각도가 바뀌어 있는 것을 알고 놀랐다. 어떻게 이런 일이 일어난 것일까?

최근 가정용 IP카메라가 해킹되어 사생활이 노출되는 사례가 급증하고 있다[안정락]. 그것은 해커들이 보안설정이 취약한 인터넷 공유기를 해킹하여 IP카메라를 임의로 조작하기도 하고 집안의 영상을 찍어서 인터넷 사이트에 유포하기 때문이다. 중국에서는 IP카메라를 해킹하는 소프트웨어를 단돈 18위안(우리나라 돈으로 약 3,300원)에 팔고 있다. 그리고 2017년 7월 통계를 보면 우리나라에서 유통되고 있는 인터넷 공유기 10개

모델 가운데 8개 모델에서 보안 취약점이 '위험' 단계인 것으로 조사되었다. 그 이유는 공유기를 개발하는 데 사용된 오픈 소스가 보안에 특히 취약하기 때문이다. 문제는 인터넷 공유기가 해킹되면 그 공유기에 연결된 다른 모든 IoT 디바이스가 해킹되는 것이다. 따라서 IoT에 있어서도 네트워크 장비의 보안은 아주 중요하다.

KISA(한국인터넷진흥원)가 2012년 10월부터 2017년 2월에 걸쳐서 조사한 가정용 IoT 기기의 보안 침해 사고 신고 자료에 의하면 가장 많은 비율을 차지하는 보안 침해 사고가 공유기(57%)에서 발생하였고, 그 뒤를 이어서 IP카메라(17%), NAS(network-attached storage: 네트워크 스토리지)가 9%를 차지하고 나머지 기타가 17%였다. 따라서 공유기의 보안 침해가 얼마나 심각한지를 잘 알 수 있다[안정락].

IoT의 네트워크 보안을 위해 먼저 보안과 관련하여 네트워크에서 관심을 가져야 할 구성요소가 몇 가지 있는데 크게 분류하면 단말, 네트워크, 그리고 서비스 플랫폼이다. 단말은 IoT와 관련된 디바이스를 나타내며 위에서 나눈 두 가지 종류의 디바이스가 있다. 네트워크는 디바이스를 수용하는 액세스네트워크와 데이터를 전달하는 코어네트워크로 나뉜다. 단말과 네트워크 사이에는 게이트웨이가 있는데 이것이 IoT의 네트워크 보안에 있어서 가장 중요한 기능을 수행한다. 이에 대해서는 아래에 따로 다루기로 한다. 서비스 플랫폼은 주로 앱/관리/스토리지와 관련된 플랫폼을 말한다.

위에서 특히 게이트웨이가 가져야 할 보안 기능으로는 다음과 같은 것이 있는데, 이것은 ITU-T Y.2067 표준에서 규정하고 있다.

- 디바이스로의 액세스에 대해서 ID 지원
- 디바이스 인증 지원
- 앱 간 상호 인증
- 디바이스와 GW에 저장되고 전송되는 데이터의 보안
- 디바이스와 GW에 대한 프라이버시 보호(빅데이터 관련)
- 원격관리, 자가진단 및 수리

- 펌웨어/소프트웨어 업데이트
- 자동 구성/앱을 이용한 구성

이상과 같은 네트워크 구성요소에 대해서 ITU-T에서는 표준 Y.2066에서 IoT의 보안과 관련하여 아래와 같은 세 가지 기술을 정의하고 있다[요시오카].

- 통신 보안에 대해서는 데이터의 전송과 관련하여 부정 액세스를 방지하고 데이터의 완결성을 보장하며 데이터의 프라이버시를 보호할 것
- 데이터 관리와 관련해서는 데이터의 저장 및 처리와 관련하여 부정 액세스를 방지하고 데이터의 완결성을 보장하며 데이터의 프라이버시를 보호할 것
- IoT 사용자와 관련해서는 서비스에 대한 부정 액세스를 방지하고 부정한(기만적) 서비스의 제공을 금하며 프라이버시 정보를 보호할 것

한편 WiFi에서 IoT의 기밀성 및 무결성 확보기술에 대해서 간단히 소개한다. WPA(WiFi protected access)는 사전에 설정된 키를 기반으로 데이터를 암호화하여 데이터의 기밀성을 확보하고 MAC을 통해 무결성을 제공하는 것이다. 예를 들면 AES-CCMP(AES-counter cipher module with block chaining message authentication code protocol)라는 것이 있는데 AES의 counter mode와 CBC mode를 이용해 암호화와 무결성 체크코드를 생성하는 것이다.

3 플랫폼 보안 기술

IoT 플랫폼에서는 서비스마다 동일한 실행 환경이 제공되지 않고 연산능력도 떨어져 통합된 형태의 보안 플랫폼을 제공하는 것이 어렵다. IoT 보안 플랫폼의 범위는 IoT 시스템의 모든 레벨에서의 문제점을 해결하도록 설계되는데 아래와 같은 기능으로 정의된다.

- 물리적 보안: 악의적인 사용자가 저가(low cost)의 태그와 센서에 접근하여 정보를 파악하거나 불법적 인가 작업을 할 수 없도록 암호화하고 안전한 프로토콜을 사용한다.
- 정보 접근 및 획득 보안: 이기종의 기기 간 다중 미디어 스위칭 기술과 위치 관리 기술로 인해서 발생하는 다중 정보 접근에 대한 보안 취약성을 제거한다.
- 정보 전송 보안: 무선통신 인터페이스의 공개성으로 인하여 전송 메시지가 불법으로 캡처되어 변조될 위험성이 존재하는데 이 문제는 기존의 무선네트워크의 문제와 동일하다.

4 서비스 보안 기술

IoT 서비스와 관련된 보안 기술로서는 웹서비스 보안과 ID 관리가 있는데 웹서비스 보안에서 중요한 것은 메시지 전송을 담당하는 SOAP(simple object access protocol)의 기밀성과 무결성에 주의해야 한다.

SOAP의 보안 솔루션의 예로는 OASIS에서 제안한 WS-Security(Web services security)표준, SAML, XACML과 W3C에서 제안한 XML signature/encryption, XKMS 2.0, SOAP-SEC 등이 있다.

ID 관리는 개인정보의 누출 및 주민번호 도용 대응 등이 있는데 예를 들면 OpenID 1.1/2.0은 Microsoft "law of identity" 및 URL 기반의 기술이고 e-IDMS(ETRI-identity management system)는 CoT(circle of trust) 기반의 기술이다.

5 프라이버시 보호 기술

기존의 IT 프라이버시 보호기법을 IoT에 적용할 경우 고려해야 할 사항으로는 다음과 같은 것이 있다.

- 정보 수집 시 정보 주체로부터 수집 정보에 대한 동의 획득: 정보의 수집 시 정보 주체

로부터 취득하고자 하는 정보와 그 정보를 언제 어디에 활용할지에 대한 사항을 정보 주체에게 밝히고 그에 대한 동의를 취득하여야 한다.

- 암호화: 개인정보(주민등록번호 및 생체정보 등을 포함)를 수집하여 이를 데이터베이스에 저장하거나 데이터를 네트워크를 통하여 전송할 경우 키관리 기법 등을 사용하여 암호화하여야 한다.
- 접근/권한 제어: 역할 기반 접근제어(role-based access control, RBAC)나 속성 기반 접근제어(attribute-based access control, ABAC) 등 IoT의 구성요소나 서비스에 대해서 권한에 따른 인증과 인가를 하여야 한다.
- 시스템 보안: IoT 구성 시스템의 OS 보안 취약성 또는 응용서비스의 보안 취약성 방지를 통하여 불법적인 접근을 방지하고 중요한 정보의 유출을 방지하여야 한다.

IoT 환경에서 새로운 프라이버시 위협요소로는 IoT 기기로부터 수집한 데이터의 가공 및 타 정보와의 융합(fusion)에 의해서 새로이 발생하는 프라이버시 침해 문제가 발생한다는 것인데 가령 IoT에서 사용하는 데이터 처리 및 데이터 마이닝 기법은 프라이버시 침해의 가능성이 높은데 이를 위해서 프라이버시 보호형 데이터 마이닝 기법이 필요하다.

이 문제의 해결을 위한 기술로서는 다음과 같은 것이 있다[Stallings].

- 프라이버시 보존형 데이터 퍼블리싱: 데이터의 처리 및 가공 후 그 값이 프라이버시 침해가 되지 않도록 변형을 가하는 것으로서 예로는 데이터의 값에 특정분포를 따르는 난수를 추가하는 데이터교란(perturbed data) 기법이 있다.
- 데이터 마이닝 결과 변형: 데이터 마이닝 알고리즘 자체를 변형하는 것인데 예로는 association rule hiding 기법이 있다.
- 쿼리 감사(query auditing): 쿼리 결과값을 수정하거나 제한하여 정보의 누출을 방지하는 것인데 예로는 query output perturbation 및 query restriction이 있다.

- 분산 프라이버시: 데이터의 분산화를 통하여 프라이버시를 보호하는 것이며 예로는 Pinka의 multiparty protocol이 있다.

지금까지 우리는 IoT 생태계의 계층별 보안 기술에 대해서 알아보았다. 그 가운데 우리는 IoT 생태계를 구성하는 하드웨어, 소프트웨어, 네트워크 등 요소 기술별로 보안을 담보하는 방안을 알아보았다.

마이크로소프트(Microsoft, 이하 MS)의 사이버보안 CTO인 다이애나 켈리는 IoT의 보안에 있어서 담보해야 할 일곱가지 사항을 다음과 같이 제시했다[정영일2]

1. 하드웨어 자체에 내장된 보안
2. 컴퓨팅 기반 신뢰 장치
3. 다중방어 구조
4. HW와 SW 간 구분을 통한 심층방어
5. 인증서 기반 증명
6. 재생 가능한 보안시스템
7. 보안 실패에 대한 보고

다이애나 CTO는 이와 덧붙여서 IoT의 보안에서는 HW+SW+클라우드를 아우르는 보안체계가 구축되어야 한다고 강조했다.

6.5 IoT 보안 인증

위에서 알아본 것처럼 IoT에서 보안 문제는 범위 및 레벨이 다양하고 서로 다른 보안 요구사항과 관리항목을 차후에 누군가가 일괄적으로 관리하는 것이 불가능하다. 그래서 IoT 제품을 개발하는 제조사가 그래도 그 제품의 보안 위험을 가장 잘 이해하고 있으므로 그들이 제품의 개발단계부터 보안을 고려하여 제품을 출시하는 것이 가장 중요하다. 이를 위해서는 제조사 또는 운용자에 관계없이 디바이스나 플랫폼, 앱 등 공통 기능을 가진 제품에 대해서 어느 정도 표준화된 보안 관리가 필요하다.

때마침 IoT의 선구자라고 할 수 있는 우리나라에서 한국인터넷진흥원(KISA)을 중심으로 'IoT 보안인증 서비스'를 제공한 것은 다행이라고 할 수 있다. KISA는 2017년 12월부터 IoT 디바이스 및 관련 제품과 관련된 인증, 암호, 데이터 보호, 플랫폼 보호 및 물리적 보호 등 다섯 가지 영역에 대해서 특정된 기준을 충족하는 제품(솔루션 등 소프트웨어 포함)에 대해서 인증서를 발급하고 있다. KISA는 보안인증을 lite, basic, standard 등 3단계로 나뉘어서 인증을 실시하고 있는데 그 내역은 아래의 표와 같다.

표 6.3 IoT 디바이스 보안 등급

등급	점검 항목	적용대상 디바이스
lite	제품의 보안을 유지하기 위한 최소 항목	센서 등 소형 디바이스
basic	해킹 등 보안취약 대상 항목	펌웨어(firmware) 등을 탑재한 중소형 디바이스
standard	국제적 요구수준의 종합적 보안 항목	중대형 스마트 디바이스(스마트 가전 등)

한편 위에서 소개한 영역별 점검 항목은 다음과 같다[지승구].

표 6.4 인증 관련 항목

항목	인증기준
사용자 인증	제품의 초기 인증정보가 유일한 값으로 설정되었는가?
	제품을 처음 사용할 때 인증정보를 설정하도록 요구하거나 초기 인증정보를 변경하도록 요구하는가?
	관리서비스 및 중요 정보 접근 시 사용자 신원 식별 및 인증을 선행하는가?

항목	인증기준
	사용자 계정 및 권한에 대해 최소한의 권한을 적용하는 등 관리기능을 제공하는가?
	관리자 계정에 대해서 동시접속을 제한하는가?
	비밀번호의 길이, 주기, 복잡성 등을 고려하여 안전성을 확보하는가?
	잘못된 인증번호를 이용한 반복시도를 제한하는가?
인증정보 관리	인증정보가 하드 코딩되거나 평문으로 저장되지 않고 있는가?
	인증 비밀번호를 입력할 때 화면에 노출되지 않도록 매스킹 처리를 하는가?
	인증 실패 시 실패 사유를 피드백하지 않아야 되는 원칙을 지키는가?
제품인증	하드웨어 제품이 고유의 식별번호를 보유하고 있는가?
	제품 간 중요 정보의 전송 또는 제품 제어를 위한 상호 연결 시 상호인증을 선행하는가?

표 6.5 암호 관련 항목

항목	인증기준
암호 알고리즘	중요 정보를 전송하거나 저장할 때 안전한 암호 알고리즘을 사용하는가?
키 관리	암호키가 안전성이 검증된 방법으로 생성, 분배, 갱신, 사용, 저장, 파기되는가?
난수 관리	난수성이 검증된 난수생성 알고리즘을 사용하는가?

표 6.6 데이터 보호 관련 항목

항목	인증기준
전송데이터 보호	제품 간에 전송되는 중요 정보는 암호화되었는가?
	알려진 프로토콜을 기반으로 통신채널 생성 시 안전한 보안모드를 사용하는가?
저장데이터 보호	제품에 저장되는 중요 정보를 암호화하고 있는가?
	사용자 필요에 의해 삭제된 정보의 복제가 어렵도록 되어있는가?
정보의 흐름 통제	허가되지 않은 네트워크로부터의 트래픽에 대해서 차단 기능이 있는가?

항목	인증기준
세션관리	세션 연결 후 일정시간 동안 미사용 시 세션을 잠그거나 종료시키는가?
	세션의 ID가 예측이 불가능한 값으로 지정되는가?
개인정보 보호	개인정보가 비식별화되어서 처리되는가?

표 6.7 플랫폼 보호 관련 항목

항목	인증기준
소프트웨어 보안	보안 약점이 존재하지 않도록 시큐어코딩(secure coding)이 적용되었는가?
	알려진 보안 취약점 존재 여부를 확인하고 제거하는가?
	소스코드 분석 방지를 위해 난독화를 적용하는가?
	주요 설정값 및 실행코드에 대해서 무결성 검증기능을 지원하는가?
업데이트 보안	업데이트 수행 전에 사용자 인증을 확인하는가?
	업데이트 수행 전에 무결성 검사를 수행하는가?
	업데이트 실패 시 롤백 기능을 지원하는가?
보안 관리	불필요한 서비스를 제거하거나 비활성화하는가?
	원격관리가 신뢰할 수 있는 환경에서 수행되는가?
	제3자 라이브러리 사용 시 최신 보안패치가 적용된 버전을 사용하는가?
	하드웨어 및 소프트웨어의 자체시험 기능을 가지고 있는가?

표 6.8 물리적 보호 관련 항목

항목	인증기준
물리적 인터페이스 보호	외부 인터페이스는 비활성화하되 필요한 경우에 접근통제 기능을 지원하는가?
	비인가자의 내부 포트 접근을 방지하는가?
무단조작 방어	비인가자의 무단조작을 탐지하여 대응하는 기능을 지원하는가?

6장을 마치며

6장에서 우리는 IoT 생태계 전반에 걸친 보안의 취약점과 대응책에 대해서 알아보았다. 이 분야는 IoT 기술 가운데서도 가장 복잡하고 어려운 문제임에도 불구하고 기술은 아직 걸음마 단계에 있고 관련 문헌도 많지 않다. 그럼에도 불구하고 이 문제가 워낙 중요한만큼 필자는 여러 가지 자료를 찾아서 나름대로 최신 기술을 소개하려고 노력했다.

한편 이 분야에 대해서는 아직 개념 정립의 수준에 머물고 있으며 해결책은 구체화된 것이 거의 없다. 따라서 이 점은 IoT의 생태계를 공부하는 여러분에게 위기이기도 하고 또 기회이기도 하다. 아무쪼록 이번을 기회로 여러분이 IoT 보안 문제에 더욱 많은 관심을 가지기를 기대한다.

6장 리뷰 문제

(1) 우리 주변에서 IoT 보안 침해 사례를 조사해보자.

(2) IoT 보안의 취약성 및 공격 유형에는 어떤 것이 있는지 알아보자.

(3) IoT 계층별로 보안 취약 유형에는 어떤 것이 있는지 조사해보자.

(4) IoT 시스템의 보안 기술에는 어떤 것이 있는가?(힌트: 네 가지)

(5) IoT 디바이스의 보안 기술에 대해서 알아보자.

(6) IoT 네트워크의 보안 기술에 대해서 알아보자.

(7) IoT 플랫폼의 보안 기술에 대해서 알아보자.

(8) IoT 서비스의 보안 기술에 대해서 알아보자.

(9) IoT에서 프라이버시의 보안 기술에 대해서 알아보자.

(10) IoT에 대한 보안등급과 점검항목을 요약해보자.

6장 참고문헌

강양기 외 12인, "IoT 지식능력검정", 제2판, 진한 M&B, 2016년 3월.

라스 라이더슨, "각각의 IoT 애플리케이션마다 적합한 보안 전략 필요", 전자과학 no.720, 2019년 5월.

모로하시 겜부 외 1인, "IoT의 시큐리티 강화를 위한 기술 개발", 日本 電子情報通信學會誌 vol.102, no.5, 2019년.

박상용, "앗! 누가 내 집을 원격 조종…, IoT 기기 해킹 무방비", 한국경제신문, 2016년 5월 19일.

사사키 타카유키, 고바야시 토시키, "IoT 기기에 장착 가능한 시큐리티 기술", 日本 電子情報通信學會誌 vol.102, no.5, 2019년.

서화정 외 3인, "IoT 보안 기술 동향", 한국전자파학회지, 제24권 제4호, 2013년 7월.

시마 시게요시, "네트워크 시큐리티의 전체상", 日本 電子情報通信學會誌, vol.100, no.3, 2017년.

신동흔, 김경필, "사물인터넷 시대… 세계 해커들 놀이터 된 한국", 조선경제, 2017년 10월 13일.

안징락, "공유기, CCTV 해킹… 우리 집을 中 해커가 엿본다", 한국경제신문, 2017년 7월 20일.

오이 레나, "Security for the IoT era", NTT Technical Review, vol.15, no.10, 2017년 10월.

요시오카 가쯔나리, "미래의 네트워크 시큐리티", 日本 電子情報通信學會誌, vol.100, no.3, 2017년.

정영일1, "IoT 제품 개발 단계부터 'SW 보안 패키지' 적용해야", 전자신문, 2019년 11월 12일.

정영일2, "HW, SW, 클라우드 모두 아우르는 IoT 보안체계 필요", 전자신문, 2019년 11월 27일.

지승구, "IoT 보안인증 점검 기준 및 국내인증 동향", TTA Journal vol.186, 2019년 11-12월.

추가영, "프린터부터 세그웨이까지… IoT 해킹 비상", 한국경제신문, 2017년 2월 10일.

W. Stallings, "Foundations on modern networking", Addison Wesley, 2016.

FFRI, "Security Trend: 최근 연구로 알게 된 자동차 IoT의 취약성: 운전지원 및 자동운전이 표적", NIKKEI COMMUNICATIONS, 2016년 4월(http://www.ffri.jp/research/monthly_research.htm 참조).

CHAPTER 7 IoT 빅데이터

2017년 10월 12일 '디지털 기술혁명과 에너지산업의 전환'을 주제로 열린 '제23회 산업경쟁력포럼'에서 발표된 자료에 의하면 재생에너지와 IoT, 그리고 빅데이터를 결합하면 기존에 존재하지 않는 파괴적 혁신의 새로운 에너지 비즈니스 모델이 창출될 수 있다고 한다[고재연1]. LG전자는 빅데이터 분석 시스템 'LG 인텔리틱스'를 개발하여 태양광 모듈, 휴대폰, 냉장고의 생산라인에 빅데이터와 AI를 활용하여 불량품이 발생한 공정을 파악하고 불량의 근본 원인을 확인하며 불량 예측 및 방지 조치까지 제품생산 전 공정에 이르는 공정혁신을 실현하였다[고재연2]. 그 결과 태양광 모듈 생산라인의 불량 예측률이 기존의 22%에서 8%로 낮아졌고 휴대폰의 무선감도 검사 불량률이 2.2%에서 1.2%로 낮아졌다. LG 인텔리틱스는 센서 및 장비에서 수집한 데이터를 바탕으로 머신러닝(machine learning) 알고리즘을 이용하여 셀을 조합하는 방법에 따라 모듈의 출력을 최대화할 수 있는 경우를 분석하여 일정한 경향성을 찾아냄으로써 생산효율을 극대화할 수 있었다. LG전자는 이 시스템을 향후 휴대폰, TV, 냉장고 등 LG전자의 전 생산 공정에 적용할 계획이다.

빅데이터의 응용 예로서 또 다른 하나는 전력과 관련된 분야인데 전국에서 다양한 방법으로 생산되는 전력을 IoT 기술을 이용하여 한 곳 또는 분산된 여러 곳에 모아서(이것을 '분산형 에너지시스템'이라고 부름) 에너지 저장장치(energy storage system, ESS)에 저장하여 관리하는 가상발전소(virtual power plant)를 설립하여 기존의 발전소처럼 운영할 수도 있다. 여기에 소규모 전력 판매의 허용 등 전력거래방식을 개선하면 앞으로 완전히 새로운 전력 비즈니스 모델도 생겨날 것으로 예측하고 있다. 국제에너지기구(international energy association, IEA)는 향후 발전업계가 재생에너지, ESS, 전기차, 마이크로그리드(microgrid) 등을 통해서 빠르게 성장할 것이며 이것을 기반으로 제로에너지(zero energy) 빌딩의 건설을 포함하는 스마트시티로의 진행이 촉진될 것으로 내다봤다.

이처럼 전력산업에서 새로운 비즈니스가 창출되려면 사업을 특정 업체가 주도한다거나 어느 한 업체만의 힘으로 모든 사업을 하는 것이 불가능한 만큼 전력업체, 통신업체, 건설사 등 다양한 사업주체들 간에 긴밀한 협조가 필요한데 일본의 경우는 이미 오래 전부터 관련 업계 간 연합이 잘 이루어지고 있는 반면에 우리나라는 그런 움직임이 없는 것이 안타까운 현실이다.

2017년 5월 27일자 한국경제신문에 의하면 전 세계 시가총액(발행된 주식 가격의 합) 5대 기업 1위에서 5위까지를 순서대로 나열하면 〈애플, 알파벳, 마이크로소프트, 아마존, 페이스북〉이 차지했는데 이들의 공통점은 모두 미국의 '빅5' IT기업이다. 참고로 10년 전인 2007년에는 〈페트로차이나, 엑손모빌, 제너럴일렉트릭, 차이나모바일, 중국공상은행〉이었다. 1,2위는 석유회사이고 3,4위는 IT기업이다. 이처럼 소프트웨어 기업이 지난 100년간 세계 산업의 중추적 역할을 하던 석유, 자동차, 금융기업을 압도해 버린 것이다. 그리고 이들 빅5 기업의 공통점은 모두 AI기술에 기반한 빅데이터를 활용해서 사업을 전개하는 기업이라는 것이다.

어떤 IT 전문가는 AI기반의 빅데이터 분석기술은 금융, 교통, 유통 등 다른 산업과 결합하여 막대한 부가가치를 창출할 것이며 이들 두 가지 기술 모두를 가지고 있는 미국의 '빅5' 소프트웨어 기업들이 미래의 시장을 독식할 가능성이 아주 크다고 분석했다[박건형].

한편 세계의 유수 기업이 IoT에 빅데이터를 적용한 성공담을 이야기하고 있는데 실제 일반 산업현장에서 느끼는 분위기는 다른 것 같다. 2017년 어느 해외 컨설팅업체에서 분석한 바에 의하면 기업의 규모가 큰 경우(5만 대 이상의 제조기기를 연결한 경우)에는 67%가 IoT에 빅데이터를 적용하여 추가수익을 올렸다고 말한 반면에 중소규모의 기업(100대 이하의 제조기기를 연결한 경우)은 28% 밖에 되지 않는다는 결과가 있다. 왜 이런 현상이 일어날까?

IoT에 빅데이터를 적용하여 추가수익을 올리지 못한 가장 큰 이유는 IoT에 빅데이터기술을 도입할 때 그 데이터에서 무엇을 얻어야 하는지 모르기 때문이다. 즉, 자신이 왜 빅데이터를 사용해야 하는지 제대로 정의를 내리지 못했다는 것이다. 심지어 어떤 기업은 빅데이터와 AI만 도입하면 시스템이 알아서 가치 있는 지식을 찾아줄 것으로 착각하고 있다. 사실 기업에서 빅데이터를 도입할 때는 데이터를 정확하게 측정하는 것과 함께 그 데이터를 가공해서 쓸모 있는 정보와 지식을 창출할 능력이 있는 사람이 있어야 한다. 그런데 중소기업에는 그런 인력을 가지고 있을 확률이 낮다. 이것이 문제인 것이다.

한편 전문가조차도 빅데이터를 잘못 사용한 사례가 있었다. 미국의 어느 항공업체는 뉴욕의 존 에프 케네디(JFK) 공항에서 휴대폰을 많이 사용하는 사람을 빅데이터로 분석한 뒤 그것을 광고에 활용하려고 수많은 데이터를 수집하여 분석하였는데 엉뚱하게도 대부분의 사람이 공항에서 근무하는 직원이었다고 한다. 결국 그 항공사는 큰 돈을 들여서 빅데이터를 분석하여 수십만 달러의 광고비를 날릴 뻔하였다[오춘호2].

그럼 IoT와 빅데이터가 어떤 관계에 있기에 세상이 모두 빅데이터에 열광하고 있는 것일까? 그 이유를 노무라의 연구를 들어서 설명하고자 한다.

최근 우리 주변에는 자율주행차(autonomous vehicle), 드론(drone), 로봇 등 다양한 기기들이 다양한 종류의 센서와 제어 및 처리 장치를 포함하는 IoT 기술로 무장하고 있는데 이런 것을 통칭해서 스마트머신(smart machine)이라고 부른다. 그리고 스마트머신은 자신이 수집한 데이터를 AI(artificial intelligence) 기술을 이용하여 분석하고 상황에 맞게 대응하고 있다. 이 경우 이들 기기가 수집하는 데이터의 양이 어마어마한데 그것이 바로 빅데이터가 된다. 사실 공장의 로봇, 드론, 자율주행차 등이 수집하는 데이터는 시간과 공간 그리고 상황을 아우르는 방대한 양의 정보를 가지고 있는데 이것을 인간이 통계적인 툴을 이용해서 수집하거나 분석하는 것 자체가 불가능하다. 이런 경우에는 차라리 컴퓨터가 알아서 처리해주는 것이 더 자연스러운 시대에 우리는 살고 있다. 이처럼 스마트머신의 시대에는 AI가 필요하고 AI의 동작은 빅데이터를 전제로 하고 있다[노무라].

일본의 NTT 등은 2020년에 세계 최초로 IoT 빅데이터 거래소를 설립한다고 한다[김동욱]. 일본이 이처럼 선도적으로 IoT 빅데이터 거래소를 설립하려는 이유는 무엇일까? 그것은 방대한 규모의 IoT 빅데이터를 활용하여 향후에 새로운 제품의 개발이나 서비스를 창출할 수 있다고 믿기 때문이다.

아래의 표는 IoT에서 빅데이터를 활용하였을 때 창출될 수 있는 새로운 서비스의 몇 가지 예를 나타낸 것이다.

표 7.1 IoT에서 빅데이터를 활용한 새로운 서비스

수집정보	활용 사례
웨어러블 기기	개인의 행동특성에 맞는 의료서비스의 개발
택시의 위치와 운전 상황	도로의 혼잡도나 콜 응답에 활용
자동차의 운전 상황	브레이크 작동이나 운전속도 등 운전자의 운전행태에 기반한 보험료의 차등 책정
산업용 로봇의 가동 상황	로봇의 결함을 발견하여 수리 방법을 준비함
자동차의 와이퍼 작동 상태	국지적인 강우량을 추계하여 도로상의 운전자에게 예고함

한편 2017년 6월을 기준으로 미국의 IT 채용시장에서 최고의 관심사는 데이터 전문가이며 이 현상은 경영경제(금융, 보험, 마케팅 등) 분야에서도 마찬가지라고 한다. 게다가 인공지능이 산업현장에 본격적으로 도입되면 데이터 전문가의 수요는 더욱 늘어나고 그들의 가치는 더욱 올라갈 것이라고 한다. 그들의 대졸 초임 연봉이 10만달러를 넘어서 마치 2000년대 초반의 월스트리트 증권 애널리스트의 몸값을 능가한다고 한다.

그런데 이러한 현상은 미국뿐만 아니라 전 세계 거의 모든 국가에서 나타나고 있다.

그 이유는 이미 거의 모든 상품의 생산 및 판매와 서비스의 개발에 있어서 개별 소비자 중심의 트렌드가 대세이기 때문이다. 즉 맞춤형 상품과 서비스의 개발에는 소비자의 수요 및 소비와 관련된 데이터가 반드시 필요하기 때문이다. 그래서 구글과 아마존을 데이터기업(data company)이라고 부르는지도 모른다.

한편 이렇게 산업계가 필요로 하는 것에 반하여 비즈니스 현장에서 데이터 전문가는 그리 많지 않다는 것이 문제인데 그 이유는 아무리 많은 데이터라도 그것을 모으거나 현상을 단순히 설명하는 것만으로는 아무런 의미가 없고 해당 비즈니스에 대한 전문적인 지식을 가진 사람이 다양한 경로를 통해서 모은 독립된 데이터를 서로 관련이 있는 것끼리 결합하고 분석하여 거기서 얻은 통찰력을 바탕으로 수익을 창출하는 비즈니스로 전환하는 능력이 아주 중요하기 때문이다[오춘호1].

지금부터는 빅데이터의 원리와 활용방안에 대해서 알아보자.

7.1 빅데이터의 개요

지금부터는 빅데이터에 대해서 알아본다. 먼저 빅데이터의 개념을 정의하고 빅데이터가 야기하는 문제 및 해결해야 할 과제에 대해서 간략히 소개한다.

7.1.1 빅데이터의 정의

빅데이터(big data, 이하 BD)가 인터넷 산업(Internet business)의 단골 용어(buzzword)가 된 것은 2009년으로, 그리 오래되지 않았다. 그리고 그 후의 BD의 응용 분야는 거의 인터넷 산업과 관련된 것이었다.

2011년 5월 맥킨지 글로벌 연구소(McKinsey global institute)의 보고서 'Big data: The next frontier for innovation, competition, and productivity'가 발표된 이후 BD

는 세간에 급속히 알려지게 된다.

BD의 개념은 여러 기관에 의해서 다양하게 정의되었는데 쉽게 말하면 '데이터가 아주 많다'는 것이다. 맥킨지 글로벌 연구소는 BD를 '기존의 데이터베이스 소프트웨어가 수집/저장/관리/분석할 수 있는 수준을 넘는 규모의 데이터의 집합(dataset)'이라고 정의했다.

한편 가트너(Gartner)는 BD를 '증강된(enhanced) 의사결정, 직관 탐색, 처리 최적화를 위해서 새로운 처리능력을 요하는 대용량, 초고속, 다양한 정보자산'으로 정의함으로써 BD의 가치를 더욱 높게 평가하고 있다.

BD는 네 가지 특성을 가지고 있는데 양(volume), 속도(velocity), 다양성(variety), 그리고 가치(value)이다[Tian]. 여기서 이 특성을 영어 표기로 보면 V가 네 개나 되는데 그래서 이것을 'BD의 4V'라고 부르기도 한다. 필자의 생각으로는 말 만들기 좋아하는 어떤 연구자가 일부러 V자를 동원해서 BD의 특징을 정의한 것으로 보인다.

하여간, 각 항목의 정의를 요약하면 다음과 같다.

표 7.2 빅데이터의 네 가지 특징

특성	정의	비고
양 (volume)	데이터의 크기를 나타내는데 있어서 단순한 물리적 크기뿐만 아니라 데이터가 다루는 개념적 범위도 크다. BD의 특징은 엄청난 양의 데이터(GB, TB, PB, EB, ZB)*이다.	중간 규모의 도시에 설치된 CCTV에서 하루에 생성하는 데이터는 수십 TB에 달한다.
속도 (velocity)	데이터를 생성/처리/분석하는 데 걸리는 시간을 나타낸다. 특히 실시간 데이터의 경우에 속도가 중요한 특징이다. • 1초의 법칙: BD의 처리속도 요구치	BD 데이터 생성의 실시간성, 비즈니스용 스트리밍 데이터의 증가, 의사결정 용도의 증가 등이 이유이다.

특성	정의	비고
다양성 (variety)	데이터의 정형화(구조적 혹은 비구조적) 정도를 나타내는 말로서 BD는 데이터의 유형이 복잡하다. • 데이터의 유형: text, XML, e-mail, blog, instant messaging, audio, video 등	과거: 단순한 구조적 정형화된 데이터가 주류(예: text, DB) 현재: 비구조적, 비정형화된 데이터가 주류(예: social networking, IoT, 모바일 컴퓨팅, online 광고 등)
가치 (value)	단위 데이터당 가치는 적으나 전체의 데이터가 가지는 가치는 크다(low value density, 이하 LVD).	BD가 가지는 상업적 가치가 무한하다. • BD가 금이나 석유에 비유됨

* 필자 주: 데이터의 단위는 천 배씩 증가함(GB: gigabyte = 10^9 byte, TB: terabyte = 10^{12} byte, PB: petabyte = 10^{15} byte, EB: exabyte= 10^{18} byte, ZB: zetabyte = 10^{21} byte).

한편 빅데이터의 급증은 BD가 가지는 다양한 특징으로 인하여 IT 산업에 많은 과제를 안겨주고 있는데 특히 BD가 위치하는 클라우드에 많은 부담을 지운다. 전문가들은 이 현상을 클라우드와 빅데이터의 변증법적 관계라고 부르는데 그 이유는 클라우드의 가장 핵심이 되는 비즈니스 모델이 컴퓨팅, 스토리지, 네트워킹 등의 자원(서비스 포함)을 대규모의 대중에게 제공하는 대규모 분산컴퓨팅 시스템이며 고객의 입장에서는 클라우드의 발전은 시대의 흐름이며 장밋빛 꿈인 반면에 BD의 증가는 피할 수 없는 현상이며 풀어야 할 숙제로써 장미의 가시와 같은 존재이기 때문이다.

따라서 우리는 빅데이터가 안고 있는 문제와 해결해야 할 현안이 무엇인지를 잘 알 필요가 있는데 그 전에 먼저 빅데이터의 종류부터 알아보자.

7.1.2 빅데이터의 종류

빅데이터에는 크게 세 가지 종류가 있는데 정형(structured), 반정형(semi-structured), 그리고 비정형(unstructured)이다. 표 7.3은 이들의 정의를 요약한 것이다[김정숙].

표 7.3 빅데이터의 종류

분류	정의
정형	고정된 필드에 저장된 데이터(예: R-DB, spreadsheet 등)
반정형	고정된 필드에 저장되어 있지는 않으나 메타데이터(meta data)나 스키마(schema) 등을 포함하는 데이터(예: XML, HTML, TEXT 등)
비정형	고정된 필드에 저장되어 있지 않은 데이터(예: 이미지, 오디오, 비디오 등)

위의 표에서도 알 수 있듯이 종전의 컴퓨터네트워크에서는 주로 정형 데이터가 주류를 이루었으나 최근의 IoT 생태계에서는 오히려 반정형 및 비정형 데이터가 주류를 형성한다.

7.1.3 빅데이터의 문제와 현안

빅데이터가 널리 사용되려면 기존에 없었던 새로운 문제가 무엇인지 살펴볼 필요가 있는데 지금부터 이 문제에 대해서 간략히 설명한다. 아래의 표는 BD가 가지고 있는 여섯 가지 문제와 그 해결책을 요약한 것이다[Tian].

표 7.4 빅데이터의 문제점과 해결책

항목	문제점	해결책
속도	기존의 RDBMS는 BD의 관리를 위한 중앙집중식 방법을 사용하지만 BD에서는 증가하는 데이터의 양과 데이터의 다양성으로 인해서 응답속도의 저하 등 병목현상이 발생함. 예: IoT에 의해서 발생되는 수십억 개의 BD를 실시간으로 수집/저장/쿼리/분석해야 함	DB 시스템의 분산 구축, 서버 및 스토리지 용량 증설 등 처리속도를 개선하는 기술을 도입하여야 함

항목	문제점	해결책
구조	기존의 RDBMS는 고정된 패턴의 구조적 데이터 처리용으로 개발되었으나 IoT/모바일 컴퓨팅 데이터는 비구조적/동적 데이터가 대부분임. 예: 지능형 교통(intelligent transportation)에서는 text, log, 그림, 비디오, 벡터맵(vector map) 등 다양한 데이터를 생성함	분산 파일 시스템, 분산 NoSQL 데이터 구조 등의 도입이 필요함
용량과 유연성	기존의 중앙집중식 DB의 문제로 인하여 데이터의 처리속도에 문제가 발생함	분산/동적 구조의 DB 도입으로 병렬 데이터 처리를 해야 함. 예: Hadoop 파일 시스템, HBase DB 등
Value mining	LVD의 문제 → BD로부터 비즈니스 가치를 캐낼 수 있어야 함	심층데이터마이닝(deep data mining) 및 분석 기술이 필요함. 다만, BD의 경우에는 데이터의 양이 방대하고 종류도 다양해서 DB관리 알고리즘이 복잡해짐
보안	기존의 DB는 이미 데이터의 수집/저장/백업 등에 관한 기술이 정립되어 있으나 BD에 대해서는 해킹, 인증, 데이터의 손실 등 다양한 새로운 문제가 발생할 가능성이 있음	BD에 대한 새로운 보안 기술이 필요함
상호 운용	서로 다른 기관 혹은 응용서비스에서 생성된 데이터의 수집/표현/저장/처리에 대한 상호 운용성 및 공유 문제가 존재함	표준화된 데이터 관리 및 인터페이스를 개발하여야 함

위에서 제기한 바와 같이 BD는 IT산업에 있어서 기회이기도 하지만 또한 위기이기도 하다. 그래서 지금부터는 BD의 여러 가지 문제를 해결해 줄 수 있는 기술에 대해서 알아보기로 한다.

7.2 빅데이터의 핵심기술

BD의 핵심기술로서는 크게 5 가지가 있는데 인프라 지원(infra support), 데이터 습득(data acquisition), 데이터 저장(data storage), 데이터 처리(data computing), 그리고 데이터의 표현 및 대응(data display and interaction)이다. 아래에서는 각 기술의 특징에 대해서 간략한다[Tian].

7.2.1 인프라 지원

인프라 지원이란 인프라 레벨의 데이터센터 관리, 클라우드의 플랫폼 동작, 스토리지 장비의 지원, 그리고 장비들 간의 네트워킹, 자원의 모니터링 등의 일을 수행하는 것을 말한다. 그리고 빅데이터의 처리를 위해서는 대규모의 컴퓨팅 자원과 클라우드 컴퓨팅 플랫폼(cloud computing platform, 이하 CCP)을 가지고 있는 클라우드 데이터센터(cloud data center,이하 CDC)의 지원이 필수적이다.

클라우드 컴퓨팅 플랫폼은 대규모의 데이터센터나 기업고객에게 유연하고 효율적인 시스템 구축환경을 제공한다. CCP는 고객에게 가상화 기술을 이용한 하드웨어와 OS를 제공하고 앱의 개발, 동작, 유지뿐만 아니라 앱 자체도 제공한다. 그로 인하여 고객은 빅데이터의 처리와 관련된 비용을 절감할 수 있다.

7.2.2 데이터 습득

IoT 등 최근의 정보통신기술을 이용한 비즈니스에서 충분한 양의 데이터(big data)는 기업의 서비스 및 상품 개발을 수립하는 전략의 가장 중요한 자산이다. 데이터는 네트워크 상의 정보뿐만 아니라 IoT의 센서로부터 습득하는데 지능형 교통의 경우를 예로 들면 버스에 설치된 GPS로부터의 위치정보나 차량이나 거리에 설치된 CCTV로부터 생성되는 비디오 정보 등이 있다.

데이터의 습득은 정보의 수집 및 처리와 관련된 기술을 말한다. 데이터의 습득은 데이터 버스를 통해서 이루어지며 습득한 데이터는 불필요한 정보의 세탁(cleaning), 중요한 정보의 선별(filtering), 오류 검사(checking), 적절한 포맷으로의 전환(conversion) 등의 전처리(preprocessing) 과정을 통해서 가공된 후 분류화, 요약 등의 가공을 거쳐서 스토리지에 저장된다.

전처리는 특징 추출(extraction), 정보의 변환(transformation), 기록(loading)의 세 가지 절차를 거치는데 이들의 머리글자를 따서 ETL이라고 부르기도 한다. 그리고 이러한 작업을 하는 것을 ETL 툴이라고 하는데, 그 역할은 분산된 이질적인 데이터 소스에서 수집한 빅데이터로부터 데이터의 유형이나 구조를 추출하여 스토리지에 저장하는 역할을 한다. 여기서 스토리지는 데이터창고(data warehouse) 또는 데이터시장(data mart)이라고 부른다.

그런데 가령 CCTV에서 생성되는 비디오나 전력용 스마트미터 등이 생산해 내는 빅데이터용 ETL은 기존의 데이터를 처리하는 ETL과는 다르게 생성되는 데이터의 양도 많고 또 생산속도도 고속이어서 고속으로 실시간 전처리를 요구한다는 것이 기존과는 다르다. 따라서 이 경우에는 분산 메모리 데이터베이스나 실시간 스트리밍 처리시스템의 도입이 필요하다.

7.2.3 데이터 저장

데이터의 저장은 저장(storage)과 보관(archive)으로 구성된다. 이를 위해서는 데이터의 백업, 보안관리, 입출력, 프로토콜 등의 기능을 가지는 분산파일 저장시스템 및 분산데이터베이스 관리기술이 필요하다. 일반적으로 빅데이터는 클라우드의 스토리지에 저장되는데 그 이유는 클라우드의 스토리지가 대규모, 고신뢰성, 고가용성, 저비용, 자동고장복구 등의 고기능을 가지고 있기 때문이다.

클라우드의 스토리지는 기능상 분산파일시스템과 분산데이터베이스로 분류되며 전자의 예로는 구글의 Google file server가 있고 후자의 예로는 BigTable이 있다.

7.2.4 데이터 컴퓨팅

데이터 컴퓨팅은 데이터 쿼리, 통계화, 분석 및 예측, 데이터마이닝, 그래프 분석 등 비즈니스를 스마트화하는 작업이다. 데이터 컴퓨팅(data computing)은 세 가지로 분류할 수 있는데 오프라인에서의 대량 컴퓨팅(offline batch computing), 실시간 양방향 컴퓨팅(real-time interactive computing), 그리고 스트림 컴퓨팅(stream computing)이다.

먼저 오프라인에서의 대량 컴퓨팅은 대규모(페타바이트 레벨)의 데이터에 대한 컴퓨팅(필자 주: 이것을 공학에서는 계산이라고 번역하기는 좀 그래서 보통 처리라고 해석함)을 위해서 소스가 공개된(open-source) Hadoop 분산 스토리지 시스템을 이용한다. Hadoop은 데이터의 분할 및 자동복구 기법을 사용하고 또 MapReduce의 분산처리모델을 사용하여 데이터를 분석하고 처리한다.

두 번째로 실시간 양방향 컴퓨팅은 밀리초 단위의 실시간 컴퓨팅 결과를 요구하는 앱을 위한 기술이다. 여기서 실시간이라는 용어는 기존에 널리 사용되던 하드웨어 레벨의 실시간 데이터 처리를 지칭하는 것이 아니라 비즈니스 또는 서비스 레벨의 실시간 데이터 분석기술을 지칭한다. 특히 IoT의 등장과 함께 이와 같은 앱이 증가하였는데 이 경우에는 두 가지 시나리오가 있다. 하나는 데이터의 양이 방대하고 데이터를 완전히 수신하기 전에 계산의 결과가 나오지는 않지만 응답은 거의 실시간으로 해야 하는 경우(즉, 데이터의 수신이 끝남과 거의 동시에 계산 결과를 내놓아야 하는 경우)이고 다른 하나는 데이터가 실시간으로 연속적으로 생성되고 고객도 실시간으로 데이터의 처리결과에 대해서 응답을 요구하는 경우이다. 전자의 경우에는 컴퓨팅회사는 일단 수신한 데이터의 일부를 처리할 수 있는 단위까지 처리해 나가면서 계속 데이터를 수신하고 그 결과 수정되는 결과를 반영해가다가 데이터의 수신이 완전히 종료되면 최종 결과를 고객에게 알려주는 기법을 사용한다. 한편 후자의 경우에는 과업(task)단위로 실시간으로 데이터를 수집하고 실시간으로 데이터를 처리한 후 실시간으로 응답하는 방식을 취한다. 이와 같은 이유로 인하여 이 두 가지 경우 모두 이름에 real-time과 interactive라는 용어가 들어간다. 실시간 데이터 처리와 관련하여 최근에 많은 사람들로부터 주목받는 기술로서 CEP(complex event processing)이 있는데 이것은 실시간으로 발생하는 복수의 이벤트로부터 특이한 패턴을 추출하여 그에 따라서 필요한 대응(알람의 생성 등)을 하는 기술이다.

마지막으로 스트림 컴퓨팅은 대규모의 실시간 데이터가 연속적으로 생성되는 스트리밍 서비스의 처리에 관한 컴퓨팅 기술이다. 이와 같은 예는 최근 컴퓨터와 인터넷의 발달로 인하여 실시간 거래, 실시간 광고, 실시간 감시, SNS의 실시간 분석 등 우리 주변에서 많은 예를 볼 수 있게 되었다. 이 경우에 실시간의 단위는 수 밀리 초에서 수 초 이내의 응답시간을 말한다.

7.2.5 데이터의 표현 및 대응

데이터의 표현 및 대응은 데이터의 표시 및 상호 관계를 정립하고 그 의미를 해석하여 제품의 생산, 동작, 계획 수립 등 의사결정에 반영하는 업무를 총칭한다. 이를 위해서는 기존의 데이터 표현 기술 이외에 가시화(visualization) 기술과 증강현실(augmented reality, AR) 등의 기술을 도입하여야 한다.

데이터의 표현을 위한 기술로서는 과거에는 표와 같은 형태로 표시되는 엑셀 스프레드시트(excel spreadsheet)나 2차원(x, y축)의 단순한 그래프를 이용하는 것이 일반적이었다. 그러나 IoT 환경에서는 고객의 앱이 다양한 형태의 멀티미디어 정보를 생산해 내므로 과거의 문자나 그래픽 수준의 표현으로는 한계가 있다. IoT 시대에는 이보다 훨씬 복잡하고 스마트한 데이터 표현 수단이 등장할 것으로 예상되는데 몇 가지 예를 들면 다음과 같은 것이 있다.

먼저 컴퓨팅 사업자가 상호 대화가 가능한 차트 등을 웹 페이지에 게시하고 고객이 필요에 따라서 차트를 조작하거나 첨삭하는 interactive chart가 있다.

한편 구글의 interactive map App인 Google Maps를 이용하여 특정 지역을 표시하거나 루트를 생성하기도 하고 파노라마 공중맵 등도 생성할 수 있다. 그리고 개방형(open) API 인터페이스를 이용하여 개인의 맵이나 위치 기반 서비스와 연동하여 새로운 표현도 가능하다. 예를 들면, 특정 상품에 대해서 지도상에서 지역별 판매액, 연령별 선호도 등 다양한 정보를 표시할 수도 있고 부동산의 가격 상승률, 정당별 지지자 투표경향 등을 나타낼 수도 있다.

최근에는 3D 디지털 렌더링(digital rendering) 기술과 증강현실 기술이 발달하면서 2차원이 아닌 3차원의 현장 또는 실감나는 동작이나 모습 등을 표현하기도 한다.

위와 같은 빅데이터의 핵심기술을 종합하면 빅데이터의 습득에서 표현까지의 일련의 작업흐름을 형성할 수 있는데 아래의 그림은 그것을 나타낸 것이다[Mora].

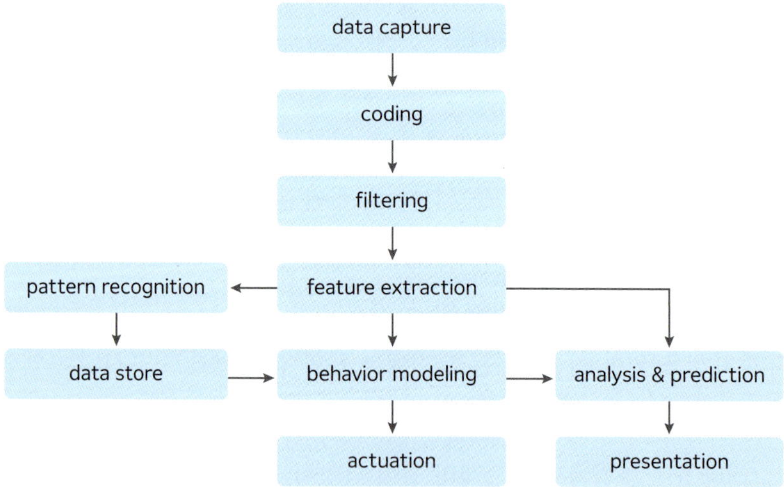

그림 7.1 빅데이터의 처리과정

위의 그림을 참고하여 빅데이터의 처리과정을 요약하면 다음과 같다.

- 빅데이터의 처리는 데이터를 획득(capture)하는 것부터 시작된다. 대부분의 경우 데이터는 센서로부터 습득한다.
- 센서로부터 습득한 데이터는 일반적으로 아날로그 값을 가지는 원시데이터(raw data)이므로 이것을 컴퓨터가 인식할 수 있는 디지털 데이터로 변환(coding)하여야 한다.
- 코딩된 디지털 데이터 가운데는 필요한 정보도 있고 또 당장 필요 없는 데이터도 있을 것이다. 이 경우에 필요한 데이터(적시성, 특이성, 이벤트 등을 기준으로 필요성을 결정함)만을 골라내는 선별작업(filtering)이 이 단계에서 이루어진다.
- 필요한 정보로부터 특징을 추출(feature extraction)한다. 이때 추출된 정보가 빅데이터에서 가장 중요한 가치를 지니므로 이 단계 이후에는 좀 더 정교한 작업이 이루어지는데 세 가지 작업으로 나뉘어진다.
- 먼저 추출된 특징이 너무나 명확할 경우에는 바로 그 정보로부터 그 사건의 특징을 모형화(behavior modeling)할 수가 있다. 어떤 경우에는 추출된 특징을 바탕으로 보다 더 정확한 패턴을 알아낼(pattern recognition) 수도 있다. 또한 추출된 특징을 바탕으로 그 상황을 바로 분석(analysis)하고 추후 일어날 일을 예측(prediction)한다.
- 마지막으로 알아낸 패턴을 스토리지(storage)에 저장한 후 다시 특징의 모형화에 이용할 수도 있고 모형화된 특징을 바탕으로 상황에 맞게 대응(actuation)한다. 그리고 분석하고 예측한 결과를 시각화(visualization)하거나 텍스트/그래프/표 등으로 표현(presentation)한다.

7.3 빅데이터의 분석기술

빅데이터를 분석하는 방법에는 크게 네 가지가 있는데 텍스트 분석, 평판 분석, 소셜 네트워크 분석, 그리고 클러스터 분석이다[강만모]. 아래에서 각 기술을 요약한다.

7.3.1 텍스트 분석(text mining)

텍스트 분석은 방대한 양의 비정형 및 반정형 텍스트 데이터로부터 의미 있는 정보를 추출하고 다른 정보와의 연계성을 찾아내는 등의 작업을 하는 것인데 이를 위해서는 주로 자연어 처리기술을 사용한다. 이 기술은 주로 문서의 분류 및 요약, 문서의 그룹화, 정보의 추출 등에 활용된다.

7.3.2 평판 분석(opinion mining)

평판 분석은 웹 사이트나 소셜미디어 등의 정보로부터 대중의 여론과 의견을 분석하는 – 대중의 반응(선호도)을 판별하는 – 기술이다. 즉, 특정 서비스나 상품 등에 대해서 소비자의 반응(입소문 등)을 긍정 혹은 부정 등으로 분석한다든지 시장 규모 등을 예측하는 기술이다.

평판 분석은 보통 3단계로 이루어지는데 가장 먼저 주어진 텍스트가 주관적인지 아닌지를 결정한다. 이것을 주관성 분석이라고 하는데 이로부터 텍스트에 나타난 저자의 태도를 판단할 수 있다. 다음은 극성 분석인데 텍스트가 주관적일 경우에 그것이 긍정인지 아닌지를 분류한다. 마지막으로 주관적인 텍스트에 대해서 긍정적 또는 부정적인 정도를 측정하는 단계인데 이것을 극성의 정도 분석이라고 한다.

7.3.3 소셜네트워크 분석(social network analysis)

소셜네트워크 분석은 그래프이론(graph theory)에 그 뿌리가 있다. 즉 소셜네트워크의 연결 구조나 연결 강도 등을 그래프로 표현하는데 이것을 바탕으로 하여 특정인의 명성이나 영향력을 측정하기도 하고 소셜네트워크 상의 허브 역할을 하는 지점(이것을 influencer라고 부름)을 찾을 수 있다. 흔히 우리가 말하는 '나와 트럼프 미국 대통령 사이에는 두 사람만 거치면 연결된다'라고 하듯이 이 기술은 기존에서도 사회에서의 인맥관리, 관련 상품의 마케팅 등에 널리 사용되고 있다.

7.3.4 클러스터 분석(cluster analysis)

클러스터 분석은 서로 다른 데이터 중에서 비슷한 특징을 가지는 개체를 합쳐나가다 보면 결국은 특성이 비슷한 그룹을 만들어낼 수 있다는 개념이다. 우리 주변을 보면 평소 취미가 비슷한 사람끼리 만나곤 하는데 나중에는 이들이 그룹을 만들어서 동호회를 만들곤 한다. 이것 역시 클러스트화의 한 예이다.

7.4 빅데이터 분석 인프라

대표적인 빅데이터 분석 인프라에는 Hadoop, R, NoSQL 등이 있는데 아래에 이들 세 가지 기술에 대해서 간략한다[김정숙].

표 7.5 빅데이터 분석 인프라 비교

분석 인프라	특징	활용 분야
Hadoop	• 저장장치를 병렬로 연결하여 데이터를 처리하는 소스개방형(open-source) 분산처리기술임 • 구성요소: HDFS, HBase, MapReduce	• 정형 및 비정형 BD 분석에서 가장 선호됨 • Facebook이 이 기술을 사용 중임
R	• open-source 통계 계산 및 시각화 기술로서 Mac, 리눅스, 유닉스, 윈도우 등 대부분의 컴퓨팅 환경을 지원함	• 통계 분석 분야에서 높은 인지도를 확보하여 구글, 페이스북, 아마존 등 BD 분석기업에서 사용 중임
NoSQL	• Not-Only SQL/No SQL(비관계형 데이터베이스) • table schema가 고정되지 않고 테이블 간 join 연산도 지원하지 않으나 수평적 확장이 용이함 • 대표적 솔루션: Cassandra, HBase, MongDB 등	• 네트워크 상에서 데이터를 전송 중에 일부의 데이터가 손실되더라도 정상동작을 보장하는 것에 중점을 두고 있어서 대규모의 유연한 데이터의 처리에 적합함

지금까지 IoT 시대에 빅데이터가 왜 중요하며 빅데이터를 분석하는 방법에 대해서도 알아보았다. 그런데 빅데이터의 분석에 대해 마무리하기 전에 한 가지 짚고 넘어가야 할 것이 있다. 우리는 보통 기존의 산업과 빅데이터를 결합하면 쉽게 새로운 비즈니스 혁신을 이룰 수 있다고 생각하고 너도 나도 빅데이터 기술에 열광하는데 비즈니스에 대한 깊은 지식도 없이 단순히 BD기술만 공부해서는 사실 가치의 창출에 별로 도움이 되지 않는다. 그 이유는 요즘의 비즈니스 환경은 기술의 발전, 마케팅 기술, 지역이나 시간과 관련된 고객의 행태 등 아주 복잡한 생태계이며 그로 인해서 축적하는 데이터가 아주 방대한데(그래서 빅데이터이다!) 단순히 빅데이터 분석 기술만 가지고는 그 방대한 데이터 더미에서 수백 가지의 변수에 대해서 평균, 분산, 상관관계, 교차분석 등 우리가 공부한 통계적 분석을 이용하기란 거의 불가능에 가까울 뿐만 아니라 그렇게 분석을 한다고 하더라도 비즈니스 생태계나 인간에 대한 심도있는 이해 없이는 기존에 없던 새로운 가치(value)나 직관(insight)을 얻어내기는 아주 어렵다. 그리고 실제로 빅데이터로 돈을 버는 기업은 빅데이터 분석 기업이 아니라 빅데이터를 활용하여 비

즈니스 모델을 개발하고 제품이나 서비스를 판매하는 회사이다.

빅데이터 시대에는 비즈니스 환경의 변화(1인 가구의 증가, 고령화 사회 등), 고객의 행위(고객의 밀집과 분산, on-line과 off-line 구매 행위 특성, 지리적, 시간적 구매 특성 등) 등 다양한 맥락(context)을 이해해서 그것을 빅데이터의 분석에 적용해야 한다. 이와 같은 비즈니스의 예를 들면, 포털 또는 온라인 상거래 회사가 헬스 관련 앱 운영회사 및 식품회사 등과 연계하여 고령자나 1인 가구주가 혼자서도 먹기 쉬운 식단, 다이어트나 건강 식단 등을 개발하여 그 정보를 고객에게 제공하는 사업을 하는 것이다. 이처럼 빅데이터 시대에서는 인간을 중심에 두고 '의식주휴미락(衣食住休味樂)'의 전반적인 맥락에서 창의적인 가설을 도출하고 그로부터 데이터를 분석하여야 한다[조성원].

향후 비즈니스에 빅데이터를 활용할 때 유의해야 할 점으로 다음과 같은 다섯 가지 사항이 제시되고 있다[조성원].

- 데이터를 단순히 요약해주는 것을 데이터를 분석한 것으로 착각하면 안된다.
- 비즈니스와 관련해서 창의적인 가설을 만들지 못하면 빅데이터는 다만 허구에 불과하다.
- 창의적 가설을 수립하기 위해서는 사고의 한계가 곧 분석의 한계이다. 다시 말하면 분석을 잘 하려면 사고의 범위가 넓고 깊어야 한다.
- 사고의 확장을 위해서는 관련 비즈니스에 대한 배경지식과 인간에 대한 이해를 통한 맥락적 사고가 필요하다. 우리가 엔지니어나 비즈니스맨에게 인문학이 중요하다고 하는 것도 이와 같은 맥락이다.
- 맥락적 사고분석을 위해서는 기업 또는 비즈니스 내외부의 데이터와 on-line/off-line 데이터를 통합 분석할 수 있어야 한다.

김기세 딜로이트컨설팅 USA IoT 전략총괄은 2017년 11월 2일 서울에서 개최된 '글로벌 인재포럼 2017'에서 'IoT 시대의 미래를 탐색하다'라는 주제로 강연하면서 '대학에서 부전공은 전공과 정반대인 것으로 하라'고 권고하고 있다. 즉, 컴퓨터공학을 전공하는 사람은 인문학을 부전공으로 공부하고 인문학을 전공하는 사람은 경영정보서비스(management information service, MIS)를 부전공으로 하라는 것이다. 그래야 직업환경의 변화에 잘 적응할 수 있기 때문이다. 왜냐하면 앞으로 여러분은 엔지니어로 회사에 들어가서 나중에는 전혀 다른 일을 할 가능성이 아주 크기 때문이다. 사실, 지금 유명 대기업의 CEO는 거의 대부분 공과대학 출신이다. 그리고 필자가 유학했던 일본에서는 1990년대에 이미 거의 모든 대학의 총장은 공과대학 교수였다.

한편 기업도 지금까지는 제품을 생산할 때 고객이 언제 얼마나 사려고 하는지 잘 몰랐기 때문에 추측을 바탕으로 제품을 제조해왔다. 그러나 IoT의 발전은 고객의 구매행태, 유행 등 시장의 움직임에 실시간으로 대응할 수 있게 되어서 제품을 적당한 양만 제조할 수 있게 되었고 그에 따라서 작업환경도 크게 변화하였다.[유하늘]

지금까지 우리는 빅데이터에 대해서 알아보았다. 사실 요즘 미디어에서는 거의 매일 어디를 가더라도 누구나 빅데이터라는 말을 쉽게 사용하는데 실제로 빅데이터를 이용해서 돈을 벌었다는 사람은 거의 보지 못했을 것이다. 이 장을 공부한 여러분은 아마도 그 이유를 약간은 알았으리라고 생각된다. 그리고 앞으로 빅데이터라는 기술이 기존의 통계학과는 많이 다른 관점에서 접근해야 함을 알 수 있었을 것이다.

여러분이 어떤 일을 하든, 먼저 여러분이 하고 있는 일에 대해서 심도있게 이해한 이후에 빅데이터를 이용하는 목적, 사용해야 할 기술, 그리고 그로부터 얻을 수 있는 사실이 무엇인지에 대하여 잘 생각해보아야 할 것이다.

7.5 빅데이터와 데이터베이스

위에서 우리는 빅데이터에 대해서 알아보았다. 여러분은 IoT와 빅데이터는 서로 분리해서는 생각할 수 없는 관계라는 것을 알게 되었고, 빅데이터에 대한 관심도 클 것이다. 그런데 이 빅데이터를 담는 그릇에 대해서는 별로 관심을 가져보지 않았을 것이다.

빅데이터는 어디에 담는 걸까? 바로 데이터베이스(database, 이하 DB)이다. DB는 컴퓨터의 두뇌인 운영체제(operating system), 인터넷 브라우저(browser), 통신 프로토콜(protocol) 등과 함께 컴퓨터 시스템을 구성하는 핵심 시스템 소프트웨어(system software)로 불린다.

지금까지 컴퓨터에서 사용하는 DB는 주로 관계형 데이터베이스(relational database)가 주도해왔다. 반면에 IoT 시대에서 기하급수적으로 늘어나는 방대한 양의 빅데이터를 기존의 DB 기술로 처리하는 것은 한계가 있다는 인식이 확산되면서 최근 들어서 전 세계적으로 미래형 DB에 대한 논의가 중요 관심사로 대두되었다.

우리 주변에는 이미 이러한 트렌드를 반영하는 기술이 등장하기 시작했는데 아마존 웹서비스(AWS)의 다이나모(dynamo) DB와 같은 키밸류형(key value type)도 있고 몽고 DB와 같은 문서형(document style)도 있으며 우리나라의 아젠스그래프(AgensGraph) DB처럼 그래프형(graph style)도 있다.

이들 DB 중에서 IoT에 특히 유망한 기술이 아젠스그래프의 그래프형 DB인데 이는 허브와 노드로 구성된 네트워크 모양의 DB로서 서로 다른 데이터 간의 상관관계를 빠른 속도로 시각화하여 데이터 간의 관계를 파악하는 데 도움을 준다. 예를 들면 인터넷에서 사물 간의 상관관계를 그래프로 나타내면 어느 디바이스가 전체 시스템에서 중요한 역할을 하는 허브(hub)이며 어느 디바이스가 하부역할을 하는 리프(leaf: 그래프에서 최말단의 노드)인지 쉽게 알 수 있다. 따라서 앞으로 IoT 비즈니스를 전개할 때 아젠스그래프의 그래프형 DB를 사용하면 응용 분야가 무궁무진할 것이다[장동인].

아젠스그래프(AgensGraph)는 그래프 기반의 데이터베이스 솔루션으로서 다양한 데이터를 그래프로 저장하고 이를 관리, 분석, 시각화한다. '아젠스(Agens)'는 라틴어로 고대 로마황제의 정보보좌관을 뜻한다. Agens 제품군은 데이터 통합 및 데이터 관리, 실시간 그래프 분석 및 시각화를 지원한다. Agens 제품군 중의 하나인 아젠스그래프(AgensGraph)는 관계형 데이터베이스와 그래프 데이터베이스를 통합하여 개발된 멀티모델 데이터베이스로서, 관계형, 문서형 및 그래프형과 같은 다양한 형태의 데이터를 모두 한 시스템에 저장하고 관리할 수 있다는 점이 특징이다. 또한 아젠스그래프는 한 개의 질의문으로 통합 질의를 할 수 있는 멀티모델 데이터베이스 아키텍처로서, 기존 DB 사용자들도 마이그레이션 리스크(migration risk) 없이 사용이 가능하다. 그리고 웹 기반의 그래프 데이터베이스 시각화 도구인 아젠스브라우저(AgensBrowser)를 사용하면 아젠스그래프의 데이터를 시각화하고 이를 통해 기업의 비즈니스 인사이트도 도출할 수 있다.

이상의 논의로부터 여러분이 공부했던 DB 기술이 IoT 시대의 빅데이터에도 유용하게 사용됨을 알 수 있을 것이다.

7장을 마치며

여러분 중에서 구글(Google)을 모르는 사람은 없을 것이다. 그러나 구글의 어원을 아는 사람도 (거의) 없을 것이다. 구글은 1998년에 회사의 이름을 정했는데 'Googol'에서 따왔다. Googol은 수학용어로서 '10의 100제곱'을 의미한다.

10의 100제곱이 얼마나 큰지 알려면 동양에서 항하사가 10의 52제곱이고, 나유타가 10의 60제곱이며 불가사의가 10의 64제곱, 무량대수가 10의 68제곱임을 감안하면 쉽게 알 수 있을 것이다. 사실 10의 100제곱은 우주의 모든 원자의 수보다 더 많은 어마어마하게 큰 숫자이다.

필자가 뜬금없이 구글의 어원을 이야기하려는 것은 의도(?)가 있다. 구글은 세계 최고의 검색엔진으로 잘 알려져 있다. 그래서 우리가 궁금한 것은 구글에서 거의 찾을 수 있다.

그런데 구글은 사실 빅데이터 플랫폼 회사(big data platform company)이다. 검색 기능은 단지 미끼일 뿐인데 그렇게 이야기하면 구글의 창업자가 섭섭해할 것이니까 약간 부드럽게 '부가서비스일 뿐'이라고 말하도록 하겠다.

참고로 2019년 현재 전 세계 주가 총액 상위 5개 기업인 facebook, amazon, apple,

microsoft, google 이들 모두가 빅데이터 플랫폼 회사라는 사실은 이미 앞에서 이야기 한 적이 있다. 이처럼 빅데이터 플랫폼 회사가 바야흐로 21세기 최고의 기업인데 빅데이터 플랫폼 회사는 무엇으로 이렇게 잘나가는지 알 필요가 있다. 빅데이터 플랫폼 회사는 세 가지 무기를 가지고 있다[김정호].

하나는 대규모의 실시간 빅데이터 발생 및 수집 장치이다. 우리가 일상생활에 무심하게 사용하는 스마트폰, 유튜브, 인터넷 검색엔진, 전자상거래, 공유경제, 인공지능 스피커, 자율주행차 등이 바로 빅데이터 발생 및 수집 장치이다.

다른 하나는 빅데이터 저장 장치 및 AI 소프트웨어이다. 이를 다른 말로는 빅데이터 플랫폼(big data platform)이라고도 하는데 일반적으로 데이터센터(data center)라는 곳이 여기에 해당한다. 대부분의 ISP나 컴퓨팅 회사는 데이터센터를 운용하고 있다.

마지막으로는 빅데이터와 AI를 결합한 비즈니스 모델이다. 빅데이터 플랫폼을 이용하여 기존과는 다른 차별적 서비스를 창출하여 수익을 극대화하고 시장을 독점하는 모델을 말한다. 최근 빅데이터 비즈니스 모델을 적용할 만한 유망 산업군은 생산, 물류, 에너지, 자원, 환경, 교통, 금융, 보험, 의료, 제약 등 무궁무진하다.

결론적으로 빅데이터 비즈니스의 성공을 위해서는 빅데이터 수집 기술, 인공지능 기술, 빅데이터 플랫폼 구축 기술, 이 세가지가 마치 다리가 세 개인 교자상처럼 잘 맞춰져야 할 것이다. 우리는 과연 이것을 꽃피울 수 있을 것인가? 그건 여러분의 몫이다.

7장 리뷰 문제

(1) IoT에서 빅데이터가 중요한 역할을 하는 이유에 대해서 조사해보자.

(2) 빅데이터의 네가지 특징을 요약해보자.

(3) 빅데이터의 종류와 특징을 요약해보자.

(4) 빅데이터의 5대 핵심기술에 대해 조사해보자.

(5) 빅데이터 분석기술 네 가지에 대해 조사해보자.

(6) 현존하는 대표적인 빅데이터 분석인프라에 대해서 알아보자.

(7) IoT에서 빅데이터를 활용한 새로운 서비스에는 어떤 것이 있는지 알아보자.

7장 참고문헌

강만모 외 2인, "빅데이터의 분석과 활용", 정보과학회지, 제30권 제6호, 2012년 6월.

고재연1, "재생에너지와 빅데이터 · IoT 융합하면 '파괴적 혁신' 일어날 것", 한국경제신문, 2017년 10월 13일.

고재연2, "태양광 모듈 등 생산라인에 빅데이터 분석 시스템 도입: LG의 제조공정 혁신, '불량될 운명'까지 예측", 한국경제신문, 2018년 10월 23일.

김동욱, "日, 세계 첫 'IoT 빅데이터' 거래소 만든다", 한국경제신문, 2017년 5월 24일.

김정숙, "빅데이터 활용과 관련 기술 고찰", 한국콘텐츠학회, 제10권 제1호, 2010년 10월.

김정호, "김정호의 AI시대 전략: '구골'에서 이름 따온 '구글'… 처음부터 빅데이터를 꿈꿨다", 조선일보, 2019년 7월 22일.

노무라 유지, "Ever-evolving things", NTT Technical Review, vol.15, no.10, 2017년 10월.

박건형, 조재희, "미 IT기업, 세계 1~5위 휩쓸었다", 한국경제신문, 2017년 5월 27일.

오춘호1, "오춘호의 글로벌 프런티어: 빅데이터와 스토리텔링", 한국경제신문, 2017년 6월 23일.

오춘호2, "오춘호의 글로벌 프런티어: 데이터 리터러시", 한국경제신문, 2017년 11월 24일.

유하늘, "IoT가 일자리 · 조직 경계 허물어… 멀티플레이어만 생존할 것", 한국경제신문, 2017년 11월 3일.

장동인, "빅데이터 강국, 열쇠는 '데이터베이스'", 전자신문, 2019년 7월 18일.

조성원, “Let’s master 빅데이터 혁신 2: 모든 빅데이터 분석은 스토리텔링이다”, 한국경제신문, 한경BIZ Insight, 2017년 11월 3일.

H. Mora et al., “Distributed computational model for shared processing on cyber-physical system environments”, Computer Communications 111, pp. 68-83, 2017.

W. Tian and Y. Zhao, “Optimized cloud resource management and scheduling”, ELSEVIER, 2015.

CHAPTER 8

IoT 클라우드

7장에서는 빅데이터에 대해서 공부했다. 그런데 빅데이터를 논할 때 반드시 따라다니는 기술이 있으니 그것은 클라우드이다. 혹자는 '빅데이터와 클라우드는 바늘과 실이다'라고 하기도 한다[배태웅1]. 앞에서 필자는 최근의 비즈니스 트렌드가 제품을 생산하고 판매하는 '명사적 관점'에서 제품과 함께 서비스의 제공을 통한 고객의 가치 창출이라는 '동사적 관점'으로 진화하였다고 소개한 적이 있는데 이것이 가능하게 된 가장 근본적인 이유는 클라우드 컴퓨팅 기술의 발달이다. 8장에서는 클라우드 컴퓨팅에 대해서 알아보기로 한다.

8.1 클라우드의 개요

클라우드 컴퓨팅(cloud computing)은 원래 컴퓨터와 관련된 기술로 탄생하였는데 수증기가 모여서 구름(cloud)이 되듯이 능력이 제한된 컴퓨팅 자원(요즘은 CPU와 메모리의 발달로 컴퓨터의 능력이 탁월하지만 과거에는 그러지 못했다)을 한 곳에 여러 개 모아서 작업량이 많은 계산(computing)을 하는 개념으로 출발했다.

한편 클라우드 컴퓨팅을 줄여서 클라우드(cloud)라고 부르는데 지금부터는 클라우드로 통일한다.

ICT의 영역에서 클라우드는 2006년 처음 등장한 개념이다. 당시 구글(google)의 연구원 크리스토퍼 비시글리아(Christophe Bisciglia)는 최고경영자(CEO)이었던 에릭 슈미트에게 ICT 자원을 필요한 만큼만 돈을 주고 빌려쓰는 비즈니스 개념을 제안하였는데 그것이 클라우드의 시초이다. 클라우드를 굳이 '구름'이라고 번역하기는 좀 그래서 이 책에서도 '클라우드'로 부르겠지만 이 개념을 클라우드라고 명명한 것은 구름처럼 '형체가 없는 온라인 공간에 ICT 인프라가 들어있다'는 것이 그 이유라고 할 수 있다[송형석1].

빅데이터는 대부분 데이터베이스(database)에 저장되며 어떤 대상에 대한 빅데이터의 크기는 보통 수십 테라바이트(1terabyte=10^{12} 바이트)에 달한다. 그런데 기업이나 조직에는 많은 사람이 컴퓨터를 이용하며 그 모든 사람을 하나의 중앙집중식 서버 컴퓨터에 접속시켜 빅데이터를 처리하는 것은 불가능하다. 그래서 대부분의 경우 빅데이터를 충분한 용량을 가진 저장 공간에 담아 두고 어마어마한 연산능력을 가진 고성능 컴퓨터에서 처리하기를 바란다. 여기서 이 일을 하는 것이 클라우드이다.

한편 2000년대 초까지만 해도 기업들은 서버와 데이터 저장장치 등을 구입하는 데 상당한 돈을 지불하여야 하였는데 그것을 클라우드 서비스를 제공하는 업체에 아웃소싱하면 기업으로서는 초기 투자비용뿐만 아니라 ICT 자원 관리비용도 줄일 수 있어서 이 기술은 빠른 속도로 도입되었다.

과거에는 자동차 운전에 필요한 지리정보를 얻기 위해서 개인이 내비게이션 전용 단말과 고정된 시점에서의 지도 데이터를 구해서 사용하였지만 지금은 스마트폰에서 내비게이션 앱만 내려받으면 클라우드에 접속해서 교통정보를 실시간으로 받아볼 수 있다. 그로 인하여 길이 막히는 도로를 피해서 목적지까지 빨리 도착할 수 있다.

스마트폰 이야기가 나왔으니까 덧붙이면 과거에는 스마트폰이 그저 인터넷 검색, 전화 통화, 음악 듣기 등의 기능으로 주로 사용되었다면 요즘은 음성인식, 실시간 자동번역 등의 기능까지 들어가 있는데 이것은 과거에는 고성능의 PC가 하던 일이다. 그리고 스마트폰이 이렇게 똑똑(smart)해지게 된 가장 큰 이유는 클라우드의 덕분이다.

사실 클라우드는 개인보다는 기업에서 더욱 뜨거운(hot) 인기를 얻고 있다. 왜냐하면 다양한 제품을 다양한 부류의 고객에게 팔아야 하는 기업으로서는 고객이나 상품과 관련된 수없이 많은(수천에서 수억 개) 정형 또는 비정형 데이터(이것을 빅데이터, big data라고 함, 이하 BD)를 수집하고 분석하여 이것을 인공지능(artificial intelligence, 이하 AI) 기술을 적용하여 실제로 비즈니스에 적용해야 하는데 이때 클라우드가 필수적인 요소이기 때문이다. 즉 데이터를 기반으로 부가가치를 창출하는 제4차 산업혁명이 진행되면서 BD와 AI 기술을 제공하는 플랫폼이 클라우드 내에 존재하게 된 것이다.

그런데 실제로 기업 현장에는 클라우드 기술이 널리 전파되지 못하고 있는데 가장 큰 이유는 기업의 기술담당 책임자가 클라우드에 대한 지식이 부족한 것이고 그 외에도 그 기업이 가지고 있는 비즈니스 모델과 그 기업에 구축된 IT 인프라와 클라우드의 상호관계를 이해하지 못하기 때문이다. 따라서 앞으로는 각 기업마다 클라우드에 대해서 깊은 지식을 가진 사람이 필요할 시대가 반드시 올 것이다.

먼저 클라우드란 무엇인지 정의하자. 클라우드는 한 마디로 말하면 개별 기업이 각자 서버와 저장장치를 두지 않고 그 장치를 전문적으로 운영하는 외부의 업체(cloud computing company)에 아웃소싱하는 것을 말하며 이때 서비스 제공자가 하드웨어, 소프트웨어, 데이터 등 각종 IT 자원을 결합하여 소비자에게 '필요한 때에 필요한 만큼' 맞춤형 서비스로 제공하는 것을 말한다.

한편 클라우드는 IoT 서비스의 구현 및 전개에 있어서 필요한 요소로서도 많은 관심을 받고 있다. 이처럼 클라우드가 갑자기 핫 이슈가 된 데는 여러 가지 이유가 있다. 많은 사람들이 인터넷에 접속하는 것도 이유가 되고 또 사람들이 한 곳에 머물러 있지 않고 유랑하는(nomadic)것도 이유일 수 있고 무엇보다도 클라우드가 필요한 이유는 바로 앞 장에서 다룬 빅데이터 때문이다. 최근 우리의 일상에 IoT가 확산되면서 센서 등의 네트워크 접속기기들로부터 발생하는 정보의 양이 방대해져서(big data) 그 데이터를 개인이 스스로 저장하거나 처리하는 데에는 한계가 있을 뿐만 아니라 예상하지 못했던 상황이 발생하여 대량의 데이터가 발생하는 것을 대비하여 설비 투자를 과도하게 하려면 비용도 많이 든다. 따라서 기업으로서는 언제 어디서나 빅데이터를 저장하거나 처리해야 할 필요성이 커졌는데 이 문제를 해결하는 데 가장 효과적인 수단이 바로 클라우드이기 때문이다.

이 장에서는 최근에 새로이 등장한 서비스 개념인 클라우드에 대해서 소개하고 이어서 IoT와 클라우드의 관계 및 동작에 대해서 알아보기로 한다. 이를 위해서 먼저 클라우드가 생기기 전에 이미 존재하였던 컴퓨팅 기술을 간단히 소개한다.

8.2 클라우드 이전의 컴퓨팅 기술

클라우드 컴퓨팅이 나오기 이전에 존재한 컴퓨팅 기술로는 병렬 컴퓨팅, 그리드 컴퓨팅, 유틸리티 컴퓨팅, 유비쿼터스 컴퓨팅(모바일 컴퓨팅) 등이 있다. 아래에서는 이들 컴퓨팅 기술이 무엇이며 어디에 주로 사용되었는지를 소개한다.

8.2.1 병렬 컴퓨팅

컴퓨터 기술(특히 컴퓨팅 능력)의 발달과 함께 그동안 인간이 수작업 또는 오랜 시간에 걸쳐서 해결해왔던 복잡한 문제를 컴퓨터를 이용하여 해결하려는 노력으로 등장한 것이 병렬 컴퓨팅(parallel computing)이다. 이것은 간단히 말해서 하나의 복삽한 계산 문제를 여러 개의 작은 계산 업무로 나누어서 병렬로 연결된 컴퓨터로 동시에 계산하는 기술이다. 이 경우 컴퓨팅 자원이 보통 단일 머신(single machine) 혹은 단일 데이터 센터(data center) 상에 존재한다.

예를 들면 초당 100의 계산 능력을 필요로 하는 문제를 해결함에 있어서 그 문제를 10개의 작은 문제로 나눈 후 초당 10의 계산 능력을 가진 컴퓨터 10대를 사용하여 당초의 계산 요구(초당 100의 계산 능력)를 만족시키는 기술이다.

이 기술은 군사, 에너지 탐사, 바이오/의학 문제를 해결하기 위해서 주로 사용되었으며 컴퓨터의 능력이 뛰어나다는 뜻에서 다른 말로는 슈퍼 컴퓨팅(super computing)이라고도 부른다.

8.2.2 그리드 컴퓨팅

그리드 컴퓨팅(grid computing)은 앞서 말한 병렬 컴퓨팅의 일종인데 용어 그대로 지리적 또는 공간적으로 분산되어 위치하고 있는 서버, 스토리지, 네트워크 자원 등을 가상화 기술을 이용하여 하나로 묶어서(grid화하여) 더 큰 성능을 가진 컴퓨터로 만드는 기술이다. 결국 이 기술은 하나의 큰 업무를 수행하기 위해서 다수의 자원을 이용한다는 점에서 병렬 컴퓨팅이 진화한 기술이다.

8.2.3 유틸리티 컴퓨팅

유틸리티 컴퓨팅(utility computing)은 기술적인 이름이라기보다는 서비스의 개념을 가지는 이름인데 컴퓨팅 회사가 가지고 있는 아주 큰 용량의 컴퓨팅 자원을 수많은 고객의 요구에 따라 각기 다르게 제공하고 각각의 고객은 자신이 사용한 만큼 요금을 지불하는 기술이다. 마치 우리가 전기, 수도, 가스, 석유회사에 전기, 수도, 가스, 기름 등의 유틸리티(utility)에 대해서 돈을 주고 사용하는 것과 같은 개념이다.

이렇게 함으로써 고객은 자신이 일일이 컴퓨팅 자원을 가지고 있을 필요 없이 필요한 만큼의 컴퓨팅 자원을 사용할 수 있으므로 투자 및 관리 비용을 절감할 수 있고 컴퓨팅 자원을 제공하는 회사는 수많은 고객을 대상으로 규모의 경제(economy of scale: 다수의 고객을 상대로 서비스를 제공함으로써 자원의 가용성 및 효율성을 향상하고 일정한 규모 이상의 수입을 달성하는 것)를 달성할 수 있다.

8.2.4 유비쿼터스 컴퓨팅

유비쿼터스 컴퓨팅(ubiquitous computing)은 말 그대로 컴퓨팅 자원이 편재(遍在: 곳곳에 퍼져 있는)되어 있는 환경을 말한다. 이 개념은 1999년 IBM이 제창하였는데 널리 퍼져 있는 컴퓨팅 장비가 주변 환경의 변화를 인지(sensing)하고 그에 따라서 동작을 바꾸는 것(actuation)을 말한다. 이때부터 컴퓨팅 자원의 연결에 무선통신 기술이 적용되기 시작했다. 그리고 유비쿼터스 컴퓨팅 기술을 적용한 무선통신 네트워크를 USN(ubiquitous sensor network)이라고 부른다.

유비쿼터스 컴퓨팅은 컴퓨팅 장비가 여러 곳에 보급되어 있다는 의미에서 퍼버시브 컴퓨팅(pervasive computing)이라고도 부른다. 그리고 USN을 무선으로 구축함에 따라서 컴퓨팅 자원의 이동이 자유롭게 되었는데 이것을 모바일 컴퓨팅(mobile computing)이라고 부르기도 한다.

이제 본론으로 돌아가서 클라우드 컴퓨팅에 대해서 자세히 알아보자.

8.3 클라우드 컴퓨팅

앞에서도 이야기하였지만 클라우드(cloud)란 말 그대로 '무엇인가를 모아둔 구름과 같은 것'이다. 하늘의 구름을 보면 속은 잘 보이지 않지만 덩어리를 이루고 있다. 구름의 성분은 거의 대부분이 수분이지만 그 안에는 새가 날고 있을 수도 있고 드론이 숨어 있기도 하고 미세먼지가 가득 차 있을 수도 있으며 때로는 큰 비행기가 지나갈 수도 있다.

인터넷에서 클라우드란 정보의 처리나 교환을 위해서 필요한 다양한 물리적 혹은 논리적 실체가 덩어리를 이루고 있는 것이다. 우리 주변에 있는 클라우드의 가장 흔한 예로 통신 사업자의 인터넷 데이터센터(Internet data center, 보통 IDC라고 부름)가 있다.

클라우드가 인터넷에서 중요한 역할을 하게 된 것은 모든 사람이 언제 어디서나 인터넷에 접속할 수 있게 되면서부터이다. 예전에 인터넷이 보급되기 전에는 사람들이 각자 자신의 컴퓨터에 정보를 보관하고 출장이나 외출 시에는 필요한 정보만 노트북에 담아서 이용하였는데 때로는 출장지에 가서 필요한 정보를 미처 챙겨오지 못하거나 일부의 정보를 깜빡 잊고 두고 오는 등 불편한 점이 많았다. 하지만 요즘은 전 세계 어디서나 인터넷에 접속할 수 있게 됨에 따라서 자신의 정보를 클라우드에 보관해 두고 어디에 가든지 그 정보를 가져다가 쓸 수 있게 됨으로써 굳이 자신의 집이나 사무실에 있는 정보를 가지고 다닐 필요가 없게 되었다. 이와 같은 환경을 클라우드 컴퓨팅 환경이라고 한다.

8.3.1 클라우드의 정의

먼저 클라우드가 무엇인지 정의를 내릴 필요가 있다. 미국국립표준원(NIST)에 의하면 클라우드는 다음과 같이 정의하고 있다.

> 클라우드는 최소한의 관리비용으로 네트워크, 서버, 스토리지, 앱, 서비스 등 구성 가능한(configurable) 컴퓨팅 자원의 공유된 풀(pool)에 편재된(ubiquitous), 편리한, 주문형 액세스(on-demand access)를 가능하게 하는 모델이다.

한편 클라우드의 가장 일반적 정의는 여러 대의 물리적으로 독립된 컴퓨팅 자원을 하나의 가상적인 컴퓨팅 자원(이것을 '클라우드'라고 부름)으로 (물리적 혹은 논리적으로) 통합해 놓고 필요에 따라서 적절한 성능의 가상적 컴퓨팅 자원을 만들어서 고객이 사용하게 하는 기술이다. 예를 들면 우리가 찍은 사진을 우리 집 안의 개인용 PC에 저장해 놓고 수시로 꺼내볼 수도 있지만 우리가 즐겨 사용하는 검색사이트(가령 네이버와 같은 – 그런데 이 경우 우리 집과 네이버의 서버는 일반적으로 멀리 떨어져 있음)의 스토리지에 사진을 저장해 두고 언제 어디서나 인터넷을 통해서 접속하여 사진을 꺼내보는 것이다. 이때 네이버의 서버가 클라우드이다.

위의 정의에서 알 수 있듯이 클라우드의 물리적 실체는 컴퓨팅 자원이다. 컴퓨팅 자원은 컴퓨터일 수도 있고 서버일 수도 있다.

그리고 위에서 최소한의 관리비용이란 고객이 정보통신 및 컴퓨팅 업무와 관련된 소프트웨어 및 하드웨어의 구매, 데이터베이스 시스템의 구축 및 설정, 네트워크 시스템의 유지 관리 등 모든 비용을 지불하지 않거나 최소한으로 지불 가능하다는 것을 말한다. 특히 클라우드를 사용하는 고객의 수가 많으면 많을수록 규모의 경제가 작동되며 전문적인 망 관리 및 보안 관리 등의 비용이 줄어든다는 것이다.

클라우드는 개인이나 기업, 공공기관 등 거의 모든 컴퓨팅 주체가 이용할 수 있고 주된 업무로서는 컴퓨팅 자원의 공유, 데이터의 가공 및 처리(backup 포함), 컴퓨팅 디바이스 간의 동기(synchronization) 등이 있다.

아래의 그림은 ICT 환경에서 클라우드의 개념도이다[송형석2]. 클라우드의 한 쪽 평면에는 앱, 보안, 소트리지 등 여러 가지 기능을 담당하는 서버군(server group)이 있고 다른 한 쪽 평면에는 사용자(user)가 위치해 있다. 클라우드 서비스 제공자는 자신이 가지고 있는 클라우드 자원을 사용자에게 필요한 만큼 제공해주고 그에 따른 요금을 받는다. 클라우드 서비스 제공자는 지속적으로 서비스 기능을 강화하고 사용자는 자신이 필요한 서비스를 때와 장소를 가리지 않고 네트워크를 통해서 언제나 받을 수 있어서 서비스와 사용자가 철저히 분리되어 운용된다.

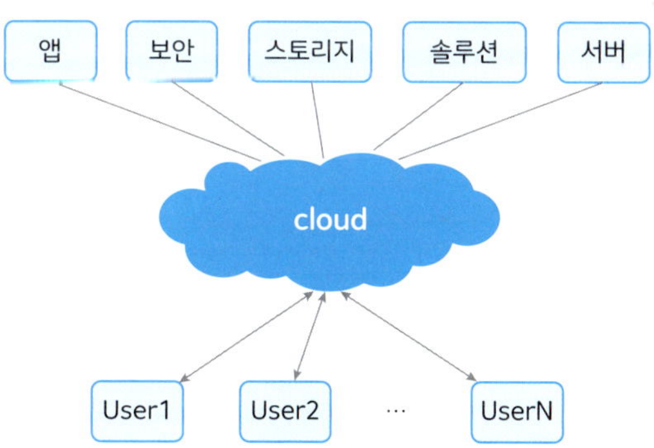

그림 8.1 클라우드의 개념도

8.3.2 클라우드의 서비스 모형

클라우드의 서비스 모형은 크게 세 가지로 구분되는데 software as a service(SaaS), platform as a service(PaaS), 그리고 infrastructure as a service(IaaS)이다. 아래에 각 서비스별 특징을 요약하였다.

1 SaaS

SaaS는 '서비스로서의 소프트웨어'를 의미하며 클라우드 서비스 제공자가 네트워크를 통하여 사용자가 요구하는 응용소프트웨어를 제공하는 것이다. 이를 위해 SaaS 사업자는 클라우드 서버 상에 다양한 응용 소프트웨어를 설치해 놓고 필요한 고객은 웹 브라우저 등의 클라이언트를 통하여 접속하는 서비스이다. 따라서 SaaS는 고객에게 응용소프트웨어(application S/W)의 형태로 클라우드 서비스를 제공한다.

우리가 흔히 사용하는 문서편집 소프트웨어(한컴 오피스나 MS office 등), CAD, 웹 서비스(web service) 같은 것이 그 예이다. 다만 SaaS가 기존의 비클라우드(non-cloud)형 개별 서비스와 다른 점은 고객이 이런 소프트웨어를 직접 사지 않고 클라우드로부터 빌려서 쓴다는 것이다. 결국 SaaS에서는 고객이 S/W를 구매하고 구동, 유지, 업그레이드, 패치할 필요가 없고 모든 서비스는 클라우드 서비스 제공자(cloud service provider, 이하 CSP)가 대신해 준다.

SaaS가 제공하는 서비스 항목으로는 응용프로그램의 제공 이외에도 과금, 고객관리, 문서관리, 교육 관련 업무, ERP(enterprise resource planning), 재무회계, 인력관리, 세일즈관리, 보안, 그리고 심지어 소셜 네트워크 서비스(SNS), 헬스케어 등 다양한 것을 제공한다.

대표적 SaaS 서비스로는 Google의 Gmail, Microsoft의 MS365, Cisco의 WebEx 등이 있다.

2 PaaS

PaaS는 SaaS의 개념을 S/W 개발 플랫폼에까지 확장한 개념이다. 고객은 스스로 소프트웨어를 개발하는 플랫폼을 구축하지 않고 클라우드가 고객이 소프트웨어를 개발할 수 있는 플랫폼 또는 고객의 앱이 수행될 수 있는 플랫폼을 제공하는 것이다. 즉, 고객에게 컴파일 언어, 웹 프로그램, 제작 툴, 데이터베이스 등 S/W 개발 환경(building block), S/W 개발 툴 등 플랫폼을 제공한다. 이는 소위 클라우드의 OS(operating system, 운영체제)라고 할 수 있다.

PaaS는 고객이 필요할 때에 한해서 컴퓨팅 리소스를 사용해서 특정 목적의 앱을 개발할 때 사용하며 주로 빅데이터의 분석, 데이터베이스 기능, 웹 서비스를 제공한다.

PaaS의 예로는 구글의 AppEngine, MS Azure, Apache Strator 등이 있다.

3 IaaS

IaaS는 고객이 클라우드의 인프라에 있는 가상화된 물리적 자원(프로세서나 스토리지, 하드디스크 등의 하드웨어 및 가상머신, 그리고 네트워크 등)에 접속해서 필요에 따라서 OS나 앱을 구현하거나 수행할 수 있도록 컴퓨팅 인프라를 제공해 주는 것이다.

IaaS는 서버, 스토리지, 네트워크, 보안 등의 인프라를 네트워크를 통하여 서비스의 형태로 제공하는 것으로서 파일이나 데이터의 백업 및 복구, 서버자원, CDN, 클라우드 인프라 플랫폼의 관리 등을 제공한다.

IaaS의 주 고객은 대기업 및 공공기관이며 IaaS를 주도하는 업체의 예로서는 아마존과 마이크로소프트, 구글 등인데 Amazon EC2(elastic compute cloud), MS Windows Azure, Google compute engine 등이 있다. 2018년 9월 현재의 시장 점유율은 아마존이 33%, MS가 13%, 그리고 구글이 6% 정도이다[송형석].

아래의 표는 위에서 정의한 각 서비스 유형과 기본적인 IT 기술과의 연관성을 비교한 것이다. 아래의 표에서 c는 고객이 관리하는 항목이고 s는 서비스 제공자가 관리하는 항목을 말한다.

표 8.1 서비스 유형별 관리 주체

기능	IaaS	PaaS	SaaS
app	c	c	s
data	c	c	s
runtime	c	s	s
middleware	c	s	s
OS	c	s	s
virtualization	s	s	s
server	s	s	s
storage	s	s	s
networking	s	s	s

위의 표에서 알 수 있듯이 SaaS는 하드웨어 장비에서 프로그램까지의 모든 IT 기능을 서비스 제공자가 알아서 제공해주는 것이고 IaaS는 반대로 하드웨어와 연관된 자원 이외에는 모든 업무를 고객이 자유로이 제어할 수 있도록 한다.

8.3.3 클라우드의 생태계

클라우드의 생태계는 클라우드 제공자(cloud provider), 클라우드 서비스 제공자(cloud service provider), 고객(user)의 3단계로 되어있다. 클라우드 제공자는 고객에게 하드웨어 장비나 소프트웨어 솔루션 등 클라우드와 관련된 플랫폼을 제공한다. 클라우드 서비스 제공자는 클라우드 제공자에 의해서 제공되는 플랫폼을 이용해서 컴퓨팅 서비스를 고객에게 제공한다. 고객은 기업고객과 개인고객으로 나뉘는데 기업고객은 클라우드 제공자나 클라우드 서비스 제공자로부터 클라우드 플랫폼을 빌려서 소규모의 사설 클라우드 서비스를 개발하는 주체이고 개인고객은 그야말로 클라우드 서비스를 사용하는 주체이다.

클라우드 생태계의 가장 상위에 있는 제공자에 대해 알아보자. 2019년 현재 글로벌 클라우드 시장은 아마존과 마이크로소프트 양사가 거의 대부분을 장악하고 있다. 그리고 우리나라의 클라우드 시장의 80% 이상을 이들 두 회사가 점유하고 있다. 한때 KT와 LGU+ 등 국내의 통신업체가 클라우드 사업을 하겠다고 글로벌 업체들과 경쟁을 벌이기도 했지만 이들이 국내는 물론이고 글로벌하게 사업을 벌이겠다는 것은 역부족이었다. 결국 KT와 LGU+는 클라우드 시장에서 밀려나고 지금은 오히려 이들 글로벌 업체에 자사의 데이터센터를 임대하는 협력사로 전락했다.

한편 국내에서 유일하게 글로벌하게 경쟁력이 있는 클라우드 사업을 할 능력을 갖춘 곳은 네이버이다. 네이버는 자회사 네이버 비즈니스 플랫폼(Naver business platform)을 중심으로 국내에서 주로 공공기관과 기업을 대상으로 클라우드 서비스를 제공하고 있는데 한국은행, 코레일, 중앙선거관리위원회 등 공공기관과 KB금융, 신한금융, 미래에셋 등의 금융기관, 삼성전자, 대한항공 등 대기업, 그리고 데이터를 많이 사용하는 넥슨, 넷마블 등의 게임업체, 그리고 쿠팡 등의 물류업체가 고객이다[이기문].

8.3.4 클라우드의 구현 모형

클라우드는 다양한 주체에 의해서 구현되고 관리될 수 있는데 이것을 구현모형(deploy model)이라고 한다. 구현모형을 크게 나누면 공중 클라우드(public cloud)와 사설 클라우드(private cloud)로 나뉠 수 있고 경우에 따라서는 이들 둘의 조합이 될 수도 있는데 각 모형의 특징을 소개하기로 한다. 일부 책자에서는 public cloud와 private cloud를 영어 발음 그대로 쓰거나 전자를 개방형 클라우드, 후자를 폐쇄형 클라우드라고도 부르는데 이 책에서는 필자의 방식대로 부르기로 한다.

1 공중 클라우드

공중 클라우드(public cloud)는 클라우드 서비스 제공자(CSP)가 클라우드를 소유하고 관리하면서 일반고객(the public)을 상대로 클라우드 자원을 빌려주는 것을 의미한다. 이것은 우리가 과거에 공중전화망을 PSTN(public switched telephone network)이라고 부른 것과 같은 논리이다. 따라서 클라우드의 인프라와 데이터, 그리고 클라우드의 동작을 제어하기 위한 모든 장비는 CSP가 소유한다. 일반적으로 CSP는 컴퓨팅 회사(computing company)가 운영하는 것이지만 일반 기업이 될 수도 있고 학교가 될 수도 있으며 정부가 될 수도 있다. 그러나 컴퓨팅 회사를 정부가 소유한다면(예: 국영기업) 논외이겠지만 정부나 공공기관이 클라우드를 제공하는 것은 사실상 불가능하고 대개는 기업이 소유하고 있다. Amazon, Google, Facebook, IBM 등이 좋은 예이다. 이처럼 클라우드 서비스를 전문으로 제공하는 사업자의 클라우드를 '민간 클라우드'라고도 부르는데 그러면 개인이 소유하고 있는 '사설 클라우드(private cloud)'와 혼동스러우므로 필자는 이것을 더욱 정확하게 '상용 클라우드(commercial cloud)'라고 부르는 것이 더 적절하다고 생각한다. 다만, 대부분의 책에서 공중 클라우드라고 부르니 그대로 따르기로 한다.

공중 클라우드의 주된 고객은 자체적으로 빅데이터를 관리하기 어려운 공공기관 및 중소기업 등이다. 다만 최근에는 워낙 클라우드 컴퓨팅 업체의 능력이 향상되어 대기업도 공중 클라우드를 사용하는 예가 늘고 있다.

공중 클라우드의 전형적 예가 아마존(Amazon)의 '아마존 웹서비스(Amazon web service, 이하 AWS)'이다. AWS는 2019년 6월 현재 전 세계 5,000여 개의 정부기관과 1만여 개의 교육기관, 그리고 2만 8,000개의 비영리단체가 고객이 될 정도로 말 그대로 상용 클라우드의 최강자이다[송형석3]. 이처럼 정부나 공공기관이 AWS의 고객이 된 이유는 다음과 같다.

정부나 공공기관이 제도의 혁신을 이루기 위해서는 그들이 가지고 있는 방대한 양의 공공 데이터를 활용해야 하는데 이를 위해서는 빅데이터, 인공지능 등의 첨단기술이 필요하고 이들 데이터는 클라우드에 저장하고 가공되어야 한다.

그러나 공공기관의 IT 인프라가 대부분 노후화된데다 공공기관이 직접 클라우드 시스템을 구축하기에는 비용도 많이 들고, 그들이 직접 데이터를 수집하고 AI 등 전문적 기술을 활용하여 빅데이터를 분석할 능력도 없다는 복합적 요인이 작용하고 있다. 결국 정부나 공공기관이 민간업체의 클라우드 서비스를 이용할 수밖에 없는 구조이다. 이것을 간파한 아마존은 처음부터 클라우드 시장에서 공공부문에 공을 들인 것이다.

공중 클라우드의 특징으로서는 시스템의 구축 및 운용 비용이 저렴하고 그 대신 서비스 품질이 낮거나 서비스 품질의 보상에 대한 책임과 의무가 거의 없으며 시스템 관리에 대한 부담이 없는 것이 큰 특징이다. 따라서 대부분의 스타트업(신생벤처기업)이 공중 클라우드를 이용한다. 공중 클라우드의 가장 큰 장점은 CSP가 가지고 있는 고성능의 컴퓨팅 자원을 어떤 때는 조금만 쓸 수도 있고 필요할 경우에는 아주 많이 사용하는 등 자유롭게 이용할 수 있기 때문에 데이터의 양에 대한 급격한 변화에 유연하게 대응할 수 있다는 것이다.

다만 여기서 우려되는 점은 고객의 정보를 타인에게 모두 위탁하는 방식은 보안이나 프라이버시의 보호에 대한 보장이 없다는 것이다. 물론 CSP가 보안대책을 제대로 실행하면 이런 문제는 없겠지만 어쨌든 고객의 정보가 회사 밖으로 유출된다는 점에서는 우려를 불식시킬 수는 없다.

이 문제에 대한 미국과 한국의 대응도 서로 달라 흥미롭다. 먼저 미국에서는 대부분의 정부 관계자가 그들이 클라우드를 도입한 가장 큰 이유가 '보안 강화'라고 한다. 그들은 '집안에 있는 작은 금고보다 은행에 있는 큰 금고가 더 안전하다'고 말한다. 사실, 맞는 말이다. 이것은 귀중품은 은행에 맡기는 것이 더 안전한 것과 같은 논리이다. 물론 그 배경에는 미국 정부가 인증하는 'FedRAMP'라는 보안 기준을 통과한 AWS 솔루션에 대한 신뢰가 있다.

다만 아마존이라고 해서 보안을 확실히 보장받을 수는 없다. 2019년 8월 1일자 한국경제신문에 난 기사를 하나 소개한다[안정락]. 미국의 대형은행인 캐피털원(capital one)은 아마존의 클라우드 서비스 AWS를 사용하고 있었는데 클라우드 서버가 해킹당해서 1억 600만 명의 고객정보가 유출되었다. 그로 인하여 고객의 이름, 주소, 전화번호 등 개인의 기본 정보뿐만 아니라 은행계좌 번호, 사회보장 번호(social security number), 신용점수, 신용한도 등 금융정보도 유출되었다. 해커는 아마존 웹서버(AWS)의 방화벽 취약점을 뚫은 뒤 데이터에 접근하였다.

아마존은 이 사건이 클라우드 자체의 문제가 아니라 데이터관리시스템을 제대로 관리하지 못했기 때문이라면서 그 정보가 캐피털원의 사내 데이터센터에 있었더라도 해킹을 당할 수 있었을 것이라고 변명했지만 AWS의 체면은 이미 구겨진 상황이다.

전문가들은 미국뿐만 아니라 전 세계 금융시스템의 운영에 있어서 가장 큰 어려움은 사이버 보안에 대한 위협이며, 이번 사건을 계기로 클라우드 서비스에 대한 보안 우려가 커지고 또한 클라우드의 보안대책이 더욱 주목받아 앞으로 보안에 대한 예산이 폭발적으로 늘 것으로 전망했다. BoA(Bank of America)의 CEO 브라이언 모이니헌은 "회사 내에서 예산에 대해 제약이 없는 유일한 곳은 사이버 방어이다"라는 극단적인 말까지 했다고 하니 앞으로 클라우드이든 사내 데이터센터이든 보안에 대한 투자는 늘어날 것이다.

한편 한국의 정부와 공공기관은 자신이 가진 데이터를 외부의 민간업체에게 내보내는 것 자체를 꺼리는 경향이 강하다. 게다가 한국의 대부분의 공공기관은 내부 컴퓨팅 자원을 외부망과 연결하는 것을 원천적으로 차단하고 있다. 따라서 우리나라에서는 미국처럼 상용 클라우드를 사용하는 것이 원천적으로 불가능하다고 판단된다.

공중 클라우드가 제공하는 주된 서비스로는 사진 및 음악의 공유, 데이터 백업, 파일 공유 등이며 공중 클라우드를 사용하면 공중 클라우드가 보유하고 있는 인공지능 알고리즘 등을 사용하여 이들 데이터에 대한 빅데이터의 분석을 쉽게 할 수 있다는 장점이 있다.

2 사설 클라우드

사설 클라우드(private cloud)는 특정인(기업, 기관 등)이 개별로 사용하기 위해서 클라우드 자원을 소유하고 운영 및 관리하는 클라우드이다. 따라서 일반인은 이 클라우드를 사용할 수 없고 서비스의 대상도 회사 자신의 인트라넷(Intranet)이나 인터넷 VPN(virtual private network)을 통한 특정인(기관 포함)이다. 기업이 사설 클라우드를 이용하는 주된 이유는 자신이 원하는 작업 환경을 자기 마음대로 또는 맞춤형으로 구성할 수 있고 또 클라우드 자원을 외부의 다른 기업과 공유하지 않기 때문에 높은 보안성의 확보가 가능하고 리소스의 공유가 용이하며 구현이 빠르다는 점 등이다.

사설 클라우드는 특정 조직의 임무 수행을 위해서 구축하는 경우가 대부분인데 그로 인하여 공중 클라우드보다 보안 침해 문제가 덜 심각하고 서비스 품질관리가 잘 된다는 특징이 있다. 다만 그 조직은 사설 클라우드를 구축하기 위해서 네트워크 장비 등 하드웨어의 구입, 가상화 기술의 도입 및 운영인력을 갖추어야 하므로 비용 문제가 큰 부담이다[남상엽]. 그리고 업무환경이 갑자기 바뀌었을 경우 고성능의 컴퓨팅 자원을 마음대로 확장할 수 없다는 것 역시 단점으로 지목된다.

사설 클라우드의 주된 서비스 항목은 주문형(on demand) 데이터베이스, 주문형 이메일, 주문형 스토리지 등이다.

3 하이브리드 클라우드

하이브리드 클라우드(hybrid cloud)는 앞에서 소개한 두 가지 유형의 혼합으로 구성되는 클라우드이다. 가령, 보안이 필요한 민감한 데이터나 컴퓨팅 능력이 그다지 높을 필요가 없는 데이터는 사설 클라우드(private cloud)에 저장하고 관리하며 외부에서 손쉽게 액세스하여 열람해야 하는 데이터 및 고성능의 데이터 처리를 요하거나 보안에 덜 민감한 데이터는 공중 클라우드(public cloud)에 저장해서 관리하는 방식이다[김주완]. 이와 같은 사용례(use case)는 금융 또는 공공 서비스 분야가 적합하며 또 소규모의 회사에도 유용할 것이다.

사실 대부분의 기업은 클라우드를 도입하기를 꺼려하는 이유가 보안 문제라고 말한다. 그러나 단순히 대용량의 데이터를 처리하는 데 드는 비용만 따져도 자체 서버를 구축하는 것보다는 클라우드를 이용하는 것이 더 유리하며 글로벌 클라우드 서비스 기업이 제공하는 플랫폼 및 그 플랫폼에서 제공되는 앱(응용프로그램)을 활용하여 다양한 비즈니스 모델을 창출하고 부가가치를 높일 수 있는 가능성까지 생각하면 클라우드의 도입이 늦어질수록 기업에게는 손해라는 말까지 있다[김남영]. 기업에 있어서 대세는 하이브리드 클라우드이다.

4 커뮤니티 클라우드

커뮤니티 클라우드(community cloud)는 특별히 사용 목적이 같은 그룹을 위한 클라우드로서 위에서 소개한 공중 클라우드와 사설 클라우드의 특징을 공유하는 클라우드의 한 형태이다. 커뮤니티 클라우드는 일견 하이브리드 클라우드로 보일 수도 있는데 엄격하게는 다르다.

커뮤니티 클라우드는 고객의 접속 측면에서는 제한된 액세스만을 허용하나 반드시 클라우드를 사용하는 주체가 개인적으로 구축해야 하는 것은 아니므로 사설 클라우드의 성격을 나타내기는 하지만 사설 클라우드와는 다르고 한편으로는 복수의 독립된 조직(개인이나 기관)이 컴퓨팅 자원을 공유하지만 반드시 클라우드를 공중 서비스 사업자가 구축해야만 하는 것은 아니므로 공중 클라우드와 유사하나 같다고 볼 수도 없다.

커뮤니티 클라우드에서 복수의 독립된 조직이 컴퓨팅 자원을 공유하는 이유는 여러 가지가 있겠으나 서로 다른 조직이라고 할지라도 요구하는 서비스가 비슷하거나 두 기관 간에 데이터를 공유하거나 교환할 필요성이 있기 때문이다. 이와 같은 예는 주로 헬스케어 산업이 있다.

커뮤니티 클라우드의 운영 주체는 그 서비스를 이용하는 조직 중의 어느 하나 또는 공동 운영일 수도 있고 제3자가 될 수도 있다. 그에 따라서 구축 비용이나 서비스 이용료도 공동으로 부담하고 그로 인하여 어느 한 조직에서 볼 때 비용이 절감되는 효과도 있다.

아래의 표는 이상 소개한 네 가지 유형의 클라우드에 대해서 여러 가지 항목을 예로 들어서 각 방식의 장단점을 요약한 것이다.

표 8.2 클라우드 운영 주체별 장단점

비교항목	사설 클라우드	공중 클라우드	하이브리드 클라우드	커뮤니티 클라우드
규모의 힘 (scalability)	제한적	아주 높음	아주 높음	제한적
보안 (security)	가장 안전	보통	아주 안전	아주 안전
성능 (performance)	매우 좋음	중, 저	좋음	매우 좋음
신뢰성 (reliability)	매우 높음	중간	중, 고	매우 높음
구축 및 사용에 들어가는 총 비용 (cost)	비쌈	저렴	중간	중간

한편 기업은 각자 보유하고 있는 IT 인프라나 비즈니스의 성격이 다르다. 따라서 기업이 클라우드를 적용할 때에는 위에서 소개한 다양한 유형의 클라우드 가운데서 자신의 IT 인프라와 유기적으로 연동될 수 있고 또 자신의 비즈니스 모델에 도움이 되며 자신의 기업환경에 가장 적절한 보안을 제공하는 기술을 택해야 하며 경우에 따라서는 자신에게 가장 적절한 유형의 클라우드를 여러 개 섞어서 채택할 필요가 있다. 이것을 멀티 클라우드(multi cloud) 환경이라고 한다[장화진].

실제로 산업 현장에서는 최근 멀티 클라우드(multi-cloud)가 대세로 자리잡아가고 있다[이지영]. 멀티 클라우드란 클라우드 사용자가 앞에서 정의한 다양한 유형의 클라우드를 필요에 따라 섞어서 사용하는 것을 말한다. 따라서 하이브리드 클라우드가 시스템 관점에서 보는 개념이라면 이 개념은 소비자의 관점에서 보는 클라우드의 한 형태이다.

멀티 클라우드가 인기를 끄는 것은 아주 단순한 이유에서 출발했다. 여러분이 일단 특정 업체가 제공하는 클라우드를 이용한다면(이것을 단일 클라우드 환경이라고 함) 앞으로도 그 업체를 계속 사용하지 않으면 안된다(이것을 그 업체에 얽매인다는 의미에서 lock-in 효과라고 함). 왜냐하면 클라우드 서비스 사업자를 바꾸면 가장 먼저 기존의 클라우드에서 사용하던 모든 데이터를 새로운 클라우드로 이동해야 하기 때문이다. 또 한 번 사용하기 시작한 업체의 클라우드 플랫폼에 맞추어서 개발된 프로그램을 다른 업체로 옮기는 것도 너무 큰 위험을 초래한다.

한편 멀티 클라우드를 사용하면 기업은 기존의 클라우드 서비스 업체와는 별도로 새로운 업체를 추가로 사용하면서 필요에 따라 다양한 클라우드 서비스 사업자가 제공하는 다양한 기술도 사용할 수 있고 서로 다른 클라우드를 넘나들면서 복원력(resiliency)도 높일 수 있으며 기계학습이나 IoT 등의 최신 기술을 이용한 서비스도 이용할 수 있다. 이와 같은 환경을 '서비스 형태의 클라우드'라고 부르는데 멀티 클라우드의 본질이 바로 서비스를 기반으로 하는 '서비스 퍼스트(service first)' 전략이며 이를 통해 급변하는 비즈니스 환경에 대해 재설계 작업을 최소화하는 효과를 얻을 수 있다.

또 멀티 클라우드에서는 오픈 소스 기술에 기반한 컨테이너화 접근을 통하여 한 번의 작업으로 어느 환경에서나 작업 실행이 가능한 교차 플랫폼 호환성을 갖추게 되어서 클라우드 플랫폼 간에 데이터를 이동시키거나 자사의 개별환경으로 데이터를 다시 이동시켜서 데이터의 관리나 서비스 개발을 쉽게 할 수도 있다. 그로 말미암아 기업은 비즈니스의 상호운용성을 높일 수 있고 업무의 효율도 높일 수 있을 것이다.

8.3.5 클라우드의 기능 및 계층화 모형

클라우드에 요구되는 기능은 크게 네 가지로 나타낼 수 있고 각 기능에 대해서 해결해야 할 문제도 많은데 다음과 같다[Tian].

1. 가상화: 클라우드 컴퓨팅 플랫폼과 앱은 거의 대부분 자원 가상화 기술에 기반한다. 그로 인해서 자원의 효율을 향상시키고 서비스의 신뢰성 및 보안능력이 증대된다.
2. 동적 수요기반 서비스: 동적 자원 할당 방법을 사용하여 고객의 수요에 따라서 컴퓨팅 자원을 늘리거나 줄일 수가 있어서 고객의 직접 투자에 의한 위험을 해소하고 다양한 수요에 대응할 수 있다. 또한 고객의 수요에 대응해서 서비스를 제공하고 사용량에 따라서 과금함으로써 고객에게는 한 순간에 많은 투자를 해야 하는 위험을 해소시켜주고 또한 소규모의 클라우드 사용자도 소액의 요금만 지불하고 클라우드 자원을 마음껏 사용할 수 있다. 다만 이렇게 하려면 클라우드 컴퓨팅 플랫폼 시스템 자원의 감시나 동적 할당, 고객 관리 등의 작업이 복잡하게 되는데 그에 대한 해결책으로 클라우드 데이터센터의 자원 스케줄링 기술이 필요하다.
3. 규모의 경제: 대규모의 자원을 많은 수의 소규모 클라우드 사용자에게 소액의 요금만 받고 대여하여 클라우드 사업자는 항상 일정한 수준의 수입을 보장받을 수 있다.
4. 높은 신뢰성: 클라우드 자원의 고신뢰성 확보로 고객의 데이터에 대한 안전한 관리를 보장한다. 이를 위해서는 고객의 데이터와 앱 플랫폼의 신뢰도 보장을 위한 동적 망관리 기술이 필요하다. 한편 은행, 보험, 금융, 정부기관 및 군사기관 등의 높은 수준의 보안을 필요로 하는 고객에게는 보안이 중요한 문제인데 이를 위해서는 이들에게 사설 클라우드 등의 기술을 사용하거나 요구되는 보안 레벨에

따라서 공중 클라우드와 사설 클라우드를 적절히 섞어서 일반 고객과 이들을 물리적 또는 논리적으로 분리시키는 정책을 가져야 한다. 참고로 대부분의 중소기업은 공중 클라우드를 사용하고 대기업은 사설 클라우드를 사용한다.

이처럼 고객에게 클라우드 서비스를 제공하기 위해서는 몇 가지 기능이 조합되어야 한다. 그런데 그 기능들이 서로 다른 역할로 나뉘어져 있는데 이것을 계층화 모형이라고 한다. 이것은 마치 컴퓨터네트워크가 일곱 개의 계층(OSI 7 layer model)으로 이루어져 있는 것과 같은 이치이다.

일반적으로 가장 널리 사용되는 공중 클라우드의 경우 클라우드 서비스를 제공하려면 최소한 네 가지 기술을 가지고 있어야 하는데 아래에 이에 대해서 간단히 소개한다 [강남규].

- 클라우드 컴퓨팅 인프라(cloud computing infrastructure): 이것은 클라우드 서비스를 제공하기 위한 하드웨어와 소프트웨어를 지칭한다. 하드웨어로는 가상머신(virtual machine) 서비스를 위한 컴퓨터 노드, 스토리지(storage) 서비스를 위한 스토리지 노드, 네트워크와의 연결을 위한 네트워크 노드, 그리고 보안 장비 등이다. 소프트웨어로는 hypervisor(서버에서 다수의 OS를 동시에 수행하기 위한 논리적 소프트웨어), Linux container, monitoring solution 등이 있다.
- 클라우드 플랫폼(cloud platform): 이것은 기존의 IT 서비스에는 없던 기능이다. 이것은 클라우드 컴퓨팅 인프라의 관리를 위한 플랫폼이다.
- 클라우드 포털(cloud portal): 클라우드 컴퓨팅 플랫폼과 연동하여 고객과 운영자 간의 중재자(interface) 역할을 한다. 클라우드 포털은 대부분 사용자와 운영자를 위한 포털로 구성하는 웹 서비스로 구성된다.
- 클라우드 서비스 제공: 클라우드 서비스 제공은 클라우드 서비스를 위해 클라우드 컴퓨팅 환경을 구성하고 사용자에게 서비스를 제공하는 것을 말하는데 가상머신

서비스, 스토리지 서비스, 부하분산 서비스 등 클라우드 자원의 이용과 관계된 서비스를 제공한다.

단, 위에서 소개한 기능 및 기술은 클라우드 생태계에서 최하위층부터 상위층의 순서로 구성된다. 즉, 클라우드 컴퓨팅 인프라가 최하위 계층이고 클라우드 서비스 제공이 최상위 계층이다.

한편 사설 클라우드 서비스를 제공하기 위해서는 위에서 정의된 기술 위에 추가로 세 개의 기술이 추가되어야 하는데 다음과 같다.

- 클라우드 서비스 사용: 클라우드 서비스 사용은 클라우드 컴퓨팅 서비스를 이용하여 자원의 생성, 변경 및 관리를 하는 것을 말하는데 가상머신 서비스, 스토리지 서비스 등 클라우드 서비스를 이용하기 위한 인프라의 구축과 운영을 담당하는 기능이다. 그런데 고객이 이 기능을 구축하고 운용하는 것이 어렵다면 클라우드 서비스 브로커(cloud service broker)에게 위임하기도 한다.
- 미들웨어(middleware) 서비스: 응용서비스를 개발하고 운영하는 조직이 미들웨어를 구성하고 운영한다.
- 응용(application) 서비스: 엄격히 말해서 이 기능은 클라우드 서비스와는 무관한 기능인데 그냥 응용 시스템을 구축하고 운용 및 유지 보수하는 기존의 응용서비스이다.

단, 위에서 소개한 기능 및 기술도 클라우드 생태계에서 최하위층부터 상위층의 순서로 구성된다. 즉, 클라우드 서비스 사용이 최하위 계층이고 응용서비스 제공이 최상위 계층이다.

그리고 사설 클라우드 서비스 기능은 공중 클라우드 기능의 위에 존재한다. 결국 사설 클라우드에서는 총 일곱 개의 계층으로 구성되며 최상위계층은 응용서비스계층이고 최하위계층은 클라우드 컴퓨팅 인프라 계층이다.

한편 사설 클라우드 서비스를 설계할 때 유의해야 할 사항으로서 클라우드 서비스 인프라의 네트워크 연결이 있는데 만약 사설 클라우드 서비스만 제공할 목적이라면 클라우드 서비스 인프라를 기업의 내부(즉, 방화벽 안쪽)에 구축해야 하고 기업 내외부의 고객을 모두 대상으로 서비스를 제공하려면 DMZ(demilitarized zone)에 클라우드 서비스 인프라를 연결해야 한다. 결국 공중 클라우드 서비스는 DMZ에 위치하고 사설 클라우드 서비스는 기업의 내부망에 위치한다. 단, 여기서 DMZ는 일반적으로 '신뢰할 수 없는 네트워크의 영역'으로 정의되는데 기업을 예로 든다면 기업고객과 일반인(외부인)이 접속할 수 있는 영역을 구분 짓는 개념이다. 쉽게 말해서 외부인이 접속할 수 있는 시스템은 DMZ에 위치한다[Maiwald].

지금까지 우리는 컴퓨터네트워크에서 적용되는 클라우드 기술에 대해서 일반적인 사항을 알아보았는데 지금부터는 IoT에 특화된 클라우드 기술을 소개한다.

8.4 IoT 클라우드

IoT 클라우드는 IoT 서비스를 제공하기 위해 특화된 클라우드이다. 여기에서 핵심은 클라우드를 구성하고 있는 요소(하드웨어)와 제공하는 서비스(소프트웨어)인데 지금부터는 IoT 클라우드의 구성요소와 서비스 유형에 대해서 알아본다.

8.4.1 IoT 클라우드의 구성요소

IoT 클라우드는 가상 리소스 풀(virtual resource pool), 앱 서버(applications server), 데이터베이스(database), 그리고 프록시 및 부하분산기(proxy & load balancer)로 이루

어진다. 아래에서 각 요소의 기능과 구현 방안에 대해서 소개한다.

1 가상 리소스 풀

가상 리소스 풀은 실재하는 물리적 장치를 가상화(virtualization) 기술을 이용하여 가상화된(virtualized) 물리적 장치(physical machine)들의 조합으로 만든 것이다. 이때 물리적 장치로는 CPU, 메모리, 네트워크 연결장치 등이 있다.

2 앱 서버

앱 서버는 IoT 클라우드에서 가장 핵심적인 요소인데 복수의 앱을 수행시켜서 고객에게 다양한 서비스를 제공한다. 기존의 H2M(human-to-machine) 서비스에서는 앱 서버를 TCP 상에서 동작하는 HTTP 기반을 주로 사용하였는데 이를 HTTP server라고 부른다.

HTTP server를 구현하는 방식은 다음과 같다. HTTP server는 Express라고 하는 웹 애플리케이션 플랫폼(web application platform)을 이용해서 웹과 모바일 앱을 개발한다. 그리고 고객과는 요구 및 응답(request and response) 방식으로 동작한다. 이때 사용되는 메시지는 GET(고객이 HTTP 서버로부터 리소스를 취득), POST(고객이 HTTP 서버에게 정보를 전송), DELETE(고객이 HTTP 서버에 있는 리소스를 삭제)이다.

한편 IoT에서는 HTTP 이외에 새로운 프로토콜이 추가되었다. 그것은 MQTT (message queuing telemetry transport)라는 것인데 이것은 자원제약적 IoT 기기에 맞게 토픽 기반(topic-based)의 publish-subscribe mode로 동작하는 비교적 가벼운 메시지 전송 프로토콜(lightweight message transport protocol)이다. 여기서 publish-subscribe mode는 클라이언트가 특정 주제(topic)에 대해서 메시지를 만들어서 publish(발신)하면 그와 같은 주제에 가입한 모든 클라이언트가 그 메시지를 subscribe(수신)하는 방식이다. 그리고 이와 같은 기능을 하는 서버를 MQTT server라고 부른다.

MQTT server는 IoT 기기와 고객(end-user) 간의 즉시 통신(instant communication)을 제공하기 위해서 개발된 것이다. 그리고 MQTT 프로토콜은 publishing/subscribing 메시지 전송을 위한 브로커(broker) 기반의 프로토콜이다. 프로토콜은 Node.js의 개방 소스 라이브러리(open source library)를 기반으로 구현한다.

MQTT 서버는 IoT 응용이 요구하는 다양한 수준의 서비스 품질(quality of service) 요구를 충족시키기 위해서 세 단계의 QoS 레벨을 정의하고 있는데 다음과 같다.

- Level 0: 메시지 수신자(subscriber)는 메시지 제공자(publisher)에게 메시지를 전달받았다는 ACK(acknowledgment)를 보내지 않으며 모든 메시지는 오직 한 번만 publish된다. 즉, 메시지가 도중에 손실되거나 전달이 성공적으로 이루어지지 않아도 그만인 최선형 서비스(best effort)이다.
- Level 1: 메시지 수신자는 메시지를 받으면 메시지 제공자에게 메시지를 전달받았다는 ACK를 보내야 한다. 따라서 메시지가 도중에 손실되거나 타임아웃 등으로 성공적으로 전달되지 않으면 publisher에게 ACK가 전달되지 않으므로 publisher가 메시지의 전달상황을 알 수 있다. 이 레벨은 최선형보다는 나은 서비스(better than best effort)이다.
- Level 3: 이 레벨은 publish된 메시지가 모든 subscriber에게 성공적으로 전달될 필요가 있는 아주 품질이 높은 서비스 레벨이다. 따라서 메시지의 전달이 성공적으로 이루어졌는지의 여부를 확인하기 위하여 악수(handshake) 방식을 사용한다. 이 레벨은 우선 서비스(priority service)이다.

3 데이터베이스

DB는 필요에 따라서 SQL(structured query language) 또는 NoSQL(non-structured query language)로 동작한다. SQL은 관계형 데이터베이스(relational DB)이고 NoSQL은 비관계형 데이터베이스(non-relational DB)이다. SQL은 주로 비실시간 데이터(nonrealtime data)의 저장에 사용되고 NoSQL은 실시간 데이터(realtime data)의 저장에 사용된다.

IoT 클라우드에서는 많은 경우에 실시간성이 요구되는 앱이 동작하므로 주로 NoSQL DB인 Redis를 사용한다. 그런데 신뢰성을 보장하기 위해서 여러 대의 Redis node를 직접 연결(메쉬로 연결)해서 사용하는데 이것을 DB 클러스터(cluster)라고 부른다.

4 프록시 및 부하분산기

프록시(proxy)는 IoT 인프라와 IoT 클라우드의 사이에서 데이터의 전달과 관련된 기능을 대행해 주는 게이트웨이의 역할을 담당한다. 부하분산기(load balancer)는 프록시로부터 들어오는 엄청난 양의 앱 서비스 요구에 대해서 복수의 앱 서버에 부하를 분산시키는 기능을 한다.

아래의 그림은 IoT 클라우드와 IoT 네트워크 인프라로 구성된 IoT의 시스템 구조이다.

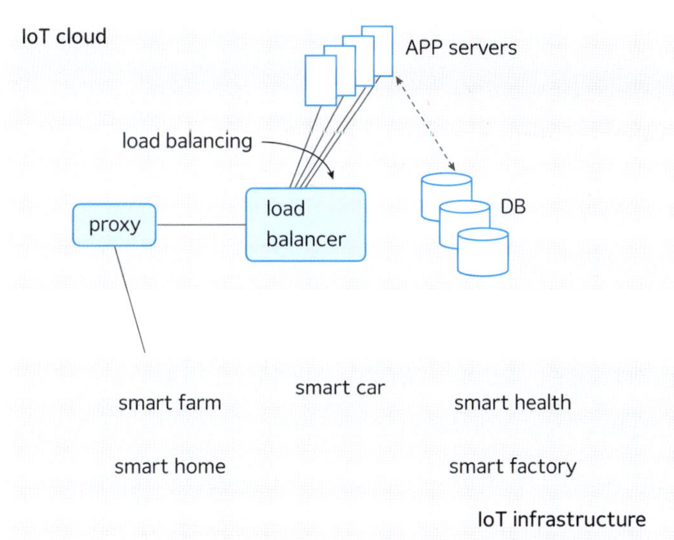

그림 8.2 IoT의 시스템 구조

그림 8.2처럼 IoT 클라우드는 스마트홈이나 스마트팩토리 등 다양한 IoT 인프라에 대해서 공통의 플랫폼을 형성하여 앞에서 정의한 다양한 IoT 클라우드 구성요소를 구비하고 다양한 IoT 응용서비스를 제공하고 있다.

8.4.2 IoT 클라우드의 서비스 유형

IoT 클라우드가 제공하는 서비스로서 대표적인 것이 웹앱 및 모바일앱, 그리고 소프트웨어 개발 키트가 있는데 아래에 이들에 대해서 설명한다.

1 웹앱

웹앱(web App)은 IoT 서비스 관리자가 IoT 디바이스의 정보를 감시하고 그 정보를 바탕으로 디바이스를 제어하기 위한 목적으로 사용한다. 이때 디바이스로부터 수집하는 정보는 디바이스의 on-off 상태, MAC 주소, timing task 등이다.

웹앱은 기존의 웹서버와 마찬가지로 HTTP 서버 상에 웹페이지(web page)를 구현하여 고객에게 웹서비스를 제공한다. 웹페이지는 HTML과 CSS(cascading style sheets)로 구현하는데 정적인(static) 웹페이지의 경우에는 다양한 이벤트에 대한 대응을 위하여 JavaScript로도 구현한다.

2 모바일앱

모바일앱은 스마트폰의 보급으로 인하여 거의 대부분의 IoT 기기가 모바일앱으로 동작하기 때문에 필요해졌는데 대부분의 스마트폰이 채택하고 있는 Android와 iOS를 기반으로 하고 있으며 경우에 따라서는 데이터가 Facebook이나 Wechat으로도 입수가 가능하므로 이 또한 제공된다.

3 소프트웨어 개발 키트

IoT 클라우드에서는 제3의 개발자(third party developer)에게 Android/iOS SDK (software development kit) 등의 소프트웨어 개발 키트를 제공함으로써 다양한 앱이나 서비스를 개발할 수 있도록 지원한다.

8.5 IoT 에지 클라우드

IoT 디바이스가 네트워크에 접속하는 사례가 증가하면서 인터넷에서는 새로운 문제가 등장했는데, 그것은 다름 아닌 네트워크의 혼잡(congestion)과 관련된 문제이다. 다시 말하면 공공(public) 및 비즈니스(business) 분야에서 수많은 IoT 디바이스가 만들어내는 데이터는 빅데이터 등의 기술을 이용하여 분석할 경우에 전체를 합쳐서 생각할 때는 분명히 가치가 있는 정보이기는 하지만 비트당 가치는 아주 낮다. 그리고 이와 같은 데이터를 '배기(排氣) 데이터'라고 부른다. 즉, 자동차의 배기가스처럼 소량만을 놓고 볼 때는 큰 문제가 없으나 수많은 자동차가 동시에 배기가스를 쏟아낼 경우에는 그로 인해 환경에 미치는 영향이 아주 큰 것이다. 최근 서울 등 수도권을 중심으로 한 미세먼지 문제를 생각하면 쉽게 이해될 것이다.

IoT를 전개하는 사업자들은 이처럼 배기데이터의 처리와 관련하여 비용 대비 효과를 높이기 위한 해결책으로써 에지 컴퓨팅(edge computing, 이하 EC)을 생각하게 되었고 에지 컴퓨팅의 역할을 담당하는 것이 에지 클라우드(edge cloud)이다. 그래서 지금부터는 에지 클라우드에 대해서 좀 더 구체적으로 알아보자.

8.5.1 에지 클라우드

먼저 에지 클라우드(EC)의 개요를 소개하고 EC의 구조를 소개한다.

영어 단어 '에지(edge)'는 '가장자리'를 의미한다. 그리고 클라우드가 네트워크의 가장자리에 위치한 것을 에지 클라우드라고 하는데 에지 클라우드를 정의하기 전에 먼저 에지 컴퓨팅을 정의한다.

에지 컴퓨팅이란 디바이스가 생산한 데이터를 네트워크의 중앙부에 위치하고 있는 클라우드(이것을 인프라 클라우드라고 함)와 같은 중앙서버에 집약하지 않고 고객이나 사물이 위치하고 있는 네트워크의 가장자리(edge)에 분산해서 보관하고 처리 및 분석하는 기술을 말한다. 에지 컴퓨팅을 수행하는 주체를 에지 컴퓨터(edge computer)라고 부르며 실례로는 스마트폰, PC 등 개인용 컴퓨팅 기기를 비롯하여 자율주행차에 탑재된 소형 컴퓨터, ISP의 무선통신 기지국용 서버 등이다.

에지 컴퓨팅은 예전에 한때 유행하였던 분산 컴퓨팅(distributed computing)의 개념과 유사하다. 즉 수요가 있는 곳에 그에 필요한 컴퓨팅 자원을 분산 배치해 두고 그 시스템들이 상호 협력해서 하나의 큰 미션을 수행하는 것을 말한다. 그래서 에지 클라우드를 분산 클라우드(distributed cloud)라고 부르기도 한다. 참고로 여러 곳에 분산 배치되어 있는 에지 클라우드와 대비해서 기존의 중앙집중식 클라우드는 인프라 클라우드(infrastructure cloud, 이하 IC)라고 부른다.

그럼 왜 에지 클라우드가 관심을 받게 되었을까? 그것은 IoT의 발달과 관계있다. IoT 디바이스가 널리 보급되면서 기존의 클라우드 컴퓨팅이 한계에 부딪히게 되었는데 전국적으로 위치하는 IoT와 관련된 모든 디바이스가 생성하는 데이터의 양이 폭증하면서 이를 멀리 떨어진 중앙집중식 컴퓨터가 일괄 처리하는 것이 어렵게 되었다. 특히 자율주행차, 스마트팩토리, 가상현실 등과 관련된 IoT 디바이스는 실시간의 즉시처리를 요구하는 업무가 많은데 디바이스로부터 멀리 떨어진 중앙집중식 서버가 수만, 수억 건의 명령을 동시에 그리고 거의 실시간으로 처리하는 것이 불가능하기도 하려니와 설사 처리한다고 해도 데이터센터의 처리 부하가 상상할 수 없을 만큼 증가하게 된 것이다.

이와 같은 문제를 해결하는 방법으로서 중앙집중식 클라우드에 있는 대형 컴퓨터보다 성능은 조금 떨어지지만 간단한 업무 처리에는 문제가 없는 능력을 가진 소형 서버를 IoT 기기가 위치한 현장에 두고 바로 처리해야 할 업무는 현장에서 처리하도록 하고 현장에서 처리할 수 없는 업무나 시급하지 않는 업무만 클라우드로 보내서 처리하자는 것이다.

에지 컴퓨팅이 필요한 가장 흔한 예는 자율주행차인데, 도로를 달리던 자율주행차가 갑자기 끼어든 차량을 만나거나 앞 차가 갑자기 브레이크를 밟았을 때 도로상황 정보를 멀리 떨어진 클라우드 서버로 전송해서 거의 실시간으로 그 데이터를 분석하고 상황 판단하여 차에게 명령을 내리기는 불가능하다. 이 경우에는 차량 내에 설치된 컴퓨터나 도로와 인접한 곳에 설치된 소형 서버로 데이터를 보내 실시간으로 처리해야만 사고를 막을 수 있다. 그 외에도 가상현실 기술을 이용한 서비스, 스마트팩토리 등 제4차 산업혁명 서비스와 관련된 환경에서도 에지 컴퓨팅을 필요로 한다.

에지 컴퓨팅을 가능하게 한 요인으로는 크게 두 가지가 있는데 하나는 인공지능(AI) 기술이고 다른 하나는 5G 네트워크 기술의 발달이다[배태웅2].

AI가 오프라인에서도 구현되면서 AI 기능이 IoT 디바이스나 그 디바이스의 바로 근처에 위치한 미니 서버에 탑재되어서 자체적으로 데이터를 처리할 수 있게 된 것이다. 그 예로는 구글의 AI 카메라 '클립스'나 아마존의 '딥렌즈'가 있다. 클립스는 인텔의 AI 전용칩인 모비디우스를 탑재하고 있는데 사람의 얼굴을 학습하여 그 사람의 특징을 포착하는 능력을 가지고 있다.

한편 5G 서비스는 자율주행차나 스마트팩토리 등의 서비스에 유용하게 사용될 기술인데 초고속, 초저지연의 데이터 전송을 목표로 개발된 기술이다. 그런데 초고속/초저지연의 서비스 품질을 달성하기 위해서 ISP는 사용자와 가까운 곳에 서버를 구축해서 데이터의 처리지연을 줄이고(IC에서 지연이 80~100ms인 것을 EC에서는 10ms 이내로 줄임) 네트워크의 혼잡도를 줄여야 하며 이때 에지 컴퓨팅이 사용된다.

한편 에지 클라우드는 인프라 클라우드보다 디바이스(디바이스를 지면이라고 봄)에 가깝다는 의미로 포그(fog)라고도 부른다. 그러나 엄격히 말하면 포그는 에지 클라우드보다 더 넓은 의미이다. 포그에 대해서는 뒤에서 자세히 다룬다. 에지 컴퓨팅은 모바일 에지 컴퓨팅(mobile edge computing)이라고 불리기도 하는데 그 이유는 에지 컴퓨팅이 거의 대부분 모바일 환경에서 구축되고 운용되기 때문이다.

아래의 그림은 EC와 기존의 클라우드(IC)의 위치를 대비시킨 것이다[시라토리].

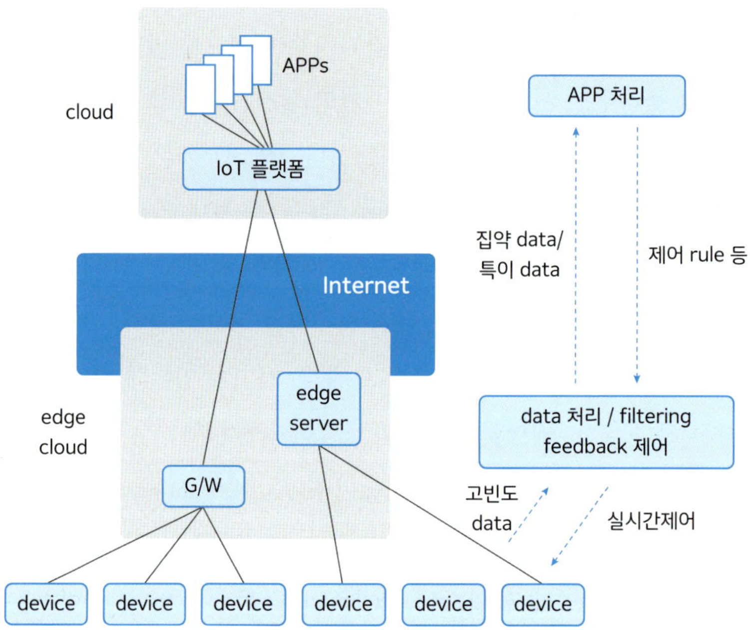

그림 8.3 EC와 IC의 위치 관계

위의 그림에서 EC가 존재하지 않을 경우에는 디바이스로부터 수집한 모든 데이터는 인터넷을 통해서 클라우드에 있는 플랫폼을 통해서 빅데이터의 분석을 거친 다음 필요한 경우에는 디바이스의 제어를 결정하고 제어명령을 내리게 된다.

한편 EC가 도입되면 디바이스로부터 수집되는 모든 데이터가 클라우드까지 전달되는 것은 아니다. 고빈도 데이터나 에지에서 처리 가능한 데이터는 에지 서버(주로 액세스네트워크의 기지국에 설치됨)나 게이트웨이에서 처리된 후 바로 디바이스로 제어명령을 내린다. 다만 집약 데이터나 특이(abnormal) 데이터에 한해서는 클라우드로 전달되어 거기서 데이터를 분석하고 제어의 방침(제어룰)을 결정하고 디바이스에게 피드백한다.

이처럼 EC의 도입은 백본 네트워크의 부하를 경감시킬 뿐만 아니라 바로 처리할 수 있는 명령을 디바이스의 근처에서 거의 실시간으로 처리함으로써 디바이스에 대한 제어가 효율적으로 이루어질 수 있고 또 개인정보나 기업의 기밀정보를 클라우드에 일일이 업로드시키지 않아도 되므로 고객으로서는 보안문제에 대해서도 걱정을 덜 수 있다.

한편 에지에서 처리가 끝난 뒤 데이터는 다시 클라우드(인프라 클라우드)로 보내져서 장기간 보관하거나 다른 용도로 사용할 수 있다. 그리고 서로 다른 디바이스로부터 생산된 정보 간에 정합성이 중요시되는 데이터는 클라우드로 보내져서 일괄 처리하는 경우도 있는데 이와 같은 경우를 하이브리드 에지 및 클라우드 컴퓨팅(hybrid edge & cloud computing)이라고 부른다.

에지 클라우드의 장점으로는 다음과 같은 것이 있다.

- 데이터가 디바이스로부터 가까운 컴퓨팅 자원에 액세스하므로 단대단(end-to-end: 송신 단말과 수신 단말 사이) 지연 성능이 향상된다.
- 데이터를 전송하는 데 지연이 적으므로 디바이스의 소비전력이 감소한다.
- 현장에서 수집된 대량의 생 데이터(raw data)를 현장에서 가까운 에지에서 처리하여 소량의 메타데이터(meta-data)로 변환함으로 인해 모든 데이터를 멀리 떨어진 클라우드로 보낼 경우와 비교하여 데이터 전송에 소요되는 대역폭이 크게 감소한다.
- 전송되는 데이터의 양이 크게 줄어드는 이유로 인한 클라우드의 부하 감소로 고객의 서비스에 대한 경험 품질(quality of experience, QoE)이 향상된다.
- 대규모 자연재해나 악의적인 네트워크 공격으로 인하여 네트워크의 사정이 좋지 않게 되어서 클라우드 서버를 사용할 수 없는 경우에 대한 대응수단으로써 유용하다.

8.5.2 EC의 기능 및 구조

EC가 제대로 역할을 수행하기 위해서는 여러 가지 기능이 EC에서 일괄 제공되어야 하는데 크게 분류하면 데이터의 습득, 데이터의 분석, 의사결정 등이다[Hassan].

먼저 데이터의 습득(data acquisition)은 센서나 머신 등 에지 디바이스가 생성하는 데이터를 수집하는 것을 말한다. 이것은 EC가 빠른 분석과 즉각적 대응을 하는데 있어서 가장 기본이 되며 첫 단계이다.

그 다음은 데이터의 분석과 의사결정인데 이를 위해서 EC에서 필요한 기능은 데이터의 수집 및 분석을 위한 기능이 「기존의 데이터에서 알고리즘」의 방향이 아니라 「알고리즘에서 데이터로」의 변화이다. 스마트교통(smart transportation)을 예로 들면, 교통신호 카메라가 도로상의 교통정보를 수집할 뿐만 아니라 수집된 데이터의 분석과 즉각적인 의사결정까지 스스로 수행하는 것이다.

EC는 기존의 클라우드의 구조와 마찬가지로 3, 4, 또는 5계층 등 여러 가지 계층으로 표현할 수 있는데 보통 5계층 구조, 특히 제1장에서 소개한 API 기반의 5계층 IoT 시스템 구조를 가장 많이 사용한다. 다만 EC의 기본 구성요소는 기존의 클라우드의 5계층 구조의 기능에서 일부만 담당하는데 아래의 그림이 이것을 나타낸 것이다.

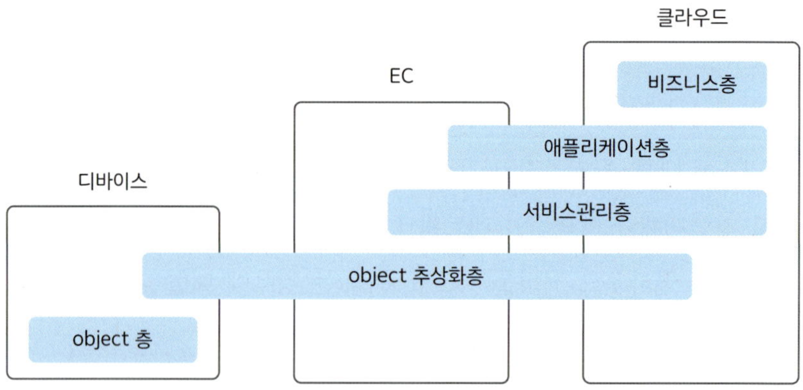

그림 8.4 EC의 위치와 기능

그림 8.4에서 나타내었듯이 EC는 기존의 클라우드가 가지는 5계층의 기능 가운데 object 추상화, 서비스 관리, 그리고 애플리케이션의 기능을 담당한다.

에지 컴퓨팅 기술의 등장을 촉진시킨 것이 바로 IoT가 생산해내는 막대한 양의 데이터인데 에지 컴퓨팅이 적용되는 대표적 사례로서 자율주행차와 e-헬스가 있다. 이들에 대해서는 나중에 소개한다.

8.6 IoT와 포그 컴퓨팅

지금까지 우리는 IoT에 대해서 긍정적 측면을 중심으로 논의해왔다. 그런데 사실 IoT가 제대로 구현되고 동작하기 위해서는 넘어야 할 과제가 많다. 첫 번째 과제는 IoT의 응용서비스가 가지는 특징으로 인한 것인데 IoT에서는 지연요구가 엄격한 응용서비스가 많고 일부 응용서비스는 엄청난 크기의 대역폭을 요구하는 것도 있다. 그리고 일부 미션이 중요한(mission critical) 응용서비스가 가지는 특이성으로 인한 과제도 있다. 두 번째로는 IoT 디바이스의 자원제약성으로 인한 문제이며 세 번째로는 보안과 관련된 문제이다.

아래의 표는 IoT의 문제가 무엇이고 그것이 기존의 클라우드와 맞지 않는 이유에 대해서 요약한 것이다.

표 8.3 IoT의 도전과 과제

항목	도전	과제
엄격한 지연요구	• 스마트팩토리, 스마트그리드, 유전 및 가스채굴 등은 센서와 제어기 간에 수 ms 이내의 지연을 요구함 • V2V 통신, V2도로변 통신, 드론 운항제어, 가상현실 앱, 실시간 금융거래 등은 단말 간에 수십 ms 이내의 지연을 요구함	왼쪽의 요구조건을 멀리 떨어져 있는 인프라 클라우드가 보장하는 것은 어려움

항목	도전	과제
대역폭의 한계	• 자율주행차가 생성해내는 데이터는 초당 수십 MB의 대역을 필요로 함 • 자율주행을 위해서 차와 도로변 센서 또는 GPS 등과 정보를 교환하려면 초당 수 GB의 대역을 필요로 함 • ABI Research의 연구결과: IoT 단말이 생산하는 데이터의 90%는 현장에서 저장하고 처리하는 것이 효과적임	도로상에 있는 모든 차량이 생성해내는 데이터를 인프라 클라우드에게 보내려면 어마어마한 크기의 대역폭이 필요함
자원제약 디바이스	센서, 데이터 수집기, 액추에이터, 제어기, 감시카메라, 차, 드론, 의료기기 등은 그렇게 스마트하지 않음(데이터 저장 및 처리 능력이 없음)	자원제약적인 디바이스의 데이터를 전부 인프라 클라우드에 보내서 저장하고 처리하는 것은 비용면에서 비효율적임
미션 수행이 중요한 서비스	자율주행차, 드론, 바다 위에 설치된 유전 채굴장비 등은 클라우드 서버로부터 아주 멀리 떨어져 있으나 이들은 하나같이 미션 수행이 중요한(mission critical) 경우가 대부분임	위의 모든 문제를 합한 것과 같음
보안	기존의 기업망, 데이터센터, 가전제품은 모두 조직 내부에 설치된 방화벽(firewall)으로부터 안전하게 보호를 받고 있었으나(이것을 perimeter-based protection이라고 부름), IoT에서는 그렇지 못함	만약 대량의 IoT 디바이스를 인프라 클라우드가 관리한다면: 디바이스에게 비밀번호를 어떻게 관리하고, 보안 소프트웨어는 어떻게 업데이트하며, 보안 공격을 어떻게 막아야 하나?

위에서 지적한 인프라 클라우드의 한계를 극복하기 위한 대응으로 포그 컴퓨팅(fog computing, 이것을 '구름 계산'이라고 부르기는 좀 그래서 그냥 '포그 컴퓨팅'이라고 부름)이 등장했다.

포그 컴퓨팅은 IoT에서 클라우드에게 주어졌던 스토리지, 컴퓨팅, 그리고 네트워킹 등 클라우드 서비스 기능을 디바이스(things) 근처로 이동시킨 것이다[Bonomi]. Bonomi는 포그 컴퓨팅을 '단말(end device)과 기존의 클라우드 컴퓨팅 데이터센터 사이에 계산(compute), 저장(storage), 네트워킹 서비스를 제공하는 – '반드시 네트워크의 경계에 위치하고 있지는 않은' – 매우 가상화된 플랫폼'이라고 정의했다[Bonomi]. Bonomi의 정의에서 핵심은 '반드시 네트워크의 경계에 위치하고 있지는 않은'이라는 것이다. 즉 포그 컴퓨팅은 '기존의 중앙집중식 인프라 클라우드를 분산화된 여러 개의 포그로 구현한 것'이다.

스토리지에 대해서는 기존의 멀리 떨어진 데이터센터에 저장하던 데이터를 고객의 근처에 두어서 필요한 처리를 바로 하는 것이다. 컴퓨팅에 대해서는 멀리 떨어진 데이터센터에 저장된 데이터를 처리하는 대신 고객의 근처에서 바로 처리하는 것이며 네트워킹에 대해서는 기존의 백본 네트워크를 이용한 원거리 통신(LTE망의 이용 등) 대신에 고객 근처에서 mobile ad-hoc 네트워크나 RAN(radio access network) 등을 이용하여 바로 데이터를 주고받는 것이다. 이렇게 함으로써 IoT가 가지고 있는 빅데이터로 인한 트래픽의 과다 발생 및 처리 문제를 많이 해소할 수 있다[Chiang]. 포그 컴퓨팅은 줄여서 '포그'라고 쓰기도 한다.

그러나 포그라고 하여 특별히 새로운 개념도 아니며 완전히 새로이 구현한 시스템은 아니다. 포그의 개념은 이미 예전에 존재했던 여러 가지 개념 – cloudlet, MEC(mobile edge computing), ITS cloud 등과 함께 에지 컴퓨팅 개념의 연장이다. 심지어 과거에 비디오 서비스에 널리 쓰이던 CDN(content delivery network)의 개념과도 유사하다. 하여간 주로 데이터센터 등에 멀리 떨어져 있는 자원을 사용하는 대신 디바이스 주변에 있는 다양한 컴퓨팅 자원을 이용하면 사실 모두 포그이다. 다만 굳이 구분하자면 cloudlet이 클라우드 컴퓨팅 연구자들의 시선에서 연구되었다면 포그 컴퓨팅은 네트워크 연구자들의 시선에서 연구되었다는 것이다. 이런 이유로 클라우드 컴퓨팅이 서버에 관심을 가졌다면 포그 컴퓨팅의 중심에는 포그노드(fog node)가 있다.

포그노드는 컴퓨팅, 스토리지, 네트워킹 등의 소프트웨어가 장착된(embedded software) 하드웨어 장비(hardware entity)라고 할 수 있는데 라우터, 스위치, 무선액세스포인트, 카메라, 또는 서버의 형태로 구현된다[Marin-Tordera].

포그가 인프라 클라우드만큼 스마트하지도 않고 용량 및 성능도 그다지 뛰어나지는 않지만 현장에서 필요한 최소한의 기능만 수행하면 되기에 포그는 기존의 인프라 클라우드의 대리인(proxy)이자 IoT 디바이스의 대리인이다. 우리가 만약 IoT 디바이스를 스마트폰을 이용하여 관리(데이터의 수집, 분석 및 제어)한다면 스마트폰이 포그이다. 또 운전자가 차를 타고 가면서 스마트폰을 이용하여 다양한 앱을 동작시킨다면 자동차가 포그의 역할을 한다. 물론 이 경우 자동차는 IoT용 플랫폼을 장착하고 있어야 한다. 그리고 자율주행차의 경우에 도로변에 있는 교통제어장치는 주행하는 차량에게 끊임없이 도로정보를 제공하는데 이때 도로변에 있는 교통제어장치가 바로 포그이다. 이렇게 함으로써 포그는 클라우드와 디바이스 간의 서비스에 대해서 서비스 연속성(service continuum)을 제공한다.

그런데 만약 위에서 예로 든 모든 동작을 포그를 이용하지 않고 인터넷을 통하여 연결된 멀리 떨어진 인프라 클라우드에게 맡긴다면 어떻게 될까? 아마도 상상만 해도 비현실적이라는 것을 알게 될 것이다. 그래서 IoT와 관련하여 포그가 요즘 큰 화두(話頭)가 되고 있는 것이다.

아래의 표는 포그와 클라우드의 특징을 비교한 것이다[Chiang].

표 8.4 포그와 클라우드의 비교

항목	포그	클라우드
위치와 운영모형	넓은 지역에 걸쳐 디바이스 근처에 위치하며 포그 노드는 중앙집중 혹은 분산 제어됨	데이터센터에 집중 위치하고 운영됨
규모	소규모(단독 혹은 복수 개 포그)로 구성됨	수만 개의 서버로 구성됨
구현	사전 계획 없이 ad-hoc으로 구축됨	고도의 구축기술이 필요함
동작	특정 고객의 요구에 맞추어서 동작하며 인간의 개입은 거의 없음	대규모 클라우드회사의 클라우드 운용자에 의해서 전문적으로 관리됨
응용 서비스	지연이 수 ms 이내로 민감한 cyber-domain 또는 cyber-physical system에서의 응용서비스	지연이 수 초 단위의 민감하지 않은 cyber-domain에서의 응용서비스
인터넷 연결	간헐적으로 자동 연결되어야 함	지속적으로 네트워크에 연결되어야 함

이처럼 포그는 클라우드와는 다른 특징을 가지는 만큼 앞으로 IoT 서비스가 본격적으로 보급되면 포그가 주목을 받는 시대가 올 것이다. 그래서 지금부터는 포그의 본 모습에 대해서 좀 더 알아보자. 먼저 포그노드의 구현 방안에 대해서 알아보고 이어서 포그의 사용례(use case)를 중심으로 좀 더 자세히 알아보기로 한다.

포그노드는 연결하는 대상을 기준으로 분류할 때 두 가지 기능을 담당하는데 하나는 디바이스를 바로 연결하는 노드(이것을 제1계층 포그노드라고 부름)이고 다른 하나는 디바이스를 연결하는 노드와 클라우드 사이를 연결하는 노드(이것을 제2계층 포그노드라고 부름)이다.

제1계층 포그노드는 다시 디바이스를 연결하는 서버 역할을 하는(이 경우 서버를 mini cloud라고도 부름) 경우와 서버와 디바이스의 역할을 동시에 하는 경우로 나눌 수 있다. 앞의 경우의 예로는 스마트 게이트웨이(smart gateway), 마이크로 데이터센터(micro data center), ICN(information centric network)에서 캐쉬(cache)로 동작하는 포그노드 등이 있다. 다만 포그노드의 위치는 디바이스와 가까운 게이트웨이, 라우터와 같은 네트워크 노드, 또는 이들 두 장비의 사이 등 다양하다.

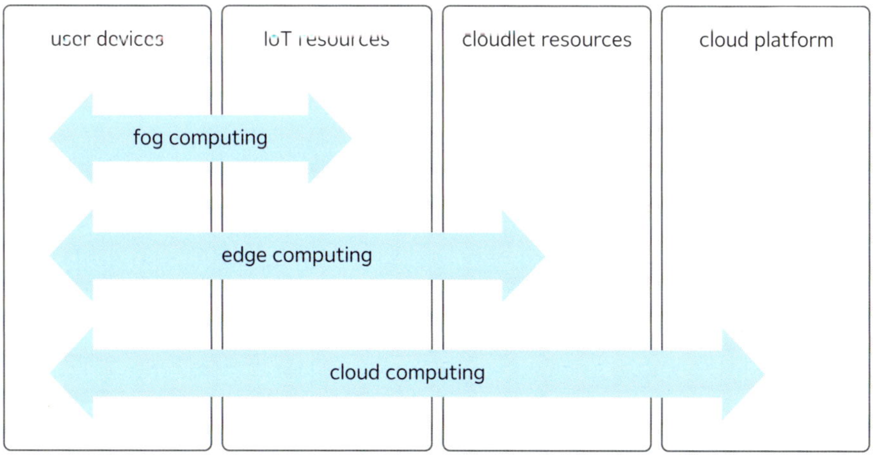

그림 8.5 FC, EC, 그리고 CC의 범위

지금까지 우리는 FC(fog computing), EC(edge computing), 그리고 CC(cloud computing)에 대해서 알아보았는데 그림 8.5는 FC, EC, 그리고 CC의 동작 영역을 도식화한 것이다[Oteafy]. 참고로 IoT의 이전 버전인 M2M은 모든 일이 IoT 자원(resource)이 존재하는 영역 내에서 이루어지는 것을 말한다.

그런데 아직까지 에지 컴퓨팅과 포그 컴퓨팅의 정확한 구별이 어려운 사람이 있을 것이다. 그래서 다시 한번 두 개념의 차이에 대해서 한 마디로 요약하고자 한다. 먼저 에지 컴퓨팅은 대규모 네트워크의 가장자리(edge)에 위치하는 단말 및 디바이스 등의 '단일 리소스(single resource)'이고 포그 컴퓨팅은 네트워크의 가장자리에 위치하는 것은 같지만 클라우드와 단말을 중개하는 '리소스 군(group of resources)'이다. 여기서 주목할 점이 '리소스 군(群)'이라는 표현인데, 그래서 구름처럼 무엇인가가 여러 개 뭉쳐 있다는 뜻에서 '포그'라고 부른다. 그래서 에지 컴퓨팅을 위한 리소스는 단말에 보다 더 가까운 곳 또는 단말의 일부로서 구성되며 독립적으로 클라우드로서의 정보처리를 수행한다. 반면에 포그 컴퓨팅을 위한 리소스는 에지보다는 보다 클라우드에 가까운 곳에 위치하여 센서나 단말의 정보를 집약하거나 1차 처리를 담당하며 클라우드와 연계하여 동작한다[스가와라].

8.7 에지/포그 컴퓨팅의 특징

위에서 IoT를 위한 에지 컴퓨팅과 포그 컴퓨팅의 기본 개념에 대해서 알아보았다. 그런데 이들 두 가지 기술이 상당히 유사하여서 경우에 따라서는 에지 컴퓨팅과 포그 컴퓨팅 기술을 섞어서 사용하는 경우도 있다. 그래서 이들 두 가지 기능을 모두 갖추고 있는 경우를 에지/포그 컴퓨팅(edge/fog computing, 이하 EFC)이라고 부르기로 하자.

한편 EFC는 클라우드 컴퓨팅과 비교해서 크게 네 가지 정도 다른 특징(대부분이 장점)이 있는데 지금부터는 이들의 특징에 대해서 알아본다[스가와라].

1. 가장 먼저 EFC는 IoT 센서 및 단말과 그들이 발생시키는 정보를 가장 먼저 처리하는 리소스(에지 컴퓨팅 리소스)와의 거리가 가깝다. 그로 인해서 IoT 디바이스가 수집한 데이터가 인접한 EFC의 리소스에서 1차 처리되고 (많은 경우가 그렇지만) 필요한 경우에 한해서 클라우드 컴퓨팅 리소스로 전달되므로 1차 처리에 의해 디바이스로 피드백되는 경우에는 데이터의 처리에 걸리는 지연시간이 짧다.
2. 두 번째로는 IoT 디바이스가 전송한 데이터가 클라우드 리소스까지 가지 않고 네트워크 에지에서 처리되므로 액세스네트워크가 가지고 있는 최고속도까지 대역을 사용할 수 있고 클라우드 컴퓨팅에서 발생할 수 있는 다양한 액세스네트워크로부터 흘러들어온 트래픽이 코어네트워크에서 한데 모여서 다른 네트워크의 혼잡에 의해서 악영향을 받을 가능성이 EFC에서는 없기 때문에 데이터 처리 성능이 일정하다.
3. 세 번째, MEC의 경우에 특히 지역에 위치하는 액세스네트워크는 자신의 네트워크 상에 있는 모바일 디바이스의 위치 및 이동 이력을 실시간으로 파악할 수 있다. 이 정보를 이용하여 (자주 발생하지는 않지만 혹시나 발생할 수도 있는) 네트워크의 폭주 등 네트워크 상태정보를 추정하고 그 정보를 자신이 관할하는 액세스네트워크 내의 모든 디바이스에게 알려줄 수 있다.
4. 네 번째, EFC 기능을 가지고 있는 리소스는 다양한 애플리케이션 프로세스를 호스팅할 수 있다. 따라서 애플리케이션 프로세스를 이용하여 서비스의 내용, 고객의 지리적 분포, 서비스 이용 빈도 등에 맞추어서 네트워크 상에서 프로세스를 유연하게 배치할 수 있는데 이로써 서비스의 제공에 있어서 효율이 높아진다.

8.8 에지 및 포그 컴퓨팅의 IoT 적용 사례

지금부터는 에지 및 포그 컴퓨팅의 IoT 서비스에 대한 사용례에 대해서 알아본다.

8.8.1 에지 컴퓨팅의 사용례

에지 컴퓨팅은 이미 다양한 산업 영역에서 구현되어 있는데 먼저 시장상황을 잠시 리뷰해 본 뒤 응용 분야에 대해서 알아본다.

클라우드의 최선두주자는 의심할 여지 없이 아마존이다. 아마존 웹서비스(Amazon web service, AWS)의 CEO인 앤디 제시(Andy Jassy)는 2019년 7월 "10년 뒤에는 ICT 시장에서 클라우드, 에지 컴퓨팅, IoT 기기만 남게 될것이다"라고 약간은 도전적으로 말했다[전설리1].

아마존은 AWS를 시장에 내놓으면서 고객에게 스노우볼(snow ball)이라는 23kg의 이동 가능한 소형 클라우드 서버를 200달러에 빌려주었는데 데이터 용량은 50TB(tera byte, 1테라바이트는 1조 바이트)이고 과금은 데이터의 사용량에 따른다. 그 외에도 ISP는 5G 네트워크의 무선기지국에 에지 클라우드 장비를 설치하고 있고 지능형 CCTV에도 에지 클라우드가 도입되고 있다.

에지 컴퓨팅과 관련된 사업을 하는 업체는 아마존, 마이크로소프트 등 플랫폼 사업자, 삼성전자, 인텔 등의 하드웨어 제조업자, 미국 버라이즌, 일본 소프트뱅크, 우리나라의 KT/SKT/LGU^{+}와 같이 다양하다.

아래에서는 에지 컴퓨팅을 활용할 수 있는 IoT 비즈니스 분야 몇 가지를 소개한다.

1 자율주행차

자율주행차(autonomous vehicle)는 운전자의 개입 없이 자동차가 스스로 알아서 주행을 하는 무인운전 자동차이다. 자율주행차가 요구하는 서비스 품질은 통신지연이 아주 중요한데, 데이터 처리에 걸리는 시간이 아주 짧거나 거의 실시간(time critical)으로 이루어져야 한다는 것이다. 자율주행차의 경우 차량이 도로를 주행하면서 각종 센서를 통해 수집한 데이터를 해석하고 운행경로의 선택이나 제동장치의 동작 판단 등 실시간 동작을 요한다. 그런데 도로에서 발생하는 온갖 경우(장애물 출현, 교통 혼잡, 앞/옆

차와의 추돌 위기 등)에 실시간으로 대응하기 위해서 자동차의 운행 상황 데이터를 먼 곳에 있는 클라우드에 보내서 그 클라우드의 서버가 분석한 결과를 받아서 대응한다는 것은 불가능할 뿐만 아니라 조금이라도 대응이 늦을 경우에는 치명적인 사고가 발생할 것이다. 이런 경우에는 차량 내에 탑재된 레이더나 카메라의 영상정보를 차량 내에 탑재된 CPU가 실시간으로 바로 처리해야 안전한 주행이 가능하다. 이 경우에 차량 내에 탑재된 CPU가 바로 에지 클라우드이다. 이런 작업은 차량 내에 탑재된 프로세서(이것이 에지 서버임)가 처리하며 RSU(road side unit, EFC 리소스 역할을 하는 프로세스)에게 위의 작업을 위탁(offload)할 수도 있다.

경우에 따라서는 클라우드와 포그를 조합하여(이것을 하이브리드 컴퓨팅이라고 부름) 두 기술의 장점을 살리기도 하는데 클라우드를 데이터 스토리지로 사용하고 필요할 경우에 한해서 데이터 마이닝(data mining) 기법을 사용하기도 한다. 반면에 포그는 긴급히 처리해야 할 업무를 1차 처리하도록 하여 응답성을 향상시킨다.

2 e-헬스케어

에지 컴퓨팅이 필요한 두 번째 예로는 비밀이 보장되어야 할 정보, 예를 들면 건강 및 의료정보나 보안이 민감한 개인정보 등을 다루는 경우이다. 가정에 있는 가입자가 e-헬스(e-health) 서비스를 이용할 경우에 그 가입자가 소유하는 웨어러블 기기(스마트폰 등)로부터 수집한 생체정보나 개인정보는 집 안에 있는 홈게이트웨이(home gateway)를 거쳐서 e-health 서버가 있는 클라우드로 전달되는 것이 일반적이나 만약 측정한 데이터가 클라우드에 모두 보내어진다면 제3자에 의해서 악용될 위험이 클 것이다. 이 경우에는 그 정보를 있는 그대로 모두 클라우드로 보내지 않고 집 안에 있는 게이트웨이(이 경우에 홈게이트웨이가 에지 클라우드의 역할을 함)에서 먼저 처리해서 고객에게 바로 제공할 수 있는 정보는 현장에서 보여주고 나중에 빅데이터의 수집 및 분석, 예측 등을 위하여 가공된 필요한 정보(익명화, 암호화 등)만 클라우드에 보관하는 것이 더 나을 것이다.

경우에 따라서는 굳이 클라우드로 데이터를 전송하지 않고 에지에서 데이터를 해석하는 것이 더 편한 경우도 있는데 구급차에서 구급대원이 환자의 상태를 판단해서 위급한 상황인지 아닌지 등을 에지에서 처리할 수도 있다.

3 리테일

최근에 들어서 인구의 감소 및 1인 가구의 증가는 편의점 등 리테일(retail, 소매) 업종의 급성장을 가져왔다. 그런데 한편으로는, 이는 우리나라에 특히 해당되는 사항이지만, 최저임금 인상과 주 52시간 근무제 등의 시행은 리테일 업주에게는 비용 부담의 요소로 작용하여 가게의 무인 운영을 가속화시키고 있다.

가게가 무인으로 운영되려면 가게 내의 물품의 재고 상황, 고객의 취향, 구매품의 확인, 결제 내역 등과 같이 고객의 구매 행동과 관련된 특성을 파악하는 등 마케팅과 관련된 데이터의 수집 및 처리 수단이 필요한데 이 모든 업무를 클라우드로 처리하는 것은 효율적이지 못하다. 가게 내에서 데이터의 수집 및 처리가 가능한 것은 에지 컴퓨팅을 이용하여 해결하고 본사와의 데이터 공유 및 상품 주문 등과 같이 에지에서 처리할 수 없는 업무만 클라우드에 맡김으로써 리테일 업체의 통신 비용을 줄이고 업무의 효율도 높일 수 있다. 따라서 앞으로 에지 컴퓨팅에 기반한 IoT 비즈니스 모델은 리테일 분야에서도 아주 유망하다고 생각된다.

8.8.2 포그 컴퓨팅의 사용례

포그는 앞에서도 말하였듯이 에지와는 약간 다르게 스토리지, 컴퓨팅 및 네트워킹을 위한 서비스이다. 그중에서 네트워킹과 관련된 사용례를 소개한다. 네트워크는 일반적으로 연결을 관리하는 제어계(control plane)와 데이터를 전송하는 데이터계(data plane)로 나뉘는데 각 경우에 대한 사용례는 다음과 같다.

먼저 제어계에서 포그의 사용례로는 다음과 같은 것이 있다.

- 콘텐츠의 관리
- 포그-RAN(포그 기술을 적용한 원격 액세스 네트워크)
- 클라우드 스토리지의 제어
- 세션 관리 및 신호데이터의 처리
- 네트워크의 상태 감지
- 에지 분석 및 실시간 스트림 분석

한편 데이터계에서 포그의 사용례로는 다음과 같은 것이 있다.

- 고객이 사용하지 않는 컴퓨팅/스토리지/대역자원의 관리
- 에지에서의 콘텐츠 캐싱과 홈게이트웨이의 대역 관리
- 고객 간 직접통신(예: LTE direct, WiFi direct, air drop 등)
- 클라우드릿(cloudlet)과 초소형 데이터센터(micro-data center)

8.8.3 EFC의 사용례

EFC의 사용례로는 지능형 빌딩이 있다. 지능형 빌딩(intelligent building)은 건물 내외에 센서나 비디오 카메라, 필요한 경우에는 드론 등을 설치하여 건물 전체의 환경 데이터를 수집하여 전기, 가스, 수도, 조명, 공조기 등을 사람의 개입 없이 자동적으로 제어하는 것을 말한다.

이 경우에 건물을 지능적으로 관리하는 일은 거의 대부분 그 건물의 내부 또는 주변에서 일어나는데 빌딩 내에 구축된 EFC 리소스가 수많은 센서와 디바이스들을 집속하여 현장에서 데이터를 바로 처리하므로 EFC를 적용하기에 아주 적절한 비즈니스 모델이다. 그리고 건물이 아주 크고 서로 다른 종류의 데이터를 수집하는 서버가 있다고 하더라도 서버 간에 데이터를 공유함으로써 빌딩의 제어를 효율적으로 할 수 있다.

또한 빌딩 내에 국한하지 않고 빌딩을 인터넷을 통하여 외부에 있는 클라우드와 접속함으로써 다른 빌딩과의 정보를 공유할 수도 있다. 가장 전형적인 예가 빌딩 제어 시스템이 소방서와 데이터를 공유하여 화재 발생 시에 센서로부터 화재정보가 탐지되어 그 정보가 자동으로 소방서로 전달되게 함으로써 심야나 휴일 등 건물 내에 사람이 없는 상황에서 화재가 발생하더라도 신속한 조치가 이루어지게 할 수 있다. 또 빌딩과 전력회사의 스마트그리드(smart grid)를 인터넷으로 접속하여 빌딩 내의 전력 수요와 공급 상황을 실시간으로 관측하여 전력 사용량을 동적으로 제어하고 전력 사용 요금을 최소화할 수 있다.

8장을 마치며

이 장을 마무리하면서 최근 신문에 실린 기사를 하나 소개하고자 한다. 그 내용은 다음과 같다[한주기].

디지털 전환(digital transformation)이 가속화되는 가운데 가장 빠르게 성장하는 분야 중 하나는 클라우드 시장이다. 클라우드가 사물인터넷, 인공지능 등 4차 산업혁명의 핵심 기술을 융합하는 플랫폼 역할을 하기 때문이다. 클라우드 시장은 아마존, 마이크로소프트 등 초대형 기업을 중심으로 개편되고 있는데 선두 주자들의 선점 효과, 규모의 경제, 서비스의 깊이와 다양성 등을 고려하면 이들의 시장 지배력은 시간이 지날수록 더욱 견고해질 가능성이 크다. 아마존은 세계 최초로 클라우드 서비스를 출시한 이후 개발자들의 생태계를 장악하며 글로벌 클라우드 시장 점유율 1위로 시장을 주도하고 있으며 2위 업체인 마이크로소프트는 기존의 방대한 컴퓨터 고객층을 바탕으로 빠르게 추격하고 있다. 2019년 말을 기준으로 우리나라의 클라우드 시장에서 이들 두 기업이 차지하는 비중은 80% 정도로 절대적이다.

한편 국내 기업으로는 KT와 NHN 등이 국내 클라우드 시장을 키워나가려고 노력하고 있으나 아직은 역부족으로 보이고 글로벌 클라우드 시장의 성장세와 아마존과 마이크로소프트 등 두 기업의 경쟁력을 고려하면 클라우드 시장이 성숙기에 진입하기 전까지는 앞에서 소개한 외국의 두 기업이 시장 지배력을 확대할 것으로 예상된다. 빅데이터 시대가 도래하고 모바일 환경이 보편화되면서 소프트웨어 역시 클라우드 기반으로 변화하고 있다. 머신러닝과 AI를 기반으로 빅데이터를 활용하려면 클라우드 컴퓨팅 사용이 필연적이다. 클라우드는 PC, 스마트폰, 태블릿 등 인터넷에 연결되는 모든 기기에서 소프트웨어 접근을 가능하게 만들어 준다. 실제로 세일즈포스, 어도비시스템스, 서비스나우, 워크데이 등 클라우드 기술을 기반으로 소프트웨어 서비스를 제공하는 서비스형 소프트웨어(SaaS) 기업들은 가파른 속도로 외형 성장을 지속하고 있으며 이는 클라우드 시장의 확대로 이어진다.

5G 네트워크의 상용화가 가시화되는 점도 클라우드 기업들이 도약할 수 있는 기회다. 특히 클라우드 기반의 스트리밍 게임산업뿐만 아니라 가상현실(VR), 증강현실(AR) 기술이 상용화될 경우 데이터는 기하급수적으로 증가하게 될 것이다. 이는 결국 글로벌 클라우드 플랫폼을 장악한 아마존, 마이크로소프트의 성장 동력으로 작용하게 될 가능성이 크다.

지금까지 우리는 IoT에서의 클라우드에 대해서 비교적 많은 지면을 할애해서 알아보았다. 사실 주변에서 클라우드라는 용어는 널리 사용되고 있지만 클라우드의 구조, 기능, 구현 기술 등에 대해서 자세히 다룬 예는 거의 찾기 어렵고 또 특히 IoT에 특화된 클라우드 기술, 즉 에지 및 포그 등에 대한 사례는 더욱 찾기 어렵다. 이에 필자는 이들 기술에 대해서 많은 시간을 들여서 정리하였는데 비록 용어나 개념이 생소하고 어렵더라도 꼼꼼히 읽고 잘 기억해두면 나중에 많은 도움이 될 것으로 믿는다.

클라우드는 이제 개인이나 기업, 국가에 이르기까지 혁신을 위한 최첨단 기술을 제공하는 종합 플랫폼이 되었다. 따라서 앞으로 ICT 비즈니스의 성패는 클라우드에 대한 깊은 지식을 가지고 다양한 형태의 클라우드, 여러 업체의 클라우드 플랫폼에 대한 관리 및 사용에 대한 지식이 있느냐 없느냐에 달렸다고 해도 과언이 아니다.

많은 선진국가들은 클라우드를 농업처럼 끝까지 보호해야 할 산업으로 분류하는데 그 이유는 만약 클라우드 서비스 업체가 자국 내에 없으면 막대한 서비스 이용료가 해외업체로 빠져나가는 것도 문제일 뿐만 아니라 각 국가가 생산한 개인정보나 공공정보가 해외 서버에 저장되어 있는 상황에서 그 국가에 전쟁이나 천재지변이 일어날 경우 막대한 손실을 입을 수 있기 때문이다. 물론 삼성이나 LG 등 국내의 대기업 그룹은 자사의 시스템 통합업체인 삼성 SDS나 LG CNS에게 데이터를 관리하는 일을 전담시키고는 있지만 그들은 그나마 클라우드를 관리할 능력이 있으니까 그렇지 국내의 대부분의 기업들은 외국의 서비스를 이용하고 있다.

ICT 전문가들은 우리나라가 클라우드 산업의 불모지와 같다고 우려한다. 우리나라는 정부의 무능과 기업의 외면이 겹쳐서 클라우드 산업이 성장할 토양과 시장뿐만 아니라 산업을 주도할 '토종 선수'조차 없어서 클라우드의 생태계가 부실한 것이 현실이다. 클라우드와 관련된 서비스가 발전하기 위해서는 국가 차원의 데이터 유통, 관리, 보호 전략과 시설 투자, 데이터센터가 안정적으로 운용되기 위한 전력 수급 계획 등 다양한 분야의 준비가 유기적으로 이루어져야 하는데 이 책을 쓰고 있는 현재 우리나라에서 이것 중 어느 하나도 제대로 돌아가는 것이 없기 때문이다. 그래서인지는 몰라도 2018년 하반기 현재 국내 10인 이상 기업 중에서 클라우드 서비스를 도입한 기업은 12.9%에 불과하고(참고: OECD 평균은 30.6%임) 조사 대상을 전체 기업으로 확대하면 4.1%에 불과하다. 2019년 6월 기준 OECD 국가의 기업 클라우드 이용률은 핀란드가 65%, 스웨덴이 57%, 일본이 44.6%, 영국이 34.7%, 캐나다도 30.5%나 된다[송형석1, 전설리2].

이상의 논의에서 우리는 위기에서 기회를 찾는 지혜를 발휘해야 한다. 다시 말하면 여러분이 지금이라도 클라우드에 대해서 기본 개념뿐만 아니라 다양한 응용례까지 기술을 습득한다면 앞으로 우리나라에서 클라우드 산업이 꽃 필 때 여러분에게 많은 기회가 올 것이다.

마지막으로 사족(蛇足)을 붙이자면 기업이 시설의 IoT화이든 비즈니스의 ICT화 과정이든 용도를 불문하고 클라우드를 도입하는 것은 기업의 혁신을 위한 수단이지 목적이 아니라는 것이다. 따라서 기업에 있어서 클라우드의 도입은 트렌드에 편승한다는 생각으로 쉽게 생각하고 무조건 추진할 일이 아니다. 클라우드의 도입이 성공하기 위해서는 몇 가지 명심하여야 할 것이 있는데 아래에서 소개한다[김종훈].

1. 가장 먼저 클라우드를 도입할 때에는 그것을 통해 진행하고자 하는 업무가 무엇인지 명확히 정의해야 한다. 이를 위해서 대상으로 하는 업무와 관련된 데이터 및 워크로드(workload)에 대해 정확히 이해해야 하며 그에 따라서 위에서 소개한 다양한 유형의 클라우드 가운데 어떤 유형의 클라우드가 최적인지 판단해야 한다. 그리고 결정한 클라우드의 유형이 기존의 인프라 및 데이터, 앱 등과 유연하게 연동이 되는지도 확인해야 한다.
2. 클라우드 솔루션을 제공하는 기업이 위에서 정의된 사항을 이해하고 그 기업의 업무와 그로부터 생성되는 데이터를 클라우드로 원활히 이전할 수 있는지 확인해야 한다. 사실 이 작업에는 많은 비용과 시간이 소요되는데 이것을 사전에 분명히 해 두지 않으면 비싸게 도입하는 클라우드가 무용지물이 될 가능성이 크다.
3. 클라우드에는 기업의 기밀 등 보안이 요구되는 정보가 저장되는데 클라우드 제공 기업이 보안과 관련한 관리역량을 가지고 있는지 확인해야 하고 또 고객의 데이터 가용성을 보장하는지도 확인하여야 한다.
4. 클라우드를 도입하기 위해서는 서버 구축, 소프트웨어 구입 등 많은 비용이 투입되어야 하는데 투입 비용 대비 효과에 대한 분석이 필요하다.
5. 마지막으로 기업이 기존의 모든 작업을 단 한 번에 클라우드로 이전하는 것은 불가능하다. 따라서 당장 급한 업무부터 단계적으로 이전하는 전략을 가져야 한다. 이를 위해서 기업은 자신이 처한 상황과 도입이 필요한 업무의 순서를 정확히 이해하고 그에 따라서 전략적으로 예산을 투입해야 한다.

8장 리뷰 문제

(1) 클라우드 컴퓨팅이란 무엇인지 정의해보자.

(2) 클라우드의 세 가지 서비스모형을 정의하고 각 유형별 특징을 요약해보자.

(3) 클라우드의 네 가지 구현모형에 대해 특징과 장단점을 비교 분석해보자.

(4) IoT를 위한 클라우드의 구성요소 네 가지에 대해서 알아보자.

(5) IoT 클라우드의 대표적인 서비스 유형에 대해서 요약해보자.

(6) IoT 시스템을 구성함에 있어서 에지 클라우드가 유용한 이유에 대해서 알아보자.

(7) IoT 시스템에서 에지 클라우드와 인프라 클라우드를 동시에 사용하는 것이 효과적이라고 알려져 있는데 이 경우 각 클라우드의 역할 분담 방안에 대해서 알아보자.

(8) IoT 시스템에서 에지 클라우드 또는 포그가 사용될 수 있는데 이 경우 두 가지 방안의 차이점과 장단점은 무엇인가?

(9) 우리 주변에서 개인, 기업, 공공기관 등에서 널리 사용되고 있는 클라우드 서비스를 찾아보고 특징을 요약해보자.

8장 참고문헌

강남규 외, “오픈스택 기반의 프라이빗 클라우드 서비스”, 제이펍, 2016년.

김남영, “보안 걱정되면 하이브리드 클라우드가 딱이죠”, 한국경제신문, 2019년 7월 22일.

김종훈, “클라우드 도입은 끝이 아니라 시작”, 전자신문, 2019년 8월 19일.

김주완, “폭주하는 주문 처리하고, 개인정보 보호… 비결은 하이브리드 클라우드”, 한국경제신문, 2019년 6월 7일.

남상엽 외, “사물인터넷 개론”, 도서출판 상학당, 2015년.

배태웅1, “클라우드는 빅데이터를 담는 ‘커다란 그릇’”, 한국경제신문, 2019년 4월 3일.

배태웅2, "데이터 폭증 시대… 클라우드 보완한 '에지 컴퓨팅' 뜬다", 한국경제신문, 2018년 7월 10일.

송형석1, "클라우드 산업 대해부: 한국은 선수도 시장도 없는 '클라우드 황무지'", 한국경제신문, 2018년 9월 3일.

송형석2, "클라우드 서비스는: 서버 · 저장장치 등 필요한 만큼만 빌려쓰는 비즈니스", 한국경제신문, 2018년 9월 3일.

송형석3, "美 공공기관 '정부도 보안/효율성 뛰어난 민간 클라우드 써야'", 한국경제신문, 2019년 6월 13일.

스가와라 신지, "IoT에 있어서 에지/포그 컴퓨팅 기술", 日本 電子情報通信學會誌, vol.102, no.5, pp. 413-417, 2019년 5월.

시라토리 노리오 외 4인, "IoT 아키텍쳐의 최신동향", 日本 電子情報通信學會誌, vol.100, no.3, pp. 214-221, 2017년 3월.

안정락, "해킹에 뻥 뚫린 아마존 클라우드… '보안 의구심' 확산", 한국경제신문, 2019년 8월 1일.

이기문, "네이버, 클라우드 시장 토종 대항마 될까", 조선일보 조선경제, 2019년 4월 19일.

이지영, "디지털 전환과 멀티 클라우드 전략", 전자신문, 2019년 10월 25일.

장화진, "클라우드, 단일화의 함정서 벗어나야", 한국경제신문, 한경오피니언, biz칼럼, 2018년 8월 8일.

전설리1, "클라우드 서버 들고 다니는 시대: ICT 업계 새 전장은 에지 클라우드", 한국경제신문, 2019년 7월 15일.

전설리2, "KT, 클라우드에 5천억 투자… 2023년 매출 1조 목표", 한국경제신문, 2019년 6월 19일.

한주기, "[애널리스트의 마켓뷰] 4차 산업혁명, 클라우드 기업엔 꽃길", dongA.com, 비즈N, 동아일보, 2019년 3월 19일.

玄忠雄, "기업네트워크를 변화시킬 2017년 주목의 신기술: – IoT가 야기한 데이터 폭발 문제를 해소할 기술", NIKKEI COMMUNICATIONS, 2017년 1월.

F. Bonomi et al., "Fog computing and its role in the IoT", Proc. of the MCC workshop on mobile cloud computing, Helsinki, Finland, 2012.

Ming Chiang and Tao Zhang, "Fog and IoT: An overview of research opportunities", IEEE INTERNET OF THINGS JOURNAL, vol.3, no.6, December 2016.

K. Guo et al., "Future of edge cloud", 日本 電子情報通信學會誌, vol.100, no.1, 2017.

N. Hassan et al., "The role of edge computing in Internet of Things", IEEE Communications Magazine, November 2018.

L. Hou et al., "Internet of Things Cloud: architecture and implementation", IEEE Communications Magazine-Communications standards supplement, December 2016.

E. Maiwald, "Fundamentals of network security", McGraw-Hill technology education, 2004.

E. Marin-Tordera et al., "Do we really know what a fog node is? Current trends toward an open definition", Computer Communications, 109, pp. 117–130, 2017.

S. M.A. Oteafy and H. Hassanein, "IoT in the fog: A roadmap for data-centric IoT development", IEEE Communications Magazine, pp. 157–163, March 2018.

W. Stallings, "Foundations on modern networking", Addison Wesley, 2016.

W. Tian and Y. Zhao, "Optimized cloud resource management and scheduling", ELSEVIER, 2015.

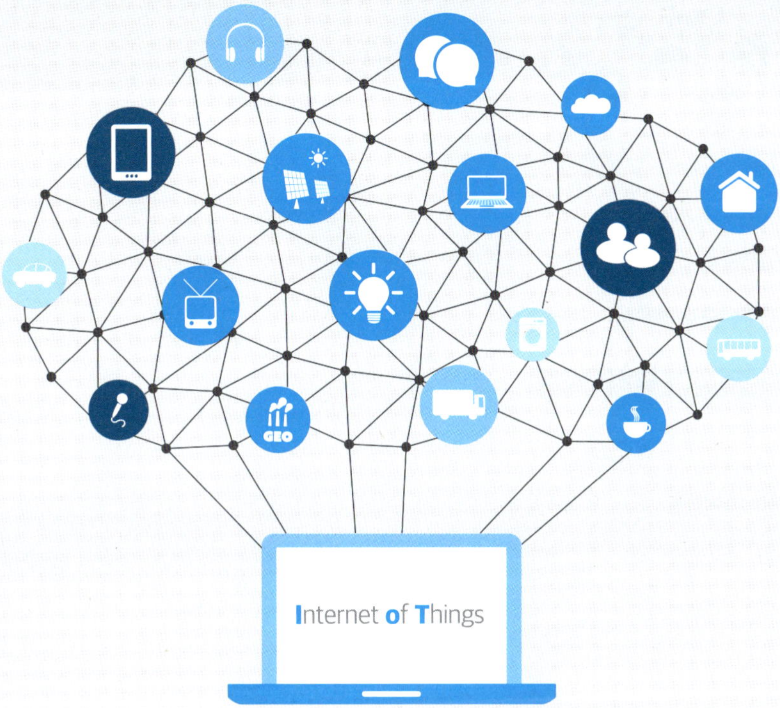

PART

3

IoT 비즈니스

CONTENTS

CHAPTER 9

IoT 비즈니스 모델

IoT의 비즈니스 모델(business model, 이하 BM)에 대한 논의에 들어가기 전에 먼저 BM의 의미를 명확히 할 필요가 있다. BM은 간단히 말하면 사업의 모형, 즉, 회사가 수익을 창출하는 방법을 말한다. 일반적으로 업종을 불문하고 사업을 하는 사람은 물건을 팔거나 서비스를 제공해서 돈을 번다. 돈을 벌지 못하는 비즈니스는 비즈니스가 아니다.

이처럼 IoT에도 BM이 있다. IoT에서 BM은 응용서비스에 대한 개념만큼이나 혼동되는 개념인데, 이들의 차이를 알기 위해서 먼저 최근의 산업 트렌드를 소개한다. 디지털 기술, 특히 정보통신기술(information and communication technology, 이것을 줄여서 information technology라고도 하는데 이 책에서는 ICT와 IT를 혼용함, 이하 IT)의 발달로 최근에는 BM에 변화의 조짐이 나타나고 있다.

IT는 인간의 의식을 '명사적 시각'에서 '동사적 시각'으로 바꾸었다[이성호]. 과거에는 제조업자가 물건(명사)을 파는 것에만 집중하여 소비자가 물건을 사도 제조업자는 어느 지역의 소비자가 무슨 이유로 그 물건을 샀는지도 모른 채 그것으로 끝이었다.

그러나, IT의 발달은 제조업자로 하여금 제품을 이용하는 소비자의 행동 및 특성 등을 파악할 수 있게 하였을 뿐만 아니라 제조업자가 제공하는 소프트웨어를 통해서 소비자도 새로운 경험과 가치를 즐길 수 있게(동사) 하고 있다. 예를 들면 신발을 만드는 나이키와 블럭을 만드는 레고는 과거의 BM에서는 단순히 고객에게 물건을 파는 것으로 끝이었지만 지금은 다르다. 나이키는 모바일 앱과 웨어러블 기기를 통해서 소비자로 하여금 야외에서 나이키 신발을 신고 즐길 수 있는 서비스까지 제공하고 있으며 레고는 레고모형의 동영상 콘텐츠, 모바일 게임, 과학 교육 등의 서비스를 제공하고 거기에 나오는 캐릭터를 제품의 개발에도 활용하고 있다. 이처럼 최근의 산업 트렌드는 단순 제조업에서 서비스의 제공으로 진화하고 있다. 그리고 이 트렌드는 IoT 시대에는 더욱 더 뚜렷해질 것이다.

한편 IoT에 관한 가상 시나리오로서 가장 진부하고도 흔한 이야기는 다음과 같다.

> 회사 일을 마친 뒤 자율주행차를 타고 집에 도착했더니 아파트의 현관문이 자동으로 열리고 집에 들어서니 자동으로 켜진 보일러가 집안 공기마저 훈훈하게 한다. 차에서 듣고 있던 음악이 자동으로 집안에 있는 고성능 스피커를 통해서 흘러나왔으며 부엌에서는 회사 퇴근과 동시에 원거리로 자동 작동된 밥솥에서 김이 모락모락 나며 식사를 마치자 센서가 장착된 커피 머신에서는 콩 볶는 소리가 들린다.

그러나 이런 스토리는 일견 그럴 듯해 보이지만 너무 진부하다. 한 마디로 단순히 신기술의 나열에 불과하다. 심지어 어떤 사람은 이렇게 말한다. So what?(그래서 뭐 어쨌다고요?)

한편 IoT에 종사하는 많은 사람들은 이구동성으로 "IoT, 이 기술 참 좋은데 말로 설명할 수는 없고…"라고 억울해할지도 모른다. 그러나 이것은 기술자가 빠지기 쉬운 기술지상주의의 함정이다. 다시 말하면 "우리가 이렇게 멋진 서비스를 발명(invention)했는데 왜 사람들은 그 가치를 몰라줄까?"이다.

반면에 고객들은 "우리가 돈을 주고 서비스를 이용해야 하는데 그 서비스가 우리의 삶에 어떤 가치가 있고 과연 그것이 혁신(innovation)을 가져다주나요?"라고 묻는다.

그리고 이들 두 개념, 즉 invention과 innovation, 사이의 간극(gap)이 크면 클수록 IoT의 앞날은 어두울 것이다. 필자는 이 간극을 줄이는 방법은 IoT 기술 및 서비스 개발자가 개발을 시작하기 전에 먼저 IoT의 비즈니스 모델을 정확히 정립하는 것이라고 생각한다. 이처럼 비즈니스 모델이 중요하다고 하는데 그렇다면 IoT의 비즈니스 모델은 과연 무엇인지 알아보자.

9.1 IoT의 비즈니스 모델

진정한 IoT는 어떤 모습이어야 할까? 이것은 참으로 어려운 질문이다. IoT의 개발에 종사하는 사람들은 이 문제에 답하려고 오랫동안 많은 노력을 기울이고 있는데 현재까지 얻어낸 바로는 '주어진 환경에 적절한 플랫폼 상에서 적절한 시점에 적절한 서비스를 제공하여 가치를 창출하는 것'이다. 그런데 과연 무엇이 적절한 것인지 아직 그 답은 없다.

이와 같은 주장이 성공하기 위해서는 IoT만이 가지는 분명한 핵심가치가 있어야 하며 그것을 한 마디로 요약하면 'IoT가 존재해야 할 필연성이 있어야 한다'는 것이다(우리는 앞에서 일본의 예를 들면서 많은 고객이 IoT 서비스를 도입할 필요성을 별로 느끼지 못한다는 사실을 소개한 바 있다). 이것을 맥락(context)이라는 개념으로 나타내는데 달리 표현하면 '언제 무엇을 어떤 상황에서 어떤 특징을 가지고 고객에게 의미를 부여하는지(when & what + character & situation)'를 IoT 서비스가 설명할 수 있어야 한다는 것을 의미한다.

이러한 개념에 그나마 근접하는 가장 흔한 예로써 우버 택시(Uber taxi) 또는 VinTank 등이 있다. 우버 택시는 존재의 필연성에 있어서 '언제 어디서든 고객이 원하는 곳으로 택시가 간다'는 것에 충실하며 VinTank는 'SNS와 같은 온라인 매체(online media)를 통하여 고객의 와인 취향과 관련된 빅데이터를 수집한 뒤 그 결과를 바탕으로 고객에게 최적의 와인을 제공한다'는 측면에서 맥락을 인식(context-aware)한다.

한편 일반 대중은 아직 실감하지는 못하겠지만 전문가들 사이에서 IoT의 평가는 긍정과 부정으로 엇갈리고 있는데 이것을 신화 또는 진실(myth or fact)이라고 부른다.

- 신화(myth): IoT는 스마트폰 이후 가장 크게 성장할 분야이다!
- 진실(fact): 아직까지 IoT에서 뚜렷한 성과는 나오지 못하고 있다!

참고로 이 글을 쓰는 현재 필자의 평가는 후자에 기울어져 있기는 하다.

그렇다면 IoT의 BM은 무엇인가? 그리고 과연 IoT는 통신 사업자나 플랫폼 사업자, 또는 앱이나 디바이스 사업자에게 많은 돈을 벌게 해 줄 것인가?

아래의 그림은 경제학에서 흔히 사용되는 개혁확산을 기반으로 하는 비즈니스의 흥망성쇠 모형이다.

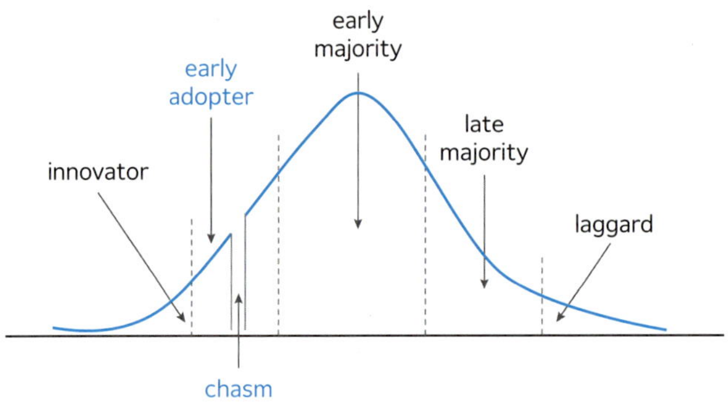

그림 9.1 개혁확산이론의 관점에서 본 IoT의 위치

IoT 비즈니스에 이 모형을 적용해보면 이 글을 쓰는 현재 IoT는 발전도상에서 어려움에 처한 상태에 있다. 마케팅 이론에 의하면 새로운 상품이나 서비스가 폭발적으로 보급되는 시점은 혁신자(innovator) 단계와 초기수용자(early adopter) 단계를 합한 비율이 전체의 16%를 넘는 시점이라고 한다.

그러나, 모든 비즈니스가 처음에는 미약하게 시작(small start)하지만 어느 시점에서 대규모의 고객을 확보하여야 성공으로 보는데 그러지 못하면 본격적으로 발전하지 못하는 딜레마를 가지고 있다. 그래서 발전도상에서 본격적인 발전을 앞두고 성장력이 한계에 부딪친 상황이 찾아오는데 그 순간을 협곡(chasm)이라고 부른다. 이 이론에 의하면 2019년 10월 필자가 이글을 쓰는 시점에서 IoT는 '협곡'에 있다. 따라서 앞에서도 이야기하였듯이 지금 우리가 IoT 비즈니스의 개념(또는 모델)을 제대로 수립하지 못하면 이 비즈니스는 성공하지 못할 가능성이 크다.

9.2 IoT 비즈니스 모델의 정의

IoT의 비즈니스 모델은 비즈니스를 고려하는 범위에 따라 분류하면 협의(俠義, narrow-sense)의 BM과 광의(廣義, wide-sense)의 BM으로 구분할 수 있다. 또한 물리적인 실체를 기준으로 분류하면 디바이스 중심(device-centric) BM과 서비스 중심(service-centric) BM으로 나눌 수 있다. 아래에서 각 BM에 대해서 소개한다.

9.2.1 비즈니스 범위에 따른 분류

IoT의 비즈니스 모델은 비즈니스를 고려하는 범위에 따라 다음과 같이 분류할 수 있다.

1 협의의 BM

협의의 비즈니스 모델은 IoT를 수익 모델로 보아서 기업의 이익 창출에 중점을 두는 것이다. 이는 다시 가입자로부터 직접 수익을 올리는 가입자 기반 수익 모델과 가입자에게는 무료로 서비스를 제공하고 광고를 의뢰하는 주체로부터 비용을 창출하는 광고 기반 수익 모델로 나뉜다. 가입자 기반으로 수익을 내려면 가입자에게 매력적인 서비스(제품 포함)를 개발해야 하는데 이것이 간단한 것이 아니다. 반면에 광고 기반으로 수익을 내는 것도 쉽지 않은데 IoT를 이용한 광고 자체도 없는 상황에서 수익을 내는 것은 더욱 어렵다.

게다가 이 모델은 사업이 성숙되어 수익 흐름이 안정화된 사업의 분석에 적합한데 현재의 IoT에는 이 모델이 적합하지 않다.

2 광의의 BM

광의의 비즈니스 모델은 IoT를 기업 업무 프로세스의 혁신, 서비스의 전달 방법 및 이윤 창출 등 넓은 의미의 비즈니스 제공을 목표로 한다. 이 모델은 기업이 지속적으로 이윤을 창출하기 위해서 서비스를 생산하고 판매 및 관리하는 일련의 과정으로 정의되며 이때 IoT의 역할은 단순한 IoT 기술을 이용한 사물 및 산업에의 접목 수준이 아니라 생산, 유통, 소비 등 전 영역에 걸쳐서 IoT 기술이 적용되어 비즈니스 자체의 성격마저 바꿀 수 있는 것이어야 한다. 이 모델은 사업의 태동단계에 적합하다.

이상의 논의를 요약하면 IoT 기술이 도입되고 확산되는 단계에서는 IoT가 단순히 기업의 수익을 창출하기 위한 수단이 되는 것이 아니라 IoT가 기존의 산업 및 서비스가 가지고 있는 한계를 극복하고 인간이나 사회에 지금까지 존재하지 않았던 새로운 가치를 창출할 수 있는 전방위적 영향을 미치도록 종합적인 비즈니스 모델을 정립하여야 함을 의미한다.

9.2.2 수익창출 방법에 따른 분류

위에서 비즈니스 범위에 따른 분류에서 IoT를 통하여 수익을 창출하는 것을 이야기했는데 IoT 비즈니스에서 수익을 창출하는 방법은 다시 아래의 네 가지로 나눌 수 있다.

1 생태계 제공 비즈니스

생태계(ecosystem) 제공 비즈니스는 기존의 IT 기기 벤더나 IoT 플랫폼 벤더 등과 같이 고객에게 IoT 시스템을 구축해주는 것을 수익 창출의 수단으로 삼는다. 국내의 삼성 SDI, 포스코 ICT 등과 같은 업체가 이에 해당한다.

2 데이터 세일즈 비즈니스

데이터 세일즈(data sales) 비즈니스는 개인이나 기업 고객으로부터 얻은 데이터를 그대로 혹은 가공해서 팔아서 수익을 창출하는 비즈니스이다. 일례로서 미쉐린 타이어(Michelin tire)는 고객의 타이어 사용 정보를 자동차 제조회사나 딜러에게 제공하여 수익을 얻는다.

3 서비스 제공 비즈니스

서비스 제공(service provisioning) 비즈니스는 고객에게 IoT 응용서비스를 제공해주고 수익을 창출하는 비즈니스이다. 스마트홈이나 스마트시티 서비스 등이 이에 해당한다. 위의 미쉐린 타이어의 예를 들면 미쉐린으로부터 제공받은 고객의 타이어 사용 정보를 바탕으로 자동차 제조회사나 딜러가 고객을 대상으로 기존의 단순한 차량 판매 비즈니스에 더해서 고객에게 타이어의 교체 시기나 계절이나 운행 환경에 맞는 타이어를 소개해주는 등 새로운 서비스를 제공하는 것이다.

4 디바이스 판매 비즈니스

디바이스 판매(device sales) 비즈니스는 주로 하드웨어 제조업자가 취하는 비즈니스 모형이다. 즉 고객에게 IoT와 관련된 디바이스를 판매하여 수익을 창출한다. 그러나, 일반 고객이 IoT 디바이스에 대해 지식도 부족하고 또 고장이 나거나 수명이 다했을 때 대처 방법도 모르기 때문에 기존의 비즈니스 관행대로 단순히 디바이스만 판매해서는 고객을 상대로 지속가능한 비즈니스를 수행하기 어렵다. 또 요즘의 IoT 디바이스는 앱의 진화에 따라서 소프트웨어의 업그레이드가 필요할 경우도 많은데 이런 점을 고려할 때 디바이스 판매 비즈니스 자체만으로는 사업의 지속은 어렵다. 결국 위에서 열거한 다른 비즈니스 모형을 조합한 새로운 비즈니스 모형을 찾아야 할 것이다.

9.2.3 물리적인 실체를 기준으로 한 분류

IoT에서 물리적인 실체를 기준으로 비즈니스를 분류하면 다음과 같다.

1 디바이스 중심의 BM

디바이스 중심의 비즈니스 모델은 디바이스를 팔아서 수익을 내는 것을 목적으로 하며(일명, 제품 중심 BM이라고도 부름), Apple의 아이폰, 온/습도 조절기, 무인 비행기 등이 여기에 해당한다.

그런데 이 모델에는 치명적 문제점이 존재하는데 기존의 제품 및 서비스에 단순히 IoT 기술을 접목하여 기기를 스마트화하는 수준(이것을 smart things라고 함)에 그칠 확률이 높다.

디바이스 중심의 비즈니스 모델의 일례로서 홍콩의 해피랩스(Hapilabs)가 개발한 해피포크(happy fork)가 있는데 포크에 센서를 내장해서 식사량과 시간 등을 수집하여 스마트폰으로 전송하여 이용자의 식사습관을 관리하고 개선하는 것이다. 또 다른 예로는 KoKolibree가 개발한 것으로서 칫솔에 센서를 내장하여 칫솔의 사용 정보를 스마트폰으로 알려주는 것이 있다. 그런데 과연 사람들이 포크에 센서를 달아서까지 식사습관을 관리하려고 할까? 그리고 또 칫솔의 사용정보까지 스마트폰으로 받아볼 사람이 과연 몇 명이나 있을까? 필자가 알아보니 이들 두 비즈니스에 대한 고객의 반응은 '아주 싸늘하였다'고 한다.

2 서비스 중심의 BM

서비스 중심의 비즈니스는 서비스를 팔아서 수익을 내는 것을 목적으로 한다. 단, 여기서 서비스는 애플리케이션 서비스뿐만 아니라 플랫폼 서비스까지 포함한다.

서비스 중심 비즈니스의 문제점은 기존에 없던 새로운 가치를 만드는 것, 즉, 혁신적인 서비스를 통하여 고객경험(user experience, UE)을 창조해야 한다는 것이다. 예를 들면 시중에 나와 있는 스마트폰이나 스마트워치 등 웨어러블 디바이스(wearable device)에 헬스와 관련된 앱(health App)을 연동하여 고객에게 새로운 경험을 제공하여야 한다. 사실 많은 사람들이 스마트워치에 만보계나 생체정보 측정 기능이 있는 것은 알고 있지만 그로부터 새로운 경험을 제공받는다고 감동하는 사람은 많지 않다. 결국 말은 쉽지만 실제로 고객에게 새로운 경험을 제공하는 것은 아주 어렵다.

이상의 논의에서 보듯이 필자의 생각으로는 IoT의 BM은 결국은 플랫폼 및 서비스 중심의 BM으로 발전될 가능성이 높다. 그래서 서비스 중심의 IoT 비즈니스 모델의 성공사례로서 세 가지를 소개한다[고재연].

■ 롤스로이스의 '토털케어'

먼저 영국 롤스로이스의 '토털케어(total care)'를 소개한다. 항공기 엔진 제조사인 롤스로이스는 제품의 판매뿐만 아니라 유지, 보수 등을 통해서 지속적으로 엔진에 대한 서비스를 제공하고 있다. 이를 위해서 자사의 엔진과 추진 시스템에 수백 개의 센서를 붙여서 엔진에 가해지는 진동, 압력, 온도, 속도 등의 데이터를 수집한다. 전 세계 500여 개 항공사의 1만 4,000여 대의 비행기를 대상으로 수집한 빅데이터를 이용해서 엔진의 결함이나 교체 시기를 분석하여 항공사에 알려주면 항공사는 그 데이터를 바탕으로 비행 스케줄을 조절한다. 그 결과 항공사는 갑작스러운 기체의 결함으로 인한 연착이나 운항취소에 따른 손실을 줄일 수 있고 연료의 사용량도 최적화할 수 있는데 엔진 한 개당 연간 약 3억 원의 비용을 절감하였다고 알려져 있다.

실제로 외국 여행을 해보면 비행기가 공항에 도착한 후 탑승했던 승객이 내리고 새로운 승객이 타는 짧은 시간 동안에 항공기 정비사가 망치 비슷한 것을 들고 비행기 주변을 검사하는 모습을 볼 수 있는데 그 뒤 무사히 이륙하여 여행을 마치기는 하지만 과연 그 정비사가 비행기의 수많은 부품에 대해서 정확히 검사할 수 있을까 의문이 든 적이 많았다. 필자에게는 비행기가 기체 결함으로 이륙이 지연된 경험이 많은데 만약 토털케어 서비스를 사용한다면 이런 사고는 훨씬 줄어들 것 같다.

■ 아디다스

독일의 아디다스는 그동안 중국과 베트남 등지에서 생산하던 신발을 2017년부터 독일과 미국에서 생산하기 시작했다. 이들 신발을 생산하기 위해서 아디다스는 3D 프린터와 로봇을 이용하는 일명 '스피드팩토리(speed factory)'를 건설했다. 독일의 인스바흐에 있는 스피드팩토리에서는 160명의 종업원이 연간 50만 켤레의 신발을 만든다. 그런데 이들 신발은 다품종 소량의 맞춤형 생산체제로 만들어진다. 맞춤형 신발은 신발의 모양, 색깔, 뒷굽, 깔창, 끈 등 수백만 가지 조합의 옵션 중에서 소비자가 원하는 것을 선택하면 다섯 시간 이내에 제품을 생산한다. 참고로 재래식 기술로 이렇게 하려면 6주가 걸린다.

한편 디자이너가 그린 새 운동화가 제작되어서 매장에 진열되기까지 보통 1년 6개월이 걸리지만 스피드팩토리에서는 단 열흘밖에 걸리지 않는다고 한다.

그런데 아디다스의 스마트팩토리 비즈니스에 문제가 발생했는데 이에 대한 이야기는 뒤의 11장 스마트팩토리에서 다시 다루기로 한다.

■ 미쉐린

미쉐린은 '서비스로서의 타이어(tire as a service)'라는 개념을 기반으로 '에피퓨엘 서비스'를 만들었다. 에피퓨엘 서비스는 타이어와 엔진에 센서를 부착하여 연료의 소비량, 타이어의 압력, 온도, 속도, 위치 등의 정보를 수집한다. 수집된 데이터는 클라우드로 옮겨지고 플랫폼은 정보를 분석한다. 분석된 정보를 바탕으로 고객의 운전 거리, 운전 습관 등을 분석하여 타이어의 교체 시기나 문제점 등을 알려준다. 이렇게 하여서 미쉐린 타이어 사용자는 평균적으로 100km당 2.5L의 연료를 절약하고 1년간 12만km를 달리는 장거리 화물차량은 연간 3,200유로(약 405만 원)의 연료비를 줄이고 이산화탄소의 배출량도 차량당 8t가량 줄일 수 있었다고 한다.

지금까지 우리는 세계적으로 유명한 회사가 IoT를 적용한 BM 사례를 알아보았는데 이외에도 서비스 중심의 IoT 비즈니스 모델은 주변에 많다. 사진정보 분석업체 디토랩스의 CEO인 데이비드 로즈는 빅데이터와 IoT 산업의 미래를 다룬 책 'Enchanted objects'(국내 미출간)에서 제조업 등 전통적인 산업군에서도 제품의 개발에서 생산 및 홍보, 그리고 세일즈에 이르기까지 사진 중심의 소셜미디어(social media)와 IoT 기술을 접목하라고 강조하고 있다.

요즘의 소셜미디어를 보면 글보다는 사진과 영상이 훨씬 많은 비중을 차지함을 볼 수 있다. 따라서 앞으로는 경영 전반에 걸쳐서 소셜미디어를 잘 활용할 필요가 있다. 예를 들면 코카콜라는 어떤 고객이 어떤 맛을 더 좋아하는지 알아보기 위해서 실제로 고객이 콜라를 마시는 사진을 소셜미디어 상에서 수집해서 분석했다고 한다. 핸드백 회사인 마이클 코어스(Michaelkors) 역시 소셜미디어를 통해서 졸업이나 입학 등 고객이 어떤 기념일에 자사 제품을 주고받는지를 분석해서 홍보전략을 세우기도 한다.

한편, 기존의 제품과 새로운 서비스를 융합한 새로운 비즈니스 모델이 속속 등장하는데 Beam이라고 하는 미국의 칫솔 회사는 Beam brush라는 칫솔로 고객의 양치질 습관과 횟수 등을 수집하여 이를 제대로 닦는 고객에게는 시중 보험사의 절반 수준인 월 20달러짜리(일반적으로 미국의 치아보험은 매월 약 50달러 정도라고 함: 1년에 $600!) 치아보험을 제공하는 칫솔-보험 연계 상품을 출시했다. 왜냐하면 아무래도 칫솔질을 제대로 하는 사람은 치과에 갈 확률이 낮아질 것이고 결국은 치아보험회사는 치과병원에 보험금을 덜 지불해도 될 것이기 때문이다.

Vitality라는 포장용기 제조업체는 환자가 약을 먹지 않으면 환자의 휴대전화로 알람을 보내고 한 주 동안 약의 복용 횟수를 측정해주는 약품 용기를 개발했다. 그런데 이 제품을 사용한 고객의 95%가 약을 제때 챙겨먹었다고 한다. 그러자 제약회사와 의료보험회사가 이 약품 통을 생산하는 데 투자하겠다는 제의가 왔다고 한다. 왜냐하면 제약사로서는 고객이 약을 제대로 복용하면 결국 약품판매가 증가해서 좋고 의료보험사는 약을 잘 챙겨먹은 고객의 발병률이 낮아져서 보험료 지급이 줄어들기 때문이다.

이상에서 살펴본 것처럼 기존의 제조업체들(항공기 엔진, 신발, 타이어, 칫솔 등)이 그들의 제품에 IoT 기술을 도입하는 것만으로는 새로운 사용자 경험과 비즈니스 혁신을 이루기가 어렵고 그로부터 얻은 정보를 분석하고 응용하여 고객에게 기존에 없었던 새로운 가치를 창출할 때 비로소 비즈니스로써 성공할 것으로 생각된다.

9.3 IoT 시장 분석

IoT를 둘러싼 시장(market)은 이미 오래 전부터 형성되어 왔는데 먼저 시대적으로 나누어 보면 다음과 같다.

9.3.1 1990년대 중반까지

1990년대 중반까지는 IoT 시장이라는 이름을 붙이기는 좀 그렇기는 하지만 그래도 IoT에 해당하는 사업영역이 있었다. 그때는 주로 음료 자판기, 가정 보안(home security), 유통분야에서 재고 및 주문 관리, 그리고 양계장 온도 감시 등에 주로 시장이 있었다.

다만 그 당시 이런 사업을 전개함에 있어서 기술 미비 및 경제성 등에 제한요소가 많았는데 가장 큰 문제점은 통신요금의 부담, 시스템 구축비용 대비 저효용, 네트워크 인프라의 미정비 등이었다.

9.3.2 2000년대 이후

2000년대에 들어와서 IoT 시장이 커지기 시작하였는데 주된 사업영역은 환경감시, 원격의료, 고령화 대응, 자동차, 수도 및 가스 등의 계측, 공작 및 건설기계 등 산업에서의 수요 증대로 IoT에 대한 새로운 발전의 계기가 마련되었다.

다만 그 당시에는 아직 보안과 관련된 기술이 발달하지 못하고 고객의 보안 의식도 별로 없어서 프라이버시 문제, 보안 위험성, 정부의 지나친 규제 등이 IoT 시장 확대의 걸림돌로 작용했다.

2000년대 이후 IoT 시장의 형성을 촉진한 계기를 아래의 세 가지 측면에서 살펴볼 수 있다.

먼저 기술적 측면에서부터 보자. 2009년부터 시작된 스마트폰의 보급, 메모리 및 시스템 반도체 기술의 발달에 따른 저비용 디바이스의 등장, 유무선 네트워크의 광대역화, 무선랜 등 IoT 디바이스의 최종 접속 수단의 저비용화로 도처에 IoT 기기를 접속할 수 있는 환경이 조성되었다.

그리고 사업자 측면에서는 2000년대 초반의 음성 및 데이터 통신을 위주로 하는 휴대전화 시장의 성숙으로 인하여 고객의 수요가 다양해진 한편 2017년부터 스마트폰 시장의 포화로 인하여 ISP는 더 이상 새로운 고객을 유치할 소재가 고갈되면서 기존과는 다른 새로운 시장을 개척할 필요성이 대두되었다.

마지막으로 사회적 측면에서는 인구학적 측면과 경제학적 측면, 그리고 환경적 측면이 복합적으로 작용하였는데, 인구학적으로는 1인 가족의 증가 및 고령화 사회의 도래가 가장 큰 문제로 대두되고, 세계 경제성장의 둔화로 인한 기업의 생산비용 절약도 중요한 이슈로 등장했다. 마지막으로 지구 온난화로 인한 재해 및 환경 문제 등에 대처하기 위해서 국가 차원의 인프라 구축 및 자원 감시에 돈과 인력이 많이 늘어가게 되었다. 이처럼 최근 등장한 사회적 측면의 문제를 해결하기 위해서는 IoT 기술을 활용한 무인화 및 자동화가 필요하게 되는데 이것을 실현하기 위해서 사회 인프라의 스마트(smart)화가 요구되었다.

이상의 세 가지 측면의 문제가 IoT 시장을 크게 할 원동력이 될 것이며 따라서 앞으로 다양한 IoT 비즈니스가 시장에 나타날 것이다. 몇 가지 대표적 비즈니스 사례를 소개한다.

9.4 IoT BM 사례

IoT의 BM 사례로 흔히 예를 드는 것이 드론, 스마트홈 등의 개인 분야와 스마트농업, 스마트팩토리 등 산업 분야, 그리고 스마트시티 등 국가 인프라 분야가 있는데 아래에서 간단히 소개한다.

9.4.1 드론

드론은 처음 개발될 당시에는 장난감과 같은 무인 모형비행기로 시작하였다. 사실 이 단계에서는 드론이 단순한 장남감이었을 뿐 특별한 비즈니스 모델은 아니었다. 그러나 최근에는 드론이 산업계의 판도를 바꾸어 놓고 있다. 사람들은 드론에 카메라를 장착하여 경치를 촬영하거나(방송국에서 다큐멘터리, 스포츠 중계 등에 많이 사용) 개인이 셀카용으로도 사용하며 더 나아가서 주택/환경/시설 등의 감시나 자녀 등하교 모니터링 등 보안용에도 사용한다.

그런데 IT 기술을 잘 모르는 사람이라도 드론이 활용도가 높고 또 인기를 끌 수 있다는 것은 누구든 짐작할 수 있는데 거기에는 몇 가지 이유가 있다. 먼저 드론은 이동하는데 공간적 제약을 받지 않는다. 왜냐하면 드론을 운행하기 위해서 도로도 필요 없고 활주로도 필요 없으니 어디든지 날아다닐 수 있기 때문이다. 그리고 또 드론은 무인 운행이 가능하고 또 운행자가 안전한 곳에서 무선으로 마음대로 조종할 수 있으므로 아무리 위험한 곳이라도 쉽게 접근해서 임무를 수행할 수 있다. 사실 드론은 자율주행차보다 더 IoT에 적합한 비즈니스 모델이다.

이처럼 최근에는 드론의 활약이 다양한 분야로 확산되는 추세인데 드론이 새로운 비즈니스 모델이 된 사례는 다음과 같다.

1 드론 배송

2017년 11월 28일 우정사업본부는 전남 고흥 선착장에서 소포와 등기 등 8kg의 우편물을 드론에 실어 4km 떨어진 득량도 마을회관까지 배달하는 데 성공했다. 평소에는 집배원이 여객선을 타고 우편배달을 위해 왕복하는 데 2시간이나 걸리던 것을 드론이 단 10분 만에 배송한 것이다. 이런 일이 가능한 것은 드론에 미리 입력한 좌표와 비행 프로그램을 이용했기 때문인데 우정사업본부는 이를 위해서 한국전자통신연구원(ETRI)과 함께 우편배송용 드론을 제작하고 소프트웨어를 개발한 것이 계기가 되었다고 하는데 이 드론은 최대 10kg의 물건을 싣고 시속 30km의 속도로 최대 40분까지 비행이 가능하다[이정호1]. 우정사업본부는 2022년까지 우편물 드론배송 서비스를 상용화할 계획이다. 아래의 사진에 나온 드론이 득량도 선착장에 착륙한 바로 그 역사의 주인공이다.

그림 9.2 우편물 배송 드론

외국에서는 아마존이 'Amazon prime air'를 통해 2016년 말 세계 최초로 영국에서 2.3kg의 상품을 배송한 적이 있고 DHL은 악천후에도 배송이 가능한 드론시스템을 개발하였다.

한편 드론은 물건의 배송뿐만 아니라 사람을 실어나르는 역할도 맡게 될 날이 멀지 않았다. 2019년 하반기에 우리나라는 (사실 시기는 의미가 없기는 하지만) 2025년부터 드론택시를 상용화하겠다는 계획을 세웠다[최진석 1]. 이를 위해서 '하늘길 신호등'이라는 드론비행 노선을 구축한다. 드론은 일반 비행기와는 다른 경로로 날아가야 하는데 이것을 드론전용공역(drone space)이라고 부른다. 그리고 드론이 안전하게 상공을 날기 위해서는 향후 드론의 비행경로와 충돌 회피, 트래픽 제어 등 드론 교통관리시스템도 구축해야 한다.

이 글을 쓰고 있는 시점에서는 처음에는 2인승 드론택시가 조종사가 없는 자율비행으로 최대 항속거리 50km 정도로 운항할 것으로 보고 있는데 드론 기술이 발전하면서 머지 않아서 10인승의 드론이 최대 500km까지 운항할 수 있을 것으로 전망하고 있다.

드론택시 비즈니스는 이미 다양한 업체가 준비를 하고 있는데, 미국의 차량공유서비스업체 우버가 2023년경에 드론 교통 서비스 플랫폼을 개발한다는 계획을 가지고 있고, 우리나라의 현대자동차그룹은 2019년에 도심형 항공 모빌리티(urban air mobility, UAM) 사업부를 신설하였으며, 아마존, 아우디, 보잉 등도 플라잉카(flying car) 사업을 준비하고 있다. 이것을 볼 때 앞으로는 우리 머리 위에 드론택시가 윙윙거리며 날아다닐 날이 머지 않았다.

2 드론 정찰

2017년 11월 KIST(한국과학기술연구원)는 AI(avian influenza) 바이러스의 검출을 위해 정찰용 드론과 수륙양용 로봇을 개발했다. AI는 철새에 의해서 전파되기 때문에 빠른 시간 안에 AI 바이러스를 가진 야생조류의 배설물을 확보하여야 하는데 야생조류는 대부분 사람이 접근하기 어려운 바닷가, 저수지, 하천에 산다. 따라서 철새가 이동하는 경로에 드론을 띄워서 철새들의 위치를 알아낸 뒤 그들의 위치정보를 지상으로 전송하고 지상에서는 로봇을 보내서 철새들의 배설물을 수집할 수 있다[최인준].

그런데 기존에는 철새의 배설물을 확보한 뒤 그것을 연구실로 가져가서 유전자를 증폭하여 바이러스의 유무를 확인했는데 K대 수의학과 교수와 KIST의 연구원은 AI 바이러스에 항체가 결합할 때 전류가 바뀌는 것을 감지하는 반도체 센서로 극미량의 바이러스도 알아낼 수 있는 기술을 개발했다. 이로써 배설물을 수집한 현장에서 바로 바이러스를 진단할 수 있게 되었다.

한편 드론은 처음에는 WiFi와 같은 비면허주파수대를 이용하여 조종하였기 때문에 사용 거리에 제한이 있는 것이 단점이었는데 최근에는 LTE/5G 등 셀룰러 통신망을 사용하여 수백 km 떨어진 곳에서도 드론을 조종할 수 있게 되어 물류 및 택배, 음식 배달, 세탁물 수거, 군용, 공장 설비나 사회 인프라 관리뿐만 아니라 동영상을 SNS에 올려서 소셜적 가치를 창출하기에까지 이르렀다. 실제로 ㈜LGU+는 2017년 11월 21일 'U+스마트드론 클라우드 드론관제시스템'이라는 꽤 긴 이름의 서비스를 상용화한다고 밝혔다[이정호2]. LGU+는 이 서비스를 통하여 도서 및 산간지역의 택배, 의약품 및 긴급물자의 수송, 해안의 수심 측정, 건축 측량, 보안, 환경 및 재해 감시 등 다양한 비즈니스 모델을 개발할 계획이라고 밝혔다. 특히 향후 5G 네트워크가 구축되면 드론 관제 서버와 드론 간의 처리 속도가 획기적으로 빨라져서 그 활용도가 더욱 높아질 것으로 기대하고 있다.

3 드론을 이용한 양식장 관리

㈜LGU+는 2018년 1월 25일 부산 송정리 미역 양식장에서 국내 최초로 양식장을 대상으로 '스마트 드론 관리 서비스'를 시연했다. 이 서비스는 환경센서를 드론에 부착하여 양식장 주위 수 km의 해상 환경을 모니터링하는 것이다. 이 드론은 송정리 포구를 출발하여 약 1km를 무인 주행하면서 수온, 용존 산소량 등의 환경 정보를 수집하여 육상에 있는 관제시스템으로 전송하였다. 관제시스템은 유해 부유물인 괭생이모자반을 발견하고 드론 관리자에 의해 수동조작된 드론은 그것을 수거하였다. 이 시연에서 LGU+는 LTE 기술과 클라우드 기술을 적용하여 드론의 자동주행, 영상전송, 원격조종 등의 기능을 성공적으로 수행할 수 있음을 증명했다. 사실 그동안 남해안의 양식장은 거의 매년 연례행사처럼 적조나 괭생이모자반 등의 피해를 입었는데, 이 서비스를 활용하면 피해를 사전에 예측하고 대책을 수립할 수 있을 것이다.

LGU⁺는 이 서비스를 '유플러스 스마트 드론 토털서비스 패키지'라는 이름(아, 이것도 이름이 너무 길다)으로 계속 발전시켜 나가겠다는 전략이다[김태훈]. 아래의 사진은 한 어민이 태블릿 PC로 양식장 환경 정보를 확인하는 모습이며 바다에 떠있는 것이 이번에 선보인 드론이다.

그림 9.3 미역 양식장 관제 드론

4 드론을 이용한 발전설비 원격 점검

한국서부발전은 2018년 2월 8일 전남 화순의 풍력단지에서 드론에 고성능 줌(zoom) 카메라를 장착하여 풍력발전기 부품인 블레이드(blade)의 상태와 풍력 타워의 연결부의 균열 여부를 원격으로 점검했다[김승범]. 아래의 그림은 이것을 나타낸 것이다.

그림 9.4 풍력발전 설비를 점검 중인 드론

풍력발전 설비를 직접 본 사람은 알겠지만(필자는 2017년 가을에 강원도 대관령 선자령에 있는 풍력발전기를 바로 곁에서 보았는데 목을 뒤로 완전히 꺾지 않으면 날개가 보이지도 않을 정도로 높은 곳에 설치되어 있었음) 풍력발전기의 타워는 주로 바람이 세게 부는 산꼭대기에 위치하고 있고 또 지상에서 아주 높은 곳에 위치하고 있어서 블레이드나 타워의 연결부를 사람이 점검하는 일은 힘도 들고 아주 위험한 일이다. 그러나 이 일을 드론에게 맡기면 인력 및 시간 절감은 물론 사람이 힘들고 위험한 작업에 노출되는 것을 막을 수 있기에 아주 유용할 것 같다.

5 드론 쇼

2018년 2월 9일 강원도 평창 동계올림픽 개막식에서는 1,218대의 드론으로 라이트 쇼(light show)를 녹화한 것이 소개되었다(개막식 당일 관중이 모인 장소에서 직접 쇼를 하기에는 바람도 많이 불고 안전상의 이유로 미리 녹화해서 화면으로 보여줌)[이영완]. 이 쇼는 '최다 무인 항공기 동시 비행'으로 기네스북에도 등재되었다. 이 쇼를 기획한 미국의 인텔(Intel)은 1,218대의 드론을 단 한 명의 조종사가 한 대의 컴퓨터로 조종하였다고 한다.

이 쇼에 등장한 드론은 별똥별(shooting star)이란 이름의 드론인데 무게가 330g에 최대 비행속도가 초속 10m라고 한다. 이 드론에는 GPS, LED, 통신칩 등이 탑재되어

그림 9.5 드론이 그린 오륜기

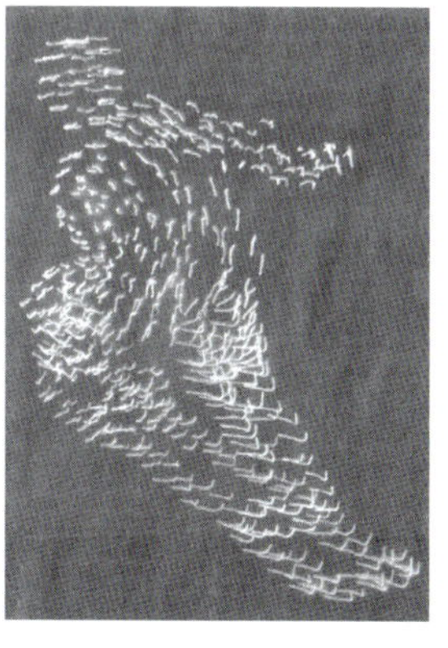

그림 9.6 드론이 그린 스노우보드 선수

오륜기와 스노우보드 선수 모양(이 선수의 키가 100m임!)을 완벽하게 만들어서 보는 사람을 놀라게 했다. 오륜기도 대단하지만 스노우보드를 타는 사람의 모습은 보고 또 봐도 정말 쿨하다.

앞의 그림은 평창의 밤하늘을 배경으로 드론이 연출한 그림이다.

인텔 드론 라이트 쇼를 총괄한 사람은 31세의 나탈리 청이라는 사람인데 "드론 쇼는 기술과 예술의 이상적인 조합"이라면서 이번의 쇼와 같이 3~5분짜리 드론 쇼는 2주일 정도 프로그래밍을 하면 충분히 만들 수 있다고 했다[최진석 2].

이 드론에는 세 종류의 프로그램이 적용되었다.

첫째는 애니메이션 프로그램인데 PC에 하늘에서 연출할 이미지를 입력하면 총 몇 대의 드론이 필요한지, 각 드론은 어디에 머물러야 하는지, 지상에서 이륙하여 자신이 있어야 할 위치까지의 최단 경로 등을 계산한다.

둘째는 각 드론의 GPS 신호나 배터리의 상태 등을 실시간으로 관리하는 프로그램이다.

셋째는 드론의 동작을 실제로 조작하는 프로그램이다. 드론으로 그림을 그리려면 드론 사이의 간격을 정교하게 유지하여야 하므로 이번 드론 쇼에는 수 cm 단위의 측정이 가능한 실시간 운동(real-time kinematic) GPS를 사용하였다고 한다.

세계적으로 이미 많은 드론 쇼가 있었는데, 이 쇼 이전에도 2015년 독일의 함부르크에서 베에토벤의 운명교향곡에 맞춰서 드론 100대가 군무를 벌인 적이 있고, 2017년 2월에는 미국 프로 풋볼의 챔피언 결정전인 수퍼보울(super bowl)에서도 300대의 드론이 가수 레이디 가가의 공연에 맞추어서 성조기 모양을 만든 적이 있다고 한다.

하여간 드론이 그려내는 그림은 감동을 자아내기에 충분한 것 같은데 앞으로는 큰 행사에서 드론 쇼를 어렵지 않게 관측할 수 있을 것 같다.

아래의 표는 기존 및 향후 전개될 드론의 적용 분야와 경제적 영향, 그리고 기술 성숙까지의 소요 시간을 요약한 것이다.

표 9.1 드론의 적용 시나리오

<table>
<tr><th colspan="2">적용 분야 / 활용 방안</th><th>경제적 영향</th><th>기술 성숙까지 소요시간 [2018년 기준]</th></tr>
<tr><td rowspan="3">정찰</td><td>단거리 정찰</td><td rowspan="2">높음</td><td>이미 성숙</td></tr>
<tr><td>장거리 정찰</td><td>2~5년</td></tr>
<tr><td>사진, 영상 촬영</td><td>낮음</td><td rowspan="3">이미 성숙</td></tr>
<tr><td colspan="2">작업 지원</td><td>중간</td></tr>
<tr><td colspan="2">오락 및 광고</td><td rowspan="2">낮음</td></tr>
<tr><td colspan="2">네트워킹</td><td>1~3년</td></tr>
<tr><td rowspan="2">모빌리티</td><td>교통수단</td><td rowspan="2">높음</td><td>10~15년</td></tr>
<tr><td>배송</td><td>5~10년</td></tr>
</table>

6 드론 전쟁

지금까지 우리는 드론이 가져다주는 아름다운(?) 세계의 이야기를 감상했다. 그런데 지금부터는 약간 다른 세계의 이야기를 하고자 한다. 2020년 1월 3일 밤 이라크의 수도 바그다드에 있는 공항도로를 달리던 가셈 솔레이마니 쿠드스군(이란혁명수비대 정예군) 사령관을 태운 차량이 미군이 운용하는 리퍼(reaper)라는 이름의 드론의 공습을 받고 솔레이마니가 현장에서 사망했다[이용성].

리퍼는 드론에 감시 카메라, 적외선 센서 등을 탑재하고 수집한 정보를 인공위성을 통해 실시간으로 미국 본토에 있는 지상 지휘통제부로 전달하고, 이를 토대로 드론 조종사들이 전자장비를 원격 조정하며 표적을 정밀 추적해 타격했다고 한다[박정엽].

그림 9.7은 이번 작전의 개념도이다[손진석].

그림 9.7 리퍼의 군사작전

위의 그림에서 보듯이 리퍼는 전 세계 여러 곳에 분산 배치되어 있다가 공격 대상물이 있는 곳에서 가까운 곳을 이륙하여 공격 대상물이 있는 곳으로 접근한 뒤 감시 카메라로 공격 대상물을 촬영하여 인공위성을 통하여 미국 본토의 지휘통제부에 정보를 전송하고 미국 본토의 지휘통제부는 이 정보를 바탕으로 리퍼에게 공격 명령을 내리면 그에 따라 공격을 수행한다. 이번 공격에서 아마도 리퍼는 인근에 있는 쿠웨이트, 카타르, 아랍에미리트의 미 공군 기지 중 한 곳을 이륙한 후 군사작전을 벌인 것 같은데 이들 셋 중 솔레이마니가 숨진 이라크 바그다드 공항에서 가장 가까운 곳은 쿠웨이트의 알리 알 셀럼 공군기지로서 570㎞ 떨어져 있으며 이곳은 리퍼의 작전 가능 거리인 1900㎞ 이내에 있다.

앞으로는 요인 암살이나 국지적 공격 등에는 굳이 장갑차나 로켓포 등 대공방위 무기에 노출되는 우려가 없는 드론전쟁의 시대[고두현1]가 올 것 같아서 왠지 조금 무섭기도 하다.

9.4.2 스마트홈

2000년대 초반 한때 스마트홈(smart home, 이하 SH) 서비스가 대유행한 적이 있었다. 사람들은 스마트홈이 마치 황금 노다지라도 되는 듯 연일 신문 지상에서 스마트홈 특집을 마련하고 정부까지 앞에 나서서 대학 연구 지원사업도 벌이고 했지만 '약속의 땅'은 '과거의 유산'으로 끝나고 말았다. 그 이유는 무엇일까? 먼저 과거의 유산과 약속의 땅이 될 조건부터 알아보자.

- 과거의 유산(legacy): SH가 단순한 전력 사용 가시화(visualization)나 가전기기의 제어에 그친다면 결국 과거의 유산이 될 것이다.
- 약속의 땅(promise): 우리의 일상에서 스마트홈 서비스가 필요할 때 IoT가 사용자의 문제점을 해결해 준다면 약속의 땅이 될 것이다.

결국 SH 비즈니스 성공의 관건은 고객이 돈을 지불할 만한 가치가 있는 서비스의 개발이다. 앞으로 가장 먼저 개인의 생활에 널리 침투할 비즈니스는 과연 무엇일까? 스마트홈에 대해서는 뒤에서 자세히 다루도록 한다.

9.4.3 스마트팜

> 농업인 A씨는 밤새 내린 폭설에 장미꽃 온실이 무사한지 걱정되어 아침에 눈을 뜨자마자 스마트폰의 음성 비서에게 온실 상황을 묻자 온실의 내부 모습을 보여주는 화면이 표시되었다.

이것은 미래가 아니고 현실이다.

농업분야에 IoT를 도입한 비즈니스 성공 사례로서 일본의 '모바일 우온혜(mobile 牛溫惠)'가 있다. 이 비즈니스 모델은 분만을 앞둔 어미 소에 대한 분만 시기 감시 및 발견을 목적으로 한다. 일반적으로 소가 송아지를 분만할 시기가 가까워지면 체온이 올

라간다는데 이 점을 이용한 것이다. 모바일 우온혜는 어미 소의 분만구(膣)에 온도 센서를 삽입하고 우사(牛舍) 내에 통신회사의 SIM카드가 내장된 통신장비를 설치한 후 그 장치와 통신회사의 기지국 간을 연결하여 어미 소의 체온 정보가 통신회사의 감시 서버로 전달되어 저장되도록 한다. 그 뒤 어미 소의 체온을 5분 간격으로 측정하여 평균체온이 정상체온에 비해서 0.5도 정도 내려가면 서버가 소의 주인에게 알람을 송신하여 출산이 임박했음을 알려준다.

실제로 이 서비스는 2015년 말을 기준으로 일본에서 약 600여 축산농가가 이용하고 있는데 이 서비스가 성공한 이유는 투자비 대비 성과가 아주 좋기 때문이다. 보통 축산농가가 이 서비스를 받기 위해서 들어가는 초기비용은 약 40~50만 엔(한화 440만 원~550만 원)에 월 이용요금으로 5,900엔 정도인데 송아지 한 마리의 가격은 70~80만 엔이며 분만 시 어미소의 사망률은 약 5% 정도라고 한다.

한편 축산농가에서 가장 큰 고민거리 중의 하나가 어미 소의 분만 시간을 예측할 수 없다는 것인데, 보통 분만시기는 1주일에서 열흘 정도 어긋나는 것이 예사라고 한다. 따라서 축산농민은 어미 소의 출산이 임박하면 거의 모든 일을 멈추고 어미 소 곁에서 지켜야 하는데 그것이 여간 불편한 일이 아니라는 것이다. 그래서 축산농민들 사이에서는 '모바일 우온혜' 서비스가 이제 더 이상 없어서는 안되는 필수품이라는 이야기까지 한다. 이 이야기는 우리나라의 축산업에도 시사하는 바가 크다.

이처럼 스마트팜(smart farm)은 농산물을 재배하는 생산 시스템을 비롯하여 유통과 소비에 이르기까지 농업 전반에 대한 디지털화와 지능정보화를 의미한다.

스마트팜은 기술의 수준에 따라 3세대로 나뉘는데 간단히 요약하면 다음과 같다[라승용].

- 1세대는 '농업의 편의성 증진'을 목적으로 동식물의 생육환경을 센서로 측정하여 농업인이 직접 데이터를 분석하고 제어기를 조작하는 단계이다. 1세대의 단점은 농업인이 정보통신 기술에 익숙하지 않을 경우 데이터를 이해하고 분석할 수 없어서 스마트팜 기술을 제대로 사용할 수 없다는 것이다.

- 2세대는 1세대의 단점을 극복하여 '농업 생산성의 향상'을 본격화하는 것을 목적으로 하고 있다. 이를 위하여 기존의 센싱기술에 인공지능과 클라우드 및 빅데이터 기술을 접목하여 농장환경의 정보화 및 농작물의 생육과 질병 진단에 이르기까지 농작물의 재배와 관련된 모든 과정을 농업인의 수작업 없이 자동화하는 것이다. 우리나라도 학교와 연구소가 힘을 합쳐서 이 단계의 기술을 2018년에 확보하여 '한국형 스마트팜 2세대 기술'이라고 명명하였다.
- 3세대는 아직 구체적 개념은 확립되지는 않았으나 2세대 기술을 확장하여 '농업의 글로벌 산업화'를 지향한다. 3세대 기술이 성숙되면 농업과 연관된 다른 산업까지 그 효과가 확산되어 농업이 단순한 제조업이 아니라 '서비스로서의 농업(farm as a service: 이것은 필자의 생각)'으로 진화할지도 모른다.

9.4.4 산업 IoT

최근에 들어서 IoT 기술을 산업분야로 확대하려는 움직임이 급격히 늘어나고 있는데 이와 같은 움직임을 산업 IoT(Industry IoT, 이하 I-IoT)이라고 한다. 산업 IoT는 지능형 기계가 인터넷을 통해서 글로벌 네트워크를 형성하여 빅데이터를 수집하고 분석하여 기계 간 혹은 기계와 사람 간에 협업을 가능하게 하는 서비스를 통칭한다.

산업 IoT 비즈니스의 대표로 자주 언급되는 것은 스마트팩토리(smart factory)와 스마트 건설기계, 그리고 자율주행차(autonomous vehicle)이다. 아래에서 이들의 사례를 소개한다.

1 스마트팩토리

스마트팩토리(smart factory)는 산업현장에서 센서 등 IoT 기술을 적용하여 공장 내의 다양한 상황에 대한 데이터를 수집하고 AI 플랫폼을 이용하여 공장의 상황을 판단하고 그에 따라서 작업을 수행할 수 있는 '지능화된 공장'을 의미한다. 즉, 스마트팩토리는 기존에 널리 사용되었던 공장자동화(사람의 노동력을 대체하는 수단)와는 다르게 공장 내의 센서 및 장비에서 수집된 정보를 바탕으로 공장의 제조공정을 최적화하는 개념이다.

스마트팩토리는 전통적인 제조업에 IoT 기술을 입힌(제조업+IoT) 것을 말한다. 스마트팩토리의 기본 개념은 제품의 기획, 설계, 생산, 유통, 판매의 모든 과정을 IT 기술로 통합하여(제조와 서비스의 융합) 최소한의 비용과 시간으로 고객맞춤형 제품을 생산하는 공장을 말한다.

스마트팩토리의 실현을 위하여 모든 기계가 IoT를 통해 소통하면서 최적의 공정을 실현하는데 그로 인해서 생산성 향상, 에너지 절감, 인간중심의 작업환경, 개인맞춤형 제조를 실현할 수 있다.

국내의 중소기업 스마트팩토리의 예로는 동양피스톤을 들 수 있는데 이 회사에서는 조립 기계마다 수십여 개의 센서를 부착하여 투입되는 부품과 산출품의 무게와 모양 등을 정밀 측정하고 그 정보를 중앙컴퓨터에 전송하고 중앙컴퓨터의 AI는 실시간으로 전 공정을 제어함으로써 생산량은 25% 증가하고 불량률은 종전의 1/10로 감소시킬 수 있었다. 아래의 그림은 동양피스톤의 공장 내부 사진인데 자세히 보면 공장 안에 사람

그림 9.7 스마트팩토리의 모습

의 모습이 거의 보이지 않는다.

국내의 글로벌기업 중 스마트팩토리 도입 성공사례는 앞에서도 소개된 바와 같이 포스코이다. 포스코는 제철공정의 효율화를 위하여 일찍부터 스마트팩토리 기술 개발에 공을 들여왔는데 이제는 그 성과를 해외에서도 인정받게 되었다. 포스코는 2018년 2월 초에 미국의 GE와 손잡고 제철 설비에 최적화된 스마트팩토리 플랫폼인 '포스프레임플러스'를 공동으로 개발하여 사업화하기로 했다. 이 플랫폼이 완성되면 제철 설비의 고장을 미리 예측하여 설비의 운영효율이 크게 향상되고 공장 내의 안전 사고의 예방에 획기적인 전환이 될 것이라고 한다[안대규18].

필자가 보기에 스마트팩토리는 앞으로 IoT에서 중요한 부분을 차지할 것으로 전망한다. 그래서 이 주제는 뒤에서 따로 장을 마련하여 자세히 다루기로 한다.

2 스마트 건설기계(smart machine)

산업 IoT의 또 다른 예로서 건설기계에의 응용이 있는데 굴삭기나 휠로더, 덤프트럭 등의 장비에 카메라, 레이더, 레이저, 초음파 등의 센서를 연결하여 건설현장에서 가장 고질적인 문제의 하나로 알려져 있는 산업재해를 해결하려는 시도가 일어나고 있다.

그림 9.8 무인 휠로더와 무인 운전 트럭

㈜볼보건설기계는 2016년 9월 볼보그룹 내에 있는 굴삭기, 트럭, 선박엔진 등 50만 대의 장비에 IoT를 적용하는 작업을 마쳤다. 그 결과 운전자나 원격 조종장치 없이 채석장에서 무인 자율기능을 갖춘 휠로더(모델명: L120)가 스스로 골재를 채취하고 이를 무인 자율주행 덤프트럭(모델명: A25)에 옮겨 싣는 과정에서 트럭과 부딪히지 않는데 성공했다. 그림 9.8이 이것을 나타내고 있는데 그림에서 보듯이 두 대의 차량에는 운전자가 보이지 않는다[안대규16].

한편 국내에서는 ㈜두산인프라코어가 드론과 연계한 '무인 건설현장'을 위한 플랫폼을 개발 중이다[최만수]. ㈜두산인프라코어는 2019년 11월 20일 건설현장의 모든 작업을 자동화한 종합관제 솔루션 '컨셉트-엑스'를 공개했다. 아래의 사진은 이것을 보여주고 있다.

그림 9.9 컨셉트-엑스 시연회 장면

컨셉트-엑스(CONCEPT-X)는 건설현장의 측량부터 건설기계 운용까지 모든 과정을 무인·자동화한 종합관제시스템인데 드론이 건설현장을 날아다니며 측량하면 관제실에서는 드론이 보내온 데이터를 이용해 현장을 3차원 그래픽으로 생성한 뒤 작업계획을 짜서 무인 굴착기가 공사를 시작하는데 이 과정에서 사람의 개입이 없다.

㈜두산인프라코어는 2025년까지 건설현장 종합관제 솔루션을 상용화할 계획이며 드

론 측량, 데이터 분석, 건설기계 무인 운용과 관리 등 개별 단위 기술은 검증을 마치는 대로 시장에 선보일 예정이다. 이 시스템은 동시다발로 작업하는 현장 움직임에 신속하고 정확히 대응할 수 있어서 건설현장의 생산성과 경제성은 물론 안전성도 획기적으로 높일 것이라고 한다.

3 자율주행차

자율주행차(autonomous vehicle, 이하 AV)는 운전자의 수동조작 없이 도로를 포함한 모든 곳을 차량이 스스로 알아서(自律的으로) 주행하는 차량이다.

AV에는 차량이 수행하는 기능에 따라서 5레벨로 나뉠 수 있는데 각 레벨의 특징을 간략히 설명한다(일부에서는 차량의 운행과 관련된 조작을 인간이 수행하는 기존의 차량을 레벨 0으로 정의하여 6단계로 나누기도 하는데 이 책은 이 단계를 AV에 포함시키지 않기로 함).

- 레벨1: 이 단계에서는 기본적으로 운전자가 차량을 조종한다는 가정 하에 자동운전시스템(automatic driving system, 이하 ADS)이 운전을 지원한다. 이것을 전술적 기능(dynamic driving task, DDT)이라고 부르는데, 정속 주행, 선행차량 추종(주로 일렬운행에서), 충돌 회피, 사각(死角) 경고, 차선이탈 경고, 주차 지원 등이 이런 기능이다. 그래서 이 단계를 '안전운전 지원 레벨'이라고 부른다.
- 레벨2: 이 단계에서는 ADS가 동시에 복수의 기능을 수행하면서 운전이 가능한데, 인간이 수시로 주변의 운전환경을 감시하고 필요하면 운전을 조작하는 기능을 가진다. 따라서 부분적으로는 자동운전이 가능하다. 그래서 이 단계를 '부분 자동운전 레벨'이라고 부른다.
- 레벨3: 이 단계에서는 ADS가 고속도로 등 한정된 주행환경에서 운전환경이나 교통상황을 차량이 스스로 감시하면서 자동으로 운전이 가능하다. 다만, 긴급상황이 발생할 때는 인간의 개입이 가능하다. 그래서 이 단계를 '조건부 자동운전 레

벨'이라고 부른다.

- 레벨4: 이 단계에서는 레벨3의 기능에 긴급상황에서도 인간의 개입이 필요없는 수준의 기능을 차량이 가지고 있다. 단, 여기에는 한 가지 조건이 있는데, 그것을 운행설계영역(operational design domain, ODD)이라고 부른다. ODD의 예로는 지리적 장소, 도로 및 주변 환경, 교통상황, 차량의 운행속도 등이다. 이 단계는 '고도의 자동운전 레벨'이라고 부른다.
- 레벨5: 이 단계에서는 ADS가 인간과 동등한 수준의 운전조작이 가능하다. 즉, 레벨4에서 ODD의 조건이 해제된 경우이다. 사실 이 단계는 AV 기술 구현의 궁극적인 단계로서 이상적인 자율주행차의 모습이며 그래서 '완전 자동운전 레벨'이라고 부른다.

한편 위에서 분류한 자율주행차에 대한 5단계의 구분에서 처음 두 단계는 엄밀하게 자율주행이라고 부르기에는 부족하여 이 단계를 안전운전 지원단계라고 부르고 나머지 레벨3 이상의 단계를 자율주행단계라고 부르기도 한다.

AV가 실현되기 위해서는 일련의 처리 과정이 필요한데 처리 순서에 따라서 인식, 인지, 판단, 제어의 4단계이다.

- 첫 단계인 인식(sensing)에서는 차량에 부착된 다양한 센서를 통해서 운전에 필요한 상황을 인식하는 일을 한다. 이를 위해서 차량에는 다양한 사물을 촬영하는 카메라, 구름, 비, 햇빛 등을 감지하는 밀리파 레이더, 장애물을 탐지하는 초음파 센서, 거리 등을 측정하는 라이더(light detection and ranging), 차량의 위치를 탐지하는 GPS 등 측위 센서, 경로 운전을 위한 참고용 지도 등이 부착된다.
- 두 번째 단계인 인지(recognition)에서는 첫 단계에서 수집한 정보를 바탕으로 사물을 인지하거나 차량의 주행상태 인지, 그리고 차량의 위치 추정 등을 통하여 차량의 운전 환경을 이해한다.

- 세 번째 단계인 판단(decision)에서는 인지된 정보를 기반으로 차량의 운전경로 설계, 경로 후보군의 작성, 경로별 리스크 평가, 경로의 결정 및 수정 등의 기능을 수행한다.
- 마지막 단계인 제어(actuation)에서는 판단에 근거하여 차량에 대해서 방향지시등 조작, 브레이크, 엑셀, 스티어링 기어의 작동 등 차량에 대해서 명령을 내린다.

아래의 그림은 AV의 동작 흐름도인데 ADS 엔진과 차량으로 구성된다[요시노]. 위에서 정의한 4단계의 대부분의 기능은 ADS 엔진(engine, ADS의 핵심 기능을 탑재하는 부분)에서 수행되며 이들 기능은 기존의 차량에 있는 ECU(electronic control unit)와 같은 기능을 하는 부분에 탑재될 것이다.

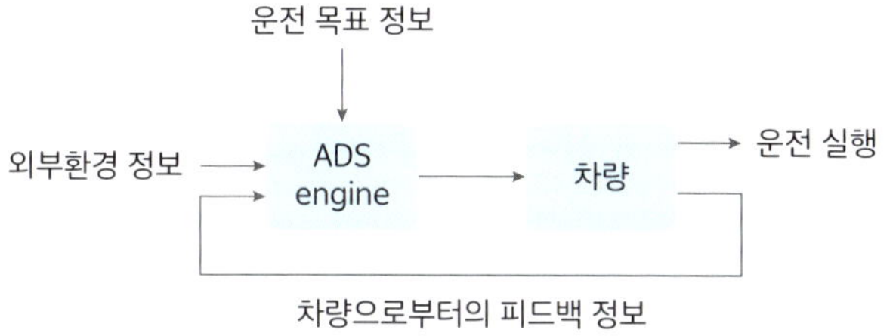

그림 9.10 자율주행차의 동작 흐름도

위의 그림에서 운전 목표와 관련된 정보는 사전에 운전자가 비실시간(nonrealtime)으로 설정하는 정보이고 외부환경 정보는 차량이 자율운행을 하는 과정에서 발생하는 실시간(realtime) 정보이다. 외부환경의 인식단계에서 수집한 정보를 바탕으로 ADS 엔진에서 인지, 판단, 제어의 과정을 거친 후 차량에 명령이 전달되며 차량의 운행 상황은 다시 외부환경 정보와 함께 ADS 엔진으로 피드백(feedback)되어 이 과정이 반복된다.

위의 그림에서 정보의 전달과 관련된 통신수단은 유선 또는 무선으로 구현될 것이며 어느 것을 사용하느냐에 따라서 지연성능이 크게 좌우될 것이다. 먼저 각 요소들 간에 유선으로 연결하는 경우에는 요소 내에서의 처리지연을 제외하면 회선 상에서의 지연에 대해서는 문제가 거의 없을 것이나 무선으로 연결되는 경우에는 회선 상에서의 지연(MAC 등을 포함한 처리지연)도 무시할 수 없을 것이다. 따라서 무선구현의 경우에는 현재로서는 5G 네트워킹 기술을 이용하는 것이 가장 유력하다.

9.5 네트워크 사업자의 비즈니스 전략

지금까지 우리는 IoT의 다양한 BM에 대해서 알아보았다. 그런데 사실 IoT 서비스가 원활하게 제공되기 위해서는 IoT 기기를 연결해주는 모바일 네트워크 사업자(mobile network operator, 이하 MNO)의 역할이 아주 중요하다. 그래서 지금부터는 MNO의 IoT 사업전략을 소개한다.

IoT가 본격적으로 도입되기 전까지의 모바일 생태계는 각 서비스별로 contents-platform-network-device로 구성되는 계층화된 C-P-N-D 모형(layered C-P-N-D model)이라고 불러왔는데 이 경우에는 가입자와의 접점인 네트워크가 비즈니스의 주도권을 쥐고 있었다. 그 이유는 대부분의 경우에 개별 콘텐츠는 각기 다른 서비스 제공 플랫폼 상에서 개발되었고 이들이 IP 네트워크를 통해서 제공되었기 때문에 네트워크가 중심이 될 수밖에 없었다.

반면에 향후의 모바일 생태계는 다양한 콘텐츠(voice, data, streaming)-다양한 플랫폼(App store, cloud, SNS, IoT)-다양한 네트워크-다양한 디바이스(human, machines)로 구성될 것으로 예측된다. 그리고 IoT 서비스의 가치는 대부분 App 및 플랫폼과 기기 제공에서 창출될 것이다. 이 경우 NP(network provider)는 제조업체가 제공하는 기기와 App을 재판매하는 역할만 하게 된다. 즉, 모바일 생태계의 중심축이 네트워크에서 플랫폼(App 포함)으로 이동하는 것이다.

따라서 네트워크 사업자는 본격적인 IoT 시대에도 과거의 비즈니스 방식을 고집하고 있다가는 자칫 망중립성(network neutrality)에 매몰된 채 단순한 회선임대업자

(pipeline provider)로 전락할 우려에 놓이게 된다. 그래서 현재 대부분의 NP는 자신의 네트워크를 기반으로 플랫폼 사업자로 변신하려고 안간힘을 쓰고 있다.

그렇다면 IoT 중심의 모바일 생태계에서 NP의 생존전략은 무엇일까? 전문가들은 NP가 단말과 네트워크 중심의 회선 사업에서 앱과 플랫폼(App+platform)을 아우르는 솔루션 및 서비스 사업으로 진화해야 한다고 입을 모으고 있다. 그러나 이것이 말은 쉽지 실제로 성공하기는 어렵다는 것이 문제이다.

한편 일본의 NTT는 IoT 비즈니스 전략으로 B2B2X(business-to-business-to-X)라는 개념을 설정하고 IoT와 관련된 다양한 기업과 연휴(partnership)를 맺고 있다[스기모토]. 예를 들면 NTT는 로봇 제조업체인 화낙(FANUC)의 산업용 로봇과 대형 제조기계에 IoT 기술을 제공하여 화낙이 제3의 제조업체에게 공장자동화시스템을 구축하도록 해준다. 이때 NTT와 화낙이 각각 독립된 B이고 제3의 제조업체(즉 NTT의 IoT 기술이 적용된 화낙의 기계를 이용하여 물건을 만드는 업체)가 X이다. NTT는 농기계 제조업체인 구보타(Kubota)에 무선통신 기술을 이용한 스마트팜 기술을 제공하여 구보타로 하여금 농장환경 및 농기계 위치정보를 이용한 농업 자동화 솔루션을 개발하고 있다. 이 경우에도 NTT와 구보타는 각각 독립된 B이고 농민이 X가 된다.

사실 우리나라는 통신 사업자와 다른 사업자(예, 전기 사업자나 가스, 수도 사업자뿐만 아니라 농기계, 공장자동화 기계 등) 간의 연휴가 잘 이루어지지 않아서 '스마트 XX'라는 이름의 다양한 사업이 좌초되거나 시범사업의 단계에서 폐기된 사례가 무수히 많은데 필자의 생각으로는 아마도 가장 큰 이유가 서로 주장(main)이 되겠다는 주도권 싸움을 하기 때문이 아닌가 싶어서 씁쓸한 느낌을 지울 수가 없다. 일본은 이 점에 대해서만은 얄밉도록 협조가 잘 이루어지고 있어서 더욱 안타깝다.

필자의 솔직한 심정은 위에서 IoT 시대의 생태계에서는 네트워크가 중심이 될 수 없다고 말한 것처럼 IoT에 대해서만은 통신 사업자가 더 이상 주장이 되겠다는 욕심을 버리고 IoT 비즈니스의 주도권은 응용서비스나 플랫폼 서비스와 근접한 사업자에게 양보하고 네트워크 사업자는 IoT 비즈니스가 제대로 구현될 수 있도록 신뢰성 있는 네트워킹 및 컴퓨팅 기술을 제공한다는 역할로 만족해야 할 것 같다.

9.6 사물경제

앞에서 우리는 다양한 응용 분야를 예를 들어 IoT의 비즈니스 모델에 대해서 알아보았다. 그런데 한 가지 아쉬운 점은 대부분의 이야기가 기술적 측면을 중심으로 하고 있다는 것이다. 사실 과거에도 그런 사례가 많이 있었지만 기술만 좋다고 해서 그와 관련되는 산업이 융성한 것만은 아니다. 특히 국가가 주도한 우리나라의 기술 개발이 기술 단계에만 머물러서 산업화 등 경제활동 영역으로 전환되지 못한 것이 많았다.

최근 핫 이슈가 되고 있는 IoT 분야에서는 약간은 희망적인 현상이 보이고 있는데 IoT가 AI 및 블록체인 기술 등과 융합하여 우리의 실생활에 유용하게 활용되기 시작한 것이다. 이에는 두 가지 현상이 있는데 그 첫 번째가 물리적 세상의 정보가 실시간 혹은 자동으로 디지털 정보로 변환되는 것이다. 예를 들면 차량이 주차장으로 진입하면 주차장에 있는 센서가 그 차량을 인식하고 주차장 내의 가장 가까운 곳에 비어있는 공간 정보를 차량에게 제공하여 차가 최단거리의 주차공간에 쉽게 주차할 수 있도록 도와주는 것이다. 이때 빅데이터와 AI 기술이 적용된다.

한편 IoT 기술을 활용하여 수집한 빅데이터가 디지털화되고 AI 기술로 분석되어서 유용한 정보가 만들어진다고 해도 그것이 우리에게 가져다주는 가치가 제대로 매겨지지 않으면 이 기술은 단순히 재미있는 것 이상의 가치를 창출하기가 어려울 것이다. 이 문제를 해결하는 것이 블록체인(block chain, 이하 BC) 기술인데 블록체인 기술은 각종 디바이스가 만든 정보를 신뢰할 수 있는 플랫폼 상에서 거래되는 경제활동을 가능하게 하는 새로운 경제 생태계를 만들어 준다.

이것이 가능하게 되면 우리는 새로운 비즈니스 즉 '사물경제(economy of things)'의 시대를 맞이할지도 모른다. 이 시대에는 인터넷에 연결된 기기는 단순한 정보 교환의 수단을 넘어서 기기 스스로가 정보를 사고팔뿐만 아니라 서비스까지 거래하는 새로운 경제 생태계가 탄생할 수 있을 것이다[박수용]. 사물경제의 예로서 자동차가 스마트톨 시스템(smart toll system: 기존의 사람에 의한 톨게이트가 아닌 요금을 자동으로 징수하는 무인 요금징수 시스템)을 통과할 때 낸 요금을 근거로 차량에 축적된 데이터를 팔아서 수익을 내는 것이다. 이것이 가능하게 된 배경에는 블록체인 기술이 있는데 현재에는 주로 암호화폐의 거래에 사용되지만 미래에는 에너지, 유통 등 활용 범위가 더욱 넓어질 전망이다. 실제로 독일에서는 이미 BC 기술을 사용하여 전력을 거래하고 있고 스페인에서는 탄소배출권 거래의 중개에 BC가 사용되고 있다[고두현2].

아래에서 사물경제의 대표적인 예로서 스마트 자산 관리와 홈 IoT 쇼핑을 소개한다.

9.6.1 스마트 자산 관리

사물인터넷과 금융이 만나면 어떻게 될까? 답은 핀테크(FinTech)가 된다. 핀테크는 IT 기술을 금융에 적용하여 새로운 비즈니스를 창출하는 개념인데 IT의 한 가지(branch)인 IoT를 자산 관리에 적용한 사례가 있어서 소개한다. 대전에 위치한 스타트업(start up) 기업 씨앤테크(대표 김기덕)는 국내에서 최초로 '동산(動産) 담보 대출'에 IoT 기술을 적용한 사업을 하고 있다. 구체적으로는 회사가 자산을 담보로 은행 등에서 대출을 받는데 이때 담보로 설정하는 회사의 자산(설비, 기계 등)에 센서를 달아서 자산의 가동 상태나 이동 상황 등을 실시간으로 관리하는 시스템을 개발하여 운영하고 있다.

이 회사가 개발한 센서는 손바닥 크기만한 원형 모양인데 이 센서를 기계에 붙이고 컴퓨터 한 대로 서버를 구축하기만 하면 전국 어디에서든 동산의 상황을 관리할 수 있다. 그리고 이 센서는 하나당 월 2만 원의 사용료를 내면 되므로 기업에도 큰 부담이 되지 않는다. 씨앤테크는 담보로 맡긴 기계의 위치, 가동 상황 등을 실시간으로 모니터링하면서 그 회사의 자산이 대출회사의 허가 없이 무단 유출되거나 실제로 가동을 하지 않는 자산을 보유만 하는 등의 자산 운영 정보를 관리하여 대출회사는 이 기술을 이용하여 대출해 준 기업의 경영정보 등을 상세히 파악할 수 있어서 이를 향후 계속 대출 결정 여부 등의 자료로도 사용할 수 있다[정한국].

2018년 12월 현재 이 서비스를 이용하는 금융회사는 기업은행, 하나은행, 우리은행, 신용보증기금, 벤처캐피털 회사 두 곳 등인데 나머지 은행도 이 기술을 적용한 동산 담보대출 상품을 기획하고 있다.

한편 어떤 은행에서는 이 기술을 소에게도 적용시킬 수 있는지 문의가 들어왔다고 하는데, 아마 그 은행은 축산업자에게 대출해 주고 농장 주인이 소를 몰래 처분하는지를 알아보고 싶었는지도 모른다.

이처럼 우리 주변에는 다양한 유형의 동산이 있는데, IoT를 이용한 자산 관리와 관련된 비즈니스는 단순히 공장, 농장뿐만 아니라 우리 주변의 다양한 동산에도 적용될 수 있을 것으로 보여서 필자의 생각으로는 이 비즈니스의 앞날이 아주 밝을 것 같다.

9.6.2 홈 IoT 쇼핑

우리는 앞에서 스마트홈 서비스를 소개할 때 가정 내의 가전이 홈네트워크의 게이트웨이가 될 것이라고 이야기한 적이 있다. 이번에는 스마트홈을 이용한 새로운 IoT 경제 비즈니스 모델의 예를 하나 소개한다.

2019년 2월 12일 전자신문에 의하면 국내 최대의 가전업체 LG전자와 국내 대표적 편의점 업체 GS리테일이 손잡고 사물인터넷, 인공지능, 스마트가전 등 첨단 기술을 적용해 '홈 IoT 쇼핑 시대'를 연다는 계획을 발표했다[권건호]. 두 회사는 LG전자의 스마트가전을 통해 음성으로 제품을 주문하고, 고객 데이터를 활용한 맞춤형 추천 서비스를 제공할 계획이다. LG전자 스마트가전은 사용자의 음성 명령을 인식하여 인터넷을 통하여 GS리테일에 상품을 주문한다. GS리테일은 온·오프라인 매장을 통해 주문한 고객에게 해당 상품을 배송한다. 이를 통해 GS리테일 모바일 쇼핑몰 'GS fresh', 밀키트 서비스 '심플리쿡', 배달 음식 서비스 '미식일상'을 바로 주문할 수 있게 된다.

이를 위하여 LG전자와 GS리테일은 '홈 IoT 기반 장보기 서비스'를 도입하고 오프라인 매장을 혁신하기 위한 업무협약을 체결했다. 양사 협력으로 GS리테일은 매년 출시하는 홈 IoT에 이커머스 서비스를 제공해 매출을 높이고, IoT 기술을 접목한 점포 운영 프로세스 변화도 도모할 수 있게 됐다. 한편 LG전자는 쇼핑과 고객 데이터베이스(DB) 공유를 통해 AI 기반 개인화 서비스와 마케팅 강화 효과를 기대하고 있다. 두 회사는 앞으로 LG전자 스마트가전과 GS리테일 매장을 연계한 홈 IoT 기반 장보기 서비스를 통해 고객의 가전 사용 패턴과 쇼핑 이력을 활용한 맞춤형 제품 추천 서비스를 제공하고 5G 이동통신, AI, IoT 등 최신 기술을 활용한 첨단 오프라인 매장 등을 준비하기로 했다. 맞춤형 제품 추천 서비스는 고객이 LG전자 스마트가전으로 어떤 기능을 주로 사용하는지 등 제품 사용 습관과 GS리테일 매장에서 물건을 구입한 이력을 분석한다. 이를 토대로 고객이 좋아할 만한 상품과 필요한 서비스를 애플리케이션(앱)이나 가전제품을 통해 알려준다.

9.7 IoT의 경제적 효과

IoT의 경제적 효과는 아직 IoT 서비스가 본격적으로 보급되지 않았으므로 예단할 수는 없지만 시장 전문가들이 예측한 결과(복수응답 허용)를 소개한다.

먼저 응용 분야별 IoT의 경제가치 베스트 4는 다음과 같다.

1. smart factory: 37%
2. connected marketing (광고): 29%
3. 제품 개발 혁신 (business process): 18%
4. 에너지 절약 (smart grid): 16%

위에서 볼 수 있듯이 IoT의 경제가치는 주로 비즈니스 분야에 집중된 것이 특징이다. 특히 가장 많은 비중을 차지하는 것이 스마트팩토리 즉 산업 IoT인데 이것은 아마도 현재 전 세계적으로 붐처럼 일고 있는 제4차 산업혁명의 기대감이 큰 것이 이유인 것 같다.

한편 디바이스의 접속유형별 IoT의 경제가치 베스트 3은 아래에서 보듯이 대부분(88%) 기계 간의 연결과 관련된 것이 특징이다. 즉, 앞으로 IoT의 최대 고객이 사물 간의 연결이라는 것이다. 이 결과는 앞에서 우리가 알아본 대부분의 IoT 서비스가 인간이 개입되지 않는 사물 간의 연결이라는 점에서 시사하는 바가 크다고 할 수 있다.

1. M2M: 58%
2. P2M/M2P: 30%
3. P2P: 12%

IoT가 성공적인 비즈니스로서 정착하기 위해서는 결국 이 서비스를 통해서 콘텐츠 개발자(contents producer, CP), 플랫폼 사업자(platform provider, PP), 네트워크 사업자(network provider, NP), 디바이스 개발자(device producer, DP) 등이 모두 공정한 평가를 통해서 금전적으로 보상을 받을 수 있어야 한다는 점에서 위의 경제적 효과는 앞으로 IoT의 생태계(C-P-N-D 생태계)의 구축에 있어서 참고가 될 것이다. 다만, 이와 같은 예측이 맞는지 아닐지에 대해서는 앞으로 IoT 서비스가 개발되고 보급되는 것을 보면서 그 추이를 좀 더 지켜보아야 할 것이다.

9장을 마치며

지금까지 우리는 꽤 많은 공간을 할애해서 IoT의 BM에 대해서 알아보았다. 그러나 이 책을 쓰고 있는 지금도, 그리고 여러분이 이 책을 읽고 있는 지금도 수많은 서비스와 비즈니스는 사라지고 또 수많은 새로운 서비스와 비즈니스가 태어나고 있다. 그래서 IoT BM에 대해서는 계속해서 관심을 가지고 지켜보아야 할 일이다.

IoT 비즈니스 모델에 대한 논의를 마치면서 필자가 꼭 하고 싶은 말이 있다. 우리나라가 진정으로 글로벌 IoT 시장에서 성공하기 위해서는 각 사업 영역의 주체가 모두 자신이 주연을 하겠다는 욕심을 버리고 서로 양보하고 협력하면서 자신이 기여할 수 있는 분야에만 집중하고 나머지는 전체에서 부족한 점을 서로 보완해 나가달라는 것이다.

9장 리뷰 문제

(1) IoT의 비즈니스 모델의 범위를 협의 및 광의로 정의하는데 각각 무엇을 말하는지 정의해보자.

(2) IoT의 비즈니스 모델을 수익 창출의 방법에 따라 분류하고 특징을 기술해보자.

(3) IoT의 비즈니스 모델을 물리적 실체에 따라 분류하는 방법에 대해서 알아보자.

(4) 사물경제란 무엇이며 어떤 예가 있는지 조사해보자.

(5) 우리 주변에서 성공한 IoT 비즈니스 사례를 하나 찾아서 성공요인을 알아보자.

(6) 여러분이 종사하는 업종에서 해결하지 못한 문제를 하나 추출해서 IoT를 도입하면 해결할 수 있는 분야가 있는지 조사해보자.

9장 참고문헌

권건호, 이주현, "스마트가전-매장 연결 '홈 IoT 쇼핑 시대'", 전자신문, 2019년 2월 12일.

고두현1, "드론전쟁 시대", 한국경제, 2020년 1월 7일.

고두현2, "사물경제(EoT) 시대", 한국경제신문, A 35면 천자칼럼, 2018년 12월 24일.

고바야시 아키히토 지음/김응수 · 이두원 옮김, "사물인터넷 비즈니스 모델 혁명", BOOKSTAR, 2016년.

고재연, "산업지형 바꾸는 디지털혁명: 제3부 제조업의 '틀' 깨는 스마트 혁신", 한국경제신문, 2017년 6월 20일.

김성훈, "스마트팩토리를 뛰어넘다: 코그니티브 팩토리 시대 성큼", 한국경제신문, 2018년 1월 5일.

사토 요시아키, "유비쿼터스 기술의 사회 응용을 향하여", 일본 전자정보통신학회지, vol.99, no.4, 2016년 4월.

김승범, "풍력단지에 드론을 왜 띄울까", 조선경제, 2018년 2월 19일.

김태훈, "LGU+, 국내 첫 'LTE 관제 수상드론' 시연 성공", 한국경제신문, 2018년 1월 26일.

라승용, "2세대 스마트팜, 농업 혁신성장의 동력", 한국경제신문, 2018년 12월 11일.

박수용, "사물인터넷 넘어 '사물 경제' 열린다", 한국경제신문, A33면 한경 오피니언, 2018년 12월 20일.

손진석, "본토서 조종한 美드론… 닌자폭탄 장착해 '핀셋 타격'", 조선일보, 2020년 1월 6일. (http://news.chosun.com/site/data/html_dir/2020/01/06/2020010600315.html)

스기모토 외 4인, "NTT group initiatives to create new Internet of Things business", NTT Technical Review vol.15, no.9, 2017년 9월.

심용운, "비즈니스 모델 관점에서 바라본 IoT", Telecommunications Review, 제25권 1호, pp. 40–51, 2015년 2월.

안대규16, "볼보건설기계, 자율주행 굴삭기 곧 상용화", 한국경제신문, 2016년 9월 19일.

안대규18, "포스코, GE와 손잡고 '스마트팩토리' 개발", 한국경제신문, 2018년 2월 14일.

안명호, "IoT, 제2의 캄브리아기 대폭발", 정보통신기술진흥센터 주간기술동향, pp. 14–23, 2015년 3월 4일.

요시노 히토시, "5G로 실현하는 자동운전", 일본 전자정보통신학회지, vol.101, no.11, 2018년 11월.

유한빛, "사진 중심 소셜미디어와 IoT 기술에 주목하라 완전히 새 사업모델 생길 것", 조선비즈. 2016년 5월 28일.

이성호, "클라우드컴퓨팅 혁명 … '서비스' 입는 제조업", 조선경제, 2017년 8월 28일.

이영완, 박순찬, "330g 드론, 150cm 간격 유지… 평창 바람 이겨냈다", 조선일보, 2018년 2월 12일.

이용성, "이란 군부실세 솔레이마니, 미군 공습에 사망", 조선일보, 2020년 1월 3일. (http://news.chosun.com/site/data/html_dir/2020/01/03/ 2020010301541.html)

이정호1, "떴다 '드론 집배원' … 우편물 배달 첫 성공", 한국경제신문, 2017년 11월 29일.

이정호2, "서울서 '클릭'하니 … 제주서 드론이 날았다: LG유플러스, 클라우드 드론 관제시스템 상용화", 한국경제신문, 2017년 11월 22일.

이태희, 안형택, "IoT 시대의 네트워크 사업자의 사업전략", Telecommunications Review, 제25권 1호, pp. 52-63, 2015년 2월.

장재현, 정재훈, "스마트팩토리, 산업인터넷의 서곡", LGERI 경영노트, 한국경제신문, 2016년 6월 17일.

정한국, "손바닥만한 이 센서로, 사무실서 담보 감시해요", 조선일보, 조선경제, B4, 2018년 12월 13일.

조호정, "초연결사회 경쟁력, '제조+서비스 플랫폼' 장악에 달렸다", 한국경제신문, 2016년 2월 22일.

최만수, "드론 띄워 측량 · 굴착기 운용…두산인프라코어 '無人 건설현장'", 한국경제신문, 2019년 11월 21일.

최인준, "조류인프루엔자, 이젠 드론 · 빅데이터로 추적한다", 조선경제, 사이언스, 2017년 11월 23일.

최진석 1, "'하늘길 신호등' 구축… 2025년 드론택배 · 드론택시 날아다닌다", 한국경제신문, 2019년 10월 18일.

최진석 2, "드론쇼 준비 2주면 충분… 기술적으론 수천대도 문제없죠", 한국경제신문, 2018년 2월 15일.

최현묵, “제조 현장에 ICT 기술 접목: ‘스마트공장’은 선택 아닌 필수”, 조선경제, 2016년 2월 23일.

최현묵, “인공지능+제조업… ‘스마트공장’이 4차 산업혁명 이끈다”, 조선경제, 2016년 4월 11일.

쿠와즈 고타로, “M2M 시장의 동향, 비즈니스 모델과 연구개발”, 일본 전자정보통신학회지, vol.96, no.5, 2013년 5월.

현정우 번역, Cisco 시스템즈 IoT 인큐베이션 랩 지음, “Internet of Everything: 사물인터넷의 충격”, 인포더북스, 2015년.

堀越 功, “IoT 비즈니스 성공에의 길: 사례분석”, NIKKEI COMMUNICATIONS, 2016년 8월.

CHAPTER 10 스마트홈

10장에서는 국내외 스마트홈(smart home) 비즈니스 사례를 통하여 IoT가 가정에 어떤 모습으로 전개될지를 알아보기로 한다. 먼저 스마트홈의 역사를 간단히 살펴본다. 이어서 스마트홈 비즈니스 사례를 소개한다.

10.1 스마트홈의 역사

우리나라의 스마트홈 비즈니스 사례를 이야기하기 전에 먼저 우리나라의 스마트홈 서비스의 진화 과정을 살펴보는 것이 필요할 것 같다. 스마트홈의 시대별 특징을 요약하면 다음과 같다.

- 스마트홈 1.0은 집 안에 있는 가전을 스마트폰 앱으로 조작하는 단계이다. 스마트폰이 2009년에 출시되었으니 이 단계는 그동안 댁 내에 설치된 별도의 유저인터페이스(user interface)를 통해서 가전을 제어하던 홈네트워크(home network)라는 개념이 스마트폰을 이용해서 제어하는 스마트홈으로 진화된 단계이다.
- 스마트홈 2.0은 스마트홈 1.0에 집 안에 설치된 조명 및 냉난방기를 조작하는 기능을 추가한 것이다. 이 단계를 홈오토메이션(home automation)이라고도 부른다.
- 스마트홈 3.0은 스마트홈 2.0의 기능에 다양한 편의 기능을 추가한 것이다. 예를 들면, 외출하기 전에 아파트의 엘리베이터를 미리 호출한다든지 관리사무소에 차

량번호를 등록하여 출입구 차단기가 자동으로 열리게 하고 에너지 사용량, 관리비의 자동 조회, 아파트 단지 내 헬스장이나 골프장 등 주민 공동시설의 예약, 무인 택배 알림, 단지 내 모임 관리, 이웃 간 재능 공유, 카풀 모집, 세탁이나 세차 서비스, 주변 상권과 연계한 커머스 서비스 등이 있다[전설리]. 우리나라는 2019년 10월을 기준으로 스마트홈 3.0의 시대에 있다.

- 스마트홈 4.0은 위의 모든 서비스에 홈엔터테인먼트(home entertainment)와 홈케어(home care)까지 추가되는 단계인데 이전의 3.0까지는 주로 생활 편의기능에 한정되었던 스마트홈 기술이 오락 및 의료까지 확산된다.

위에서 소개한 네 가지 단계의 진화 과정을 보면 스마트홈의 서비스 영역이 세대가 바뀔수록 기술은 더욱 진화되고 서비스 범위가 넓어지는 것은 틀림없다. 다만, 과연 고객이 스마트홈이 제공하는 다양한 기능을 얼마나 매력을 느끼고 사용하고 있는지에 대해서는 회의적이다. 스마트홈 1.0은 이미 오래 전에 등장했으나 집 안의 가전을 스마트폰 앱으로 조작하는 사람은 거의 없다. 대부분의 사람은 냉장고를 열어서 이리저리 둘러본 뒤 먹고 싶은 것을 끄집어낸다. 그리고 TV는 리모컨으로 작동한다. 결국 유명무실한 채 흐지부지되었다.

스마트홈 2.0도 마찬가지이다. 여러분은 집안의 조명이나 냉난방기를 스마트폰 앱으로 조작하는가? 대부분은 그곳(주방 또는 화장실 등)에 가서 조명 스위치를 조작한다. 물론 집안 곳곳에 움직임 센서를 설치하여 여러분이 움직이는 상황에 따라 조명이 켜지고 꺼지게 할 수는 있지만 그것은 어마어마한 저택에서나 가능한 일이다. 이 역시 소비자의 외면을 받았다.

스마트홈 3.0에 대해서는 출입구 차단기가 자동으로 열린다든지 단지 내 모임 관리 등 일부는 이미 아파트단지 전체를 대상으로 사용되는 기술도 있기는 하다. 그러나 아직도 위에서 열거한 대부분의 서비스는 개별 앱을 통해서 이루어지고 있다. 혹시나 했는데 역시나로 끝났다.

이 글을 쓰고 있는 2019년 12월 31일 늦은 오후 현재 필자의 가장 큰 우려는 "이런 상황에서 과연 스마트홈 4.0이 시장의 관심을 얻을 수 있을까?"이다. 사실 한 해를 마무리하는 이 시점에 해도 지고 어두운 연구실에 혼자 앉아서 이 걱정을 하고 있는 필자도 정상은 아니지만...

그러면 왜 스마트홈 서비스는 기술이 발달하고 세대가 진화해도 사용자들에게 보편적으로 확산되지 않는 걸까? 뭔가 스마트홈의 비즈니스 모델에 근본적인 문제가 있는 것은 아닌가?

전문가들은 스마트홈 시장이 활성화되지 않는 이유로 크게 두 가지를 들고 있다. 하나는 우리나라의 주거 특성상 대부분이 아파트에 거주하는 것과 관계가 있다. 아파트는 신축할 때 그 당시에 개발된 최신 기술을 사용하여 홈네트워크를 구축하는데 그 뒤에 시간이 흐르면서 새로운 기술이 등장한다고 해서 그 기술을 업그레이드하거나 리모델링하는 등 새 기술을 보편적으로 적용시키기는 어렵다. 따라서 시간이 지나면 구닥다리가 되어버리고 만다. 다른 한 가지 이유는 인간의 습관적 행동 특성과 관련된 것인데 대부분의 사람들은 새로운 기술을 보면 처음에는 호기심으로 한두 번 사용을 시도해보는데 시간이 흐르면 그것을 번거로워해서 결국은 다시 원래 하던 대로 돌아가버리는 것이다. 많은 엔지니어들은 '아! 이 기술 정말 좋은데 왜 사람들은 그걸 모를까?'라고 생각하지만 시장은 싸늘하기만 하다.

10.2 스마트홈 비즈니스 모델

지금부터는 스마트홈의 비즈니스 모델에 대해서 알아보자. 스마트홈은 앞에서도 이야기하였듯이 가전의 제어를 위한 관점과 보안을 위한 관점, 그리고 오락의 관점으로 나눌 수 있는데 아래에서 앞의 두 가지 유형에 대해서 소개한다.

10.2.1 가전 중심의 스마트홈

우리나라에서는 대부분의 사람이 아파트에 거주하며 아파트의 구조는 기본적으로 정형화되어있다. TV가 거실에 있고 부엌과 거실이 맞닿아 있어서 가족 구성원 대부분이 많은 시간을 거실과 관련된 공간에서 생활한다. 그래서 우리나라의 스마트홈(smart home, 이하 SH) 서비스는 초점이 가정 내에 있고 특히 냉장고가 있는 부엌이나 TV가 있는 거실과 가까운 곳에 있다. 이 점을 간파한 가전업체들은 일찍부터 SH의 비즈니스 중심을 부엌 또는 거실에 두었다. 부엌에는 늘 냉장고가 켜져 있어서 소위 '스마트키친(smart kitchen)'이라고 명명하였고 거실의 TV에 스마트홈 허브(hub)를 탑재하여 가전, 조명, 도어록, 보안 카메라 등을 관리하려고 했다(이것은 '스마트 TV'라고 명명함). 삼성전자는 ARTIK이라고 불리는 개방형 IoT 기기 개발 플랫폼을 개발함과 동시에 스마트TV에 IoT 플랫폼(스마트홈 허브)을 탑재하여 전술한 앱을 연동하도록 하기도 했다.

KT와 SKT는 동부대우전자와 스마트 가전을 공동 출시하였고 LGU+는 쿠첸과 전기밥솥을 공동 개발하였다. 삼성전자와 LG전자는 각각 family hub 냉장고와 smart think U hub라는 이름으로 냉장고를 개발하였다. 이들이 개발한 냉장고에는 냉장실 문에 달린 화면에 메모나 사진 및 일정 등을 게시하고 가족들이 보면서 가족 간 의사소통의 장을 제공하고 냉장고에서 영상 및 음악을 제공하여 온 가족이 함께 시간을 보낼 수 있다.

10.2.2 홈시큐리티 중심의 스마트홈

요즘은 아파트 현관이나 엘리베이터에 CCTV가 있고 또 주민들은 현관이나 지하주차장 입구에서 비밀번호를 눌러서 출입하므로 아파트에 누가 드나드는지도 쉽게 관찰된다. 최근에는 나이에 관계없이 1인 가구가 증가하는 추세에 있고 또 대부분의 젊은 세대 가정이 맞벌이를 하는 경우가 많다. 이 경우 가장 유망한 SH 서비스는 홈시큐리티(home security) 즉 주거보안이 아닌가 생각된다.

홈시큐리티와 관련된 국내의 사례를 보안회사와 통신회사를 중심으로 알아본다.

먼저 국내의 유명 보안업체는 자사의 이름을 넣은 "**홈"이라는 서비스를 통하여 주거보안에 초점을 둔 서비스를 출시하였다. 그 회사가 제공하는 주거보안 서비스의 내역을 보면 가정 내의 가스 밸브 모니터링과 화재 감지뿐만 아니라 24시간 현관문 및 창문을 통한 침입 감지, 현관문 앞 배회자 실시간 감지 및 통지, 실시간 현관 밖 상황 동영상 제공, 현관문 출입 모니터링을 통한 가족 동선 관리, 가족 구성원의 위치 공유 등 국내 주거환경에 특화된 서비스를 제공하고 있다[이상미].

한편 국내의 유명 이동통신업체는 'B Home CCTV'라는 이름의 홈시큐리티 서비스를 제공하고 있다. B Home CCTV는 고객이 밖에서 스마트폰을 이용하여 집 안의 상황을 실시간으로 모니터링할 수 있는데, 이 서비스가 제공하는 주된 메뉴는 가정 내의 모습을 실시간으로 모니터링하고 비디오를 저장하는 기능, 스마트폰 버튼 하나로 집 안의 기기를 제어하는 기능, 침입탐지 기능, 비상상황에 대한 대처 기능 등이다. 이 서비스는 2019년 상반기를 기준으로 장비 대여료가 월 8,500원이며 서비스 이용료는 월 4,000원 정도이다. 결국 월 1만 2,500원을 지불하면 홈시큐리티 서비스를 이용할 수 있다.

한편 일본이나 미국은 주거환경이 우리나라와 다르고 문화도 다르므로 SH 서비스가 우리나라와는 약간 다를 수 있다. 이들 국가의 서비스 사례를 소개해본다.

10.3 외국의 스마트홈 서비스 사례

외국의 스마트홈 서비스 사례에 대해서 일본과 미국의 예를 소개한다.

10.3.1 일본의 스마트홈

일본의 경우에는 대도시에는 그래도 아파트가 더러 있기는 하지만 거의 모든 사람이 단독주택에 거주한다. 최근에는 고령화와 1인 가구의 증가로 단독주택에 혼자서 살던 사람이 고독사(孤獨死)하는 사례가 늘어나고 그것이 사회문제가 되고 있다. 그래서 일본의 스마트홈 비즈니스 모델로 유망한 것으로 홈케어(home care) 서비스를 소개한다.

일본의 ㈜웨어포트는 집 안에 있는 문의 개폐 상황을 감시해서 고령자의 안부를 확인하는 서비스로서 '아케시메 체카(開閉 checker)'를 개발했다. 아케시메 체카는 가속도 센서가 장착된 감시장치를 화장실의 문에 장착하여 고령자가 일상생활을 제대로 하고 있는지를 확인하는 것을 목적으로 하고 있다.

그동안 일본에서는 혼자 사는 고령자가 고독사하는 문제를 해결하기 위해서 거실에 CCTV 카메라를 달거나 냉장고의 개폐를 감시하는 등 다양한 시도를 하였는데 CCTV는 개인의 프라이버시가 문제가 되어서 서비스가 널리 확산되지 못했고 냉장고는 경우에 따라서는 장시간 사용하지 않는 것이 문제가 된다는 것을 지적한 사례가 있었다.

㈜웨어포트는 이 문제를 해결하기 위해서 사람이 아침에 일어나거나 잠들기 전에 반드시 화장실을 이용한다는 것에 착안하여 화장실 문에 출입 감시장치를 달게 된 것이다. 물론 혼자 사는 노인 중에는 화장실 문을 닫지 않는 경우가 있기는 하지만 그래도 사람의 일상 행동을 특정할 수 있는 가장 좋은 곳이 화장실임에는 틀림없다.

아케시메 체카는 다음과 같이 구성된다.

- 피감시자의 집 화장실 문의 한쪽 구석에 아케시메 체카를 붙인다. 아케시메 체카는 가속도 센서와 통신모듈로 구성되며 가로 75mm, 세로 140mm, 두께 23.5mm 정도의 크기이고 구입 비용은 2만 4,000엔 정도이며 서비스 사용료는 월 650엔(2016년 8월 기준)이다.

- 아케시메 체카는 휴대전화 사업자의 네트워크와 인터넷을 통해서 서비스 제공회사(웨어포트)의 관리 서버에 접속된다.

집 안에 이상(문의 개폐가 일정 기간 동안 없는 상황)이 발견될 경우에 관리 서버는 이상 상황을 미리 등록되어 있는 고객(피감시자의 가족 등)에게 전송한다. 문의 개폐 정보는 설정하기에 달려있는데 정기적으로 정보를 수집할 수도 있고 문이 열리거나 닫힐 때마다 정보를 전달할 수도 있다. 보통 하루에 최대 4회, 아침 9시와 저녁 11시, 그리고 나머지 2회에 걸쳐서 정보를 관리 서버로 전송한다.

일본에서는 개인이 직접 이 서비스에 가입하는 경우는 아직 그다지 많지 않아서 이 서비스를 제공하는 회사로서도 약간은 고민을 하고 있다는데 대안으로서 아예 집을 지을 때부터 감시장치를 다는 것이 낫다고 판단하여 건설회사와 이 서비스를 계약하는 방향으로 비즈니스를 전개하고 있다. 과연 이 서비스가 성공할지는 좀 더 두고 봐야 할 것 같다.

10.3.2 미국의 스마트홈

북미시장에서 가장 중심적인 스마트홈 서비스로서는 홈시큐리티가 있는데 여기에는 크게 두 가지 이유가 있다. 먼저 미국에서는 총기 소유가 자유로우므로 외부 침입자에 대한 우려가 다른 나라에 비해 크다. 그리고 또 미국은 일본과 마찬가지로 거의 대부분이 단독주택에 거주한다. 그래서 대부분의 가정에서 홈시큐리티를 도입할 때 CCTV를 통한 24시간 감시는 기본이고 도둑이나 괴한의 침입에 대비하여 긴급 알람도 중요한 기능으로 들어있다. 표 10.1은 미국의 대표적인 사업자에 대한 홈시큐리티 서비스 현황을 비교한 것이다.

표 10.1 북미시장에서 홈시큐리티 서비스

사업자명	AT&T	Comcast	Time Warner Cable
서비스명	AT&T digital life	Comcast XFINITY Home	Time Warner Intelligent Home
패키지명	Smart Security	XFINITY Home-Secure 300	Intelligent Home
월정요금	39.99$	39.95$	39.99$
초기설치 비용	49.99$	99$	free
패키지에 포함되는 기기	keypad, door siren, door sensor, window sensor, motion sensor	touchscreen controller, door sensor, window sensor, motion sensor, wireless keypad	touchscreen controller, door sensor, window sensor, motion sensor
플랫폼	Xanboo	Icontrol networks	Icontrol networks
제공 기능	24시간 감시, smartphone remote access, CCTV, 긴급 alarm 대응	24시간 감시, smartphone remote access, CCTV, light controller, thermostat, 긴급 alarm 대응	24시간 감시, smartphone remote access, 긴급 alarm 대응

이상의 사례를 통해서 스마트홈 비즈니스는 크게 가전기기의 제어와 홈시큐리티, 그리고 홈케어의 세 가지 부류로 나뉜다는 것을 알 수 있다.

10.4 스마트홈 소비자 선호도 및 마케팅 전략

모든 비즈니스가 성공하기 위한 조건은 '고객의 외면을 받지 않아야 한다'는 것은 만고의 진리이다. 그런데 한편으로 많은 엔지니어가 빠지기 쉬운 함정이 '(내가 개발한) 이 기술 참 좋은데 왜 사람들이 몰라줄까?'이다.

이 문제를 해결하는 방법은 소비자의 수용도 및 마케팅 조사이다. 필자도 이 글을 쓰면서 가능하면 엔지니어의 함정에 빠지지 않으려고 노력하고 있으며 그래서 '스마트홈 소비자 선호도'에 대한 자료를 어렵사리 구했다. 아래에 그것을 요약한다.

글로벌 스마트홈 시장은 최근 몇 년간 연평균 16% 성장 중이고 국내의 시장도 그와 비슷하다. 시장규모의 면에서 분야별로 시장규모가 큰 순서대로 나열해 보면 스마트 TV & 홈엔터테인먼트, 스마트융합가전, 스마트홈시큐리티, 홈오토메이션, 스마트그린홈의 순인데 액수는 사실 큰 의미가 없어서 소개하지 않기로 한다.

한편 스마트홈 시장이 성공하기 위해서는 기업이 제공할 수 있는 기술의 수준을 정확히 분석하고 한편으로는 소비자의 수요를 반영하여 제품이나 서비스를 개발하여야 한다. 이를 위해서 소비자의 선호도를 미리 조사할 필요가 있는 것이다. 여담으로 2020년 현재 우리나라 소비자가 가장 많이 보유하고 있는 스마트홈 제품은 '스마트 스피커'라는 이야기가 있다[이영호]. 그 다음으로는 스마트 체중계, 스마트 로봇이 뒤를 잇고 있다.

아래의 표는 스마트홈과 관련된 분야별 서비스 수용도(설문에서 그렇다 및 매우 그렇다 등 긍정적인 답변을 한 사람의 비율을 %로 표시)를 나타낸 것이다.

표 10.2 스마트홈과 관련된 분야별 서비스 수용도 (단위: %)

제품, 서비스	필요성	구매의향
스마트홈시큐리티	41.4	30.1
스마트홈 환경	40.2	29.1
스마트홈 에너지	34.7	25.9
스마트홈 가전	36.2	30.4
스마트홈 헬스	36.8	27.6
스마트홈 엔터테인먼트	22.6	17.5
스마트홈 로봇	24.3	19.9

위의 표를 보면 필요성보다는 구매의향이 약간 낮은 것을 알 수 있는데 사람들이 당장 필요하다고 구매하는 것은 아니기 때문인 것으로 분석되지만 하여간 필요성이 높은 서비스나 제품이 구매의향도 높은 것은 분명하므로 시큐리티 및 환경이나 가전, 헬스 등이 가장 선호됨을 알 수 있고 로봇이나 엔터테인먼트 분야가 약간 선호도가 낮음을 알 수 있다.

[이영호]에서는 이상의 결과를 바탕으로 기업이 취해야 할 비즈니스 전략까지 제시하고 있는데 그 결과를 요약하면 아래의 표와 같다[이영호].

표 10.3 스마트홈과 관련된 분야별 제품/서비스 개발 전략

분야	소비자 요구 및 대응 전략
보안	출입문의 움직임을 상시 감시하여 이상 상황 발생 시에 자동대처하는 선택형 서비스를 제공하여야 한다.
환경	미세먼지 등 지표 변화를 감지하고 자동으로 환경을 조절할 수 있는 기능이 있어야 한다.
에너지관리	가정 내에서의 에너지 이상 소비 상황을 인지하고 알람과 함께 자동절감하는 서비스가 필요하다.
가전	자동화 수준이 높은 사용자 맞춤 제품의 수요를 만족시켜야 한다.
건강	다양한 건강 정보 표시와 치료 기능을 제공하여야 한다.
엔터테인먼트	합리적인 가격에 개인 맞춤형 콘텐츠를 제공하여야 한다.
로봇	돌봄 기능과 타제품 제어 기능이 있는 제품 및 서비스가 제공되어야 한다.

10장을 마치며

10장에서는 IoT 비즈니스로서는 비교적 서비스 규모가 작고 고객층이 넓은 스마트홈의 비즈니스 모델에 대해서 알아보았다. 사실 그동안의 경험으로 봐서 스마트홈(스마트홈 1.0 및 2.0)이 몇 번이나 비즈니스 측면에서 실패한 사례가 있어서 과연 이번에는 성공할 수 있을지 의문이 많이 들기는 하지만 그럼에도 불구하고 최근의 새로운 트

렌드(1인 가족, 고령화, 반려동물 가구의 증가 등)를 잘 반영한 비즈니스 모델이 나온다면 스마트홈의 미래가 전혀 비관적인 것만은 아니라는 생각이 든다.

결국 스마트홈이 성공적인 비즈니스가 될지 아닐지는 우리의 손에 달린 건 아닐까?

10장 리뷰 문제

(1) 우리나라의 스마트홈 서비스를 세대별로 구분하여 정의하고 특징을 요약해보자.
(2) 가전 중심의 스마트홈 비즈니스에 대한 국내외 사례를 조사해보자.
(3) 홈시큐리티 중심의 스마트홈 비즈니스에 대한 국내외 사례를 조사해보자.
(4) 엔터테인먼트 중심의 스마트홈 비즈니스에 대한 국내외 사례를 조사해보자.
(5) 국내 3대 통신 사업자의 스마트홈 서비스를 비교 분석해보자.
(6) 스마트홈 비즈니스가 예상처럼 활성화되지 않는 이유는 무엇이라고 생각하는가?
(7) 여러분이 상상하는 스마트홈 서비스의 이상적인 미래를 그려보자.

10장 참고문헌

이상미, "사물인터넷 활용한 차세대 보안시스템", 조선일보, 2019년 4월 19일.

이영호, "정연규 그립 대표–스마트홈 소비자 수용도 및 마케팅 전략: IoT융합서비스 '가전, 보안, 환경' 분야 선호", 전자신문, 2019년 11월 11일.

전설리, "스마트홈 서비스 '또 한 번의 진화'", 한국경제신문, 2019년 8월 27일.

채민기, "사물인터넷 입은 '똑똑한 주방' 가족 중심공간 되다", 조선일보, 2016년 5월 16일.

堀越 功, "스마트홈이라는 鑛脈", NIKKEI COMMUNICATIONS, 2016년 1월.

榊原 康, "가속도센서로 도어의 개폐를 검지: 웨어포트가 안부 확인에 활용", NIKKEI COMMUNICATIONS, 2016년 8월.

CHAPTER 11 스마트팩토리

앞의 9장에서 IoT의 비즈니스 모델을 소개할 때 우리는 스마트팩토리(smart factory, 이하 SF)에 대해 간단히 알아보았는데 필자는 이 분야는 앞으로 IoT 비즈니스의 가장 큰 시장이 될 것으로 생각한다. 그래서 11장에서는 스마트팩토리에 대해서 다양한 측면에서 좀 더 깊게 알아보기로 한다. 다만 스마트팩토리에 대한 기본 개념은 이미 앞에서 소개하였으므로 11장에서는 주로 기술 및 비즈니스를 중심으로 서술한다.

우선 엔지니어 출신인 필자로서는 말하기가 약간은 조심스럽기는 하지만 엔지니어가 빠지기 쉬운 함정 중의 하나는 '기술이 최고'라는 의식이다. 그러나 과거부터 늘 그래왔지만 사람이나 시장은 기술에 그다지 호의적이지 않다. 따라서 스마트팩토리의 실체에 대해서 냉정하게 바라보는 작업이 필요하며 스마트팩토리의 성공 조건에 대해서 알아둘 필요가 있다.

그리고 앞에서도 이야기하였지만 제조업에 IoT를 입힌 스마트팩토리를 구축하는 것은 충분한 재원과 기술을 가진 대기업은 비교적 쉽게 접근할 수 있을지 몰라도 그것이 여의치 않는 중소규모의 제조업은 어렵거나 거의 불가능하다. 여기서 필요한 것이 스마트팩토리에 대해 잘 모르는 기업이 사전에 스마트팩토리 구축 시나리오에 대해 알아보고 최소한의 시험이라도 가능한 테스트베드이다. 그래서 스마트팩토리 테스트베드에 대해서도 알아본다. 그 다음에는 스마트팩토리의 최신 기술 동향에 대해서 간단히 서술한다.

11.1 스마트팩토리의 개요

앞에서도 이미 소개한 바 있지만 스마트팩토리란 '공장 등 제조산업 현장에서 센서 등 IoT 기술을 적용(제조업+IoT)하여 공장 내의 다양한 상황에 대한 데이터를 수집하고 AI 플랫폼을 이용하여 공장의 상황을 판단하고 그에 따라서 작업을 수행할 수 있는 지능화된 공장'을 말한다. 우리나라의 중소벤처기업부에서는 스마트팩토리를 '데이터에 기반해 제품 생산과정을 제어하고 개선하는 지능형 공장'으로 정의하고 있다[김진수].

일반적으로 사람들은 '스마트팩토리=공장 자동화 또는 무인화'로 인식하는 경우가 많은데, 사실은 다르다. 공장 자동화는 제품 생산을 위한 도구인 인간의 팔다리를 기계로 대체하는 것이고 스마트팩토리는 제품을 생산할 때 인간의 두뇌를 대체하는 것이다. 따라서 스마트팩토리는 기존에 널리 사용되었던 공장 자동화(사람의 노동력을 대체하는 수단)와는 다르게 공장 내의 센서 및 장비에서 수집된 정보를 바탕으로 공장의 제조공정을 인간의 사고와 비슷하게 최적화하는 개념이다.

기존의 공장에 스마트팩토리 기술이 도입되면 제품의 기획, 설계, 생산, 유통 및 판매의 모든 과정을 IT 기술로 통합하여(제조와 서비스의 융합) 최소한의 비용과 시간으로 고객맞춤형 제품을 생산하는 공장으로 탈바꿈하게 된다. 그로 인해서 근로자는 공장 내의 기계나 소모품의 소모 상태, 고장 상태, 교체 시기 등을 실시간으로 알 수 있고 제품의 생산과정 및 이동 경로와 시간 등을 쉽게 파악할 수 있다.

스마트팩토리의 개념은 앞에서도 다루었듯이 상당히 추상적이고 또 광범위한 업무를 지칭하고 있다. 그래서 사람마다 기관마다 정의하는 개념이 다르다. 그러나, 스마트팩토리는 추구하는 목적에 따라서 약간 다른 개념으로 해석될 수도 있다.

스마트팩토리의 개념은 크게 세 가지 측면에서 볼 수 있는데, '눈에 보이는 공장', '멈추지 않는 공장', 그리고 '연결된 공장'이다.

1. 눈에 보이는 공장(visible factory)은 공장 내에 다양한 센서를 부착하여 인간의 눈으로는 볼 수 없는 상황(열, 에너지, 유체의 흐름 등)을 가시화하고 분석하여 제조 환경에 최적의 상태를 유지하도록 하는 것이다. 그로 인하여 기존에는 불가능하였던 업무 프로세스의 제어 및 제품 생산을 더욱 효율적으로 관리할 수 있다. 이 개념은 물리정보의 가시화에 초점이 맞추어져 있다는 점에서 가장 협의의 스마트팩토리라고 할 수 있다.
2. 멈추지 않는 공장(non-stop factory)은 공장 내에 다양한 센서를 부착하여 공장 설비 및 공정과 관련된 데이터를 실시간으로 수집하고 분석하여 생산 설비의 가동 및 제품의 생산을 최적의 수준으로 제어하며 필요에 따라서는 비디오를 통하여 실시간으로 제품의 불량 상태 등을 파악하여 제조 공정이 멈추지 않고 계속 유지되도록 하는 것이다. 이 개념은 자동화된 공장(automated factory)의 개념과 유사하다.
3. 연결된 공장(connected factory)은 공장 설비와 사람, 서로 다른 공장과 공장, 공장과 공급업체, 공장과 시장 등의 연결을 가능하게 한 것을 말한다. 이를 통하여 공장과 관련된 다양한 영역에서 각 영역 또는 영역을 넘나들면서 제조에 관련되는 문제를 파악하고 그 문제를 해결하는 것을 말한다. 이 개념은 앞의 두 개념을 포괄하고 있다.

그렇다면 스마트팩토리가 갖추어야 할 기능으로 어떤 것이 있을까? 이것을 간단히 요약하면 상황 감지(sensing), 의사결정(decision), 대책 실행(actuation)이다.

1. 먼저 상황 감지 단계에서는 공장 내의 상태(생산량, 제조설비 등)나 변화를 감지하는 단계이다. 이 단계가 가장 원초적인 단계이다.
2. 이어서 감지된 정보를 바탕으로 의사결정을 내려야 하는데 작업 지시를 변경하거나 설비의 동작 조건 등을 새로이 결정하는 일을 한다.

3. 마지막으로 대책 실행 단계는 의사결정에 따라서 실제로 공장 현장에 반영되는 수행을 말한다.

스마트팩토리에서는 위에서 정의한 세 가지 단계가 일회성에 그치지 않고 계속 반복됨으로써 공장의 진정한 스마트화가 이루어질 것이다. 그리고 이 세 가지 단계의 기능은 앞에서 IoT의 시스템 구조를 정의할 때 이미 정의한 C-P-N-D 계층에 의해서 구현된다. 물론 각 계층의 명칭이나 기능은 공장의 스마트화에 특화되어 있으므로 적용하는 분야에 따라 다를 수 있다. 일반적으로 네트워크나 디바이스는 일반적인 IoT든 스마트팩토리든 큰 차이는 없으나 응용 계층에 대해서는 스마트팩토리에서는 좀 특별한 이름이 있는데 스마트팩토리에 특화된 대표적인 앱 명칭으로 MES(manufacturing execution system), ERP(enterprise resource planning), PLM(product lifecycle management), SCM(supply chain management) 등이 있다.

사실 이런 앱은 굳이 IoT를 도입하지 않더라도 이미 많은 공장에서 IoT와는 독립적으로 개별 응용프로그램으로서 채용되었다. 다만 이들 앱에 IoT를 도입하면 공장에 네트워크를 구축하고 공장 설비를 연결하며 거기에 다양한 센서를 달고 그로부터 수집된 데이터를 클라우드나 에지 클라우드에 저장하고 분석한 후 앱을 통하여 각종 제조과정에 보다 더 효율적으로 사용하는 것이다.

한편 스마트팩토리가 위에서 정의한 세 가지 기능을 제대로 수행하기 위해서 스마트팩토리는 다음과 같은 네 가지 핵심 능력(key aspects)을 갖추어야 한다.

1. 상호 동작성(interoperability): 공장 내에 있는 기계 및 그곳에 구축된 컴퓨터 소프트웨어, 센서 등은 서로 연결을 의식하지 않아도 되게(seamless하게) 통신이 가능해야 한다.
2. 정보의 투명성(information transparency): 센서로부터 수집되는 물리적 세계(physical world)의 데이터가 의미화(contextualize)되어서 가상 이미지(virtual image)로

변환된 뒤 기계나 사람이 인식할 수 있는 정보로 변화될 수 있어야 한다.

3. 기술 지원(technical assistance): 기계가 공장 내의 위험한 곳이나 작업하기 어려운 곳에서 인간을 대신해서 작업을 하고 문제를 해결하며 의사결정을 할 수 있도록 하는 기능이 지원되어야 한다.
4. 독립적 의사결정(independent decision making): 공장 내에서 수집된 물리적 세계의 데이터를 분석하여 인간의 개입 없이 시스템 스스로(autonomous) 적절한 의사결정을 할 수 있어야 한다.

사실 위에서 나열한 네 가지 기능을 완벽하게 구사할 수 있는 시스템을 구현하는 일은 쉬운 일은 아니다. 한편 스마트팩토리의 수준을 제공 능력에 따라 크게 네 가지 레벨 또는 다섯 가지 레벨로 나눌 수 있는데 이 책에서는 후자를 따른다. 그리고 스마트팩토리의 단계를 표시할 때 대부분의 자료는 가장 낮은 단계를 아래에 두고 높은 단계를 위에 두는 경우가 많은데 이 책에서는 레벨의 진화를 쉽게 관찰할 수 있도록 가장 낮은 단계에서부터 시작하여 가장 높은 단계로 진화하는 모습을 표시하였다. 스마트팩토리의 레벨 및 사양은 아래의 표와 같다.

표 11.1 스마트팩토리의 레벨 및 사양

레벨	수준 (구축 수준)	목표 (기능)	IoT 적용 분야	주요 도구	비고
1	기초 (부분적 표준화 및 데이터 관리)	점검 (식별)	자재	바코드, RFID	RFID를 사용하여 생산 실적 및 물량 관리 정보를 집계하여 자재의 흐름을 파악할 수 있다. 이 단계를 생산이력 추적관리 단계라고 부른다.

레벨	수준 (구축 수준)	목표 (기능)	IoT 적용 분야	주요 도구	비고
2		모니터링 (측정)	작업자, 설비, 자재	센서	센서를 사용하여 생산 실적 및 물량 관리 정보를 자동으로 집계할 수 있고 자재의 흐름을 실시간으로 파악할 수 있다. 이 단계를 실시간 모니터링 단계라고 부른다.
3	중간1 (생산정보의 실시간 모니터링)	제어 (분석)	작업자, 설비, 자재	센서 및 분석 도구	공장 내 설비의 가동 및 생산 데이터를 실시간으로 수집하고 분석할 수 있으나 공정 분야별로 관리시스템이 부분적으로만 연계된다. 이 단계를 실시간 집계 및 분석 단계라고 부른다.
4	중간2 (공정운영 시뮬레이션을 통한 사전 대응)	최적화 (최적화)	작업자, 설비, 자재, 운전조건	센서 제어 최적화 도구	실시간으로 공장 내 정보를 수집 및 분석하여 자동적으로 제어할 수 있으며 공정 분야별로 분산된 공장관리시스템이 상호 연동되어 생산과정을 최적화한다. 이 단계는 실시간 자율제어 단계라고 부른다.
5	고도화 (모니터링에서 제어, 최적화까지 자율운행)	자율운영 (맞춤 (customize) 및 자율화)	작업자, 설비, 자재, 운전조건, 환경	AI, AR, VR, CPS	공장 설비와 자재 및 제조 시스템을 IoT 기반의 유무선 네트워크로 연결하고 빅데이터를 활용(+AI)하여 시스템이 인간의 도움을 받지 않고 스스로 또 실시간으로 공장 전체를 모니터링하고 분석하여 최적의 상태로 자율적으로 운용할 수 있음. 결국 공장의 전 제조과정이 자율적으로 동작한다. 이 단계는 맞춤형 유연생산 단계라고 부른다.

2019년 초 조선일보가 우리나라에서 스마트팩토리를 도입한 3~4년차 중소기업 20군데를 대상으로 조사한 결과에 의하면 위의 네 가지 단계에 해당하는 업체의 수는 낮은 단계에서부터 15, 5, 0, 0곳인 것으로 나타났다[오로라]. 즉, 대부분의 중소기업이 데이터의 집계 및 모니터링의 초보적인 수준에 머무르고 있다는 의미이다.

위에서 스마트팩토리의 기술 능력에 따른 레벨을 정의하였는데 이와는 별도로 제조업의 발전단계에 대해서도 알아볼 필요가 있으나 아직 우리나라에서는 이에 대한 정의가 없다.

한편 독일에서는 제조업의 발전단계를 아래와 같이 5단계로 정의하고 있다.

- 0세대: 가내수공업(인간의 손에 의한 소량 제조)
- 1세대: 기계화(기계를 통한 소규모 제조)
- 2세대: 대량생산(컨베이어벨트 등 대량생산 시스템을 통한 제조)
- 3세대: 자동화(인간의 개입을 최소화한 자동생산)
- 4세대: 개인맞춤형 제품 제조(고객의 수요에 따른 네트워킹 기반의 자율생산)

일반적으로 독일의 스마트팩토리를 인더스트리(industrie) 4.0이라고 부르는데 독일의 스마트팩토리는 지금 4세대에 거의 근접해 있다는 의미이다. 그런데 스마트팩토리의 종주국인 독일에서도 '개인맞춤형 제품 제조'의 실현은 아직 무리이고 2019년 6월 이 글을 쓰는 현재도 '실험 중' 단계라고 한다[김은(1)]. 그 이유는 '얼마나 많은 고객이 개인맞춤형 제품을 원할지?', '개인맞춤형 제품에 어느 정도의 가격을 지불할 용의가 있는지?' 등을 파악하지 못하고 있다는 것이다. 즉, 시장의 반응성을 명확히 알기가 쉽지 않다는 것이다. 일례로서 일찍이 개인맞춤형 제품을 선도한다고 알려진 신발 제조업체 아디다스조차 개인맞춤형 신발 제조를 시도했다가 포기하였다.

한편 스마트팩토리 4.0(industrie 4.0의 다른 이름)이 어느날 갑자기 실현되는 것이 아니고 당분간은 인간과 기계가 협력하는 모양의 기술로 갈 것이라는 예측도 있는데 결국 제조현장에서는 인간이 중심이 되고 기계가 공존하는 하이브리드 시스템(hybrid system)으로 운영될 것이다. 심지어 독일의 어떤 자동차 부품 공장에서는 같은 공장 내에 0세대부터 4세대 기술까지 공존하는 경우도 있다고 한다. 이 현상은 스마트팩토리의 도입이 구축 그 자체가 목적이 아니고 제조과정에 있어서 효율 및 이익 증대가 주된 목적이라는 것을 의미한다. 즉, 스마트팩토리의 도입은 기업에게 수단이 되어야지 목적이 되지 않는다는 것이다. 이 점은 특히 국제경쟁력이 저하되어 쇠락하는 산업 영역에 종사하는 중소, 중견기업을 대상으로 스마트팩토리 기술의 도입을 전국적으로 고속, 대규모로 추진하고 또 국가가 중심이 되어 정책적, 기술적 측면에 치우쳐서 진행하는 우리나라에 시사하는 바가 크다.

11.2 스마트팩토리 비즈니스

먼저 국내의 스마트팩토리 사례를 보자. 국내의 대기업에서 스마트팩토리는 이미 기정사실화된 기술이다. 우리가 TV 등을 통해서 삼성전자, LG전자, 포스코 등 대기업의 생산공장을 볼 기회가 있는데 거의 대부분의 경우 기계가 거의 자동으로 제품을 생산하며 사람은 기계 주변에서 문제가 없는지 체크하는 모습을 볼 수 있다. 그중에서 어느 기업보다도 먼저 스마트팩토리를 도입한 곳은 포스코이다. 포스코는 일찌감치 철강의 생산공정을 전 자동화(full automation)하는 스마트팩토리 기술을 도입하여 운영하고 있다. 앞에서 IoT 플랫폼을 이야기할 때 잠시 소개하였는데 포스코는 철강제품 생산과정에서 발생되는 대량의 데이터를 수집 · 정렬 · 저장하고 이를 고급 데이터 분석 기술, 인공지능(AI) 등 스마트팩토리 기술을 적용하여 품질 예측, 설비 고장 예지모델을 만들어 철강 제품의 경쟁력을 높였다.

스마트팩토리와 관련하여 각국의 사업(프로젝트 명칭)을 간단히 요약하였으니 혹시 다른 매체에서 이 명칭을 발견하면 자세히 관찰하기 바란다.

- 독일: industrie 4.0
- 미국: advanced manufacturing
- 중국: 中國製造2025
- 한국: 제조업혁신 3.0

스마트팩토리의 원조는 독일이다. 제조강국 독일은 industrie 4.0이라는 이름에서 볼 수 있듯이 이미 오래 전부터 전통적인 노동집약형 제조업에 스마트팩토리 기술을 도입하여 생산성을 향상하고 있다. 이들은 이미 인구의 감소 및 노동력의 고령화에 대비하여 오래 전부터 이와 같은 전략을 구체화한 것이다. 독일은 industrie 4.0의 핵심과제로서 스마트팩토리를 선정하였는데 industrie 4.0의 주창자인 헤닝 카커만 전 독일공학한림원장은 2008년 글로벌 금융위기가 발생한 뒤 제조기업의 가동률이 떨어지자 제품생산의 유연성을 실현하기 위하여 industrie 4.0를 고안하였다[김낙훈]. 그동안 industrie 3.0에서 제조기계의 컴퓨터화 및 네트워킹을 달성한 독일은 industrie 4.0를 통하여 과거와는 전혀 다른 패러다임을 고안하였는데 생산현장에서 어떤 일이 일어나는지를 보여주는 가시성, 왜 그런 일이 일어나는지를 알려주는 투명성, 그리고 앞으로 어떤 일이 일어날지를 미리 가르쳐주는 예측가능성, 그 일에 대해서 어떻게 자율대응을 할지에 대한 적응가능성 등을 실현하는 것을 목표로 하고 있다.

반면에 국내에서는 삼성이나 LG, 현대차, 포스코 등 글로벌 대기업은 이미 스마트팩토리 기술을 적용한 예가 많으나 우리나라 제조업체의 90% 이상을 차지하는 중소기업은 아직 스마트팩토리와는 무관한 실정이다.

2017년 우리나라에서 소위 '4차산업혁명'의 광풍이 몰아치던 때 중소기업중앙회가 국내의 400여 중소기업인 CEO를 대상으로 '4차산업혁명'에 대해서 알고 있는지 물었을 때 그렇다고 대답한 사람의 비율이 39.5%에 불과했다. 그리고 실제로 현장에서 중소, 중견 기업을 대상으로 스마트팩토리의 구축에 대해 의향을 물으면 반응이 싸늘했다고 한다[장현주].

사실 중소기업에 있어서 '4차산업혁명'은 스마트팩토리와 거의 동의어이다. 그런데 중소기업에 있어서 스마트팩토리는 선택의 문제가 아니라 필수이다. 왜냐하면 우수한 인재를 구하기 어려운 그들에게 그것은 생존과 직결되는 문제이기 때문이다.

결국 앞으로 인구 감소나 고령화 시대에 스마트팩토리 기술을 적용해야 할 대상은 대부분이 중소 규모의 공장이지만 전망은 그다지 희망적이지 못하다. 가장 큰 이유는 중소기업은 경제사정이 열악한 경우가 많아서 기존의 공장에 비용을 들여서 센서를 비롯하여 IoT 네트워크와 빅데이터 수집 및 분석을 위한 AI 플랫폼 등을 설치하기도 어렵고 또 이런 장비를 운용할 인력도 없기 때문에 중소기업의 스마트팩토리화가 쉬운 일이 아니다. 실제로 중소기업의 목소리를 들어보면 대부분의 기업이 스마트팩토리 구축 비용을 걱정하고 있는데 업종에 따라 센서, 네트워크 장비 등 IoT 시스템을 구축하는 비용이 천차만별이다.

최근에 전자신문에 소개된 스마트팩토리 솔루션을 하나 소개한다. 스마트팩토리 솔루션 전문 생산업체 타이아는 스마트팩토리 구축을 용이하게 해줄 올인원 패키지 솔루션(all in one package solution) '액티브블랙박스(active blackbox, ABB)'를 개발하여 제조현장에 납품하고 있다[권상희].

ABB는 일종의 에지 컴퓨팅 디바이스(edge computing device)라고 할 수 있는데 기업이 스마트팩토리를 구축할 때 제조장비에 설치하는 센서와 기업의 중앙 서버 또는 클라우드 서버 사이에서 게이트웨이 역할을 담당하기도 하고 중앙 서버까지 데이터를 전송하여 분석하는 수고를 덜어주는 에지 컴퓨팅 장비이다.

ABB는 무선네트워크와 전용 솔루션, 데이터 분석 플랫폼, 단말 등이 포함된 패키지로서 스마트팩토리의 구축에 필요한 무선네트워크 인프라, 보안 플랫폼, 데이터 분석 소프트웨어를 모두 제공하는 통합 솔루션이다. 이 장비를 이용하면 제조기기로부터 데이터 수집 및 저장, 전송, 분석 등이 가능하다. 2019년 현재 이 장비(모델명: ABB-M800)에는 입출력 포트를 7개까지 연결하여 최대 7대의 제조설비를 연결할 수 있다.

이 제품은 국내의 포스코, 현대/기아차 등에서도 스마트팩토리의 구축에 사용할 만큼 신뢰성이 뛰어난 것으로 평가된다. 타이아는 ABB를 향후 스마트팩토리뿐만 아니라 스마트시티, 스마트카, 스마트팜 등의 분야로 확대 적용하는 제품도 개발할 계획이라고 한다.

이상의 논의로부터 앞으로 스마트팩토리를 도입하고자 하는 기업은 사전에 스마트팩토리 구축 시스템의 사양에서부터 적용 영역까지 충분한 준비를 하여야 할 것인데 스마트팩토리를 구축하고자 하는 중소기업은 중소벤처기업진흥공단이나 중소기업중앙회 등에서 다양한 상담을 받을 수 있다.

앞으로는 스마트팩토리 기술 없이 기존 제조업의 생산성 향상과 제조업의 발전은 난망하다. 따라서 중소기업이 이와 같은 문제를 해결하는 방안으로서 새로운 전략이 필요한데 그중 한 가지 대안은 각 공장 사정에 적정한 스마트팩토리(appropriate smart factory, ASF)의 구축이다. 사실 산업현장에서 기술 도입을 논할 때 최고의 스펙을 제시하는 경우가 많은데 그것은 마치 동네의 낮은 산을 오를 때 안나푸르나 트레킹을 가도 될 만큼 완전무장한 것과 같다. 이에 대한 해결책은 '적정기술(appropriate technology)'이다. 적정기술은 많은 돈이 들지 않고 쉽게 도입할 수 있는 수준이면서도 그 기술을 필요로 하는 환경, 경제, 사회 여건에 적합한 기술을 말한다. 이것을 스마트팩토리에 적용한 것이 ASF이다.

ASF는 고가의 외국 스마트팩토리 장비나 기술을 도입하는 대신 공장에 필요한 최소 기능만 갖춘 저비용 하드웨어와 소프트웨어를 이용하여 스마트팩토리화하는 것이다. ASF의 예로서 전력사용량 모니터링이 있는데 전력 센서(power sensor)를 이용하여 제조장비에서 사용되는 전력 사용량을 측정하고 그 데이터를 사물인터넷을 통하여 서버에 저장하고 분석함으로써 공장 가동 상황이나 생산량의 실시간 확인을 가능하게 함과 동시에 전력 낭비를 줄이고 생산라인의 효율화를 기할 수 있다[안성훈].

그리고 SF의 핵심이 공장에 사물인터넷의 구축과 그 위에 빅데이터와 AI 기술을 적용하는 것인데 사전에 데이터를 수집하는 목적을 분명히 하고 데이터를 수집하면 그다지 어려운 것은 아니다. AI도 사실 엄청난 기술을 구사할 필요는 없다. 축적한 데이터를 잘 가공하고 분석하여 필요한 결정을 내리는 수단으로 사용하기만 하면 된다. 따라서 중소기업은 SF의 도입을 너무 어렵게 생각할 필요도 없고 또 너무 큰 비용을 들여서 완벽한 SF를 구축해야 된다는 강박관념을 버려야 할 것이다.

11.3 스마트팩토리 테스트베드

스마트팩토리 테스트베드(smart factory testbed, SFT)는 제조업체가 스마트팩토리를 도입하기 전에 타기업의 사례를 벤치마킹하거나 기술 실증 실험, 상호호완성 검증 등을 지원하는 일종의 데모공장(demonstration field)이다. SFT가 필요한 이유는 제품의 생산공정에서 판매에 이르기까지 제조현장의 현실이 업종이나 업체마다 많이 다르기 때문에 표준화된 방법론도 없으려니와 획일화된 시스템 구조가 존재하지 않기 때문이다. 즉, 업종별, 또는 업체별로 공정 라인 또는 공정 프로세스가 모두 다르고 시스템이나 장비도 다르므로 시스템 간의 상호호완성이나 구축의 유연성이 아주 떨어진다.

그렇다고 제조업체가 개별로 SF를 구축할 능력 또한 없다. 그래서 개별 기업이 SF를 구축하는 데 도움을 주기 위해서는 SF를 구축하기 전에 데모공장과 같은 실험을 할 수 있는 공간이 필요하다. 그래서 국가 또는 산업단체 등을 중심으로 업종에 따라 적정(appropriate) 스마트팩토리를 구축하도록 도와주는 여러 가지 유형의 테스트베드(데모공장)를 제공하여야 한다.

먼저 외국의 사례를 몇 가지 들어보고 국내의 스마트팩토리 테스트베드 구축 움직임을 알아본다.

독일은 'industrie 4.0'의 일환으로 독일 전역에 2019년 기준으로 모두 67개의 거점 테스트베드를 운영하고 있다(필자 주: 사실 우리나라는 어떤 사업이든지 사전에 테스트베드를 구축하여 충분한 검증을 하지 않고 일단 '세계 최초로' 구축부터 하는 경향이 있어서 이것은 참 부러운 점이다). 독일은 300개 이상의 SF 구축 성공 사례를 온라인맵(industrie 4.0 research map)에 제공하여 제조기업이 필요로 하는 SF관련 기술을 쉽게 찾고 벤치마킹하여 SF와 관련된 기술을 실증할 수 있도록 인프라를 제공하고 있다.

미국은 기업 주도로 IIC(industrial internet consortium)를 결성하여 산업 IoT 관련 공용 아키텍처와 프레임워크를 개발하고 있는데 SF뿐만 아니라 다양한 산업에 적용할 수 있는 레퍼런스 테스트베드(reference testbed)를 구축하고 있다. IIC 테스트베드의 대표적인 사례를 아래의 표에 요약하였다[IIC].

표 11.2 IIC 테스트베드

테스트베드명	참여기업	활동내용
asset efficiency testbed	IBM, GE, Bosch	자산정보의 실시간 관리
smart factory web testbed	Fraunhofer, KETI	서로 다른 환경의 SF들을 IoT 기술로 연결하여 주문 기반의 유연한 생산을 추구
optimizing manufacturing process with AI testbed	China Unicom, Dell, EMC	종단 간 산업인터넷 플랫폼 개발 및 검증

국내에서는 제조혁신센터(smart manufacturing innovation center, SMIC)에서 스마트 제조와 관련된 기술을 실제로 공장에 적용하기 전에 시험 검증을 하는 테스트베드를 구축하였는데 SMIC에는 시제품 생산을 지원하기 위한 업종별 장비, 표준 상호운용성 시험 장비, 표준 IoT 플랫폼 등을 보유하고 있다.

SMIC는 2016년 3월 경기도 성남에 있는 전자부품연구원(Korea electronics technology institute, KETI)을 중심으로 설립되었으며 국내외 43개 회사가 지능형 기술이 내장된 모듈화 공장에 대한 표준 레퍼런스 모델을 개발하고 있다. 이 모델은 3가지 목표를 가지고 있는데 다음과 같다.

1. 생산의 가변성(plug & work): 앞으로 공장은 제품의 생산에 따라 유연하게 변해갈 것이므로 변화에 유연한 모듈화 구조를 지향하여 제품 제조의 변경에 대해 중단 시간(down time)을 최소화하고 동시에 비용의 최소화를 목표로 한다. 이것을 실현하는 기술이 SBB(smart base block) 표준 블록이다. SBB의 대표적인 예가 자동차나 전자장비를 생산할 때 로딩, 조립, 체결, 마킹, 검사, 포장, 이송 등에서 각 기능이 모듈화되어 있는 것이다.
2. 개인/가변화된 생산(order/variable manufacturing): 앞으로는 다양한 산업분야에서 다품종 소량 생산의 시대가 올 것으로 예측되는데 이에 부응하기 위해서는 제조업체가 시장의 변화에 적응하여 요구에 맞는 개인화된 제품을 생산해야 하며 주문에 따라 가변생산이 가능해야 한다.
3. 개방 플랫폼(open platform): 앞으로는 다양한 공장장비가 표준화된 산업 IoT로 연결될 것으로 전망되는데 이에 대비하여 스마트팩토리는 개방 플랫폼을 통하여 생산 프로세스 정보를 공유하고 실시간으로 최적화하여야 한다. 그리고 공장 내부뿐만 아니라 공장과 공장을 연결하는 SFW(smart factory web)을 이용하여 서로 다른 인프라를 가지는 스마트공장들을 연결하면 주문에 따른 유연한 생산이 가능할 것이다.

한편 중소기업진흥공단(이하, 중진공)은 2017년부터 경기도 안산시 중소기업연구원에 스마트제조 데모공장인 '스마트공장배움터'를 만들어서 스마트팩토리 전문인력을 양성하고 있다[이상직]. 다만 우리나라에서 데모공장을 구축할 때 반드시 고려해야 할 사항으로는 이미 구축 운용 중인 독일의 사례를 참고하여 전국적으로 산업별, 업종별 스마트팩토리 데모공장을 적재적소에 구축하여 운영하고 실제 기업이 그것을 활용해보게 하면서 우리나라만의 특성을 잘 반영한 한국형 스마트팩토리를 구축할 필요가 있다고 생각한다. 그렇지 않으면 전시효과에 불과한 쓸모 없는 데모공장만이 전국에 중복 건설될 가능성이 크다.

11.4 스마트팩토리와 네트워킹 기술

앞에서 필자는 IoT와 관련된 네트워킹 기술에 대해서 이야기할 때 향후의 네트워킹은 무선통신 기술을 중심으로 전개될 것이라고 하였다. 그런데 2017년 automationinside.com에서 조사한 바에 의하면 제조산업 현장에서 무선통신 기술이 차지하는 비중은 6%에 지나지 않는다고 한다[AI.C]. 그러나 지금까지는 제조업 현장에 무선통신 기술이 거의 도입되어 있지 않지만 앞으로 스마트팩토리가 확산되면 제조업 현장에서 무선통신 기술의 수요는 폭발적으로 늘어날 것이다.

제조업 현장에서 무선통신의 사용은 아래와 같이 크게 두 가지 이유로 증가할 것이다.

1. 제조 시스템의 유연성 향상: 인구의 지속적 감소 및 소비패턴의 변화로부터 앞으로는 제조산업에 있어서 다품종 소량 생산이 대세가 될 전망이다. 그렇게 될 경우 생산 라인의 위치나 구성을 변경하는 빈도가 늘어난다. 또 제품의 제조 도중에 검사공정을 재설계하는 인라인(inline)화가 진행될 전망인데 이때 제조 시스템의 유연성을 향상시키려면 기존의 고정된 유선네트워킹 기술은 큰 장애요소가 될 것이다. 따라서 무선통신의 이용이 늘어날 것이다.
2. 제조 현장에서의 정보 수집 및 전달: 스마트팩토리가 도입되지 않은 제조현장에서는 공구의 사용 상황을 파악하거나 가공중인 제품의 품질을 관리할 때 대부분 숙련공의 느낌이나 경험에 의존하는데 향후 스마트팩토리를 도입하면 이 작업을 전부 수치정보화(이것을 '정보의 디지털화'라고 함)하여야 한다. 또 제조설비는 한 번 도입하면 아주 오랜 기간 사용하는데 기계를 비롯하여 사람과 물건 등의 정보를 수집하고 전달하기 위해서 센서 등을 설치할 때 공간적 제약이나 연결의 복잡성 등으로 유선으로 연결하기가 곤란한 경우가 많다. 따라서 무선통신의 이용이 늘어날 것이다.

한편 기존의 제조현장에서 무선통신 기술을 도입하는 것이 말처럼 그리 간단하지만은 않다. 그래서 향후 스마트팩토리를 구축하면서 무선통신 기술을 도입할 때 해결되어야 할 과제로는 다음과 같은 것이 거론된다[이타야].

1. 무선 환경의 동적 변화: 제조현장에 있는 기계가 대부분 금속으로 만들어지고 또 제조설비가 복잡하게 배치되어 있기 때문에 공장 내에 전파를 방해하는 차폐물이 많으며 또 작업을 위해서 사람 및 사물의 이동이 빈번하다. 또한 제품의 제조공정 상 제조기기의 배치 변경이나 신규 생산 라인의 증설 등 서로 다른 시간축 상에서 공장 내 환경의 변화가 일어날 수 있다. 그러나 이런 모든 경우를 고려하여 사전에 미리 무선통신 시스템을 구축하고 운용하는 것은 불가능하다.
2. 다양한 무선 환경: 공장의 위치에 따라서는 외부로부터의 전파방해가 일어날 수 있다. 가령, 아파트형 공장이나 주택지 근처에 위치하는 공장에서는 외부로부터 WiFi 전파가 도달할 수도 있다. 이로 인하여 공장 내의 제조설비가 전파교란에 의해서 오작동하는 것도 배제할 수 없다.
3. 이기종 시스템의 혼재: 공장 내에는 제조공정별로 개별적으로 설비 최적화를 도모하는 가운데 서로 다른 공정 간에는 서로 다른 시간축 상에 이기종의 무선 시스템이 도입될 수도 있다. 이 경우에는 시스템 전체를 아울러서 최적화하는 것은 어렵고 그로 인하여 공장 자동화는 물론이고 무인 생산도 힘들 수도 있다.

위에서 소개한 세 가지 과제는 단기간에 칼로 물 베듯이 해결될 수 없는 문제이다. 이 문제는 향후 스마트팩토리를 도입하면서 드러나는 문제를 해결해 나가는 과정에서 점진적으로 해결될 것이다. 다만 스마트팩토리가 추구하는 방향이 업종을 불문하고 제조산업에서 최소비용으로 최대의 효용을 얻기 위한 것이므로 결국 용도나 이용가치가 비슷하거나 명확히 정의되는 애플리케이션에 대해서(예를 들면, 공작기계 제조, 선박부품 제조 등) 필요한 무선통신 기술의 개발에 무선통신 서비스 제공업체, IoT 디바이스 제조업체 및 제조기계 제조업체 등이 업계의 사적인 이익이나 영역의 경계를 초월한 상호협력이 수반되어야 할 것이다.

11.5 스마트 산업단지

국가가 지정하는 산업단지(industry complex) 내에는 수많은 공장이 밀집해 있는데 대개가 생산제품이 비슷하거나 상호 협력 관계에 있는 제조업이 모여있다. 예를 들면, 창원 기계산업단지, 울산 석유화학단지, 평택 반도체산업단지 등이다. 이들 산업단지에 있는 공장은 소유주가 다르므로 스마트팩토리를 도입할 때 일단은 각자 독립적인 시스템을 구축한다. 그런데, 산업단지 내의 기업들 간에 생산량의 협력, 부품의 조달 등 상호 밀접한 관계가 얽혀 있을 경우 서로 다른 업체 간에 정보를 공유하고 품질을 관리할 필요가 있다. 이를 위해서는 개별의 스마트팩토리 그 이상의 새로운 개념이 필요한데 그것이 스마트 산업단지(smart industry complex, 이하 SIC)이다.

스마트 산업단지는 스마트팩토리의 확장된 개념이다. SIC는 산업단지에 입주한 기업 간에 데이터와 자원을 상호 연결하고 공유하여 생산성을 높이고 새로운 산업을 창출하는 모델이다.

2019년 2월 21일자 한국경제신문에 의하면 정부는 '제1호 스마트 산업단지'로 경남 창원과 경기 반월시화를 선정했다[조재길]. 창원은 우리나라 최대 규모의 대기업 중심 기계산업단지이며 반월시화는 기계, 전자, 자동차부품을 생산하는 중소기업이 집적된 곳이다. 정부는 이들 두 곳에 SIC를 조성하여 제조혁신을 도모하겠다는 계획인데 필자가 창원에 살고 있으므로 앞으로 창원의 SIC가 어떻게 발전하는지 지속적인 관심을 가지고 볼 것이다.

11.6 Cognitive factory

최근에는 스마트팩토리의 개념이 더욱 진화하여 공장이 인간처럼 주변 상황을 스스로 인식하여 적절한 대응을 할 수 있는 단계에 근접하고 있는데 이처럼 스마트팩토리가 더욱 지능화된 개념이 코그너티브팩토리(cognitive factory, 이하 CF)이다. 이것을 우리나라 말로 굳이 표현하자면 '인지공장(認知工場)'이라고 할 수 있는데 아직 이에 대한 논의가 부족하여 왠지 어색하니 당분간 '코그너티브팩토리'라고 부르기로 한다.

코그너티브팩토리의 개념은 기존의 스마트팩토리에서 주로 사용하는 문자 기반의 사용자 인터페이스를 자연어 처리를 기반으로 하는 음성인식 기술을 이용하여 주변의 상황을 보다 더 편리하게 인식하는 것을 지향한다.

코그너티브 팩토리가 주는 효용은 여러 가지가 있겠지만 기계가 자신이 내는 소리나 사람의 음성 등 주변 상황을 파악하여 관리자의 명령 없이 스스로 상황을 인식하여 판단을 내리는 것이 가능하다는 것이 가장 크다.

CF의 예를 하나 든다. 180여 년 역사를 가진 농기계업체 John Deere는 IBM의 인공지능 플랫폼인 왓슨을 기반으로 자사 제품에 다양한 센서를 부착하여 농기계 IoT 플랫폼을 개발하였는데 농기계의 상태 정보를 상시 수집하여 고객에게 기기의 상태와 농기계의 적정 사용법과 사용량 등을 알려준다. 또한 센서, 드론 및 위성 정보를 통해 수집한 지형, 토지, 날씨 등의 환경 정보를 수집하여 고객에게 향후 날씨를 가르쳐주고 토양상태에 대한 정보도 제공해주어 그에 맞게 적절한 시기에 농작물의 모종을 심고 농사를 짓는 것을 도와준다.

이처럼 CF에서는 예전에 사람의 손에 의해서 모든 것이 이루어졌던 농장이 마치 자동화된 기계가 물건을 생산하는 공장처럼 운영될 수 있다.

11.7 산업 IoT

지금까지 스마트팩토리의 비즈니스에 대해서 알아보았다. 그런데 IoT 기술이 오로지 공장에만 적용될 필요는 없다. 사실 IoT 기술은 디지털화(digitalization)가 필요한 산업 분야에는 모두 적용할 수 있으며 이것을 통칭하여 산업 IoT(industry IoT, 이하 I-IoT)라고 부른다. 혹자는 산업 IoT를 IIoT로 표기하기도 하는데 'I'가 두 개나 붙어서 가독성이 떨어질 수 있으므로 이 책에서는 I-IoT로 표기한다.

I-IoT는 IoT 기술이 스마트팩토리뿐만 아니라 창고, 사무실, 가게, 물류회사, 건설현장, 농장, 어장 등 산업계 전반에 도입된 것을 말한다.

글로벌 제조기업은 산업 전반에 IoT 기술을 이용하여 자산 효율의 증대, 노동 생산성 향상, 매출 증대, 재료비 절감, 서비스 수준 향상 등 5가지 분야에서 성과를 거두고 있는데 아래에 간단히 요약하였다.

1. 자산 효율의 증대: 기업은 제조 장비에 디지털 유지 보수 시스템을 도입하여 설비의 오작동을 파악하고 불량 제품의 생산량 등을 파악하여 설비의 대체나 인력의 증강 등을 도모할 수 있다.
2. 노동 생산성 향상: 글로벌 제조업체의 가장 큰 고민 중 하나가 매년 늘어나는 인건비의 부담이라고 하는데 생산 라인에 로봇을 도입하거나 자동화 장비를 도입하면 노동 생산성의 문제를 해결할 수 있을 것이다. 대만의 한 광부품(optical device) 제조업체는 로봇을 도입한 뒤 인건비가 80% 가까이 줄고 생산성은 3배나 늘었다고 한다. 그리고 로봇 도입에 들어간 비용은 18개월 만에 회수하였다고 한다. 또 어느 ODM[1] 업체는 창고에 센서가 달린 재고관리자동화시스템을 설치하여 인건

1 ODM(original development manufacturing): '제조업자 개발 생산'을 말하며 제품의 설계 및 개발 능력을 갖춘 제조업체가 유통망을 확보한 판매업체에 상품이나 재화를 공급하는 생산방식을 말한다.

비를 75% 줄일 수 있었고 업무지원 부서의 업무는 65% 정도 자동화되어 업무의 효율성이 30%나 높아졌다고 한다.

3. 매출 증대: 기업은 제조뿐만 아니라 마케팅 및 영업 활동에 IoT 기술을 적용하여 매출 증대를 도모할 수 있다. 고객이 제품을 살 때 가격이나 브랜드 등 중시하는 요인을 파악하고 TV, 전단지, 인터넷 등 어떤 마케팅 채널을 보고 사는지 등 고객의 구매 패턴을 알 수 있다면 그 기업은 고객에게 가장 필요한 제품을 손쉽게 팔 수 있을 것이다. 한 연구에 의하면 글로벌 기업이 마케팅에 IoT를 적용하면 평균 20% 정도의 매출 증대를 얻을 수 있다고 한다.
4. 재료비 절감: 기업은 재료 구매 정보를 디지털화하고 분석함으로써 제품의 원가를 낮출 수 있다. 어느 글로벌 자동차 전장 부품 공급사는 전 세계의 생산공장과 공급망의 구매 정보를 디지털화했는데 60만 개가 넘는 구매 건수를 실시간으로 추적하여 그중 가장 싼 구매처 정보를 모든 공장에 전달하여 연간 구매비를 11~14% 절감할 수 있었다고 한다. 어느 글로벌 전자기기 제조업체는 디지털 구매데이터시스템, 공급사 성과관리시스템, 자동 재료주문시스템 등 구매 가치 사슬 전반에 디지털화를 도입하여 구매비를 15% 이상 절약했다는 사례도 있다.
5. 서비스 수준 향상: 제조업체의 또 다른 고민 중의 하나는 재고관리 문제이다. 제조업체에게 가장 좋은 시나리오는 재고 과잉은 막으면서 시장 기대에 맞춰서 제조량을 신속히 조절하는 것이다. 이를 위해서 기업은 소비자와 공급사의 제품 수요 및 공급 정보에 대한 피드백을 신속히 수집하여 제품의 공급망(supply chain)을 기민하게(agile) 해주는 것이 필요한데 이것을 가능하게 하는 기술이 I-IoT이다. 국내의 한 디스플레이 패널 제조회사는 소비자가 선호하는 제품에 관한 구매 데이터를 실시간으로 파악하여 제품별 생산량을 결정하고 생산 라인과 재고를 조정한다고 한다.

지금까지 우리는 I-IoT가 기업에게 가져다 주는 5가지 성과에 대해서 알아보았는데 아래의 표는 I-IoT를 통한 기업의 성과를 요약한 것이다[조정범].

표 11.3 I-IoT를 통한 기업의 성과

항목	성과
판매량	연 5~15% 증가
제품 개발 주기	20~40% 단축
연구 개발 예산	50% 감소
재료비	5~10% 감소
적시 적량 배송	20~30% 향상
재고량	30% 이상 감소
제조 비용	25~35% 감소
1인당 시간당 생산량	40~60% 향상

위의 표에서는 I-IoT가 기업에 가져다 주는 다양한 효율성을 볼 수 있는데 맨 마지막 줄의 1인당 시간당 생산량이 40~60% 향상된다는 것에 주목하여 볼 필요가 있다.

2015년 맥킨지가 분석한 보고서에 의하면 I-IoT가 도입되지 않았던 그 당시 노동자 1인당 연간 국내총생산을 기준으로 할 때 미국이 10만 6,000달러인데 반해서 우리나라는 4만 7,000달러로서 우리나라의 노동자 1인당 생산성이 미국의 42%에 불과하다. 참고로 일본은 9만 1,000달러이고 대만이 4만 5,000달러이다. 일본과 미국이 비슷하고 우리나라와 대만이 비슷하다.

미국과 우리나라의 노동자 1인당 생산성의 차이가 큰 이유가 무엇인지에 대해서는 논외로 하고 이 사실이 시사하는 것은 결국 우리나라가 향후 산업 전반에 I-IoT를 도입하면 제조업체의 생산성이 미국에 근접하게 향상될 수도 있겠다는 것이다.

11.8 스마트팩토리의 보안

지금까지 우리는 스마트팩토리의 기술적 관점에 대해서 알아보았는데 짚고 넘어가야 할 문제가 하나 더 있다. 그것은 바로 스마트팩토리의 보안 문제인데 공장처럼 다양한 제조장비가 유기적으로 동작하는 곳에 외부로부터의 침입 등에 의한 보안 문제가 발생하면 제조설비의 고장, 경제적 손실뿐만 아니라 안전사고 등 심각한 부작용이 발생하기 때문이다.

먼저 2019년 6월 13일 조선일보의 '조선경제'에 실린 신문기사를 하나 소개한다[김성민].

공장 내의 모든 설비가 네트워크로 연결되는 스마트팩토리가 활발히 도입되면서 대규모 사이버 보안 사고가 빈번하게 발생하고 있는데, 2019년 3월 노르웨이의 알루미늄 제조회사 노르스크 하이드로(Norsk Hydro)가 랜섬웨어(ransomware) 공격을 당했다. 랜섬웨어는 해커가 다른 사람의 컴퓨터 시스템에 몰래 침투해 소유자가 그 시스템을 사용하지 못하게 잠그거나 데이터를 암호화한 뒤 그것을 풀어주는 대가로 돈을 요구하는 악성 프로그램이다. 노르스크 하이드로에서의 사고로 알루미늄 생산공정이 마비되면서 당시 글로벌 알루미늄 가격은 1.2% 상승했다. 기업 내 컴퓨터 한 대에서 감염된 랜섬웨어가 전체 시스템을 마비시키고 글로벌 경제에 영향을 미친 것이다.

세계 최대 파운드리(foundry, 반도체 위탁 생산) 기업인 대만의 TSMC는 2018년 8월 사이버 공격에 노출되어 전체 생산 라인이 멈춰선 사건이 일어났는데 그로 인해 3,000억 원 규모의 손실을 입었다. 내막을 보니 생산설비의 소프트웨어를 업그레이드하는 과정에서 한 직원이 악성코드가 들어 있는 USB를 연결했는데, 이 악성코드가 제어설비를 장악했고 공장의 전 공정이 멈춘 것이다.

이처럼 스마트팩토리는 대부분의 디바이스가 무선네트워크로 연결되면서 제어설비도 외부 인터넷과 연결될 수밖에 없고 이들이 사이버 공격의 타깃이 된다. 러시아 보안업체인 카스퍼스키가 2018년 하반기에 자사 보안 소프트웨어를 채택한 제어설비를 대상으로 조사한 결과, 사이버 공격 시도가 탐지된 비중이 전체의 40.8%에 달했다.

한편 스마트팩토리에 대한 사이버 공격을 막기 위해 많은 기업들은 비정상적인 네트워크 활동을 감시하는 보안기술을 사용하는데 정상적으로 주고받는 제어명령을 설정하고, 관리자가 이와 다른 네트워크 행위를 탐지해 사고를 방지하는 것이다. 미국의 GE는 전 세계 발전소와 석유 및 가스 관련 시설에 이러한 보안시스템인 '옵쉴드(opsheild)'를 적용 중이다. 이스라엘의 보안 전문업체인 사이버비트도 내부 네트워크 상태를 분석해 보안 규칙을 탐지하는 '스카다쉴드'를 개발해 공급하고 있다. 최근에는 인공지능과 머신러닝을 결합해서 해킹 시도를 차단하는 보안시스템도 나왔다. 포스코ICT는 스스로 시스템 제어 명령 패턴을 학습하고 비정상적인 명령이 감지되면 관리자에게 즉시 알리는 AI 기반 보안시스템을 개발했다. 포스코ICT가 개발한 시스템은 2019년 3월부터 시스코의 네트워크 장비에 탑재되고 있다.

11.9 스마트팩토리, 성공의 조건

요즘 우리나라에서는 전국의 산업단지마다 '스마트팩토리'의 광풍이 불고 있다. 그리고 정부나 지방자치단체도 저마다 침체된 경기를 살리겠다고 스마트팩토리 구축에 사활을 걸고 있다. 정부는 2019년 초에 침체된 우리나라의 제조산업을 활성화하는 일환으로 '중소기업 스마트제조 혁신전략'을 수립하고 2022년까지 전국 3만 개 중소기업을 대상으로 스마트팩토리를 구축하기 위하여 근로자 10인 이상의 제조기업 6만 7,000여 개 중 절반 가량의 공장혁신을 지원하기로 했다[김진수].

그러나 앞에서도 이야기하였듯이 산업현장에서 느끼는 체감온도는 싸늘하기만 하다. 왜냐하면 국내 기업의 상황이 좋지 않기 때문이다. 국내 제조업의 글로벌 경쟁력은 나날이 하락하는 가운데 인건비는 계속 오르고 글로벌 경제 침체로 제품의 공급은 과잉되는 상황에 물건이 팔리지 않아서 당장 회사가 존립의 위기에 놓여 있는데 공장에 스마트한 장치를 새로 도입해서 생산성을 향상시키면 어떻게 하겠다는 것인지 현장의 실무자들은 되묻고 있는 것이다.

필자가 살고 있는 창원 국가산업단지의 주된 산업은 기계, 조선 및 자동차 부품 제조인데 주지하다시피 조선은 중국에게 경쟁력을 빼앗긴지 오래이고 자동차는 글로벌 자동차 산업 부진으로 외국계 기업의 공장 폐쇄설까지 나왔다. 기계장비 생산을 주력으로 하는 창원은 2019년 말 기준으로 3,000여 개의 중소기업이 국내 기계장비 생산의 11%를 담당할 정도로 전국 최대 규모이다[윤진호].

창원의 산업이 침체된 것은 공장이 스마트하지 않아서가 아니고 기계, 조선 및 자동차 산업 경쟁력이 중국 및 글로벌 제조 선진국과의 경쟁에도 밀리고 거기다가 전 세계적으로 글로벌 경제의 침체와 정부의 근로정책의 급변 등과 같은 복잡한 영향으로 인하여 그 후방 산업에까지 영향이 미쳐서 생산되는 부품이 팔리지 않아서이다. 즉 공급이 수요로 이어지지 않기 때문이다. 그런데 공장을 스마트화해서 생산효율을 높이는 것이 과연 무슨 의미가 있는지 의문이 드는 가운데 정작 스마트팩토리화가 이루어지면 결국은 현장에서 일하는 제조 근로자의 일자리는 더욱 줄어들 수밖에 없다.

사물인터넷을 연구하는 필자가 스마트팩토리를 도입하지 말자고 주장하는 것은 아니다. 다만, 스마트팩토리를 도입해야 할 필요가 있는 경우에는 도입을 하되 졸속행정으로 속도전을 벌이지 말고 사전에 준비를 철저히 하고 기업의 수요도 파악하여 나중에 활용될 수 있도록 제대로 도입하자는 것이다. 왜냐하면 개인이 약간의 추가 월이용료(기존의 인터넷에 추가하면 1~2만 원 내외)를 내고 IoT 기반의 스마트홈 서비스에 가입해서 다양한 디바이스를 가정 내에 설치해두고 사용하지 않으면 그것은 개인의 범위 내에서 효율이 떨어지는 문제이지만, 제조업 현장에 많은 돈을 들여서 스마트팩토리를 도입해서 그것을 제대로 활용하지 않는 것은 차원이 다른 문제이기 때문이다. 실제로 스마트팩토리 사업과 밀접한 관련이 있는 중소기업연구원이 낸 보고서(제목: 스마트공장 보급 확산에서 스마트비즈니스 정책으로-2020년 4월 5일)에 의하면 중소기업 현장에서는 정부의 스마트팩토리 정책에 대해 우려와 비판이 많다고 한다[안대규]. 동 보고서에 의하면 보고서를 발표한 시점에서 우리나라의 스마트팩토리 도입 공장의 80%

가 기초단계(생산 정보의 모니터링 수준)에 있다. 그런데 문제는 이 수준으로는 스마트팩토리 도입으로부터 아무런 효과를 얻을 수 없다는 것이다.

한편 이 글을 추가하고 있는 2020년 4월 6일 현재, 전 세계적으로 코로나바이러스가 대유행(pandemic) 상태에 빠져서 이동 제한, 공장 가동 중단 등 인간의 경제활동에 막대한 제약이 있다. 그로 인해서 각국에서는 부품 조달도 어렵고 완제품의 생산도 중지되는 등 큰 어려움을 겪으면서 글로벌 공급망이 붕괴되는 상황에 빠졌다. 이 문제를 해결하는 방법으로서 각국은 자국에서 부품부터 완제품까지 일관생산할 필요가 있다. 우리나라도 이번 사태로 자동차 및 IT 기기 등의 부품을 중국에 지나치게 의존하는 바람에 큰 피해를 입었는데 업체들은 생산시설을 국내로 이전하려는 움직임(필자 주: 이것을 reshoring이라고 함)이 일고 있는데 이때 새로운 인력을 고용하기가 쉽지 않으므로 대안으로서 스마트팩토리를 구축할 가능성이 크다.

그럼 스마트팩토리의 성공 조건은 무엇일까?

먼저 기술적 측면에서 스마트팩토리가 성공적으로 구축되려면 공장 환경을 알려주는 데이터를 수집하는 센싱 기술과 수집된 데이터를 분석하는 AI 기술을 가지고 있어야 되고 이 두 가지 기술을 공장에 얼마나 잘 적용하는지의 여부가 성공의 열쇠라고 할 수 있다. 그러나 아직 우리나라에서는 이런 기술이 제대로 개발되어 있지도 않고 제조업 현장에는 이 기술을 구사할 인력도 없다. 이들 기술에 대한 논의는 앞에서도 이미 언급하였으므로 더 이상 다루지는 않겠다.

한편 필자는 사실 엔지니어 출신이지만 비즈니스에 대해서도 관심이 많은데 새로운 기술의 도입에는 기술적 고려보다는 전략적 고려가 더 중요하다고 생각한다. 그래서 스마트팩토리를 도입함에 있어서 전략적 측면에서 다음과 같은 요소가 고려되어야 한다[홍순국].

1. 첫째, 스마트팩토리의 핵심은 스마트 기술이나 제품이 아니고 제조현장의 상황 인식과 스마트팩토리 도입에 대한 타당성의 확인에 있다. 즉, 스마트팩토리를 통

하여 공장의 경쟁력을 높이고 생산효율을 높이기 위해서는 그 공장에 어떤 문제나 제약조건이 있는지 먼저 알아야 하고 생산공정의 낭비요소나 품질저하 요인이 무엇인지를 명확히 알 필요가 있다. 이것을 명확히 파악한 뒤에 비로소 공장에 스마트 기술을 적용하여 공장의 생산성을 높이고 경쟁력을 강화하는 도구로 사용해야 한다. 즉 스마트팩토리는 목적이 아니라 수단에 불과하다는 것이다.

2. 둘째, 스마트팩토리를 도입할 때 앞에서 이야기하였던 적정 기술을 사용해야 한다는 것이다. 쓰임도 없는 고가의 기술을 적용하여 완벽성을 추구하기보다 첫 번째 지적한 사항을 바탕으로 최소의 비용으로 공장이 처한 상황에 적절한 스마트팩토리를 구축하여 과거에 비해서 공장이 어떻게 더 스마트해졌는지에 초점을 맞추어야 한다.

3. 셋째, 제조현장의 경쟁력의 차이는 스마트팩토리가 아니라 스마트한 인재에 있다. 즉, 비싼 장비를 투입하는 것만으로 공장이 스마트해지는 것이 아니고 공장이 지속적으로 발전할 수 있는 제품을 기획하고 생산할 능력이 있는 사람이 있어야 하고 그것을 실현시킬 수 있도록 새로 도입하는 스마트 기술을 이해하고 활용할 줄 아는 사람이 중요하다는 것이다. 이 부분은 자칫 기술적인 문제가 아니라는 이유로 정책 관심에서 멀어질 수 있으나 결코 그냥 넘길 일이 아니다. 2019년 초에 중소기업 20곳을 대상으로 조사한 바에 의하면 정부의 지원 유인책으로 스마트팩토리를 도입한 중소기업 가운데 업무효율이 개선되었다는 곳은 6개(30%)에 불과했고 변화가 없다는 곳이 9개(45%), 오히려 업무효율이 떨어졌다는 곳이 5개(25%)나 되었다. 즉, 스마트팩토리를 도입한 중소기업 중 70%는 별 효과를 보지 못한 것이다. 그 이유는 몇 가지 있는데 가장 근본적인 원인은 자금력에 한계가 있는 중소기업에 도입된 스마트팩토리의 기술 수준이 대부분 낮은 수준(레벨2 이하)에 머물고 있어서 그로부터 기업이 얻을 수 있는 고부가가치 정보가 없다는 것(기껏해야 물류 정보의 수집 및 실적 관리 수준에 그침)이지만, 그보다 더 심각하고 가장 많은 의견이 나온 것은 중소기업에 근무하는 기존의 인력 가운데 스마

트팩토리 장비에서 나온 데이터를 분석하거나 의사결정에 운용할 수 있는 사람이 없다는 것이다. 오히려 수집된 데이터를 점검하거나 관리하는 데 시간만 더 낭비되고 있다는 것이다. 따라서 스마트팩토리 시대에 현장에서는 오히려 우수한 인재가 더 필요한 것이다.

4. 넷째, 스마트팩토리를 실현할 때 제조현장만 보는 근시안적 사고를 지양해야 한다. 그 대신 기업활동에서 부가가치가 생성되는 전 과정에 걸쳐서 혁신을 지향해야 한다. 즉, 기업의 연구개발에서부터 시작하여 제품 설계, 제조, 판매, AS 등 기업의 비즈니스 공정 전반에 걸쳐서 디지털화가 진행되어야 한다.
5. 다섯째, 스마트팩토리는 길게 보고 진행해야 한다. 앞에서도 이야기했듯이 대통령의 임기 중에 몇만 건 도입, 지자체별 과잉경쟁 도입 등과 같이 속도전으로 서두를 일이 아니다. 아주 많은 기술이 융합되어 아직 종합적인 검증도 제대로 되지 않은 스마트팩토리 기술을 전국을 대상으로 동시에 도입하는 것은 너무나 비싼 대가를 지불해야 하고 실패할 확률도 크다. 따라서 정부나 기업은 도입 건수 등 숫자에 연연해서 초조해하지 말아야 하고 스마트팩토리의 도입이 절실한 곳부터 체계적이고 지속적으로 진행하여야 한다.
6. 여섯째, 스마트팩토리는 반드시 제조현장의 전문가와 빅데이터 전문가가 함께 만들어야 한다. 그렇지 않으면 스마트팩토리의 성공 확률은 거의 없다고 본다. 포스코는 제철소를 IoT화할 때 현장의 숙련공의 노하우를 디지털화하기 위하여 현장 전문가와 빅데이터 전문가가 3년이 넘는 기간 동안 연구하여 제철공정의 완전 디지털화에 성공했다. 사실 포스코는 계열사로 포스코ICT라는 회사가 있는데 이 회사가 우리나라 최고의 스마트팩토리 솔루션 제공업체이다.
7. 마지막으로, 스마트팩토리를 도입하는 이유를 원점에서 생각해보아야 한다. 우리는 왜 스마트팩토리를 도입하는가? 그 이유는 제조현장에서 비용을 절감하고 효율성을 높여서 제품의 시장경쟁력을 향상시키려는 혁신의 필요성이다. 따라서 단기 성과에 급급해서 필요성에 대한 고민도 없이 고사양의 신기술을 백화점식으로

도입해서는 안되며 네 번째 조건에서 이야기한 것처럼 기업 전체의 프로세스 혁신의 관점에서 뚜렷한 지향점을 설정하고 단계적으로 지속적으로 업그레이드하는 방법으로 접근해야 할 것이다.

위에서 스마트팩토리 도입의 성공조건을 이야기하였는데 실제로 스마트팩토리를 도입할 기업도 자신의 공장에 IoT 기술을 구현할 때 알아야 할 점이 몇 가지 있어서 소개한다. 사실 공장에 IoT 기술을 구현하는 일은 기존의 소프트웨어 업데이트나 공급망 통합(supply chain integration) 등과는 차원이 다를 만큼 복잡하다. 따라서 스마트팩토리를 도입하는 제조업체든 스마트팩토리를 구축하는 SI(system integration)업체든 아래의 점만은 분명히 정립하고 시작하는 것이 실패를 줄이는 방법이다.

1. 철저한 프로젝트 관리(project management): 공장에 IoT 기술을 적용하기 위해서는 수많은 하드웨어 장비의 이동 및 재배치는 물론이고 소프트웨어의 재정비가 필요하다. 따라서 공장 내의 경험이 풍부한 관리자와 SI업체와의 프로젝트 관리 능력이 필요하다. 결국 제조업체가 시행사인 SI업체와 스마트팩토리 구축사업을 추진할 때 이 점을 잘 정리하는 것이 사업 성공의 첫 단추라고 할 수 있다.
2. 도입 이유에 대한 개념의 정립: 스마트팩토리를 위한 IoT 솔루션은 어느 하나도 같은 것이 없다. 왜냐하면 공장마다 처한 환경도 다르고 기계도 다르며 제조공정도 다르기 때문이다. 그래서 스마트팩토리를 도입하고자 하는 업체가 올바른 솔루션을 얻기 위해서는 공장의 상황과 문제점을 파악하고, 자신이 원하는 용례(use case)를 제대로 이해하고 그 용례에 가장 적합한 디자인과 솔루션을 찾는 것이 중요하다.
3. 컴퓨터/정보통신 엔지니어링 능력: 스마트팩토리는 기계 중심이 아니고 컴퓨터 엔지니어링이 중심이다. 다시 말하면 스마트팩토리를 구축하는 데 있어서 중심이 되는 인력은 기계 엔지니어가 아니고 컴퓨터 엔지니어다. 좀 과격하게 말하면 기계 엔

지니어는 고객이고 컴퓨터 엔지니어가 서비스맨이다. 왜냐하면 기존의 제조업체에 스마트팩토리를 도입할 때 필요한 기술이 기계나 부품에 센서를 연결하고, 그 센서로부터 데이터를 수집하고, 수집된 데이터를 클라우드로 전송하고, 클라우드로 전송된 빅데이터를 AI 플랫폼을 이용해서 분석하고, 분석된 결과를 바탕으로 의사결정을 하고, 이와 같은 일련의 과정 속에서 보안이 필요하면 보안을 강구하고 보안이 필요없으면 데이터를 공개하는 등 공장에 IoT 기술을 구현하는 거의 모든 과정은 기계공학의 문제가 아니라 컴퓨터/정보통신공학의 문제이다. 따라서 스마트팩토리를 도입하는 업체에서는 유능한 컴퓨터/정보통신 엔지니어가 그 일을 담당해야 하며 SI업체에는 당연히 유능한 컴퓨터/정보통신 엔지니어가 있어야 할 것이다.

사실 우리나라는 과거의 정부 추진 사업에서 위에서 제시한 세 가지 사항이 준비되지 않아서 기술 도입에 실패한 사례는 헤아릴 수 없이 많다. 앞으로는 과거의 실패를 되풀이하지 않기를 기대해 본다.

마지막으로 사족을 붙이자면 향후 우리나라 기업이 축소되는 인구 구조에 대응하고 고비용 저효율 구조를 개선하여 글로벌 경쟁력이 있는 비즈니스를 영위하려면 디지털 트랜스포메이션[2](digital transformation)이 필수적이다. 그리고 디지털 트랜스포메이션의 핵심에 사물인터넷이 있다.

한편 스마트팩토리가 능사는 아니라는 것을 소개하고자 이번에는 스마트팩토리의 도입 후 실패(가 확실시 되는) 사례를 하나 소개하고자 한다. 아디다스는 2019년 11월 11일 자사 홈페이지에 "독일 안스바흐(Annsbach)와 미국 애틀랜타(Atlanta)의 스피드팩토리 가동을 2020년 4월 중단한다"고 밝혔다[장박원]. 아디다스는 3D프린터와 로봇 등을 이용하여 개인 맞춤형 신발을 제작하여 주문 후 24시간 이내에 고객에게 신발을 전

2 기업의 디지털 트랜스포메이션은 기업의 전략, 조직, 사업모델 등을 디지털 기술을 기반으로 재구축하여 기존의 운영 방식과 서비스를 변화시키는 것을 말하며 이 과정에는 사물인터넷, 빅데이터, 클라우드 컴퓨팅, 인공지능 등의 기술이 필요하다(자세한 사항은 이 장의 마지막에 위치한 부록 참조).

달하기 위해 2015년과 2017년 독일과 미국에 각각 스피드팩토리를 짓고 가동에 들어갔었는데 세계 최초의 과감한 실험에 고객별 맞춤형 제품을 초단기로 제공하면서도 생산비용을 획기적으로 줄일 수 있는 혁신으로 여겨 그 당시 전 세계 제조업계가 주목했다.

아디다스는 사업보고서에서 두 공장의 성과에 대해 도입 이전에 비해서 공정이 3배 빨라졌다고 발표했다. 그러나 모든 제품을 스피드팩토리로 생산하기에는 역부족이었다. 불량률이 예상보다 높았을 수도 있고, 제품의 섬세한 부분까지 로봇이 처리하기에는 힘들었을지도 모른다. 제조공정 자동화로 인건비를 절감한 것은 분명하지만 독일과 미국은 여전히 생산비가 높은 국가라는 점도 공장 폐쇄의 결정적 요인이 되었다. 스마트팩토리 폐쇄로 아디다스는 적지 않은 경제적 손실을 입었다고 한다.

아직까지 아디다스의 스피드팩토리의 실패에 대해서 확실한 분석은 이루어지지 않았지만 개인맞춤형 제조가 기술적으로 실패했다면 결국 스마트팩토리가 쉽게 구현될 수 없다는 것을 의미할 것이고 기술적으로 성공했는데 사업화에 문제가 있다면 기술과 생산공장을 스마트팩토리화하는 것이 능사는 아니라는 의미를 가진다.

위의 논의가 어느 쪽으로 결론이 나더라도 결국은 스마트팩토리는 아직 완전하지 않고 여전히 현재진행형이라는 의미를 가진다[김은(2)]. 이 사실은 필자로 하여금 2019년 우리나라 전역에 걸쳐서 광풍처럼 불어닥친 스마트팩토리 열풍에 큰 의구심을 가지게 한다. 다시 말하면 기업이 스마트팩토리를 도입할 때 무턱대고 시장 분위기나 정부의 지원에 편승하여 투자를 할 것이 아니라 자신의 사업 분야에서 유의미한 기대효과를 미리 분석하고 신중하게 추진해야 함을 의미한다.

11장을 마치며

이 장에서는 스마트팩토리의 개념, 스마트팩토리가 가지고 있는 요소 기능 및 핵심능력에 대해서 알아보았다. 이어서 스마트팩토리의 레벨 및 사양에 대해서도 언급하였다. 그리고 스마트팩토리를 위한 네트워킹 기술과 보안 이슈에 대해서도 소개하였다.

한편 스마트팩토리의 구축에 선행해서 필요한 스마트팩토리 테스트베드의 필요성 및 현황에 대해서도 소개하였다. 그리고 스마트팩토리의 연장선상에서 산업 IoT의 개념에 대해서도 소개하였다. 마지막으로 스마트팩토리 비즈니스가 과거의 비즈니스 실패 사례를 답습하지 않기 위해서 스마트팩토리 비즈니스 전개의 성공조건에 대해서도 자세하게 소개하였다.

이 장에서는 스마트팩토리에 대해서 기술 측면이 아닌 다른 측면에서 꽤 많은 지면을 할애하였는데 그 이유는 스마트팩토리 비즈니스가 다른 사물인터넷 비즈니스에 비해서 시장 규모도 크며 동시에 투자의 규모도 크고 그에 따른 파급효과도 크기 때문에 사물인터넷을 공부하는 여러분에게 중요한 주제이기 때문이다.

비록 이 책에서는 필자의 능력의 한계로 스마트팩토리의 전반(제조혁신 프로세스 등 스마트팩토리의 산업공학/기계공학적 측면)에 대해서는 자세히 다루지는 못했지만 이 주제에 대해 관심이 있는 사람은 참고문헌에서 [정동곤] 및 [조현성 & 박남섭]의 저서를 참고하기 바란다.

11장을 마치며 사족(蛇足)을 붙이는 것 같아서 조심스럽기는 하지만 우리의 앞에는 스마트팩토리 그 이상의 과제가 남아있음을 이야기하고 싶다. 2020년 5월 이 글을 쓰고 있는 현재 우리나라에는 스마트팩토리의 구축이 한창인데 마침 2019년 12월 우한에서의 발발 이후 전 세계적으로 확산된 코로나 바이러스의 공포는 제조업 중심의 우리나라에 큰 경제적 충격을 주고 있다. 우리나라는 전자제품이나 자동차를 중국에서 부품을 일부 수입해서 완제품을 만드는데 코로나 사태로 국가 간 항공운송이 차단되면서 부품의 공급이 제대로 되지 않는 바람에 완제품을 만들지도 못했을 뿐 아니라 이미 만들어 놓은 완제품도 유통이 되지 않아서 공장을 잠시 멈추는 일이 발생했다.

이 경우 스마트팩토리를 활용하여 제품의 생산을 최적화한다는 것은 아무 소용이 없을 뿐 아니라 비싼 돈을 들여서 갖춘 스마트팩토리마저도 무용지물이다.

이와 같은 문제를 해결하기 위해서는 스마트팩토리의 구축에 더해서 제조 전 과정에 이르는 디지털 전환(필자는 이것을 manufacturing digital transformation이라고 부르고자 한다)이 필요하다[장영재]. 즉, 스마트팩토리로 불리는 공장에서의 제품의 설계, 생산, 유통, 서비스 등을 아우르는 단대단(end-to-end) 가치사슬(value chain)을 형성하기 위해서 회사의 비즈니스 전 과정(business process)을 디지털 기술을 이용하여 변환시켜야 한다. 이를 통하여 제품의 설계 정보, 제품의 생산 이력, 고객의 제품 사용정보 등이 결합되어 제품을 설계할 때부터 생산량, 판매량, 고객의 반응 등을 빅데이터화하여 클라우드 서버에 저장하고, AI 기술을 이용하여 분석해서 관련 제품의 가치를 지속적으로 높이고 그로 말미암아 그 제품으로부터 기업이 이윤을 창출할 수 있어야 한다.

결론적으로 앞으로의 방향은 기업이 단순하게 기존의 제조공장을 스마트팩토리화하는 것이 아니라 기존의 제조방식을 완전히 바꾸겠다는 큰 그림을 통하여 IoT 생태계 기술을 융합하여 완전히 새로운 디지털 제조 생태계(digital manufacturing ecosystem)를 조성하는 것이 바람직하리라고 생각한다. 다만, 이 과제는 필자의 지식이나 본 책의 내용을 벗어나므로 다른 기회를 통해 논할 수 있기를 기대한다.

11장 리뷰 문제

(1) 스마트팩토리란 무엇인지 다양한 관점에서 개념을 정의해보자.

(2) 스마트팩토리가 가져야 하는 네 가지 핵심능력은 무엇인지 알아보자.

(3) 스마트팩토리의 다섯 가지 레벨에 대해 정의하고 각 레벨의 특징을 조사해보자.

(4) 코그너티브팩토리가 무엇인지 외국의 사례를 통해 알아보자.

(5) 제조기업이 스마트팩토리를 도입했을 때의 장점과 단점에 대해서 분석해보자.

(6) 우리나라의 제조업체 스마트팩토리 구축사업 현황에 대해서 조사하고 느낀 점을 요약해보자.

(7) 독일의 industrie 4.0과 우리나라의 스마트 제조 혁신 사업에 대해서 비교 분석해보자.

(8) 국내의 스마트팩토리 구축업체의 비즈니스 모델에 대해 조사해보자(★ 힌트: 국내의 대표적 스마트팩토리 구축업체로는 삼성SDS, 포스코ICT, 현대오토에버, 에스엠코어, 롯데정보통신, 한컴MDS 등이 있음).

[부록] 디지털 트랜스포메이션: 신화 또는 진실(myth or fact)

(필자 주: 경제 일간지에 '디지털 트랜스포메이션'에 대한 재미있는 기사가 실려서 참고로 소개한다[임형준].)

최근 정보통신기술(ICT) 기업부터 전통 제조업에 이르기까지 전 산업 분야에서 '디지털 트랜스포메이션(digital transformation, 이하 디지털 전환)' 바람이 불고 있다. 기업들은 인공지능(AI), 사물인터넷(IoT), 클라우드 컴퓨팅, 빅데이터 솔루션 등 다양한 기술을 활용해 기존의 전통적인 운영방식과 서비스를 혁신하려고 애쓴다. 그중에서도 AI와 빅데이터 활용은 대부분의 기업이 공을 쏟고 있는 분야다. 그 이유는 AI와 빅데이터가 각종 산업 지형은 물론 기업 경쟁 구도를 뒤엎을 수 있는 핵심 경쟁력으로 여겨지기 때문이다.

그런데 정말 모든 기업이 '기술기업'으로 거듭나는 것이 가능한 일일까? 디지털 전환의 성공 여부는 정말 앞선 핵심 기술을 확보하는 경쟁에 달려있는 걸까? 전문가들은 일반적으로 생각하는 것처럼 AI, 빅데이터 등 분야의 '핵심 기술 개발'이 많은 기업에서 가장 중요한 부분은 아니라고 조언한다. 왜냐하면 전통 제조업에 주력하던 기업이 글로벌 정보 기술(IT) 기업의 기술 경쟁력을 단기간에 따라잡기가 어려울 뿐 아니라 규모가 작은 기업들은 자체 기술 개발을 꿈꾸는 것조차 쉽지 않기 때문이다. 고객관계관리(CRM) 분야에서 세계 시장점유율 1위인 미국 '세일즈포스'는 자체 기술뿐 아니라 오픈 API를 적극 활용하고 있다. 오픈 API란 서비스와 애플리케이션을 개발할 수 있도록 데이터 플랫폼을 외부 개발자나 사용자와 공유하는 방식이다. 구글, 아마존 등 많은 IT 기업이 이미 다양한 오픈 API를 제공 중이며, 오픈 API생태계는 지속적으로 확장되고 있다. 세일즈포스의 모든 AI 솔루션은 '아인슈타인'으로 불리는데 기본적으로 제공하는 기능은 아인슈타인 보이스, 비전, 어낼리틱스 등 음성인식·시각적 분석 등이다. 아인슈타인의 개발에는 오픈 API를 사용했는데 예를 들면 보이스 인식 기능은 상대적으로 앞서 있다고 평가받는 아마존 API를 활용하는 식이다. 세일즈포스 관계자는 "오픈 API

를 활용하면 기본적인 알고리즘에 다른 것을 조합해 프로세스를 만들어낼 수 있다"며 "아마존, 구글, 마이크로소프트와 함께 오픈 생태계를 만드는 데에도 노력을 기울이고 있다"고 말했다.

사실 대부분의 기업은 디지털 전환 시 세일즈포스와 유사한 방식을 택하고 있다. 왜냐하면 기업이 자신의 본업과 무관한 AI 기술 경쟁에 몰두하기보다는 이미 공개된 기술을 적절히 자신의 상황에 맞게 변형하고 적용시키는 것이 훨씬 더 효율적이기 때문이다.

이처럼 전문가들은 기업의 디지털 전환 과정에서 핵심 기술을 자체적으로 보유하기보다는 '비즈니스 인사이트(business insight)'가 더 중요한 역할을 한다고 설명한다. 즉 오픈 생태계와 일반적으로 적용되기 시작한 첨단 기술과 각 산업 분야 간 전문성을 접목하는 게 핵심이라는 것이다. 한 IT 기업 관계자는 "디지털 전환에 성공하려면 AI를 적용하는 일 자체보다는 자신의 비즈니스를 어떻게 혁신하고 싶은지를 먼저 고민해야 한다"며 "한 분야를 잘 알고 지금까지 일을 잘해온 사람들이 AI 활용법에 대한 인사이트를 도출해낼 수 있다"고 강조했다. 이 사실은 모든 것을 혼자서 해결하려는 경향이 있는 엔지니어들에게 많은 것을 시사한다.

11장 참고문헌

권상희, "타이아 '액티브블랙박스' 스마트팩토리 구축 앞장서다", 전자신문, 2019년 3월 25일.

김낙훈, "獨기업 53% 인더스트리 4.0 채택-비즈니스 모델 변화에 주목해야", 한국경제신문, 2019년 12월 24일.

김성민, "모든 설비 네트워크로 연결되는 스마트팩토리, 한 곳만 뚫려도 마비", 조선경제, 2019년 6월 13일.

김은1, "스마트 제조 혁신, 목표 수정이 필요하다", 전자신문, 2019년 5월 22일.

김은2, "스마트팩토리, 기술 그 너머를 봐야", 한국경제신문, 2019년 11월 28일.

김진수, "스마트공장 구축의 오해와 편견", 한국경제신문, 2019년 4월 4일.

송병훈, 정지은, "스마트공장의 미래를 준비하는 데모 공장의 구축 동향 및 시사점", 정보와 통신 2019년 1월호.

안대규, "스마트공장 고도화 시급…보급확대보다 선별적 지원 필요", 한국경제신문, 2020년 4월 6일.

안성훈, "'적정 스마트팩토리'로 中企 생산성 높여야", 한국경제신문, 2018년 9월 28일.

오로라, "스마트공장 도입한 中企 70% '효과없다'", 조선일보, 2019년 3월 8일.

윤진호, "중국에 두번 얻어맞아… '기계장비 메카' 창원 무너진다", 조선경제, 2020년 2월 26일.

이상직, "제조업의 미래 '한국형 스마트공장'", 한국경제신문, 2019년 3월 15일.

이타야 사토코, "제조현장의 디지털화와 무선통신의 활용", 일본 電子情報通信學會誌, vol.102, no.6, 2019년.

임형준, "'디지털 트랜스포메이션'은 정말 '기술 경쟁'일까?", 매경프리미엄, 2020년 3월 2일. (https://www.mk.co.kr/premium/special-report/view/2020/03/27860)

장박원, "[매경포럼] 스마트팩토리 실험은 실패했지만", 매일경제신문, 2019년 11월 19일.

장영재, "디지털 전환 통해 '新제조 한류' 키워야", 한국경제신문, 2020년 5월 26일.

장현주, "中企 여건에 맞는 '맞춤 스마트팩토리' 도입해야", 한국경제신문, 2019년 3월 5일.

정동곤, "스마트팩토리: 제4차 산업혁명의 출발점", 한울아카데미, 2017년.

조재길, "창원 · 반월시화 '스마트산단 1호'", 한국경제신문, 2019년 2월 21일.

조정범, "한국 생산성, 미국의 42%... 돌파구는 '산업 IoT'에 있다", 조선경제, 2019년 5월 13일.

조현성, 박남섭, "4차 산업혁명의 스마트팩토리", 진샘미디어, 2017년.

홍순국, "스마트팩토리가 성공하기 위한 전제 조건", 전자신문, 2019년 7월 15일.

AI.C, htpps://www.automationinside.com/article/industrial-network-market-shares-2017-according-to-hms.

IIC, Industrial Internet Consortium, http://www.iiconsortium.org.

CHAPTER 12

스마트시티

> 아침에 눈을 뜨면 커튼이 자동으로 열리고 인공지능 비서가 혈압과 맥박 등 몸 상태를 알려준다. 양치질을 하면서 세면대 매직미러를 통해 기온, 미세먼지 농도, 교통상황 등 출근 준비에 필요한 정보를 확인하고 자율주행차와 지능형 교통시스템의 도움을 받아 가장 빠른 길로 직장에 간다.

위의 시나리오는 우리나라 정부가 대통령까지 참석해서 2019년 11월 24일 착공식을 가지면서 공개한 '2022년 스마트시티'의 모습이다. '2022년 스마트시티'는 2022년 부산시 강서구에 들어설 1단계 '에코델타시티(eco delta city)'가 모델이다[김태철].

그러나 위의 시나리오는 자율주행차와 지능형 교통시스템만 빼면 기존의 도시에서도 지금 당장 가능하다. 문제는 도시 전체를 대상으로 자율주행차와 지능형 교통시스템을 단기간에 구축하기는 어렵다는 것이고 스마트시티 구현을 위해서 신도시를 만드는 건지 신도시를 만들면서 스마트시티를 구축하겠다는 건지가 분명하지 않다. 필자에게는 정부가 뭔가 방향을 잘못 잡은 듯한 예감이 든다.

한편 스마트시티가 만들어진다고 능사는 아니다. 왜냐하면 현재 우리나라의 스마트시티 운영 경쟁력은 미국 유럽 등 주요 경쟁국에 비해 크게 뒤져 있기 때문이다. 그 이유는 여러 가지가 있겠지만 가장 주된 이유는 정부의 과도한 규제 때문이다. 우리나라에서는 '프라이버시 보호'라는 명분하에 스마트시티의 운영 기반인 빅데이터를 제대로 활용할 수 없고 기존 비즈니스와의 충돌 등을 이유로 원격의료, 공유차량 등 디지털 비즈니스도 금지돼 있기 때문이다. 정부가 추진하는 사업에 필자가 어깃장을 놓고 싶은 마음은 추호도 없지만 많은 돈을 들여서 구축하는 스마트시티를 제대로 운영하려면 정부의 규제혁파가 시급하나 이래서는 '무늬만 스마트시티'로 전락할 가능성이 농후하다.

한편 2018년 1월 9일부터 12일까지 미국 라스베이거스에서 개최된 CES2018은 제4차 산업혁명의 전쟁터를 보는 듯 거의 모든 업체가 IoT 및 AI와 관련된 제품을 선보였다. 그중에서도 이 책의 내용과 관련이 큰 IoT 분야만 본다면 키워드는 스마트시티(smart city)였다. 이 전시회에는 구글, 아마존 등 AI로 무장한 IoT 플랫폼업체를 비롯하여 IoT를 위한 5G 기술을 전시한 통신업체, IoT 기반의 자율주행차를 개발하는 (자동차)업체, 스마트홈 가전 및 로봇업체 등이 대거 참여했다. 중국 저장성 항쩌우시는 AI 기반 IoT 플랫폼인 ET BRAIN도 공개했다.

이처럼 어느덧 CES의 화두가 된 스마트시티는 앞으로 기업, 산업, 도시, 그리고 결국은 국가 전체로 확산될 아주 관심이 집중되는 (hot)한 기술로 각광받고 있다.

그래서 이 장에서는 IoT 비즈니스 가운데 가장 넓은 영역을 상대로 시장이 전개될 것으로 보이는 스마트시티에 대해서 알아본다. 먼저 스마트시티의 개념을 정립한다. 이어서 IoT를 기반으로 하는 스마트시티의 생태계를 알아보고 이어서 스마트시티를 위한 소스 공개 플랫폼에 대해서 소개하고 국내외의 스마트시티 구축 사례를 알아본다. 마지막으로 스마트시티와 밀접한 관계가 있는 신개념인 C-IoT(critical IoT)에 대해서 소개한다.

12.1 스마트시티의 개요

스마트시티(smart city)는 직역하면 '똑똑한 도시'이다. '도시가 똑똑하다'는 것은 도시의 인프라를 정보통신기술(ICT)과 연계하여 구축함으로써 그 도시의 인프라 구성요소인 교통/환경/방재/방범/에너지(전기 및 가스)/수도 등 다양한 분야에서 자원의 운용 및 관리가 거의 자동으로 이루어져서 도시의 관리를 효율적으로 수행하고 그로 인해서 삶의 질을 지속적으로 향상시킬 수 있는 도시모델을 말한다[김병수].

스마트시티에 대한 엄밀한 정의는 없으나 NAVER 지식백과에서는 '첨단 정보통신 기술을 이용해 도시의 공공 기능을 네트워크화한 이른바 똑똑한 도시'로 정의하고 있다[NAVER]. 다른 정의로는 '좁은 의미로는 ICT, 넓게는 신기술 전반을 활용하는 도시. 특정한 도시 형태가 아니라 기존의 도시 문제를 해결한 도시 혹은 미래지향적 도시'를 의미하기도 한다[한국경제].

스마트시티는 사실 완전히 새로운 개념이 아닌데 2000년대 초반에 등장한 유비쿼터스 도시(ubiquitous city, U-city)라는 개념이 진화한 것이다. 그래서 지금도 스마트시티를 다른 말로 U-city라고 부르기도 한다. 그런데 앞으로도 계속 스마트시티를 U-city로 쓰는 것은 맞지 않으므로 앞으로는 '스마트(smart)'를 의미하는 'S-city'로 바꾸어야 할 것 같다. 다만 네이버에서 S-city를 검색하면 수도권의 어느 상가 이름이 나오므로 이 이름을 써도 될지는 의문스럽다.

하여간 스마트시티는 초고속 정보통신 네트워크를 이용하여 건설된 도시 기반 시설을 이용하여 언제 어디서나 인터넷 기반의 행정, 교육, 복지 등 다양한 서비스를 제공하고 교통, 환경, 주거 등에서 발생하는 비효율 문제를 해결하여 모든 사람이 쾌적한 삶을 누릴 수 있도록 하는 것을 목표로 도시 인프라의 통합 모니터링과 관리로 효율성의 증대, 대시민 서비스의 확대, 자원 활용도의 증가, 안전도의 향상을 가능하게 하는 도시를 말한다.

한편 미래학자들은 2050년이 되면 전 세계의 인구 중 70% 정도가 대도시에서 살 것이라고 예측한다. 이 경우 미래 도시의 최대 현안은 그 많은 사람과 그들과 관련된 사물을 네트워크로 연결해서 도시의 삶을 풍요롭고 편리하게 관리하는 문제이다[유소연]. 따라서 향후에는 도시화와 연결성(connectivity)이 스마트시티를 구축하는 데 있어서 핵심 이슈가 될 것이다.

12.2 스마트시티의 생태계

스마트시티의 생태계(ecosystem)는 크게 서비스와 그 서비스를 제공하는 제공자로 구성된다. 서비스(service, 또는 contents)는 IoT의 C-P-N-D 생태계에서 최상위 계층으로서 고객에게 앱의 형태로 제공되고 서비스의 특징에 따라서 그 서비스를 제공하는 네트워크 기술도 달라진다. 그리고 네트워크는 다양한 통신 프로토콜을 가지고 디바이스와 서비스 사이를 연결한다.

아래의 그림은 IoT를 기반으로 하는 스마트시티의 생태계를 나타낸 것이다[Mehmood]. 그림에 표시된 기술은 이미 이 책에서 거의 모두 다룬 내용이므로 자세한 설명은 생략한다.

그림 12.1 스마트시티의 생태계

위의 그림에서 소개한 스마트시티의 생태계에서 가장 오른쪽에 있는 제공 서비스 항목에 대해서 좀 더 구체적으로 설명하기 위해서 스마트시티 서비스를 구성하는 요소와 그들의 기능을 다음의 표에 요약하였다[Tu].

표 12.1 스마트시티 서비스의 구성요소와 기능

요소	기능
스마트한 생활(smart living) & 헬스케어(healthcare)	가정 및 도시 내에서 로봇, 센서(CCTV 포함), 사람 간의 정보 교환 및 의사결정과 도시 치안 관리
전자정부(e-government)	온라인으로 공공 서비스 제공 및 행정업무 처리
지능형 교통 (intelligent transportation)	도로상의 차량 정보 수집 및 분석으로 교통적체 해소, 이동시간 단축, 오염물 배출 저감
환경 관리 (environment management)	물, 쓰레기, 오염물, 날씨, 기온 등 다양한 도시 환경정보의 수집 및 분석을 통한 재난 방지 및 환경 개선
스마트그리드 (smart grid)	공중 유틸리티(전기, 수도, 가스 등)의 사용량 및 서비스 품질 정보를 수집하여 사용량의 동적 제어 및 에너지 효율 증대

위의 표에서 소개한 스마트시티 서비스의 구성요소와 기능을 이용하여 우리의 생활에 혁신을 가져다줄 요소를 사례별로 정리하면 다음의 표와 같다[한상혁].

표 12.2 스마트시티의 7대 혁신 요소 및 사례

혁신 요소	사례
안전/생활	스마트 신호등
에너지/환경	신재생 에너지
교육	스마트 러닝
헬스케어	원격 진료
물류 비즈니스	자율 배송
거버넌스	스마트 커뮤니티
모빌리티	카 셰어링

한편 위에서 소개한 스마트시티 서비스의 구성요소와 기능이 제대로 동작하기 위해서는 다양한 정보통신 기술이 필수적인데 가장 먼저 스마트시티 관련 디바이스를 네트

워크에 연결하는 네트워킹 기술이 필요하고 그 다음에는 IoT 기술을 사용하여 데이터를 수집(acquisition)하고 클라우드 기반의 플랫폼에서 데이터를 저장(storage) 및 분석(analysis)하고 데이터마이닝(data mining) 등 인공지능 기술을 사용하여 대응 방안을 결정해야(operational decision) 한다. 결국 우리가 앞에서 소개한 IoT의 C-P-N-D 생태계가 체계적으로 갖추어져야 된다는 것을 알 수 있다.

아래의 표는 스마트시티를 구현하는 데 사용되는 대표적 통신 프로토콜과 그의 특징을 요약한 것이다. 프로토콜은 커버리지가 짧은 기술부터 긴 순서로 나열하였고 각 프로토콜의 주파수대역, 제공 속도, 전력 소비량과 스마트시티에 적용 가능한 서비스를 비교하였다.

표 12.3 스마트시티 통신 프로토콜 비교

프로토콜	주파수대역	제공 속도	커버리지	소비 전력	응용서비스
Bluetooth	2.4GHz	25Mbps	~10m	low	indoor e-healthcare
ZigBee/ 6LoWPAN	868MHz, 915MHz, 2.4GHz,	250kbps	~100m	low	smart metering, indoor e-healthcare/logistics, smart metering
WiFi	2.4GHz, 5GHz	54Mbps~ 6.75Gbps	~100m	medium	smart metering, energy & waste management, infortainment, automation
IEEE 802.11p/ WAVE	5.85~5.925GHz/ 5.8,5.9GHz	6Mbps	~1km	low	V2V(vehicle-to-vehicle), V2I(vehicle-to-infrastructure), infortainment/ ITS(intelligent transportation system)
LoRaWAN	433, 780, 868, 915MHz	50kbps	2~5km	low	ITS, smart metering, waste management
Cellular (3GPP, LTE/5G)	700~2.5GHz	3Mbps~ 1Gbps	~30km	high	ITS, smart metering, e-healthcare, logistics, infortainment

스마트시티 생태계는 네트워킹 유형, 커버리지, 제공 서비스 등 다양한 기준으로 분류할 수 있는데 표 12.3에서는 이들을 하나로 합쳐서 네트워킹 유형, 주파수대역, 커버리지 등을 비교하였다.

이 중에서 특히 네트워킹의 관점에서 분류한다면 블루투스, 지그비/6LoWPAN 및 WiFi는 100m 이내의 근거리 접속용 프로토콜이고 나머지는 중~원거리 접속용 프로토콜이다.

한편 서비스는 개인(personal and home), 비즈니스(business), 유틸리티(utility), 기업(enterprise) 등 서비스를 제공할 대상에 따라서 천차만별인데 개인을 대상으로 하는 서비스는 주로 BAN(body area network)을 기반으로 하는 e-healthcare가 대표적이다. 비즈니스는 ITS, 물류, 쓰레기 관리 등과 같이 공공성이 있으면서도 그 업무를 담당하는 주체가 기업과 연관된 서비스를 말한다. 유틸리티는 스마트그리드, smart metering, CCTV를 이용한 비디오 기반 감시 등과 같이 국민 전체를 대상으로 제공하는 사회 인프라 서비스 등이 대표적인 서비스이다. 그리고 기업은 스마트팩토리 등과 같은 작업현장(working environment)에서의 사물의 연결(networking of things)이다.

12.3 스마트시티 플랫폼

현재 국내외에서는 IoT 서비스를 위한 플랫폼 구축 사업이 한창인데 몇 가지 사례를 소개한다. 먼저 IoT 플랫폼의 구축에 있어서 가장 중요한 것이 소스 공개 플랫폼(open source platform, OSP)화하는 것이다. 왜냐하면 OSP만이 다양한 벤더들을 수용할 수 있기 때문이다.

OSP의 대표적인 사례로는 FIWARE, OCEAN, OM2M, Open daylight IoT data management 등이 있다. 각 플랫폼에 대해서 간략히 소개한다[Mehmood].

1 FIWARE

FIWARE는 스마트시티 앱을 구현하기 위한 표준화된 OSP이다[FIWARE]. 이 플랫폼은 유럽연합이 개발한 것인데 generic enabler라고 불리는 소프트웨어를 기반으로 하며 복수의 수직 영역(vertical sectors)에 대해서 공통의 기능을 제공하는 것이 목적이다.

FIWARE enabler는 총 7개의 기능으로 분류되는데 클라우드 호스팅(cloud hosting), 앱(applications) / 서비스 및 데이터 전달(service & data delivery), 보안(security), 네트워크와 디바이스 간의 인터페이스(interface to networks and devices), 웹(advanced web), IoT 서비스 구동(IoT service enablement), 데이터/맥락관리(data/context management)이다.

2 OCEAN

OCEAN은 open alliance for IoT standard의 약어로서 우리나라 KETI(Korea electronics technology institute, 한국전자기술연구소)가 2015년 1월 제창한 플랫폼이다[OCEAN]. 이 플랫폼은 IoT 표준에 기반한 스마트시티 구현용 OSP로서 글로벌 협력 체제하에서 스마트시티용 글로벌 IoT 생태계를 형성하는 것을 목적으로 하고 있다. OCEAN은 다양한 디바이스, 게이트웨이 및 서버에게 oneM2M 기반의 플랫폼을 제공하고 있다.

3 OM2M

OM2M은 oneM2M 및 smartM2M 표준의 구현을 위하여 ECLIPSE 재단이 제창한 OSP이다[OM2M]. 이 플랫폼은 하부 네트워크에 독립적인 서비스의 개발을 위한 수평적 M2M 서비스 플랫폼을 제공하려고 개발했다. 그로 인하여 OM2M은 IoT가 궁극적으로 도달하고자 하는 목표인 수평적 CSE(common service entity)를 제공할 수 있다. CSE에 대해서는 앞에서 플랫폼 기술을 다룰 때 이미 소개한 바 있다.

4 Open daylight IoT data management

Open daylight IoT data management는 open daylight(ODL) 프로젝트에서 나온 IoT 데이터 관리의 개념이다[ODIDM]. 여기서 데이터 관리란 스마트시티에서 사용되는 IoT 기기가 생성해내는 데이터를 관리하는 것을 말하며 이는 oneM2M 호환의 IoT broker를 구현하는 데이터 중심의 미들웨어(data-centric middleware)이다.

12.4 국내외 스마트시티 구축 사례

스마트시티 구축사업은 사업의 규모도 크고 비용도 막대하게 소요되는 만큼 국내 및 국외의 스마트시티 구축 사례에 대한 분석이 중요하다. 먼저 국내의 사례를 알아보고 이어서 국외 및 글로벌 기업의 사례를 알아본다.

12.4.1 국내의 스마트시티 구축 사례

우리나라 정부는 2016년 8월 10일에 국가전략프로젝트의 하나로 '세계 선도형 스마트시티 구축사업'을 발표하였는데 앞에 붙은 '세계 선도형'이라는 말은 우리나라가 늘 애용하는 수사(rhetoric)이므로 별 다른 의미는 없고 어쨌든 우리나라도 스마트시티의 구축이 본격 시작된 것만은 분명하다.

대구시 동구 주민센터의 사회복지 담당은 매일 아침 관내에 홀로 사는 노인 가정의 에너지와 물 사용량을 원격으로 체크하여 사용량이 전혀 없는 경우 그 집을 직접 방문하여 노인의 안위를 모니터링하는 사업을 하고 있다[오경묵]. 이 사업은 곧 본격적으로 맞이하게 될 고령화 시대를 위한 우리나라에서 가장 대표적인 스마트시티 사업모델이라고 할 수 있다.

한편 '세계 선도형 스마트시티 구축사업'은 그 후 정부의 '혁신 성장 플랫폼'으로 지정되었다. 2019년 6월에는 '제3차 스마트도시 종합계획'을 거쳐 같은 해 11월 24일 정부가 대통령까지 참석해서 부산에서 착공식을 가지면서 공개한 '2022년 스마트시티'사업으로 개명되었고 최근에는 부산, 세종, 대전, 창원 등의 지방자치단체가 특히 이 사업에 대해서 힘을 쏟고 있으며 이와 유사한 사업은 2019년 12월을 기준으로 전국에 67곳이나 진행되고 있다.

12.4.2 국외의 스마트시티 구축 사례

세계적으로 볼 때 스마트시티의 성공 사례는 싱가포르인데 지능형 교통시스템인 '스마트 모빌리티', 스마트 매핑 플랫폼을 이용한 질병방지시스템 등이 있다. 참고로 싱가포르는 2015년 IDC가 발표한 '아시아태평양 스마트시티 발전지수' 평가에서 최대 강국으로 인정된 바 있다[오경묵].

그 외에도 국가별로 중점적으로 추진하는 스마트시티 프로젝트가 많다. 미국은 환경 및 에너지 정책의 하나로 스마트시티를 추진하고 있다. 이를 위하여 에너지 사용을 실시간으로 계측하고 제어하는 스마트 미터(smart meter)를 각 가정과 상업용 빌딩에 설치하였다. 특히 시카고는 가로등과 공원의 조명 27만 개를 LED 등으로 바꾸기도 했다. 영국은 Innovate UK를 중심으로 도시 시스템을 통합하여 삶의 질을 개선하는 'UK 미래도시 프로젝트'를 추진 중이며, 중국도 에너지 부족 및 도시 인구의 급증 등 급격한 도시화 문제를 해결하기 위하여 스마트시티 사업을 추진하고 있다.

한편 개발도상국가 가운데는 인도가 2014년부터 인도 전역에 걸쳐서 100개의 스마트시티 사업을 추진하여 e거버넌스, 쓰레기/에너지/수자원/교통 관리 등의 사회기반시설을 구축하고 있다.

다음의 표는 위에서 소개한 국내외의 대표적 스마트시티 구축 사례를 비교한 것이다.

표 12.4 국내외의 스마트시티 구축 사례

도시	중점 사업 및 특징	참여 기관
부산	어린이 및 노인 안전서비스, 드론 기반의 smart marine, smart parking, 보행자 및 에너지 사용량 관리	부산시, Cisco, ETRI, KT, SKT
시카고	도시 인프라 관리, smart grid, 긴급상황 알리미, 교육, 범죄 예방, 교통상황 관리	시카고시, Cisco, IBM
Santander (스페인)	온습도 검침, 공기 및 수자원 관리, 자동차의 속도 및 위치, 교통량, 대중교통 운행 상황 등 교통 관리	Telefonica, Ericsson
Milton Keynes (영국)	스마트 교통, CO_2 배출량 감축, 스마트 에너지, 수자원 관리	Milton Keynes, 삼성전자, 화웨이, Cambridge 대학

12.4.3 글로벌 기업의 스마트시티 사업

스마트시티 사업은 ICT(정확하게는 IoT) 기술을 사용하여 도시의 공공 인프라를 스마트화하는 사업인 만큼 앞에서 소개한 대부분의 국내외 스마트시티 사업은 주로 국가나 지방자치단체 등 국가 또는 공공 주도의 사업이었다.

그런데 최근에는 민간기업도 스마트시티 사업에 참여하는 경우를 볼 수 있다. 그 이유는 스마트시티 사업도 결국은 스마트홈이나 스마트팩토리처럼 민간기업이 가지고 있는 다양한 SI(system integration) 기술에 대한 노하우를 바탕으로 하고 있기 때문이다. 이와 같은 방향은 아주 바람직하며 필자도 이미 오래 전부터 이 방향이 맞다고 지방자치단체 등 스마트시티 사업과 관련한 회의에서 주장한 바 있다.

한편 과거 및 현재까지의 스마트시티 사업은 '도시'를 '정보통신' 기술을 사용하여 스마트화한다는 당초의 취지에 맞게(?) 주로 '건설' 및 '통신 사업자'가 주도하는 사업이었던 것에 반해서 최근의 글로벌 스마트시티 사업자는 이들과는 다른 사업을 하는 기업이어서 이 점도 특이하다. 이런 움직임은 기존의 접근법과는 다른 방법이어서 소개하기로 한다.

글로벌 기업의 스마트시티에 대한 접근은 결국은 기업이 그로부터 수익을 창출하는 것이 목적이기 때문에 기업의 비즈니스 모델과 밀접한 관련이 있다. 이러한 배경으로 글로벌 기업의 스마트시티 사업은 크게 네 가지로 구분되는데 데이터 중심 도시(data-driven city), 지속 가능한 도시(sustainable city), 유연한 도시(flexible city), 공유 도시(sharing city)이다. 이들 유형에 대해서 간단히 소개하면 아래의 표와 같다[장원석].

표 12.5 글로벌 기업의 스마트시티 사업

유형	정의	사례	비고
데이터 중심 도시	빅데이터를 이용한 도시	• 캐나다 토론토 워터 프런트(water front) • 중국 항저우 city brain project	• 구글의 자매회사인 사이드워크 랩스(Sidewalk labs) 주도의 스마트시티: 사람우선 거리, 자율주행 중심의 도로, 개방형 공공시설 건설 및 지역 내 거주민의 데이터를 분석하여 생활형 서비스 제공 • 알리바바(Alibaba) 주도의 city brain 프로젝트: 알리윈 ET의 AI 기술을 이용하여 항저우 시내의 교통 상황을 실시간으로 모니터링하고 분석하여 신호 등을 적응적으로 제어함
지속 가능한 도시	100년 이상 지속 가능한 스마트타운	일본 파나소닉(Panasonic)의 smart town 사업	• 도시공간을 PRE(public real estate)와 CRE (corporate real estate)로 구분하되 신재생 에너지를 이용한 환경 및 에너지의 지속 가능한 타운, 재난재해에 신속하게 대응 가능한 복원력이 확보되는 타운, 다양한 연령층의 사람이 참여하는 커뮤니티 타운을 목적으로 함 (참고: PRE는 지자체가 제공하는 토지에 새로운 주택 및 건물을 개발하는 것이고 CRE는 기업 보유의 공장부지 등을 주택이나 상업용지로 재개발하는 것임)

유형	정의	사례	비고
유연한 도시	표준화된 건축 프로세스를 이용한 조립식 건축	미국 기업 Katerra의 모듈화 건축	• 건축 설계, 자재 납품, 생산, 조립 등 건축의 모든 과정을 표준화된 빌딩정보 모델링(building information modeling) 기법을 사용함으로써 고객맞춤의 건축 서비스를 제공함
공유 도시	공유플랫폼을 이용한 도시	제프리 번스(Jeffrey Berns)의 블록체인 기반 스마트시티	• 도시 거주민을 대상으로 차량의 소유를 최소화하여 교통체증 문제 및 주차 문제를 해결하고자 함 • 이를 위해서 개인 간 거래에서 가장 장애가 되는 신뢰성의 문제를 해결하여야 하는데 이것을 블록체인기술을 기반으로하는 암호화를 이용하여 해결함

지금까지 우리는 국내, 국외 및 글로벌 기업의 스마트시티 구축사업에 대해서 알아보았다. 아직 이 사업이 완전히 결말을 보지 않았기 때문에 스마트시티 사업의 성공 여부에 대해서는 어떻게 평가할지는 모르겠다. 다만 이 분야에 대해서 계속 공부하고 있는 필자의 생각으로는 앞으로 우리나라가 스마트시티를 구축하는 데 있어서 가장 시급한 것은 도시의 핵심 인프라인 '공공부문'의 커넥팅이 아닐까 싶다.

공공부문 커넥팅(public connecting)은 말 그대로 치안, 수자원 관리, 재난 대응, 공공의료, 교통 관리나 폐기물 관리 등과 같은 국가 공공 인프라 및 서비스의 관리 등을 IoT 기술을 이용하여 구현함으로써 국민의 편의성을 향상하고 공공시설의 유지 및 관리 비용을 절감하는 데 효과적인 수단이 될 수 있다.

교통 관리에 대해서 한 가지 예를 들면 필자가 예전에 산 적이 있는 대전 둔산동 일대의 아파트 단지는 계획도시답게 아주 넓은 땅에 가로세로로 도로를 개설하고 그 사이에 아파트 단지가 건설되어 있다. 그런데 필자가 살던 아파트는 대로에서 몇 블록을 더 들어간 곳에 위치하고 있었는데 블록 간의 간격이 100m 정도밖에 안되는데 블록마다 신호등이 달려 있는 것은 물론이고 하나의 블록 내에 아파트 출입구가 있는데 거기에도 신호등이 달려있었다. 그래서 한밤중에는 그럭저럭 다닐만했는데(참고: 신호 위반은 하지 않았음) 주간에는 차량이 많아서 액셀을 한 번만 밟으면 다시 다음 신호등에 걸리는 일이 반복되었다. 필자가 최근에는 가보지 않아서 모르겠지만 혹시 대전의 월평동 근처의 아파트 단지 사이에 있는 도로를 차를 몰고 한 번 달려보기 바란다.

한편 지금 필자가 살고 있는 창원은 역시 계획도시로서 동서로 창이대로, 원이대로, 창원대로의 간선도로가 있고 남북으로는 셀 수 없이 많은 도로가 있다. 그중에서 동서로 난 간선도로는 그나마 신호등 간의 간격이 멀어서 러시아워가 아니면 브레이크를 밟지 않고 계속 달릴 수 있는데 남북으로 난 도로나 이면도로, 특히 아파트 단지 사이의 도로에서는 역시 대전의 둔산동과 같이 블록 간의 간격이 좁고 아파트의 출입구마다 신호등이 달려 있어서 액셀을 단 한 번만 밟으면 다음 신호등에서 멈춰서야 하는 일이 반복되고 있다. 게다가 심야나 주말에는 사람이 단 한 명도 다니지 않는 횡단보도 앞에서 신호가 바뀔 때까지 기다리는 일이 비일비재하다.

이와 같은 문제는 에너지의 비효율뿐만 아니라 차량의 공회전에 의한 환경 오염을 방지하는 차원에서도 해결이 시급한데 이와 같은 교통 관리는 스마트시티의 구축에 있어서 가장 시급하고 중요한 문제라고 생각한다.

한편 현재 추진되고 있는 스마트시티 사업에 대해서 한 가지 우려되는 것은 '우리가 과연 스마트시티의 개념을 제대로 알고 기술을 개발하는가' 하는 것이다. 현재 우리나라를 포함해서 대부분의 스마트시티 사업은 도시를 구성하는 다양한 요소들(주택, 도로, 빌딩, 공원, 강 등) 중 독립적인 분야에 대해서 IoT와 연관된 많은 기술 가운데 개별 기술을 사용해서 구현하고 있는데 사실 정작 중요한 것은 도시를 구성하는 다양한 환경에 대해서 전체적으로 그리고 다양한 기술을 융통성 있게 수용하는 스마트시티 생태계(smart city ecosystem)를 구축하는 것이다. 예를 들면 새로운 도시를 개발하거나 기존의 도시를 재개발할 때 도로, 주택, 주차장 등의 설계에 있어서 자율주행차나 장애인을 고려한 위치, 구조, 운용 방법 등을 사전에 생각해야 하는데 실제로는 그렇게 추진되지 않는다는 것이다.

이 지적을 기반으로 필자가 이 장의 맨 앞에서 소개한 2022 스마트시티의 모델인 '스마트에코델타시티'의 시나리오를 다시 한번 회상해 보자. 그러면 그 시나리오가 얼마나 순진한지 알 수 있을 것이다.

12.5 스마트시티와 C-IoT

지금까지 우리는 스마트시티에 대해서 알아보았다. 스마트시티가 대상으로 하는 서비스는 대부분 도시의 공공인프라(public infrastructure)를 정보통신 기술과 사물인터넷 기술을 통하여 스마트화하여 도시민의 생활편의 증진, 실시간 무인 환경 감시, 스마트화된 도로교통, 재해 대응 등 미션 수행 중심(mission critical)의 서비스이다.

그런데 대부분의 미션은 상황에 대한 이해(context-awareness)와 실시간(real-time) 처리를 필요로 한다. 자율주행차를 예로 들면 한밤중에 사람의 손을 빌리지 않고 도심을 자율주행하던 차 앞에 갑자기 사람이 차도로 뛰어들거나 도로가 혼잡한 출퇴근 시간에 옆 차선에서 달리던 차가 차선을 급하게 변경한 경우에 차량은 그 상황을 제대로 이해해야(context-aware)하며 그 상황에 바로 실시간으로 대응해야 한다. 그런데 만약 그렇지 못하다면 큰 사고가 날 것이다.

그런데 휴대전화 또는 컴퓨터네트워킹을 기반으로 하는 지금의 정보통신 기술은 4G이든 5G이든 통신속도는 예전에 비해서 수십 배에서 수백 배 빨라지기는 해도 미션 수행중심에는 맞추어져 있지 않다. 그리고 이 사실은 앞으로 본격적인 스마트시티의 전개에 있어서 가장 큰 장애요인이 될 것이다.

최근 학계를 중심으로 미션 수행 중심의 IoT 기술에 대한 연구가 시작되었는데 필자가 보기에 이 기술은 스마트시티의 실현에 필요조건이라는 생각이 든다. 아직은 기초개념 정립단계이기는 하지만 간단히 소개한다.

12.5.1 C-IoT

일반적으로 정보통신 서비스를 제공함에 있어서 위급(critical)하다는 것은 공공 안전(public safety)이나 의료(healthcare) 등의 서비스를 제공함에 있어서 미션 수행이 필요하거나 시간이 위급한(time-critical) 것을 말하며 이와 같은 서비스를 미션 수행 응용서비스(mission-critical application service)라고 한다. 즉, 인간 일상의 생사(life and death)와 관계되는 서비스이다.

사물인터넷이 보편화되면 이 개념은 위의 공공 안전 및 의료뿐만 아니라 산업(industry) 및 사회(society) 전반에까지 확대될 것이며 이처럼 IoT에 미션 수행 응용서비스의 개념이 적용된 것을 C-IoT(critical IoT)라고 정의한다[Wu]. 사실 아직까지 C-IoT의 정의는 명확히 내려져 있지 않은데 한편으로 C-IoT의 개념은 전혀 새로운 개념은 아니며 기존의 정보통신 서비스에서 미션 수행통신(mission-critical communication, 이하 MCC)이라는 개념이 발전한 것이다.

MCC는 범용(general-purpose) 네트워크(예: 기존의 최선형 서비스를 기반으로 하는 인터넷)는 제공할 수 없는 특수한 성능(응용서비스가 요구하는 값 이하의 데이터 전달 지연 보장, 목표치 이하의 패킷손실률의 보장, 요구되는 통신 도달거리의 확보 등)을 제공하는 보편적인 개념이다.

MCC의 개념은 이미 오래 전에도 개별적으로는 존재했는데 MCC radio라고 하여 음성(voice) 통신 기반의 공중 안전 애플리케이션(public safety application)에도 적용되었다[Ulema]. 또한 컴퓨터네트워크를 위한 인터넷에서도 QoS 기반의 서비스 차별화 기술로서 차별화된 서비스(differentiated service)라는 개념이 도입된 적이 있었으나 당시의 응용서비스(e-mail, ftp, web browsing 등)가 이 기술을 그다지 필요로 하지 않아서 실제로는 별로 사용되지 않았다. 최근에는 사물인터넷에 빅데이터, AI 등 컴퓨팅 기술이 적용되는 단계에 이르렀고 또 TDMA(time division multiple access)를 기반으로 하는 5G 기술이 발달함에 따라서 네트워크 자원 분할(network resource slicing) 기술을 사용하여 MCC 서비스를 제공할 수 있는 환경은 무르익고 있으나 아직 C-IoT에 특화된 기술은 미완성 단계이다.

엄격하게 말해서 C-IoT과 MCC는 크게 두 가지 차이점이 있다. 하나는 기존의 MCC는 주로 하나의 네트워킹 기술을 사용해서 미션 수행 서비스를 수행하는 데 비해서 C-IoT는 다양한 무선통신 기술을 조합(integrate)해서 채널 다양성(channel diversity) 및 프로토콜 다양성(protocol diversity) 등 네트워크 다양성(network diversity)을 보장하며 그로 인해서 위급한 통신의 신뢰성을 높일 수 있다. 다른 하나는 MCC는 주로 위급한 상황에서 명령을 받는 디바이스(response unit)와 콘트롤센터(control center) 사이에서 이루어지는 통신을 위한 목적으로 사용된 것에 비해서 C-IoT는 위급한 상황에서 실시간 조치를 받는 것은 물론 위험이 발생하기 전에 미리 징조를 모니터링하고 상황에 적절한 의사결정을 하는 것까지 포함한다. 이때 빅데이터, AI 등 IoT 플랫폼과 연관된 기술이 동원된다.

12.5.2 C-IoT와 서비스 신뢰도

위에서 소개한 것처럼 C-IoT는 스마트시티의 요소 기술로서 중요한 역할을 할 것으로 보여지는데 한 가지 유의해야 할 것은 스마트시티를 구성하는 장비(디바이스, 서버 및 네트워킹 장비 등)가 적용되는 응용서비스 분야(도시 인프라의 구성요소가 너무나 다양함)에 따라서 너무나 다양(heterogeneous)하고 또 접속되는 디바이스의 수가 아주 많은 이유로 그들에게 요구되는 성능이 다르다는 것이다. 그런데 이때 문제는 다양한(diverse) 디바이스 제조사, 네트워크 운용자, 서비스 제공자를 하나로 묶어야 한다는 것이다. 이처럼 다양한 장비를 상호 무봉연결(seamless interconnection)하여 상호운용(interoperate)하기 위해서는 표준화된 인터페이스(standardized interface)가 필요하다.

이 문제는 초기에 인터넷 프로토콜(IP protocol)이 개발될 때에도 중요한 문제였는데 그나마 그때는 오로지 비슷한 성능을 가지는 컴퓨터네트워크를 전제로 했기 때문에

OSI 7계층 프로토콜을 정의하는 것으로 충분했다. 그러나 IoT에서는 연결되는 디바이스의 성능 및 스마트화 정도가 천차만별이어서 이 문제는 앞으로도 계속 C-IoT의 확산에 걸림돌이 될 전망이다.

C-IoT의 성능에서 가장 기본적이면서 중요한 것은 서비스 신뢰도(service reliability)이다. 정보통신에 있어서 서비스 신뢰도는 이미 오래 전부터 연구되어온 학문분야인데 예를 들면 전화서비스의 경우 새로운 호의 연결실패확률(call blocking probability, CBP)가 1% 미만이어야 한다는 것이나 패킷 데이터 서비스의 경우 패킷손실률(packet loss rate, PLR)이 10^{-3}이어야 한다는 것 등이다.

MCC에 대해서 서비스 신뢰도는 시스템의 고장률(probability of system failure) 또는 고장 간 평균 시간(mean time to failure), 패킷손실률, 송신 디바이스에서 수신 디바이스까지의 단대단 지연(end-to-end latency) 등으로 정의된다.

한편 C-IoT에 대해서는 MCC보다 더 다양하고 복잡한 서비스 신뢰도가 요구되는데 대표적인 성능 평가항목으로는 패킷손실률, 단대단 지연, 중계기나 액세스 장비 등 IoT 통신장비가 센서나 액추에이터 등 스마트 트랜스듀서(smart transducer)를 수용할 수 있는 최대 거리(coverage), 시스템 고장으로부터의 회복력으로 정의되는 회복 탄력성(resilience), 그리고 자동화 가능성(availability of automation) 등이 있다. 이때 자동화 가능성은 위급성을 검지하는 센서의 수 및 대응 처리를 자동으로 할 수 있는 액추에이터의 수의 함수로 정의된다. 이들 성능 지표 중에서 뒤의 두 가지 항목 즉, 회복 탄력성과 자동화 가능성이 C-IoT의 서비스 신뢰도를 결정짓는 중요한 성능지표이다.

12.5.3 C-IoT 서비스 신뢰도 관련 표준

인터넷 기술의 실질적인 표준화단체(de facto standardization body)인 미국의 전기전자공학회 IEEE에서는 C-IoT의 서비스 신뢰도를 보장하는 문제에 대한 해법으로서 IEEE 1451과 IEEE P2668을 제정하였다. 이들에 대해서 간단히 소개한다[Wu].

1 IEEE 1451

IEEE 1451는 C-IoT의 디바이스인 센서 및 액추에이터(아래에서는 이것을 하나로 묶어서 smart transducer라고도 부름)에 대한 네트워킹 인터페이스(interface)를 표준화하는 작업을 맡고 있다. 이때 'smart transducer'는 '똑똑한 변환기'라고 번역하기에는 의미 전달이 어렵고 특히 'transducer'는 에너지와 관련된 용어에서는 '변환기'라고 번역하는데 정보통신 세계에서는 '변환기'라는 단어는 적절하지 않다.

'transducer'는 오히려 밥 멧캘프가 이더넷을 고안할 당시 컴퓨터를 네트워크에 접속하는 끝 부분의 인터페이스를 'transceiver'라고 불렀는데 송수신기를 지칭하는 단어이다[이훈]. 하여간 정확한 우리나라 용어가 나오기까지 그냥 'smart transducer(이하 ST)'로 쓰기로 한다.

IEEE 1451의 핵심 요소는 transducer electronic data sheet(TEDS)라고 부르는 ST의 데이터시트이다. TEDS는 ST의 메모리에 장착되어(embedded) 디바이스의 상호운용을 위해 필요한 정보(ID, 제조자 정보, 연결유형 등)를 저장한다.

앞의 4장에서 IoT의 네트워크 구조(그림 4.2 참조)를 소개할 때 이야기했는데 지역네트워크(area network)와 액세스네트워크(access network) 사이에 위치하고 있는 게이트웨이는 각 디바이스로부터 전송되는 데이터의 TEDS를 읽어보고 그 디바이스에 가장 적절한 경로를 따라 액세스네트워크를 통해서 상위계층의 플랫폼에 있는 서버로 전송되도록 해준다.

TEDS가 가지는 가장 큰 장점은 이 정보가 plug & play로 동작할 수 있다는 점이다. 즉, 그로 인해서 새로운 디바이스가 접속되거나 기존의 디바이스의 정보가 갱신되더라도 디바이스를 분리할 필요 없이 바로 정보를 갱신할 수 있는 점이다.

2 IEEE P2668

IEEE P2668은 IoT의 완성지표(maturity index)를 말한다. 이것을 줄여서 IoT index (IDex)로 부르기도 한다. IDex는 IoT 시스템을 구성하는 디바이스, 네트워크, 시스템

(서버 등), 응용프로그램(앱) 등의 성능평가지표를 정의한 것으로서 성능평가지표는 개별 디바이스의 성능항목별 수치로 정의되기도 하고 시스템 전체의 종합성능으로 정의되기도 하는데 자세한 사항은 이 책의 범위를 벗어나서 생략한다.

12.6 스마트시티, 성공의 조건

이 책에서는 IoT의 생태계를 이야기하면서 주로 기술적 측면을 중심으로 기술했는데 특이하게도 '성공의 조건'을 강조해서 다룬 장이 두 군데 있다. 하나는 스마트팩토리이고 다른 하나는 스마트시티이다. 그 이유는 스마트홈이나 스마트그리드 등 다른 IoT 비즈니스 등은 개인 고객 또는 특정 기업을 대상으로 서비스 제공자가 중심이 되어 사업을 추진하므로 그 파급효과가 제한적인데(사업이 실패하더라도 피해가 당사자에게 국한됨) 반해 스마트팩토리와 스마트시티 사업은 정부가 주도해서 산업단지나 도시 또는 국가를 대상으로 대규모로 사업을 진행하는 관계로 그 사업이 실패할 때 피해가 크다는 것이다. 그런데 정부가 주도하는 사업은 투자 대비 성과가 좋지 못했던 사례가 과거에도 여럿 있었다는 것에 유의할 필요가 있다.

[김인환]에서는 스마트시티 사업을 소비자의 관점에서 진행하자는 취지의 제언이 있었는데 그 내용을 요약하여 소개하고자 한다. 2009년에 있었던 제주 스마트그리드 실증사업은 중앙정부의 정책 실패도 있었지만 참여기업 간의 갈등도 실패의 원인으로 지목되고 있고 2016년 고양시 스마트시티 실증 사업도 정권 말기의 관심도 저하 등 정책적인 면도 문제가 있지만 그보다 더 심각한 문제는 지역의 특성을 제대로 반영하지 못한 점, 시민의 참여가 배제된 점, 경제적 파급효과 및 기술의 지속적 발전이 없었던 점 등 아쉬움이 많았던 사업이었다.

2019년 6월 이 글을 쓰고 있는 현재 우리나라에서는 세종시와 부산시를 대상으로 스마트시티 국가시범도시 사업이 추진 중인데 2019년 하반기에는 실시설계까지 확정되고

2021년 말에는 주민 입주도 시작될 예정이다. 그런데 이 사업을 보고 있는 전문가들의 말이 우려스럽다. 전문가들이 지적한 몇 가지 사례를 소개하면 "스마트시티가 첨단 도시 기술의 종합판이라지만 뒤집어 생각하면 기술만 백화점식으로 모아 놓은 것 같다", "스마트시티가 살아야 할 주민을 위한 것이 아니라 공급자 위주로 가고 있다" 등이다.

사실 스마트시티 사업을 추진하는 가장 큰 목적은 '도시 입주민이 스마트하게 살도록 도시 환경을 조성하는 것'이다. 특히 도시 전체를 대상으로 주변 상황과 연관도 없이 무조건 최첨단 기술을 백화점식으로 동원하여 물리적 시설만 구축한다고 주민의 삶의 질이 향상되는 것이 아니다. 왜냐하면 지금까지 주민의 수요를 도외시한 채 정부가 톱다운 방식으로 돈을 투자하여 새 기술을 도입한 후 집중적으로 홍보하더라도 대부분의 사람이 사용하지 않은 사례는 무수히 많았기 때문이다.

스마트시티를 도입할 때 도시에 IoT 기술을 적재적소에 도입하여 빅데이터를 수집하고 분석, 관리하여 에너지의 소비도 줄이고 교통이나 환경, 그리고 안전과 관련된 문제가 감소되도록 시스템을 잘 운영하는 소프트웨어적 사고가 필요하다. 즉, 스마트시티에서 스마트해져야 할 주체는 '도시'가 아니고 '사람'이어야 한다[문보경].

그래서 이번에는 과거와 같은 전철을 되밟지 않기 위해서 스마트시티가 성공하기 위한 조건에 대해서 이야기하고자 한다. 일반적으로 대규모 인프라 사업을 시작할 때 가장 먼저 접근하는 방법이 본격적인 구축에 앞서서 테스트베드(실증) 사업이다. [김인환]에 의하면 테스트베드는 기술 주도, 기업 주도, 그리고 소비자 주도의 세 가지 종류가 있다.

1. 기술 주도 테스트베드는 신기술에 대한 실증을 목표로 진행하며 주관자는 그 기술을 실제로 개발하고 있는 연구기관 등 전문가를 중심으로 한다. 이를 통하여 신기술의 사업화 등 기술의 현장 적용을 추구한다. 이때 소비자는 수동적인 입장으로만 참여한다.
2. 기업 주도 테스트베드는 개발이 완성된 기술을 바탕으로 향후 출시될 새로운 서비스가 시장에서 비즈니스 수요를 창출할 수 있는지를 검증하는 것을 목표로 한

다. 이때 소비자는 체험 등으로 참여한다.

3. 소비자 주도 테스트베드는 새로운 서비스에 대한 기술 및 기업의 이익보다는 소비자의 수요 등 현장에서의 활용을 목표로 한다. 이때 시민은 적극적으로 참여한다.

사실, 스마트시티 서비스를 주로 사용할 고객은 시민이다. 비록 스마트시티 서비스는 정부가 주도해서 지방자치단체의 투자로 개발하고 실제로 서비스를 구축하고 제공하는 것은 ISP나 컴퓨팅 사업자 등 스마트시티 서비스 제공자인데 시민은 제공되는 서비스가 매력적이지 않으면 외면하거나 추가로 돈을 지불해서까지 그 서비스를 사용하려고 하지 않는다. 그러면 결국 그 투자는 낭비가 된다. 따라서 스마트시티 서비스의 성공조건은 신기술의 백화점식 조합이 아니라 시민의 불편 해결, 도시의 안정성, 생활의 편의성 등 시민의 삶의 질의 향상과 연결된 것이어야 한다.

사실 스마트시티의 개념에 대해서 찾아보면 수백 가지가 넘을 정도([김인환]에는 200여 가지라고 함)인데 이렇게 개념이 다양한 것은 그만큼 스마트시티에 대한 고객의 요구가 다양하고 지역마다 필요한 요구가 다르며 주변 상황이 복잡하다는 의미이다. 따라서 앞으로 스마트시티 사업을 전개할 때 철저한 준비나 사전 검증 없이 정부가 주도해서 예산을 조기에 집행하거나 기간과 성과에 대한 조급한 마음으로 급조해서 진행할 일은 아니라는 것을 다시 한번 강조하고 싶다.

12장을 마치며

지금까지 IoT 비즈니스의 대표주자라고 할 수 있는 스마트시티에 대해서 알아보았다. 이 책을 쓰고 있는 현재 우리나라에서는 스마트시티가 아직 충분히 구현되지도 않았고 또 우리의 실생활에 깊숙히 침투되어 있지 않아서 아직은 여러분이 스마트시티의 참모습을 실감하기에 이를지 몰라도 과거의 기술 도입과 효과에 대한 사례를 되돌아보면 기대보다 우려가 큰 것은 필자만의 생각일까?

하여간 기술은 나날이 발전하고 신제품은 계속 나오는 것인 만큼 이 책을 공부하는 여러분은 늘 스마트시티에 대해서 관심을 가지고 공부를 계속해 나아가야 할 것이다.

12장 리뷰 문제

(1) 스마트시티란 무엇인지 개념을 정의해보자.

(2) 우리나라에서 현재 진행 중인 스마트시티 사업 사례를 도시를 하나 특정하여 조사해보자.

(3) 스마트시티를 위한 플랫폼에는 어떤 것이 있는지 조사해보자.

(4) C-IoT란 무엇이며 우리 주변에서 어떤 분야에서 사용되고 있는지 조사해보자.

(5) 스마트시티 사업이 성공하기 위한 조건을 분석해보자.

(6) 여러분의 일상생활에서 IoT 기술이 적용되었으면 하는 분야가 있으면 구체적으로 적어보자.

12장 참고문헌

김병수, "'스마트시티'로 도시혁명 선도하자", 한국경제신문, 2016년 8월 17일.

김인환, "스마트시티, 소비자에게 맡기자", 전자신문, 2019년 3월 21일.

김태철, "첨단기술의 총아, 스마트시티", 한국경제신문, 천자칼럼, 2019년 11월 26일.

문보경, "스마트시티가 스마트해지려면", 전자신문, 2019년 5월 17일.

오경묵, "도시 서비스에 ICT 기술 접목… 대구 '스마트시티'로 미래 연다", 한국경제신문, 2016년 2월 3일.

유소연, "늘어나는 거대도시… 스마트시티로 교통, 환경 해결해야", 조선경제, 2019년 5월 16일.

이훈, "인터네트워콜로지 2.0", 도서출판 홍릉(舊, 홍릉과학출판사), 2019년.

장원석, "스마트시티, 글로벌 기업들은 무엇을 만들려고 하는가?", Entrue Journal of Information Technology, vol.17, no.1, 2019년 12월.

한국경제신문, 창간 53주년 특집기사, "한국 건설업의 미래, 스마트시티 '4차 산업혁명'을 짓는다" 한국경제신문, 2017년 10월 13일.

한상혁, "스마트시티, 반도체 이어 한국 먹여살릴 겁니다", 조선경제, 2020년 6월 15일.

FIWARE, http://www.fiware.org.

OCEAN, http://www.iotocean.org.

ODIDM, https://www.opendaylight.org.

OM2M, http://www.eclipse.org.

Y. Mehmood et al., "Internet-of-things-based smart cities: recent advances and challenges", IEEE Communications Magazine, September 2017.

NAVER 지식백과, http://terms.naver.com.

W. Tu, "Data-driven QoS and QoE management in smart cities: a tutorial study", IEEE Communications Magazine, December 2018.

M. Ulema et al., "Critical communications and public safety networks part 1: standards, spectrum policy, and economics", IEEE Communications Magazine, March 2016.

C.K. Wu et al., "Critical Internet of Things: an interworking solution to improve service reliability", IEEE Communications Magazine, January 2020.

PART

4

IoT의 미래

CONTENTS

CHAPTER 13

소셜 IoT

여러분은 제1부에서 제3부에 걸쳐서 IoT의 생태계와 그 생태계를 구성하는 연관 기술에 대해서 알아보았다. 그런데 지금까지의 이야기는 주로 사물을 중심으로 하는 IoT의 생태계에 대해서 다루었다.

한편 앞으로 IoT의 생태계가 그 외연을 더욱 확장할 것으로 예상되며 결국에는 사람도 IoT의 생태계에 포함될 것이다. 대부분의 사람은 스마트폰을 통해서 소셜네트워크 서비스(social network service, 이하 SNS)를 사용한다. 그래서 (지금 당장은 거의 볼 수 없지만) 멀지 않아서 사람들의 SNS 서비스에 사물까지도 포함되는 날이 올 것이다. 그렇게 되면 IoT가 소셜 IoT로 확장된다.

S-IoT는 개념이 등장한지 10년이 약간 넘은 기술이어서 일반인에게는 아직 널리 알려져 있지 않은 기술이다.

이와 같은 배경에서 13장에서는 IoT와 소셜네트워크(social network) 기술의 융합 서비스인 소셜 IoT(social IoT, 이하 S-IoT)에 대해서 소개한다. 먼저 S-IoT의 개념을 알아보고 진화 방향에 대해서 소개한다. 이어서 S-IoT를 구성하는 시스템에 대해서 알아본다. 마지막으로 S-IoT의 플랫폼을 소개한다.

13.1 S-IoT의 개요

2000년대에 들어와서 인터넷의 발달, 특히 스마트폰의 등장으로, 사람들은 온라인 상에서 사회적 관계(social networking, 이하 SN)를 형성하기 시작했는데 카카오톡, 유튜브, 페이스북 등의 애플리케이션을 통하여 사람들은 서로 정보를 교환하고 사회 관계를 형성해왔다. 이것을 가상 공간(virtual space)이라고 하는데 다른 말로는 디지털 공간(digital space) 또는 사이버 공간(cyber space)이라고 부른다.

한편 IoT의 등장은 물리 세계(physical world)에 존재하는 수많은 객체(object, 필자 주: 이 책에서는 객체와 디바이스를 혼용해서 사용함)가 인터넷을 통하여 연결되는 새로운 세상을 만들었고 그로 인해서 인간과 인간, 또는 인간과 기계의 관계를 넘어서 디바이스와 디바이스까지도 관계(device-to-device networking)를 맺을 수 있게 하였는데 그것은 어디까지나 물리적 세계(physical world) 간의 연결이었다. 여기서 물리 세계는 센서, 액추에이터, 프로세서 등 디바이스 및 네트워킹 장비가 내장된(embedded) 집, 건물, 차 등을 말한다.

그런데 최근에는 SNS(social network service)와 IoT가 결합하는 단계에 이르렀는데 이것이 소셜 IoT이다. S-IoT에서는 우리 주변의 물리적 객체(인간 및 기계 등)에 센서, 액추에이터, 통신 장비 등 컴퓨터 기술이 실장되어(embedded) 인간이나 기계에게 디지털 지문(digital imprint)을 남기게 하고 주변의 환경이나 상황 및 맥락을 인지하게 해준다. 그로 인하여 스마트 디바이스 및 스마트 서비스가 소셜네트워크를 구축하게 되는데 이것이 바로 S-IoT라는 개념을 탄생시킨 것이다.

이상의 논의로부터 S-IoT는 결국 디바이스(device), 사람(human), 그리고 물리 세계(physical world)가 결합된 새로운 생태계임을 알 수 있고 이것이 S-IoT의 구성요소(components)가 된다. 여기서 디바이스는 물리 객체(physical object)와, 사람은 고객(user)과, 물리 세계는 디지털 공간(digital space)과 같은 개념으로 이해하면 된다. 표 13.1은 S-IoT의 구성요소를 요약한 것이다.

표 13.1 S-IoT의 구성요소

구성요소	예	사회적 관계
physical object	카메라, 모바일 디바이스, 소비자 가전, 가구, 기계 등	O-OR, U-OR
digital space	집, 건물, 차, 공원, 공장 등	-
user	홍길동, 연놀부, 임꺽정 등	U-UR, U-OR

위의 표에서 사회적 관계에 대해서 사용된 용어에 대해 간단히 설명하면 다음과 같다.

- O-OR(object-object relationship): 디바이스 간에서 이루어지는 상호동작(interaction)의 레벨 및 디바이스의 위치 등으로 맺어지는 관계(★ 필자 주: 이 용어와 뒤에서 나오는 OOR과는 다른 개념이어서 O-OR로 표기함)
- U-OR(user-object relationship): 사람이 디바이스를 소유하거나 사용함으로써 맺어지는 관계
- U-UR(user-user relationship): 사람 간에 공통의 목적이나 취미, 우정 등의 목적을 바탕으로 맺어지는 관계

한편 IoT 시스템을 구성하는 객체들 간에 사회성(socialization)이라는 개념을 처음으로 도입한 것은 2001년이며 도입한 사람은 Holmquist이다[Holmquist]. Holmquist는 동일하거나 비슷한 프로파일 및 특징을 가진 객체들은 다른 객체가 겪게 되는 문제에 대한 해법을 공유한다는 사실을 알아냈다. 이것은 마치 환우들이 온라인에서 서로의 경험과 팁을 공유함으로써 혼자서 어렵게 해결하여야 했던 문제를 쉽게 해결하는 현상과 같은 원리인데 이것을 대중의 지혜(the wisdom of crowds)라고 부른다. 실제 한 연구에 의하면 다양한 부류의 사람들이 연결되어 있는 소셜네트워크를 통하여 복잡한 문제에 대한 정확한 답을 얻어냈다는 사실도 있다[Surowiecki].

이처럼 소셜네트워킹 기술을 IoT에 적용함으로써 얻을 수 있는 장점이 몇 가지 있는

데, 간단히 요약하면 다음과 같다.

- 첫째, 사물이나 서비스가 인터넷을 통해 연결되고 그들로부터 파생되는 여러 가지 사회적 현상(사람, 사물 등이 동일한 장소에 있는다든지 서로 비슷한 성향을 보인다든지 하는 현상)에 기반한 요소들 간의 관계가 밝혀짐에 따라서 네트워크의 탐색성(navigability)이 보장된다. 다시 말하면 모든 사물이나 서비스가 인터넷에 연결됨에 따라서 그 사물의 존재를 몰랐던 과거에 비해서 그 사물의 탐색이 용이해졌다. 우리가 인터넷이 나오기 전에는 전혀 알 수 없었던 외국의 어느 시골에 있는 맛집이나 숙소를 쉽게 찾을 수 있게 된 현상이 이에 해당한다.
- 둘째, 관계가 밀접한 사물들 간의 상호작용(inter-operation) 및 상호협조(collaboration)로부터 얻는 정보의 신뢰도(reliability) 및 정보의 규모(scalability)가 증가한다. 예를 들면 개별적으로 보면 서로 관계가 없어 보이는 사물들로부터 얻는 통계 정보를 독립적으로 분석할 경우에 얻는 정보에 비해서 사물 간에 상호작용이 관찰되면 훨씬 더 믿을만하고(trustworthiness) 고급의 정보를 얻을 수 있다. 범죄학에서의 프로파일링(profiling)을 생각하면 쉽게 이해가 될 것이다.
- 마지막으로, 이미 잘 개발되어 있는 SN 분석용 모형을 IoT와 접목하면 그로부터 다양한 현상을 발견할 수 있어서 데이터의 활용면에서 훨씬 더 효율적이다.

한편 사물 간의 관계에는 몇 가지 유형이 있는데 다음과 같다[Atzori 2].

- parental object relationship(POR): 동일한 생산자에 의해서 만들어진 동종(homogeneous)의 사물(예를 들면 센서와 액추에이터) 간에 형성되는 관계
- co-location object relationship(C-LOR): 스마트홈이나 스마트시티 등에 설치되는 센서나 액추에이터 등과 같이 동일한 장소에서 동작하는 사물 간의 관계
- co-work object relationship(C-WOR): 원격의료나 재난 대응 등 공통의 IoT 앱을

위해서 협력하는 사물(비디오 카메라 등) 간의 관계

- ownership object relationship(OOR): 동일한 소유자에 속한 이기종(heterogeneous)의 사물(스마트폰이나 게임 콘솔 등) 간의 관계
- social object relationship(SOR): 친구, 동료 등 사물의 소유자가 서로 접촉함으로써 맺어진 사물(드론, 자율주행차 등) 간의 관계

13.2 S-IoT의 시각

S-IoT는 IoT와 SN(social networking) 기술의 정합성을 보는 관점이나 두 기술의 상호 침투 등에 따라서 다양한 시각(perspective)이 있는데 이 책을 쓰고 있는 2020년 1월의 시점에서 학계의 시각을 간단히 소개한다.

Atzori는 SN 기술을 IoT에 동화시키는 3단계를 정의하였는데 다음과 같다[Atzori 2].

1. 초기단계(initial stage): IoT에 SN 기술이 아직 본격 도입되기 전 단계로서 인간이 가지고 있는 IoT 디바이스를 대상으로 기존에 형성된 인간의 SN을 이용해서 사물의 상태를 알리는 단계
2. 중간단계(interim stage): IoT 디바이스가 서로 직접 통신하는 기능을 가지고 있고 그 기능을 통해서 서로 통신하면서 SN 상의 사람과도 통신이 가능한 단계
3. 최종단계(final stage): IoT 디바이스가 서로 SN 관계를 맺으면서 자체적으로 SN을 형성하는 단계

한편 Gou는 우발적(opportunistic) IoT라는 개념을 제창하였는데 사람들 간에 형성된 SN 관계와 거기에 참여한 사람들이 소지하고 있는 IoT 디바이스의 우발적 연결(opportunistic connectivity)을 분석함으로써 인간의 사회적 행동을 인지하고 관

찰한다는 것이다[Gou]. 이때 IoT 디바이스는 사람 인지(user awareness), 분위기 인지(ambient awareness), 사회관계 인지(social awareness) 등을 하게 된다.

Mendes는 증강객체(augmented objects)라는 개념을 주장하였다[Mendes]. 증강객체는 센싱 기능을 가지는 일반 IoT 디바이스에 소프트웨어를 탑재(embed)시켜서 디바이스가 더욱 더 스마트해진다는 개념으로서 마치 가상현실(virtual reality, VR)을 스마트화한 증강현실(augmented reality)로 진화시킨 개념과 유사하다. 이렇게 함으로써 과거에는 오직 인간에게만 한정되었던 SN과 관련된 상호작용(interaction) 기능을 디바이스도 가능하게 된다는 의미이다. 이런 의미에서 증강객체와 우발적 IoT 그리고 Atzori가 주장하는 SN 기술을 IoT에 동화시키는 3단계의 최종단계는 일맥상통한다. 즉, S-IoT의 궁극적인 지향점은 앞으로 IoT에 SN 기술을 도입하여 디바이스가 마치 인간세계의 SN 관계와 같은 기능까지도 수행한다는 것이다.

한편 위에서 우리는 IoT 디바이스 간, 사람 간 및 디바이스와 사람 간에 관계가 형성된다고 하였는데 그럼 과연 어떤 관계가 있는지 알아보기로 한다. 표 13.2는 사람과 디바이스 간의 관계(U-OR)를 나타낸 것이다[Roopa].

표 13.2 사람과 디바이스 간의 관계

관계	용어 및 정의	예
OOR	ownership object relationship: 동일한 사람에게 속해있는 디바이스 간의 관계	한 사람이 가지고 있는 스마트폰, iPad, 사람의 소지품 등
SOR	social object relationship: 사람의 사회적 관계에 의해서 접하게 되는 디바이스 간의 관계	지인들 간의 전화번호 교환
SIBOR	sibling object relationship: 가족 구성원 간 또는 친구들의 그룹에 속하는 디바이스 간의 관계	어느 가정의 가전제품, 도어록 등
GSTOR	guest object relationship: 방문자 역할을 하는 사람이 가지고 있는 디바이스 간의 관계	사람이 친구의 집을 방문하여 사회관계를 맺고 있을 때 그 사람들이 가지고 있는 디바이스들의 관계

한편 표 13.3은 디바이스와 디바이스 간의 관계(O-OR)를 나타낸 것이다[Roopa].

표 13.3 디바이스와 디바이스 간의 관계

관계	용어 및 정의	예
POR	parental object relationship: 시간이 지나도 변하지 않는 유사한 디바이스들 간의 관계	동일한 회사가 비슷한 시기에 만든 가전제품 등
CLOR	co-location object relationship: 동일한 장소에 있는 디바이스들 간의 관계	가정이나 건물에 설치된 센서나 태그 등
CWOR	co-work object relationship: 공통의 IoT 앱을 대상으로 서비스를 제공하는 일을 하는 디바이스들 간의 관계	가정 내에 있는 센서 및 알람 장비와 인터넷으로 연결된 고객의 스마트폰 앱 등
GOR	guardian object relationship: 계위 관계에 있는 디바이스 간의 관계	자율주행차를 예로 들면 차량 내에 있는 OBU(on-board unit)와 도로쪽에 설치된 RSU(road side unit) 사이의 관계: 이 경우 계위관계는 OBU가 RSU의 자식(child)이 됨
STGOR	stranger object relationship: 서로 다른 디바이스가 대중 공간(관공서나 역 등)이나 길거리 등에서 만났을 때 맺어지는 관계	
SVOR	service object relationship: 특정한 서비스를 제공해주기 위해서 디바이스들 간에 맺어지는 관계	차량에게 내비게이션을 제공하는 경우 통신 채널 설정, 차량의 이동경로를 따라서 진행되는 경로 탐색, 차량의 위치정보 갱신 등 네트워크 회사가 제공하는 다양한 네트워크 서비스

13.3 S-IoT의 진화

S-IoT는 아직 나온지 얼마 되지 않는 기술인만큼 앞으로 시간이 지남에 따라서 계속 진화할 것이다. 그런데 S-IoT의 진화에 있어서 가장 중요한 걸림돌은 객체(object, 다른 말로 디바이스)의 능력이다. 왜냐하면 고성능의 장비들로 구성된 인터넷 기술은 자원

의 능력(처리 속도, 저장 능력, 전력 소모량 등에 제한이 없는 능력)이 빠른 속도로 발전할 수 있지만 IoT 디바이스는 저비용이면서 소규모로 구현되기 때문에 저전력, 낮은 처리 능력 등으로 인해서 디바이스에 무한한 기능을 구현할 수 없기 때문이다.

그럼에도 불구하고 시간이 지남에 따라 IoT 디바이스의 능력(또는 지능)은 날로 진화할 것이며 그에 따라서 S-IoT도 진화할 것이다. 아래의 표는 S-IoT 객체의 진화 단계를 요약한 것이다[Atzori 1].

표 13.4 S-IoT 객체의 진화 3단계

단계(별명)	능력
smart object (res sapiens)	• 가장 초기의 모습 • 상이한 객체가 독립적으로 구축되어 마치 각자가 섬처럼 존재하지만 인터넷을 통하여 외부 시스템과 연결되어 상호운용성(interoperability)을 확보하고 인간 소셜 네트워크와 통신도 가능함
acting object (res agens)	• res sapiens 가 진화한 것 • 주변의 환경을 인식하는 능력(context awareness)을 확보하고 주변의 환경과 상호작용(interaction)도 가능함 → 이웃과 진정한 소셜 행동까지는 아니라도 그것을 흉내내는 정도의 소셜 행동(pseudo-social behavior)은 가능함
social object (res socialis)	• res agens 가 더욱 진화한 것 • 스스로 자신의 소셜 네트워크를 구축할 수 있는 능력을 확보하고 실제로 물리적 소셜네트워크(object social network) 상에서 협업을 통하여 부가가치가 있는 복잡한 서비스를 구축할 수 있음

위의 표에서 소개한 S-IoT 객체의 진화 3단계 중에서 최종 단계에 해당하는 res socialis의 실용례를 몇 가지 소개한다[Atzori 1].

■ 사례 1: TA를 이용한 스마트폰 상시 연결

요즘 대부분의 사람들은 스마트폰으로 인터넷에 접속하는데 이를 위해서 모바일 ISP

와는 정액요금제(flat rate Internet connection)에 가입해서 본인이 알아서 디바이스를 관리하여야 한다. 만약 여러분이 Android 기반의 스마트폰을 가지고 있고 여러분의 주변에 있는 다른 디바이스들(프린터, 무선 디바이스, 센서 등)을 연결하여 사용하고 있었는데 어느날 사정이 생겨서 iOS 기반의 스마트폰으로 바꾸었다고 가정하자. 그러면 여러분은 스마트폰의 모든 환경을 iOS 기반으로 바꾸어서 설정하여야 한다. 그런데 이것이 여간 번거로운 일이 아니다. 이때 만약 기술 조수(technical assistant, TA) 기능이 있는 소셜네트워크 서비스를 사용할 수 있다면 여러분은 iOS 환경에서 동작하는 스마트폰과 부모관계(parental relationship)를 이용하여 여러분의 스마트폰과 같은 설정을 해놓은 동료(mate)를 자동으로 찾아서 문제를 해결할 수 있다. 이것을 상시 연결(always-tethering)이라고 부른다. 즉, 마치 대학교에서 교수가 수업할 때 교수에게 기술적 업무를 도와주는 TA와 같은 기술 도우미 기능을 활용하면 스마트폰의 OS를 바꾸어도 여러분의 소셜 관계를 이용하여 여러분이 그동안 사용해 오던 환경과 거의 같은 환경을 바로 설정할 수 있다.

■ 사례 2: 소셜 헬스케어 매니저

최근 들어서 1인 가구의 증가, 고령화 사회 등 가족의 도움 없이 혼자서 생활하는 사람이 급격히 늘고 있다. 바쁜 현대에 사람들은 약을 제대로 챙겨먹지 못하는 사례도 늘고 있다고 하는데 소셜 IoT 기능을 활용하면 이와 같은 문제를 해결할 수 있다. 가령, 일상에서 약을 먹는 시간을 놓치거나 약의 유효기간 또는 약을 타러 병원에 가야 하는 날짜 등을 제대로 챙기지 못하는 일 등 복약과 관련된 다양한 문제를 해결하는 방법으로 약품 상자에 RFID 등과 같은 IoT 센서를 부착하고 스마트폰을 이용하여 개인의 사회관계를 모니터링하고 분석하여 약품별 복약 지도도 할 수 있고, 가족 구성원별로 먹는 약이 다를 경우 멀리 떨어져 사는 아들이 혼자 사는 노모의 복약을 모니터링하고 복약을 도와줄 수도 있다. 이 경우 소셜네트워크 기술인 co-ownership, co-location, social friendship 등의 기능을 사용하면 한 사람이 먹어야 하는 약별 복약 도움, 같은 장소에 있는 약의 관리, 특정 관계에 있는 사람끼리의 복약 도움 등이 가능하다. 이것을 소셜 헬스케어 매니저(social healthcare manager)라고 부른다.

■ 사례 3: 소셜 트래픽 관리

요즘 차량에는 다양한 센서(GPS, 스마트폰과 같은 모바일 디바이스 등)가 탑재되어 있다. 앞으로는 차량을 몰면서 넓은 범위의 지역에서 일을 하는 사람이나 대도시에서 영업을 하는 사람 등과 같이 도로에서 많은 시간을 보내는 사람은 자신과 상시 연결이 가능하거나 자신과 사회관계망(social relationship)이 밀접한 사람끼리 경로 정보, 그 경로상의 차량의 붐빔 정도, 특정 구간을 주행하는 데 걸리는 시간 등 도로 트래픽 상황 정보를 교환함으로써 교통 정체, 도로 사고, 재해 등 운전과 관련된 상황을 실시간으로 인지하여 실시간으로 최적 주행경로를 결정할 수 있을 것이다. 이것을 소셜 트래픽 관리(social traffic management)라고 부른다.

13.4 S-IoT 시스템

앞에서 소개한 다양한 유형의 관계로부터 우리는 다양한 S-IoT 서비스를 창출할 수 있는데 이를 위해서는 S-IoT를 위한 환경이 필요하며 우리는 그것을 S-IoT 시스템이라고 부르기로 한다.

S-IoT 시스템은 결국은 IoT를 소셜네트워크에 구체화하는 것인 만큼 우리가 앞에서 공부한 IoT의 프레임워크 상에서 존재하며 동작하여야 한다. 여러분은 앞에서 IoT의 생태계를 C-P-N-D 모형으로 정의하였음을 기억할 것이다. 그중에서 C(contents)와 P(platform) 또는 P와 N(network)은 통상적으로 동일한 공간 및 동일한 주체에 의해 소유되고 관리되는 것이 일반적이다. 가장 일반적인 모형은 C와 P가 하나의 묶음으로 제공되는 일이 더 흔하기 때문에 C-P-N-D 모형을 간략화하면 C-N-D 모형으로 압

축할 수 있다. 그리고 이것을 IoT의 3계층 구조(three-layer architecture)라고 부르기도 한다. 그리고 C–N–D 각 계층을 다른 말로는 애플리케이션 계층(application layer), 네트워크 계층(network layer), 및 센싱 계층(sensing layer)이라고 부르기도 한다. 이때 C에서는 IoT application과 플랫폼(middleware)이 구현되고 N(network)에서는 데이터의 전송이 이루어지며 D(device)는 데이터를 취득하는 일을 한다.

지금부터는 각 계층의 기능을 소개한다. 먼저 애플리케이션 계층에서는 크게 세 가지 기능으로 구성되는데 애플리케이션 프로그램(application program), 소셜 에이전트(social agent), 그리고 서비스 관리(service management) 기능이다.

- 애플리케이션 프로그램은 사용자가 IoT 서비스를 이용하는 앱이다.
- 소셜 에이전트는 S-IoT 서버와 통신하면서 디바이스의 정보(profile)를 갱신하고 친구관계(friendship)도 수정(update)하며 소셜네트워크로부터 서비스를 탐색하기도 하고 요구하기도 한다. 소셜 에이전트는 또 디바이스가 지리적으로 가까이 있거나 디바이스 간에 직접 통신이 필요할 경우 디바이스 인터페이스(object interface)를 통하여 직접 통신 기능도 제공한다.
- 서비스 관리 기능은 사람과의 인터페이스(human interface)를 통하여 소셜네트워크 내에서 디바이스의 행동을 제어한다.

이처럼 IoT의 기능을 정의하는 3계층 기능 구조를 물리적으로 구현한 것이 S-IoT 시스템인데 S-IoT 시스템은 다시 S-IoT 서버(server), 게이트웨이(gateway), 객체(object)의 세 가지 구성요소로 나뉜다. 그리고 앞에서도 소개한 적이 있지만 서버와 게이트웨이는 액세스네트워크(access network)를 통하여 연결되고 게이트웨이와 객체는 지역네트워크(area network)로 연결된다.

한편 각 구성요소는 IoT의 3계층 구조의 기능 중에서 일부 또는 모두를 가지고 있는데, S-IoT 서버는 애플리케이션 계층 및 네트워크 계층 기능을 가지고 있으며 게이트웨이는 네트워크 계층 기능을 필수 기능으로 가지되 센싱 및 애플리케이션 계층 기능을 옵션으로 가지고 있고, 객체는 센싱 기능을 필수 기능으로 가지되 애플리케이션 계층 및 네트워크 계층 기능을 옵션으로 가진다.

지금부터는 S-IoT 서버와 게이트웨이의 기능에 대해서 좀 더 자세히 알아본다.

13.4.1 S-IoT 서버

S-IoT 서버는 위에서 정의한 것처럼 애플리케이션 계층 및 네트워크 계층 기능을 가지고 있는데 지금부터 각 계층의 기능에 대해서 소개한다.

먼저 네트워크 계층 기능은 고객에게 S-IoT 서비스를 제공하기 위해 디바이스와 앱 사이에서 기존에 존재하는 네트워킹 프로토콜(4G/5G/WLAN 등)을 구현한 것이다. 다만 네트워킹 프로토콜은 이 장의 주제의 범위를 벗어나므로 자세한 설명은 생략한다.

애플리케이션 계층 기능은 base sublayer, component sublayer, interface sublayer의 세 가지 서로 다른 기능으로 구현되는데 아래에서 각 sublayer가 제공하는 기능을 간략하게 소개한다[Atzori 1].

1 Base sublayer

이 계층은 다시 데이터베이스(database)와 ontology/semantic engine으로 나뉘어진다. 데이터베이스는 객체(디바이스와 동의어)에 대한 소셜네트워크를 구성하는 멤버 정보 구성(social member profile) 및 그들의 관계와 관련된 데이터, 그리고 현실 및 가상세계에서의 객체의 행동과 객체의 소유자 및 방문자 데이터의 저장 및 관리를 담당한다.

한편 ontology/semantic engine은 객체의 사회 행위를 표현하는 수단을 담당하는 것인데, IoT 객체의 특징을 나타내기 위한 기계 해석 프레임워크를 제공하기 위해서 필요하며 이것은 S-IoT의 가장 기본적 특징이다. 사실 'ontology'와 'semantic'이라는 용어는 공학에서는 잘 사용하지 않는 사회학적 용어인데 ontology는 존재론을 의미하고 semantic은 의미론을 의미하는데 결국은 S-IoT에서 객체를 인식하고 그 객체의 행동에 의미를 부여한다고 이해하면 될 것이다. 다만 ontology를 '존재론'이라고 표기하고 semantic을 '의미론적'이라고 표기하면 어색하여 그냥 원어를 사용하기로 한다. 하여간 ontology/semantic engine은 사람 및 기계(man and machine, 이것을 에이전트(agent)라고 통칭하기도 함)가 IoT 디바이스의 전자태그를 읽어서 거기에 있는 정보를 이해하는 것을 도와주는 역할을 한다. 그런데 만약 S-IoT의 구현에 있어서 ontological classification 및 semantic annotation 기능이 없다면 사실 객체의 자동탐색(automatic discovery)는 아예 불가능할 것이다.

2 Component sublayer

이 계층은 S-IoT 시스템의 핵심 기능을 구현한 것인데 그만큼 다양한 기능을 가진다. 아래에서 각 기능에 대해 간략하였다.

- ID 관리: S-IoT를 구성하는 모든 객체의 카테고리 등 객체의 정보를 인식하는 데 필요한 ID를 관리한다.
- 프로파일링(profiling): 객체(디바이스) 정보를 구성한다(configuration).
- 소유권 관리(owner control): 객체의 활동, 공유 정보, 서로 다른 객체 간의 관계 등을 정의하고 관리한다.
- 관계 관리(relationship management): 객체 간의 관계의 시작, 정보 수정, 관계 종료 등 객체 간의 관계 상태를 관리한다.
- 서비스 제공(service delivery): 인간의 친구관계 탐색 방법을 흉내 내어 그것을 객체에 적용함으로써 IoT에 소셜 서비스를 제공한다.
- 서비스 합성(service composition): 객체에 대한 실세계 정보를 추출하고 다른 객체가 제공하는 서비스를 탐색하여 객체 간에 상호작용을 가능하게 한다.
- 신뢰성 관리(trustworthiness management): 다른 객체로부터 제공되는 정보가

어떻게 처리되는지를 이해시켜서 고객에게 신뢰성을 높여준다.

3 Interface sublayer

이 계층에서는 객체(machine), 인간(human), 앱(applications), 서비스(service) 등에 대한 인터페이스의 위치를 정의한다. 단, 이 기능은 집중 서버 한 곳에 구현해도 되고, 여러 곳에 분산해서 구현해도 되며 클라우드에 구현할 수도 있다.

13.4.2 게이트웨이

게이트웨이는 앞에서 IoT의 네트워크 구조에서도 언급하였고 또 위에서 정의한 것처럼 객체(디바이스)를 네트워크로 연결하는 일이 가장 핵심적인 역할인 만큼 네트워크 계층 기능을 중심으로 구현되는데 네트워킹은 크게 두 가지로 구분된다.

하나는 지역네트워크를 통하여 디바이스를 수용하는 일(short range communication)이고 나머지 하나는 수용된 IoT 디바이스를 다중화하여 인터넷을 비롯하여 셀룰러 네트워크이나 WiFi 등으로 접속하게 하는 것(internetworking)이다. 게이트웨이에는 사용례(use case)에 따라서 위에서 언급한 IoT의 3개의 기능 계층에서 애플리케이션 계층이나 센싱 계층의 기능도 가지고 있는데 아래에서 세 가지 대표적인 시나리오를 소개한다.

- 가장 복잡한 시나리오는 객체(디바이스, RFID나 센서 등)가 게이트웨이에게 데이터를 전달하는 기능만 가지는 경우인데, 이때 게이트웨이는 3계층의 기능을 모두 가지고 있어야 한다.
- 객체가 물리 세계를 인식할 능력을 가지고 그 정보를 IP 네트워크로 보낼 수 있는 경우(예: 비디오 카메라 등) 게이트웨이는 애플리케이션 계층의 기능을 가질 필요는 없다.

- 가장 단순한 시나리오는 객체가 3계층 기능을 이미 보유하고 있는 경우(예: 스마트폰) 게이트웨이는 필요 없으나 주변에 WiFi나 셀룰러 네트워크의 접속이 불가능할 경우에 한해서 네트워크 접속용 기지국으로서의 게이트웨이는 필요하다.

13.5 S-IoT 플랫폼

S-IoT 플랫폼은 S-IoT 서비스를 제공하기 위한 미들웨어인데 이것은 기존의 IoT 플랫폼에 소셜네트워킹(SN) 기능이 추가된 것이라고 할 수 있다. 대표적인 S-IoT 플랫폼의 예로는 미국의 NIKE와 일본의 토요타(Toyota) 자동차를 들 수 있다.

NIKE는 기존의 나이키 운동화에 센서와 근거리통신 기기를 장착하여 'NIKE+'라는 소셜 IoT 플랫폼을 개발하였다. NIKE는 농구화로부터 생산된 데이터를 수집하여 소셜 네트워크에 올려놓고 고객에게 그 정보를 공개하고 개별로 맞춤 서비스를 제공함으로써 기존의 대량생산 운동화에 비해서 보다 더 나은 서비스를 제공하여 고객의 NIKE에 대한 충성도(fidelity)를 높이려는 의도에서 NIKE+를 개발했다. 다만, 이 플랫폼은 제3자의 참여까지 가능한 앱서비스는 제공하지 못한 것이 한계로 지적된다.

토요타 자동차는 'Toyota friend network'이라는 이름의 사설 소셜 IoT 플랫폼(private social IoT platform)을 개발하였다. 토요타는 차량에서 생산된 데이터를 SN에 활용한 대표적 사례로 거론되곤 하는데, 토요타 자동차와 Salesforce의 파트너십(partnership)으로 개발하였다. 다만 이 플랫폼은 차량에서 발생하는 정보를 자사의 S-IoT 서버에 전송하는 것이 주된 목적이어서 이것 역시 제3자의 참여가 불가능하여 진정한 SN 서비스라고 볼 수는 없다.

다만, 위에서 예를 든 두 가지 플랫폼에 제3자의 참여를 가능하게 하는 방법이 없는 것은 아닌데 그것은 기존에 이미 개발된 Xively나 Paraimpu 등을 통하면 가능하다.

아래의 표는 앞에서 예로 든 S-IoT 플랫폼의 대표적 사례와 유명한 플랫폼에 대해 그것이 제공하는 기능의 레벨을 요약한 것이다[Atzori 2].

표 13.5 S-IoT의 플랫폼 기능 비교

플랫폼	객체 간 상호작용	소셜관계의 자율 설정	새로운 앱 개발에의 개방성
NIKE+	최소	불가능	불가능
Toyota friend network	최소	불가능	불가능
Xively	가능	불가능	가능
Paraimpu	가능	불가능	가능
Social web of things	가능	정의되지 않음	가능
Evrythng(*1) (*1) 필자 주: everything이 아니라 Evrythng임에 주의.	가능	가능	가능

13장을 마치며

이 장에서는 비교적 최근에 등장한 기술인 소셜 IoT에 대해서 소개하였다. 소셜 IoT는 아직 일반인 사이에서는 약간 생소한 기술이지만 학계에서는 이미 10여 년 전부터 등장한 개념이며 최근에 들어서 IoT 기술이 현장에 구현되기 시작하면서 지금은 ICT 연구자들 사이에서 활발한 연구가 이루어지는 핫한 기술이다.

한편 S-IoT에 대한 이해를 더욱 깊게 하기 위해서는 존재론(ontology), 딥러닝(deep learning)을 포함하는 머신러닝(machine learning), 인지과학(cognitive science), 인간–기계 인터페이스(man-machine interface) 등 컴퓨터과학에 대한 고도의 지식을 필요로 하는데 이런 과목은 거의 모두 대학원 레벨의 공부를 요한다.

그럼에도 불구하고 정보통신공학을 공부하는 사람이라면 S-IoT의 기본 개념과 기술은 숙지하고 있어야 할 것이다. 특히 소셜네트워크 서비스가 인간과 인간, 인간과 기계 통신에서 이미 오래 전부터 사용되어오던 기술이어서 이 기술과 IoT가 본격적으로 합쳐지면 그 파급력은 클 것으로 생각된다.

따라서 머지 않아서 우리 주변에는 S-IoT를 위한 콘텐츠뿐만 아니라 S-IoT 플랫폼이 등장할 것인데 그때에는 S-IoT가 우리에게 친숙한 기술이 될 것이므로 여러분도 앞으로 이 기술에 대한 관심을 계속 가져야 할 것이다.

13장 리뷰 문제

(1) S-IoT란 무엇인지 정의해보자.
(2) S-IoT의 구성요소를 나열해보자.
(3) S-IoT 객체의 진화 3단계를 정의하고 특징을 기술해보자.
(4) S-IoT를 위한 플랫폼에는 어떤 것이 있는지 알아보자.
(5) 사람과 디바이스, 디바이스와 디바이스 간의 관계를 기술하는 방법에 대해 알아보자.
(6) 우리 주변에서 S-IoT를 활용한 사례를 조사해보자.

13장 참고문헌

[Atzori 1] L. Atzori et al., "The social Internet of things (S-IoT) – When social networks meet the Internet of things: Concept, architecture, and network", Computer Networks 56, pp. 3594–3608, 2012.

[Atzori 2] L. Atzori et al., "From "smart objects" to "social objects": the next evolutionary step of the Internet of things", IEEE Communications magazine, Jan. 2014.

[Guo] B. Guo et al., "Opportunistic IoT: Exploring the social side of the Internet of Things", Proc. of 16th International Conference on CSCWD, IEEE, 2012.

[Holmquist] L.E. Holmquist et al., Smart-its friends: A technique for users to easily establish connections between smart artefacts, Proc. of international conference on ubiquitous computing, Springer, pp. 116–122, 2001.

[Mendes] P. Mendes, "Social-driven internet of connected objects", Proc. of the Interconnected Smart Objects with the Internet Workshop, Citeseer, 2011.

[Roopa] Roopa M.S. et al., "Social Internet of Things (S-IoT): Foundations, thrust areas, systematic review and future directions", Computer Communications 139, pp, 32–57, 2019.

[Surowiecki] J. Surowiecki, The wisdom of crowds, Anchor, 2005.

CHAPTER 14

IoP와 IoE

14.1 IoP

최근 우리의 일상생활에 스마트폰과 센서네트워크가 등장함에 따라서 물리 세계(physical world)와 사이버세계(cyber world) 사이의 경계가 모호해지고 있다. 사람들은 멀리 떨어진 곳에 위치한 공간(집, 농장, 공장 등)의 상황을 스마트폰을 통해서 실시간으로 확인하기도 하고 해외에 여행 중인 사람이 집에 있는 반려동물에게 먹이를 주기도 한다. 또 같은 취미를 가진 사람이 서로 다른 공간에 위치하면서도 마치 한 곳에 모인 듯한 환경을 만들어서 서로 같은 취미를 공유하기도 하고 이와 같은 현상은 쇼핑, 투표, 근무, 여행 등 다양한 분야에서 나타나는데 이것을 가능하게 한 것은 SNS(social network service)의 영향이 크다.

그리고 SNS에서 나타나는 현상은 빅데이터를 생산하며 빅데이터를 효과적으로 활용하면 다양한 비즈니스 기회를 찾을 수 있다. 이와 같은 현상은 인간이 인터넷에서 중요한 역할을 하는 것을 의미하는데 이 말은 결국 데이터의 처리 및 활용이 인간 중심이 된다는 것을 의미한다.

한편 지금까지의 인터넷에서는 사람이 인터넷 플랫폼에 접속하여 검색하고 상품을 사고, 후기를 남기는 등 사람–서버 관계의 데이터를 생산해왔는데 이들 데이터는 구글(google), 페이스북(facebook), 블로그(blog) 등 거의 모두 글로벌 플랫폼(global platform)이 소유하고 관리해왔다. 이것을 플랫폼 중심 패러다임(platform-centric paradigm, PCP)이라고 부른다.

그런데 인간과 서버 간의 데이터 통신만이라면 그래도 기존의 패러다임을 사용해서 유지하고 관리해도 문제는 없었는데 최근에 사물이 인터넷에 연결되고 사물의 수가 인간 고객의 수의 몇 배에서 몇백 배의 규모로 급증할 경우 그 사물과 사람 간의 상호작용이 빅데이터라는 새로운 데이터 특성을 낳을 것인데 이에 따라 PCP에 대한 의구심이 들기 시작했다.

우선 전 세계에 흩어진 수많은 고객(사람+사물)의 행동을 하나의 집중 서버가 상시 모니터링하고 그 데이터를 처리하는 데에는 많은 어려움이 있다. 또 그렇게 생성된 방대한 양의 데이터로부터 의미 있는 정보를 추출하는 것도 상당한 계산 능력(computing power)을 요구하며 사실 그 데이터 가운데 거의 대부분은 의미 없는 소음(noise)에 불과하다. 이 점은 대부분의 데이터가 특정 지역(사람과 근처에 있는 디바이스)에서 생성되는 데이터인데 그것을 고객과 글로벌 플랫폼 사이에 오고 가는 것이 비효율적이라는 의미이기도 하다.

이와 같은 문제점을 해결하기 위해 인터넷에서 사물과 연결된 인간의 행동을 분석하고 활용하기 위한 새로운 접근법을 강구한 결과 앞으로의 데이터 관리는 인간 중심 패러다임(human-centric paradigm, HCP)으로 가야 한다는 것을 알게 되었고 그것이 IoP(Internet of People) 탄생의 핵심이다.

지금부터는 IoP가 무엇이고 그 특징이 무엇인지 알아보자.

14.1.1 IoP의 개요

먼저 IoP가 무엇인지 정의하자.

IoP는 인간이 IoT 기술을 통하여 물리 세계의 디바이스와 인접한 다른 인간과 사이버세계에서 연결되는 네트워킹 환경이다. 따라서 IoP에서는 모든 관심의 중심에 인간이 있다.

이처럼 IoP에서는 인간이 자신의 데이터에 대하여 완전한 제어권을 가지며 개인이 소유한 디바이스는 사이버세계에서 대리인(proxy)의 역할을 한다. 따라서 IoP는 인터넷과 인간을 아주 단단하게 결합하는 개념으로서 인간이 네트워크 노드(node)로서의 역할까지 담당한다.

IoP의 패러다임(paradigm)은 아래와 같이 네 가지 관점에서 정의할 수 있다[Conti 2].

- 인간 중심(human-centric)의 IoP: IoP 알고리즘이 인간의 개인적 및 사회적 행동을 정량적으로 모형화하므로 IoP를 인간 중심의 패러다임이라고 할 수 있다.
- 디바이스 중심(device-centric)의 IoP: 인간의 디바이스가 사이버세계에서 인간의 대리인 역할을 하므로 디바이스를 핵심적인 IoP 노드(core IoP node)로 볼 수 있다.
- 데이터 및 컴퓨팅 중심(data and computing-oriented)의 IoP: IoP에 데이터 관리 및 컴퓨팅 기능을 가지는 프리미티브(primitive)가 포함되므로 IoP를 데이터 및 컴퓨팅 중심으로 볼 수 있다.
- 자기구성(self-organizing)의 IoP: IoP에서 고객의 디바이스는 인근의 디바이스와 네트워킹 인프라 없이도 자발적으로 네트워크를 설정할 수 있다. 예를 들면 같은 공간에 있는 다른 사람의 디바이스와 로컬 네트워크를 이용하여 데이터를 주고받으면서 필요한 일을 수행할 수도 있다.

한편 IoP의 특징을 요약하면 다음과 같이 세 가지가 있다.

1. 첫째, 데이터 관리방식이 다른 것인데, IoP는 인간(과 그가 가지고 있는 디바이스)을 데이터 관리의 중심에 둔다는 것이다. 이는 기존의 인터넷에서 글로벌 플랫폼이 처리하는 것과는 완전히 다른 관점이다.
2. 둘째, IoP에서는 고객의 PMD(personal mobile device, 예: 스마트폰)가 데이터 관리에서 핵심적 역할을 한다. 이때 PMD는 CPW(cyber-physical world)로 액세스하는 게이트웨이 역할, 즉, 사이버 월드에서 인간의 중개자(proxy) 역할을 담당

한다. 이러한 이유로 IoP를 인간의 디바이스 중심(humans' device centric) 서비스라고도 부른다.

3. 마지막으로, 이것은 두 번째 특징과도 연관이 있는데, IoP에서는 고객의 디바이스가 인간의 개인적 및 사회적 행동 모형을 구체화하는 수단이 된다. 즉, IoP에서는 디바이스를 사용하여 움직이는 인간의 행동을 데이터화해서 그 인간의 사회활동을 모형화할 수 있다.

IoP의 기능은 크게 세 가지가 있는데 다음과 같다[Conti 2].

1. 고객이 물리 세계(physical world)에서 움직이는 동안 생성되는 데이터를 디바이스가 수집하게 되는데 IoP에서는 인지추론(cognitive heuristics) 기술을 사용하여 사이버세계(cyber world)로부터 그 순간 그 곳에 적합한 데이터만 가져와서 처리한다.
2. 고객의 디바이스는 그 지역에서 생성된 데이터에 대해 고객의 소셜네트워크 구성원 사이에 존재하는 소셜링크의 강도를 고려해서 확산 정도를 예측한다. 이를 위해 고객의 디바이스는 인간사회관계모형(human social relationship model)을 이용한다.
3. 다른 디바이스로부터 얻을 수 있는 데이터로부터 지식을 추출하기 위해 고객 디바이스는 가용 데이터의 일부를 효과적으로 골라내는데, 이때 인지추론과 딥러닝 알고리즘(deep learning algorithm)을 사용하여 나머지 데이터를 심층 분석한다.

14.1.2 IoP의 실현을 위한 핵심 기술

IoP를 실현하기 위해서 필요한 기술로는 사람을 연결하는 네트워킹 기술과 사람의 주변에서 일어나는 일을 감지하는 센싱 기술, 그리고 센서가 수집한 데이터를 저장하고 가공하여 처리하는 데이터 수집 및 관리 기술이 있다[Conti 1]. 아래에서 이들 기술에 대하여 간략히 소개한다.

1 인간 중심의 네트워킹(people-centric networking)

IoP는 인간이 가지고 있는 스마트폰으로 친구, 지인, 같은 공간에 있는 사람 등 주변의 사이버세계와 연결하여 시간과 공간상에서 의미 있는 정보를 공유한다. 가까운 예로는 타지를 여행하는 사람이 여행지에서 느끼는 자신의 느낌이나 현장에서 찍은 사진을 실시간으로 가까운 사람들과 공유하는 것이다. 이 경우 네트워크는 모바일 소셜네트워크(mobile social network)로서의 역할을 하게 되며 이때 네트워크는 기존의 고정된 토폴로지의 인터넷 동작과는 다르게 그 순간에 사회적 관계를 가지는 모바일 노드(mobile node)들로 구성되는 자기구성 네트워크(self-organizing network)이다. 그리고 이때 관여하는 노드들의 움직임을 이용하여 다중홉(multi-hop) 경로가 형성되며 이것을 다중홉 애드혹 무선 네트워크(multi-hop ad-hoc wireless network)라고 부른다.

한편 IoP에서는 인간의 지속적인 움직임에 따라 동적으로 변화하는 네트워크 연결상황 및 트래픽 양의 변화에 효과적으로 대처하기 위해서 기존의 MANET(mobile ad-hoc network: 송수신자 사이에 단대단 경로가 형성되는 네트워크)보다 더 진화한 개념의 네트워킹 기술이 필요한데 이것을 opportunistic networking(ON)이라고 부른다. 여기서 'opportunistic networking'을 '기회적 네트워킹'이라고 말하기도 그렇고 우리말로 번역하려니까 적당한 단어가 떠오르지 않아서 원어 그대로 사용하는데 ON이란 '그때그때의 상황에 시의적절하게 적응적으로 동작하는 네트워크'를 의미한다. opportunistic networking은 송수신자 사이에 경로를 미리 지정할 필요가 없고 데이터는 전송되어야 할 때 노드(personal device)의 이동을 이용하여 패킷 단위로 저장 및 전송(store & forward)의 개념에 의해 전달된다.

위에서 논의한 것을 종합하면 IoP의 가장 기본은 인간의 이동과 물리 세계에서의 사회관계(즉, 인간 중심의 네트워킹)이다.

2 인간 중심의 센싱 및 컴퓨팅

IoP는 인간의 통신을 수행하는 기존의 무선통신망(예, 셀룰러 네트워크)과 사물을 연결하는 센서 네트워크(WSN)가 결합하여 인간의 일상 행위가 인터넷이라는 가상세계에서 일어나는 것을 말한다. 특히 요즘은 모든 사람이 스마트폰을 가지고 있는데 스마트폰에는 비디오나 이미지를 캡쳐하는 카메라(이것도 센서임), 음성을 녹음하거나 전달하는 마이크로폰(이것은 음향센서임), 위치를 알려주는 GPS 수신기(위치센서) 등 센서의 집합체이다. 스마트폰에는 이외에도 회전의(gyroscope), 가속도계(accelerometer), 근접센서(proximity sensor) 등 다양한 센서가 장착되어 있어서 이들 센서를 활용하여 인간의 일상 행동과 관련하여 유용한 정보를 수집할 수 있다. 따라서 요즘은 굳이 센서네트워크를 사용하지 않고도 고객이 가지고 있는 스마트폰만으로도 위치 기반(location-aware) 데이터 수집이 가능하다. 결국 스마트폰이 인간 중심의 센싱에 있어서 기본이 되는 디바이스(reference device)이고 IoP는 물리 세계의 센싱과 관련해서 인간 중심의 패러다임을 형성하고 있는 셈이다.

한편 앞으로는 자율주행차가 인간의 일상에 침투할 것이고 차량에 탑재된 수많은 센서를 활용하여 운전자와 동승자의 스마트폰 및 목적에 따라서는 다양한 센서(이것을 ad-hoc sensor라고 함)가 차량에 추가로 탑재될 것인데 IoP를 활용하여 현장에서 수집되는 데이터를 가공하고 처리할 것이다. 이것을 opportunistic computing이라고 부른다.

3 인간 중심의 데이터 수집 및 관리

위에서 소개한 인간 중심의 네트워킹과 인간 중심의 센싱 및 컴퓨팅으로부터 사이버-물리 융합 세계(cyber-physical converged world)에서 사람의 일상 행위가 엄청난 양의 데이터(big data)를 생성한다. 그런데 이때 발생하는 과제로서 이들 데이터를 현장과는 멀리 떨어진 어느 한 곳의 인프라 클라우드에 모두 저장하여야 하느냐 하는 것이다. 사실, 결론부터 말하면 그럴 필요도 없고 그럴 수도 없다. 왜냐하면 IoP에서 발생하는 대부분의 데이터가 특정 사람들에게 특정 위치에서 특정 시점에 의미를 가지고 있기 때문이다(예: 자율주행차).

이와 같은 사실은 IoP에서는 데이터의 저장 및 처리를 그 데이터가 생성된 곳에 있는 모바일 기기(예: 스마트폰)가 바로 수행하고 그 데이터를 관리할 필요가 있음을 의미한다. 다시 말하면 IoP와 관련된 개인의 디바이스(personal device, PD)가 사람의 아바타(avatar) 역할을 한다는 것이며 결국은 IoP에서는 PD가 인지추론(cognitive heuristics) 및 데이터 처리 능력 등을 가지는 인간의 뇌와 같은 역할까지 해야 한다는 의미이다. 그래서 IoP에서 인간 중심의 데이터 수집과 관리가 필요하다.

14.1.3 IoP 프레임워크

IoP 프레임워크는 IoP가 '사람의 인터넷'이라는 용어에서부터 알 수 있듯이 기존의 인터넷(legacy Internet) 상에 연결된 '사람의 행동을 반영한 사물인터넷' 프레임워크를 지칭한다. 따라서 IoP 프레임워크는 기본적으로 기존의 인터넷 상에서 오버레이(overlay)로 동작하는 개념이다. 여기서 '오버레이'라는 개념에 대해 간단히 설명할 필요가 있는데 '겹겹이 쌓은' 또는 '적층구조(積層構造)'라는 의미로 해석하는 것이 가장 적설할 것이다. 즉, IoP의 네트워킹 구조는 기존의 인터넷의 연결 구조 위에 IoT 디바이스의 연결 구성과 인간의 연결 관계를 3층으로 쌓은 적층구조로 나타낸 것이다. 이와 같은 배경에서 우리말에 충실하게 '적층'이라고 표기하고 싶지만, 네트워크 엔지니어들 사이에서 이미 오래 전부터 '오버레이'라는 용어로 통용되어 왔기에 그대로 사용하기로 한다.

IoP 오버레이 네트워크를 기술(describe)하는 방법을 추상화(abstraction)라고 부르는데 두 가지가 있다. 하나는 IoP 그래프(graph)이고 다른 하나는 IoP 프리미티브(primitive)이다. 그래프는 이산수학에서 정의하는 용어와 같이 네트워크를 노드와 링크로 표시하는 것이고 프리미티브는 원선(原線)이라고 하는데 노드와 링크들 간의 상호 관계를 정의한 것이다. 이들에 대해 간략하게 소개한다.

1 IoP 그래프

IoP 그래프는 IoP를 구성하는 디바이스의 특성과 연결 관계를 노드(node)와 링크(link)로 나타내는 것이다. 노드는 사용자 디바이스(user device), 사물(thing), 인간 고객(human user) 등을 지칭한다. 링크는 인접하는 두 노드 간에 존재하는 데이터 채널(data channel) 및 그의 성질(attributes, 신뢰성 또는 데이터의 우선순위 등)을 모형화한 것이다.

IoP 그래프는 인터넷 상에서 디바이스와 인간의 특징을 기술하는 네트워크이므로 여러 계층으로 나타내는데 아래와 같이 총 네 개의 계층으로 구성된다.

1. 계층0(layer 0): 계층0의 그래프는 현재의 인터넷 연결을 말한다. 예를 들면 우리가 사용하는 컴퓨터나 스마트폰이 인터넷에 연결된 구조이다. 결국 계층0은 기존의 인터넷 라우팅 그래프(Internet routing graph)이며 기본적으로 IoT 디바이스–액세스네트워크–백본네트워크의 연결 구조이다. 노드 간의 연결은 유선 또는 무선 링크로 구현된다.
2. 계층1(layer 1): 계층0의 그래프에 어느 한 IoT 디바이스와 다른 IoT 디바이스(device-to-device) 간의 직접 연결을 위한 무선 링크를 추가한 것이다. 이렇게 함으로써 디바이스로부터 백본네트워크까지 2홉 경로가 확보되는데 이 정의는 5G의 설계 사양에 반영되었고 후방호환성(backward compatibility)을 위하여 LTE-D2D로서 정의되었다.
3. 계층2(layer 2): 계층2는 인간이 IoT 디바이스와 소통하는 모습을 반영하여 IoT 디바이스와 인간(device-to-human) 간의 연결을 정의한 것이다. 연결 설정은 영원히(permanently) 또는 임시로(temporarily) 정의된다. 이때 영원한 설정은 인간이 초기에 연결된 네트워크에 대한 연결이고 임시 설정은 인간이 잠시 방문한 곳에서의 연결이다. 이 개념은 모바일 인터넷에서 로밍 현상과 같은 것이다.
4. 계층3(layer 3): 계층3은 인간의 사회적 연결(social connection)을 정의한 것이

며 인간이 접속된 두 노드 간에 사회 관계(social relationship)가 있을 경우에 연결하는 링크이다. 이때 링크는 연결되는 노드 간의 논리적 채널이고 두 노드 간의 실질적 데이터 교환은 기존의 인터넷 프리미티브(Internet primitives, 예: data filtering)를 통해서 실현된다.

앞에서 살펴보았듯이 IoP 그래프에서는 서로 다른 디바이스 간의 관계를 정의할 때 상호작용하는 디바이스의 소유자 간의 관계의 성질을 빌릴 수 있다. 이런 면에서 IoP는 소셜 IoT(S-IoT) 또는 소셜네트워크 센서(social network sensor) 등의 개념을 확장한 것으로 보기도 한다.

한편 IoP에서는 인간과 사물의 관계에 변화가 일어나면(즉, 인간이 어떤 사물과 소통하다가 어느 시점에 다른 사물과 소통하면) 디바이스의 사회적 연결도 변하는데 이런 면에서 IoP 그래프는 동적 그래프(dynamic graph)라고 할 수 있다.

2 IoP 프리미티브

IoP 프리미티브는 IoP 그래프를 구성하는 노드들 간의 상호 관계의 특성을 정의하는 것으로서 프리미티브(primitive)는 수학용어로는 원선(原線)으로 번역하지만 이 책에서는 원어를 그대로 사용한다. IoP 프리미티브는 주로 데이터에 중점을 둔다는 측면에서 데이터 중심 프리미티브(data-centric primitives)라고도 부른다. 여기서 IoP 프리미티브를 데이터 중심이라고 하지만 사실은 인간이 데이터를 액세스하고 필터링하며 공유, 배포하는 모형을 그대로 따르는 점에서 인간 중심(human-centric)이라고도 할 수 있다.

IoP 프리미티브는 데이터의 관리 기능에 따라 두 가지 계층으로 분류되는데, IoP basic primitive(IBP)와 IoP enhanced primitive(IEP)로 나눈다.

먼저 IBP는 IoP 프리미티브의 하부계층으로서 기존의 IP 네트워크가 가지고 있는 데이터 전달 기능인 unicast, multicast, broadcast 등과 같은 기본 기능을 가지며 실제로 하부에 기존의 IP 네트워크가 있다. 이때 IBP 채널의 할당은 기존의 인터넷에서와 마찬

가지로 연결 지향(connection-oriented)과 비연결형(connectionless)이 있다.

IBP의 API로는 송수신 노드 간에 데이터를 전달하는 IoP_send( ), 어느 노드가 데이터에 대해서 관심이 있는지를 알게 해주는 IoP_advertise( ), 수신 노드가 받은 데이터를 필터링해주는 IoP_filter( ) 등이 있다.

IEP는 IoP 프리미티브의 상부계층으로서 IBP 위에 존재한다. 이 계층은 기존의 IP 네트워크에서 서비스(application) 계층에 해당하며 실제로 IEP 위에는 IoP 앱이 존재한다. IEP의 API로는 노드를 탐색하는 IoP_search( )와 데이터를 IoP 그래프상의 관심 있는 노드들에게 확산시키는 IoP_disseminate( ) 등이 있다.

아래의 그림은 프로토콜계층에서 IoP 프리미티브의 위치를 나타낸 것이다.

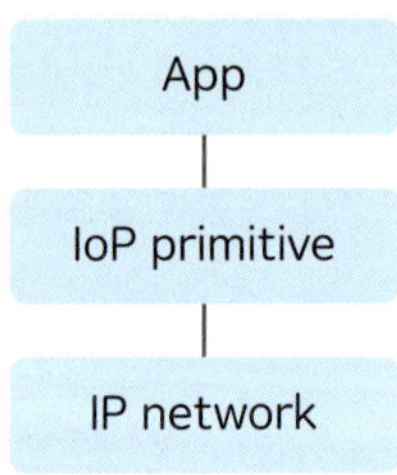

그림 14.1 IoP primiitive의 위치

14.1.4 IoP 데이터의 관리 및 분석

IoP에서 실제로 중요한 것은 사람이나 디바이스로부터 수집되는 데이터를 어떻게 관리하고 분석하느냐 하는 것이다. 즉 IoP 프리미티브의 시맨틱(semantics)을 어떻게 구현하느냐 하는 것이다. 이를 위해 필요한 것이 IoP 데이터 관리 알고리즘인데 이는 IoP 그래프를 구성하는 노드가 사용하는 프로토콜의 집합이라고 할 수 있다.

IoP 데이터 관리 알고리즘은 기능에 따라 네 가지로 분류할 수 있는데, 반응적 알고리즘(reactive algorithm), 선행적 알고리즘(proactive algorithm), 데이터 유포 알고리즘(data dissemination algorithm), 데이터 분석 알고리즘(data analysis algorithm)이다.

반응적 알고리즘은 디바이스가 데이터를 필터링할 때 사용한다. 선행적 알고리즘은 노드가 데이터의 가용성을 홍보하거나 탐색할 때 사용한다. 데이터 유포 알고리즘은 IoP 그래프상의 관심있는 노드에게 정보를 배포할 때 사용한다. 데이터 분석 알고리즘은 노드로 하여금 관계 있는 지식을 추출하도록 데이터를 가공하고 처리하는 데 사용한다.

앞에서 분류한 기능을 구현할 때 고려해야 할 사항으로는 다음과 같은 세 가지가 있다.

1. 인간 중심의 모델(human-centric model): IoP에서 의미 있는 결론을 추출하기 위해서는 수집된 빅데이터를 분석하고 머신러닝 기법을 이용하여 현상을 추론하여야 하는데 이때 인간 중심의 모델링이 중요하다. 인간 중심의 모델링에서 주로 사용되는 기술로는 크게 네 가지가 있는데 고객이 사회적 관계를 맺는 행동(상호 신뢰도, 데이터 공유 형태 등)을 모형화하는 소셜사이언스(social science), 인간이 데이터를 인지하고 상호작용하며 정보의 관련성을 평가하고 교환하여 그로부터 지식을 추출하는 인지심리학(cognitive psychology), 그래프 이론을 이용하여 인간의 사회적 관계를 기술하는 복잡계네트워크(complex network), 인간이 인프라와 콘텐츠 자원 등을 사용하거나 거래하고 나아가서 공유하는 행동을 기술하는 미시경제학(microeconomics) 등이다. 그런데 이들 기법은 각각 대학이나 대학원에서 전공해야 할 만큼 복잡하고 어려운 분야이다.
2. 리소스 관리 및 트러스트(trust) 모델: 이것은 IoP 노드가 제공하는 리소스의 표현, 홍보(advertise) 및 조정(orchestrate) 방법을 기술하는 모형인데 IoP에서는 리소스가 아주 동적이고 이질적이므로 제한된(인증된) 관리자만 제어가 가능하다. 그런데 모든 고객은 리소스의 공유 등에 대해 관심을 가진다. 결국 IoP가 고객에게 리소스를 믿고 사용하거나 공유하게 하는 신뢰성의 구축 및 협력 방안이 필요하다. 그런데 이들 기술은 이 책의 범위를 벗어나므로 다른 기회에 추가적인 연구가 필요하다.

3. 데이터 프라이버시(data privacy): IoP에서 고객 개인의 디바이스(personal device)는 고객과 함께 움직이면서 가상세계에서 고객의 이동 패턴이나 소셜 관계, 고객의 생각, 리소스 소비 패턴, 경제적 및 재정적 행동 등 고객의 개인적인 행동과 관련된 디지털 족적(digital trace)을 남긴다. 이때 IoP primitive는 빅데이터를 이용하여 고객의 행동 패턴을 분석하여 다양한 의사결정과정에 사용하거나 상업적으로 이용하기도 하므로 그것의 가치는 크다고 할 수 있다. 그런데 이때 개인의 프라이버시가 침해될 가능성이 있기 때문에 데이터에 대한 프라이버시의 보호는 꼭 필요하다. 결국 IoP의 데이터 프라이버시 역시 고객 중심(user centric)이어야 한다. 현재 사용할 수 있는 한 가지 대안으로서는 개인정보를 신뢰성 있는 클라우드에 보관하고 그것에 대한 액세스를 공인된 사람에게만 제한하는 방안이 있다.

14.2 IoE

IoE(Internet of everything)는 '모든 것의 인터넷'이라는 뜻으로서 '모든 것'에는 사람뿐만 아니라 사물까지도 포함한다. 이 용어는 인터넷 통신 장비회사인 시스코(Cisco)가 처음 사용했다는 것은 앞에서도 언급한 바 있다.

시스코가 발표한 IP 트래픽 보고서에 의하면 1994년에 인터넷에 접속한 호스트가 약 300만 대였는데 24년 뒤인 2018년에는 40억 명의 인터넷 가입자, 60억 명의 스마트 기기 이용자, 수백억 개의 IoT 디바이스가 인터넷에 연결되어서 인터넷 트래픽이 24년 만에 약 100만 배 늘어났다고 한다[하원규]. 결국 현재의 인터넷은 사람은 물론 사물 등 모든 물리적 존재(physical entity)가 연결되어서 바야흐로 '모든 것의 인터넷'이 되었다. 이 사실은 세상이 '언제나 컴퓨팅(anytime computing), 어디서나 인터넷(anywhere internet), 누구나 스마트폰(anybody smartphone)'이라는 초연결(hyper-connectivity), 초지능(hyper-intelligence) 환경이 되었다는 것을 말한다.

지금부터는 IoE의 개요에 대해서 알아보고 이어서 IoE를 위한 네트워킹 기술에 대해서 소개한다.

14.2.1 IoE의 개요

앞에서 IoP를 소개할 때도 이야기했지만 IoE는 클라우드 컴퓨팅 및 에지 컴퓨팅을 기반으로 때와 장소를 가리지 않고(anytime and anywhere) 사람(people) 및 사물(thing)이 네트워크를 통하여 센싱(sensing)을 하고 데이터를 처리(computing)하는 환경이다. 여기서 모든 것이 때와 장소를 가리지 않고 네트워크에 연결되려면 ad-hoc networking(AHN)이 전제조건이다. 사실 D2D 통신, WSN, 차량 간 통신, IoT도 그 시초는 AHN이었다.

AHN은 당초 상황 인식(situational awareness), 자산 추적(asset tracking), 디지털 전장(digital battlefield), 원격감시(remote surveillance) 등 사람이나 사물에 대한 응용 서비스(앱)을 제공하기 위해서 잉태된 기술이다. 그런데 이들 앱은 노드의 위치도 임의적(왜냐하면 노드가 계속 통신에 참가하지는 않으므로)이고 또 그 위치가 계속 변하기 때문에 노드들 간의 상호 연결이 불확실성(uncertainty)과 불안정성(instability)을 가진다. 따라서 이런 서비스에게는 기존의 인터넷 서비스를 목적으로 주로 사용되던 방식인 사전설계된(preplanned) 네트워크는 의미가 없다. 결국 IoE를 위해서는 앱 중심의 WSN이나 차량용 네트워크(vehicular network)가 해결책이다.

그러나 아직까지 IoE에 대해서 다룬 연구는 많지 않은데 그중에서 그나마 IoE와 관련하여 개념을 정리한 곳이 시스코이므로 먼저 시스코가 바라보는 IoE의 관점에 대해서 소개하고 이어서 매릴랜드 대학(University of Maryland)의 모하메드 유니스(Mohamed Younis) 교수가 제안한 IoE 네트워킹 및 서비스 기술에 대해서 알아본다.

먼저 시스코가 바라보는 IoE의 관점에 대해서 알아보자. 시스코는 2012년 Cisco IBSG(Internet business solutions group)에서 IoE에 대한 견해(point of view)를 요약

한 보고서를 발표했는데 IoE의 구성요소를 아래와 같이 분류했다[Evans].

1. 사람(people): IoE에서 사람은 다양한 방법으로 인터넷에 연결된다. 대부분의 사람들은 스마트폰은 물론이고 PC, 태블릿, TV 등 다양한 디바이스를 가지고 있으며 이들이 모두 인터넷에 연결된다. 또 사람들은 facebook, twitter, linkedin, pinterest 등 다양한 SNS를 사용한다. 따라서 IoE에서는 사람이 정보를 생성하고 전달하는 인터넷의 노드(node)가 될 것이며 사람이 IoE의 핵심 요소가 된다.
2. 사물(things): IoE에서 센서, 가전제품, 그리고 심지어 기업의 컴퓨팅 자산 등 물리적 사물은 주변 환경을 스스로 센싱하고 맥락을 이해하며(context-aware) 인간에게 유용한 정보를 제공하여 사물 자신뿐만 아니라 인간에게도 보다 더 유용한 의사결정을 가능하게 한다. 따라서 IoE에서 사물도 중요한 구성요소이다.
3. 데이터(data) 및 프로세스(process): IoE에서는 디바이스들이 데이터(보통 빅데이터라고 부름)를 수집하고 인터넷을 통해 분배된다. 그리고 그 데이터는 클라우드 서버에 전달되어 분석되고 처리된다. 이때 데이터는 있는 그대로(raw data) 서버로 전달되기도 하지만 요즘은 AI 기술이 발달하여 데이터가 현장에서 보다 수준 높은 정보로 가공(processing)되어 기계나 서버 또는 사람에게 전달되어 더 가치 있는 정보가 되고 의사결정에 도움이 되기도 한다. 결국 IoE에서는 데이터가 정보로 변환되어 인간이 더 신속하고 현명한 결정을 내리게 한다. 그래서 데이터와 프로세스 역시 IoE에서는 중요한 구성요소이다.

14.2.2 IoE의 네트워킹 기술

IoE의 네트워킹 기술에 대해서 소개한다. IoE에서는 시중에 널리 보급된 스마트폰이나 태블릿, 센서가 무선 송수신 장치를 통하여 지역 내의 데이터를 공유하거나 멀리 떨어진 송수신 단말 간에는 장거리에 걸쳐서 멀티홉으로 전송된다. 이 경우 사용되는 무선 송수신 장치로는 4G/5G를 비롯하여 블루투스, 지그비, 와이파이, LPWAN 등 기존의 무선통신 기술 및 IoT를 위한 새로운 무선통신 기술을 사용한다.

그리고 스마트폰이나 태블릿을 소지한 사람이 데이터를 생성하고 수집도 하며 또 이를 배분도 하는데 이것을 통틀어서 참여 센싱(participating sensing)이라고 하고 이는 맞춤형 서비스(targeted service) 및 사이버-물리시스템의 운용에 활용된다.

한편 IoE에서 네트워킹 서비스의 개념은 기존의 서비스에 특화된 네트워킹 서비스(이것을 individual networking이라고도 부르며 예로서 장거리 무선통신용으로 설계된 4G 또는 차량통신용으로 설계된 IEEE802.11P 등)와는 다르게 가상화된 네트워킹 서비스(virtualized networking service, VNS)를 기반으로 한다[Younis].

VNS는 IoE와 같이 사람 및 사물을 대상으로 서비스의 내용 및 지리적 특성이 다양한 서비스를 제공하기 위하여 기존의 인터넷 네트워킹 기술 및 새로운 IoT 전용 네트워킹 기술 등을 무봉연결(seamless connection) 및 수요 기반(on-demand)으로 통합하여 물리적인 네트워크 자원(physical network resource)을 고객이 필요할 때 논리적으로 제공(virtual network resource)하는 가상화된 네트워킹 서비스 개념이다.

VNS의 전형적인 예로는 가상화된 응급의료서비스(virtualized emergency medical care, VEMC)가 있다. 응급환자를 이송하는 구급차는 사건 현장에서 환자의 상태를 진단하거나 응급처치를 위해서 다양한 의료장비를 장착하고 있는데 경우에 따라서는 보다 더 고도의 처치를 할 필요도 있다. 이럴 때는 멀리 떨어진 응급의료 병원과 4G/5G 네트워크를 이용하여 환자의 응급처치를 하여야 한다.

한편 구급대원이 현장 또는 후송 중에 환자를 치료함에 있어서 환자의 과거의 병력이나 의료진과의 협진을 위해서 멀리 떨어져 있는 의사와 직접 협진할 필요도 있다. 그런데 경우에 따라서는 4G/5G 네트워크를 이용하는 것이 힘든 전파 음영 지역도 있는데 이 경우에는 위성을 통해서라도 병원과 통신해야 한다. 그리고 구급차가 응급병원까지 도달하는 도중에 도로 사정이 나쁠 경우에는 VANET 기반의 지능형 도로 관리(IoT 서비스의 일종으로 smart road management라고 부름)의 도움을 받아 경로상의 신호등을 제어하거나 차선을 변경해서라도 환자를 신속히 응급병원으로 이송해야 한다. 이 모든 과정에 VNS가 필요하다.

아래의 그림은 위에서 이야기한 상황을 참고하여 그린 VEMC를 위한 통신 구조이다.

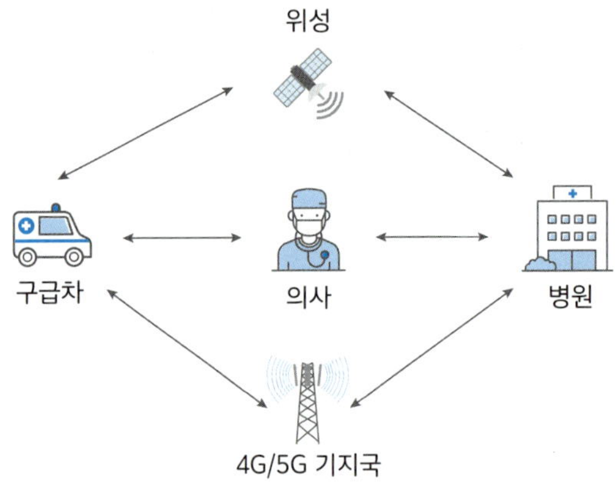

그림 14.2 VEMC를 위한 통신 구조

한편 VNS의 실현에 있어서 현재의 기술을 사용하기에는 많은 과제가 남아 있으며 이에 대해 간단히 소개한다.

1. 가장 먼저 VNS가 가능하려면 서로 다른 다양한 네트워크 프로토콜 사이를 무봉(seamless) 연결할 수 있어야 한다. 즉, 프로토콜의 정합성 문제가 해결되어야 한다.
2. 응급의료에는 환자의 상태를 알려주는 맥박, 혈압 등 단순한 수치 데이터뿐만 아니라 외상 치료나 치료의 정도를 결정하기 위한 비디오 정보까지도 필요한데 이러한 트래픽을 무선네트워크로 전송하려면 아주 엄격한 서비스 품질(QoS) 요구조건을 필요로 한다. 따라서 무선네트워크에 대해서 엄격한 QoS 요구조건을 만족시킬 수 있는 리소스 설계(resource provisioning)가 필요하다.
3. VNS 환경에서 구급차가 환자를 실어나르는 경우에 하나 이상의 ISP 도메인(통신회사)을 넘나들어야 하는데 이것을 혼합네트워킹(inter-networking) 환경이라

고 한다. 이 경우 통신회사 간에 과금 정산 문제가 아주 복잡하다. 이것은 기존의 인터넷에서도 있는 현상인데 IoE에서는 그 정도가 훨씬 더 복잡하게 전개될 것으로 생각된다. 이 문제를 해결하기 위해서는 새로운 비즈니스 모델이 필요한데 이것을 해결하는 방안으로서 디바이스를 연결하는 고객 연결 접점(last mile connectivity)부터 서로 다른 두 개 이상의 네트워크 도메인을 연결하여 백본 네트워크로의 연결에 이르기까지 다양한 네트워크 자원을 서로 빌려주고 공유하는 서비스로서의 네트워킹(networking as a service) 또는 서비스로서의 릴레이(relay as a service)라는 개념을 도입할 필요가 있다.

4. VNS 환경에서는 네트워크 리소스에 대한 요구가 특정 그룹에 속한 노드에 한정되지 않고 복수의 네트워크에 걸쳐서 일어나므로 단대단(end-to-end) 네트워크 경로상에서 경로의 구성 및 트래픽 제어가 상당히 복잡하다. 이를 해결하기 위해서는 기존의 고정적 리소스 설계 및 할당 방법은 적합하지 않기 때문에 네트워크 자원을 유연하게 사용할 수 있는 SDN(software-defined network) 기술을 사용할 필요가 있다.
5. IoE에서는 패킷의 전달 경로가 예측이 불가능할 정도로 동적으로 변하고 또 국지적 상황(자연재해 또는 BTS의 공연 등 특급 이벤트의 발생 등)에 따라 디바이스 및 트래픽이 지나치게 몰리는 등 과부하 및 폭주가 일어날 경우가 많이 있다. 따라서 이들 문제는 기존의 정적 트래픽 관리 방법으로는 도저히 감당할 수 없고 새로운 방법이 필요하다.
6. IoE에서는 앱의 종류가 워낙 다양하여 어떤 경우는 클라우드 컴퓨팅이 필요하기도 하고 또 어떤 경우에는 에지 및 포그 컴퓨팅을 필요로 하는 경우도 있을 것이다. 따라서 이들 IoE 데이터의 수집, 저장 및 처리를 위한 기술의 선택도 중요한 과제이다.
7. 마지막으로 IoE에서는 네트워킹 기술의 수준도 다르고 디바이스가 연결되는 방식도 다르며 무엇보다도 디바이스 자체의 보안 수준도 다르므로 보안정책이 일괄

적으로 적용될 수도 없다. 사실 이 문제가 위에서 소개한 그 어떤 과제보다 가장 어려울 수도 있다.

위에서 지적한 일곱가지 과제는 사실 현재 어느 하나도 제대로 해결된 것은 없다. 따라서 이것은 네트워크 엔지니어에게는 위기이자 기회이기도 하다.

14장을 마치며

지금까지 IoP와 IoE에 대해서 알아보았다. 필자가 14장을 준비하면서 가장 어려웠던 점은 이에 대한 자료가 아직 많지 않다는 것이었다.

그런데 사실 IoP와 IoE는 아직 일반에게는 거의 알려지지 않은 새로운 개념이다. 그리고 IoE는 아마도 오랫동안 모호한 개념으로 남을지도 모른다. 그리고 아직까지는 IoP와 S-IoT의 구분도 모호한 상태이다. 그렇지만 앞으로 이 개념이 구체화되면 IoP의 본 모습이 보일 것으로 생각된다.

다만 분명한 것은 앞으로 인터넷에서 사람과 사물을 따로 분리해서 다룰 수 없을 것이며 IoT도 중요하지만 인간의 사이버세계에서의 행동도 중요한 역할을 할 것이다. 이에 대해서는 계속 연구해야 할 과제로 남겨둔다.

14장 리뷰 문제

(1) IoP란 무엇인지 개념을 정의해보자.

(2) IoP가 일반적인 IoT와 비교하였을 때 다른 특징은 무엇인가?

(3) IoP의 네 가지 패러다임을 정의해보자.

(4) 주변에서 IoP를 활용한 비즈니스 사례를 조사해보자.

(5) IoE란 무엇인지 사례를 들어서 설명해보자.

(6) IoE의 미래에 대해서 상상해보자.

14장 참고문헌

하원규, "지능 트래픽 100만 배 시대=만물인터넷 우주", 전자신문, 2019년 10월 10일.

[Conti 1] M. Conti et al., "The Internet of People (IoP): A new wave in pervasive mobile computing", Pervasive and Mobile Computing 41, pp. 1–27, 2017.

[Conti 2] M. Conti and A. Passarella, "The Internet of People: A human and data-centric paradigm for the next generation Internet", Computer Communications 131, pp. 51–65, 2018.

Dave Evans, "The Internet of Everything: How more relevant and valuable connections will change the world", Cisco IBSG © 2012 Cisco and/or its affiliates.

Mohamed Younis, "Internet of everything and everybody: Architecture and service virtualization", Computer Communications 131, pp. 66–72, 2018.

INDEX

B

C

D

E

H

I

N

O

P

S

ㄴ